PHYSIQUE

ENCYCLOPÉDIE

DES

TRAVAUX PUBLICS

Fondée par **M.-C. LECHALAS**, Insp' gén¹ des Ponts et Chaussées

---

PHYSIQUE

PAR

C.-M. GARIEL

INGÉNIEUR EN CHEF DES PONTS ET CHAUSSÉES
PROFESSEUR DE PHYSIQUE A LA FACULTÉ DE MÉDECINE
ET A L'ÉCOLE NATIONALE DES PONTS ET CHAUSSÉES

TOME DEUXIÈME

OPTIQUE (Seconde partie). ACOUSTIQUE
MAGNÉTISME. ÉLECTRICITÉ
MÉTÉOROLOGIE

PARIS

LIBRAIRIE POLYTECHNIQUE

BAUDRY ET Cⁱᵉ, LIBRAIRES-ÉDITEURS

15, RUE DES SAINTS-PÈRES

MÊME MAISON A LIÉGE

1887

Une table des matières est placée au commencement de chaque volume, et un index alphabétique général à la fin du second.

TABLE DES MATIÈRES

DU DEUXIÈME VOLUME

CHAPITRE TROISIÈME (*suite*)

OPTIQUE

§ V. — Instruments d'optique

§ VI. — Optique physique

CHAPITRE QUATRIÈME

ACOUSTIQUE

CHAPITRE CINQUIÈME

MAGNÉTISME

CHAPITRE SIXIÈME

ÉLECTRICITÉ

§ 1. — Électricité statique

§ II. — Etude générale des courants

§ III. — Effets produits par les courants

§ IV. — Actions électriques produites par la chaleur et par les actions chimiques

§ V. — Actions électriques produites par des actions mécaniques

§ VI. — Mesures électriques

§ VII. — Applications industrielles de l'électricité

CHAPITRE SEPTIÈME

NOTIONS DE MÉTÉOROLOGIE

§ I. — Etude locale des phénomènes de la météorologie

§ II. — Mouvements généraux de l'atmosphère. — Prévision du temps

§ III. — Météores lumineux

FIN DE LA TABLE DU DEUXIÈME ET DERNIER VOLUME

CHAPITRE TROISIÈME

(suite)

OPTIQUE

§ V

INSTRUMENTS D'OPTIQUE

Vision. Chambre noire. Chambre claire. Loupes simples et composées. Microscopes. Lunettes astronomique et terrestre. Lunette de Galilée. Télescopes. Lunette de Rochon.

338. Généralités sur la vision. — On désigne sous le nom d'*instruments d'optique* des appareils destinés à nous permettre de voir plus complètement des objets dont les détails nous échapperaient, soit à cause de leur ténuité, soit à cause de leur éloignement. Aussi, bien qu'il soit possible de décrire ces appareils en eux-mêmes et d'indiquer la marche des rayons qui les traversent, leur fonctionnement ne se comprend-il complètement que si l'on se rend compte des effets qui se manifestent dans l'œil de l'observateur. Il est donc nécessaire, avant d'étudier les instruments d'optique, de donner quelques indications générales sur la vision.

L'œil est un globe sphéroïdal (fig. 199) constitué par des membranes résistantes, opaques, sauf sur la partie antérieure C (*cornée transparente*) et dont le rayon de courbure (8^{mm}) est plus petit que celui du globe oculaire. L'œil est divisé en deux parties par un diaphragme vertical, l'*iris* II, présentant une ouverture centrale circulaire, la *pupille* P, dont le diamètre peut varier sous diverses influences et qui, notamment, diminue sous l'influence d'une lumière vive.

La partie comprise entre la cornée transparente et l'iris est remplie d'un liquide, *l'humeur aqueuse*, dont l'indice de réfraction est $1,337 \frac{103}{77}$ à peu près identique à celui de la cornée transparente que, au point de vue optique, il n'y a pas lieu d'en séparer.

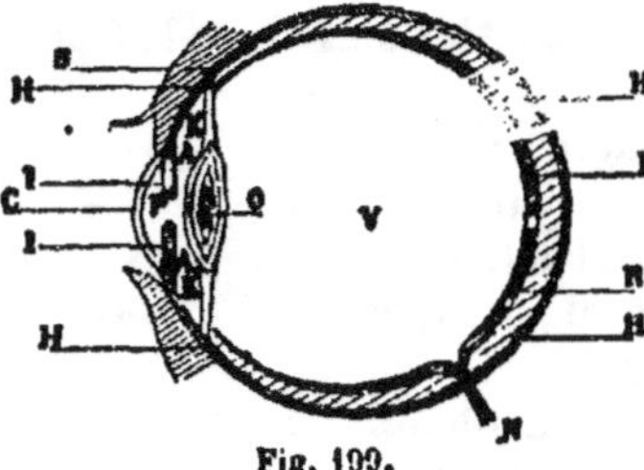

Fig. 199.

Derrière l'iris se trouve le *cristallin* O, lentille biconvexe à courbures inégales ($R_1 = 10^{mm}$, $R_2 = 6^{mm}$) constituée par une matière spéciale dont l'indice de réfraction est $1,454 \frac{16}{11}$. Cette lentille est enchassée dans des organes spéciaux KK qui, lorsqu'ils entrent en action, produisent *l'accommodation*. Ils pressent le cristallin sur toute sa périphérie, ce qui a pour effet d'augmenter légèrement l'épaisseur (de 4 à $4^{mm},4$) et de changer les courbures ($R'_1 = 6^{mm}$, $R'_2 = 5^{mm},5$) : la face postérieure ne se déplace pas d'une manière sensible, c'est la face antérieure qui s'avance. Ces modifications ont été observées directement et on a pu prendre des mesures dont on a déduit les nombres que nous venons d'indiquer.

Enfin, derrière le cristallin, emplissant le reste du globe, se trouve l'humeur vitrée V, substance gélatineuse dont l'indice de réfraction est $\frac{103}{77}$ égal à celui de l'humeur aqueuse et dont l'épaisseur est de 14^{mm}.

Il va sans dire que les chiffres que nous donnons ne représentent que des moyennes et que, en réalité, il y a des différences appréciables d'un individu à l'autre.

Nous supposerons que les surfaces de séparation des divers milieux soient sphériques et aient leurs centres sur une même droite, quoique ces deux conditions ne soient pas toujours réalisées.

L'ensemble de ces divers milieux constitue un système centré convergent dans lequel la lumière arrive dans l'air et termine son parcours dans l'humeur vitrée. On a tous les éléments permettant de déterminer les points cardinaux de ce système : on a trouvé ainsi que, dans l'œil moyen non accommodé, les distances comptées à partir de la face antérieure de la cornée, sont :

Pour le foyer antérieur. . . . . . . $+$ 13^{mm},75 ;

Pour le foyer postérieur . . . . . . $-$ 22^{mm},8 ;

Pour le point nodal antérieur. . . . $-$ 6^{mm},97 ;

Pour le point nodal postérieur. . . $-$ 7^{mm},32.

On déduit de là :

La distance focale antérieure. . . .   20^{mm},72 ;

La distance focale postérieure . . .   15^{mm},48.

(Le rapport de ces distances $\frac{20,72}{15,48} = 1,337$, indice de l'humeur vitrée).

La distance des points nodaux, 0^{mm},35.

Par suite de la très faible distance qui sépare les points nodaux, on peut remplacer le système centré complexe par un dioptre ; ce dioptre serait constitué par une surface sphérique séparant l'air de l'humeur vitrée, son centre (centre optique de l'œil) serait au milieu de la distance qui sépare les deux points nodaux, les distances focales deviennent alors 20^{mm},89 et 15^{mm},65. Il est aisé de calculer le rayon de la surface réfringente ; on trouve 5^{mm} environ.

Lorsque l'œil s'accommode, le rayon de courbure diminue, l'œil devenant plus convergent par suite des variations de courbure du cristallin.

320. — La partie du fond de l'œil opposée à la cornée transparente est tapissée par une membrane particulière, la *rétine* R qui est un épanouissement du nerf optique N et qui jouit de propriétés physiologiques particulières.

Lorsqu'un faisceau de lumière vient rencontrer la rétine d'un individu, celui-ci éprouve une sensation lumineuse, que nous n'avons pas ici à étudier en détail et sur laquelle il nous suffit de donner quelques indications générales. Le premier effet de la mise en action du nerf optique par l'intermédiaire de la rétine est la production de la sensation de lumière en général : on distingue la lumière de l'obscurité ; puis vient, si l'action est intense, la sensation de couleur. Enfin dans des conditions que nous allons indiquer, on arrive à distinguer plus ou moins nettement le contour des objets, à percevoir un nombre plus ou moins grand de détails.

Des observations dans le détail desquelles nous ne pouvons entrer ont montré que :

1° Pour que les objets soient vus nettement, avec des contours précis, la condition nécessaire et suffisante est qu'il se forme de ces objets des images réelles nettes sur la rétine. Si l'image est formée par des cercles de diffusion, la netteté de la vision sera d'autant moindre que leur diamètre sera plus grand : si ce diamètre d'ailleurs ne dépasse pas $0^{mm},005$ environ, la netteté sera pratiquement la même que s'il n'y avait pas de cercles de diffusion ;

2° On voit d'autant plus de détails dans un objet que l'image rétinienne est plus considérable.

Nous devons signaler une particularité qui se produit dans la vision : la sensation ne cesse pas aussitôt que cesse la cause qui l'a produite, elle se prolonge pendant un certain temps après que l'image réelle qui lui a donné naissance a disparu. C'est là ce qui constitue ce que l'on nomme la *persistance des impressions sur la rétine*. La durée de la persistance est variable suivant les individus et les circonstances ; elle peut être évaluée à $0^s,1$ en moyenne.

240. Diamètre apparent d'un objet. — On peut remplacer la notion de la grandeur de l'image rétinienne par celle d'un autre élément indépendant de l'œil qu'il est commode d'employer dans toutes les questions où l'œil n'est pas le sujet même de l'étude.

Considérons un objet AB (fig. 200) qui soit dans des conditions de distance telles qu'il s'en forme en *ab* une image nette sur la rétine (nous indiquerons plus loin dans quelles conditions ce fait se présente). On aura dès lors l'image en menant les droites qui joignent les extrémités de l'objet au centre optique C

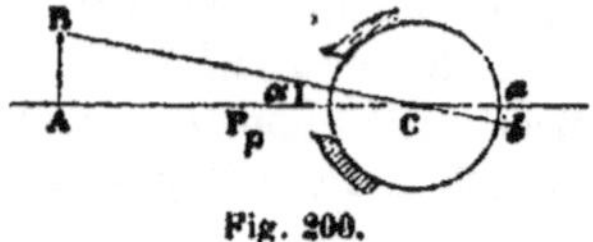

Fig. 200.

de l'œil et les prolongeant jusqu'à la rétine. Les triangles semblables ABC et *ab*C donnent :

$$\frac{ab}{AB} = \frac{aC}{AC}$$

D'où

$$ab = aC\frac{AB}{AC}$$

La quantité *a*C est constante pour un même œil : on voit donc que la grandeur de l'image rétinienne d'un objet donné varie en raison inverse de la distance de l'objet au centre optique de l'œil.

Le rapport $\frac{AB}{AC}$ est ce que l'on nomme le *diamètre apparent* de l'objet : la grandeur de l'image rétinienne d'un objet est proportionnelle à son diamètre apparent.

Si α est l'angle BCA le diamètre apparent est égal à tg α ; comme en général cet angle est petit, on peut, en particulier lorsque l'on a à comparer deux diamètres apparents, les remplacer par les angles correspondants.

Il résulte évidemment de ce qui précède que, pour voir le plus grand nombre de détails d'un objet, il faut le placer à la plus petite distance *qui soit compatible avec la vision nette.*

241. Emmétropie, amétropies. Accommodation. — Les conditions de la vision dépendent de la position de la rétine par rapport au plan focal postérieur : l'œil est dit *emmétrope* si la rétine coïncide avec ce plan focal. Cet état est celui qui se présente pour les dimensions que nous avons indiquées pour l'œil moyen ; on le regarde comme l'état normal de l'œil.

L'œil est *amétrope* si cette condition n'est pas réalisée.

Un œil est dit *brachymétrope* ou *myope* quand le plan focal est placé en avant de la rétine ; il est *hypermétrope* quand il est placé en arrière.

Indiquons sommairement les conditions de la vision dans ces différents cas :

Œil emmétrope. La vision est nette pour un objet situé à l'infini, puisque son image se fait dans le plan focal qui coïncide avec la rétine.

Lorsque l'objet se rapproche, l'image tend à se former derrière la rétine, la vision cesse d'être nette. Cependant, en admettant pour la pupille un diamètre de 4^{mm} on reconnaît que jusqu'à 20^m environ les cercles de diffusion sont très petits et n'atteignent pas 0^{mm},005 ; la vision peu^t donc continuer à être nette. Mais pour des distances plus faibles l'influence des cercles de diffusion n'est plus négligeable ; la vision deviendrait confuse si, par l'accommodation, l'œil n'était rendu plus convergent, et si, par suite, l'image ne pouvait être ramenée sur la rétine. L'accommodation a donc, dans ce cas, pour effet de permettre de voir nettement à des distances diverses successivement.

Œil myope. La vision des objets situés à l'infini n'est pas nette, puisque l'image se fait en avant de la rétine. L'accommodation qui augmente la convergence ne saurait améliorer la vision dans ce cas. Pour qu'il se forme une image nette sur la rétine, il faut approcher l'objet de l'œil ; il sera vu nettement quand il sera au point qui est le foyer conjugué de la rétine. Ce point, le plus éloigné de ceux où l'on peut voir nettement un objet, est appelé le *punctum remotum* (Pr.). Si l'on rapproche les objets, on cesserait de les voir nettement parce que leur image irait se former derrière la rétine, si par l'accommodation on n'augmentait convenablement la convergence de l'œil.

Œil hypermétrope. La vision des objets situés à l'infini n'est pas nette puisque l'image se fait en arrière de la rétine. Il ne servirait à rien de rapprocher les objets, car alors on reculerait l'image davantage. La vision pourrait être nette si les faisceaux arrivant à l'œil avaient une convergence suffisante ; elle serait caractérisée par ce fait que le sommet *virtuel* du cône incident serait alors le foyer conjugué de la rétine. Ce point a reçu par analogie le nom de *punctum remotum*, mais il ne correspond pas à la position effective d'un objet. Si, d'autre part, l'œil hypermétrope accommode, il pourra arriver à une convergence telle que, le faisceau oculaire se trouvant raccourci, son sommet arrive sur la rétine; il y aura donc vision nette.

On peut considérer un œil emmétrope comme la limite d'un œil myope ou hypermétrope dont le Pr. serait à l'infini.

L'accommodation, dont on n'a pas conscience et qui produit seulement de la fatigue quand elle se prolonge, a des limites et, pour chaque individu, il y a un degré de convergence maxima qui ne peut être dépassé : il y a donc une distance minima en deçà de laquelle on ne peut pas voir distinctement; le point qui correspond à cette distance et qui est le plus rapproché que l'on puisse voir nettement est ce que l'on nomme le *punctum proximum* (Pp.).

La position du punctum proximum n'a aucune relation nécessaire avec l'état de l'œil, emmétropie, myopie ou hypermétropie ; elle dépend plus directement de l'âge, le punctum proximum s'éloignant d'une manière progressive, de la naissance à la mort.

Il résulte de là qu'il n'y a pas une *distance de la vue distincte*; mais que la vue est distincte, la vision nette, pour toutes les distances comprises entre le punctum remotum et le punctum proximum.

Il y a une distance minima de la vue distincte, celle qui correspond au punctum proximum ; elle présente un certain intérêt à considérer, parce que c'est à cette distance qu'il faut placer un objet pour y distinguer le plus de détails, puisque c'est la plus petite distance pour laquelle la vision soit nette.

Lorsque le punctum proximum s'éloigne au delà d'une certaine distance, 50 à 60 centimètres, par exemple, on est gêné pour tenir les objets que l'on veut regarder ; c'est là ce qui constitue la *presbytie*. Il convient de remarquer en outre, ce qui est capital, que, au fur et à mesure que le Pp. s'éloigne, on voit moins de détails puisque la distance à laquelle on peut placer l'objet que l'on regarde augmente.

242. Vision binoculaire; stéréoscope. — Lorsque l'on examine un objet placé dans les limites de la vision distincte, à une distance pour laquelle l'œil est accommodé, l'image rétinienne obtenue est la perspective conique de l'objet sur la rétine, le centre optique de l'œil étant le point par lequel passent toutes les lignes qui servent à obtenir cette perspective.

Si l'on considère une figure plane, placée à quelque distance devant l'observateur, les deux images rétiniennes sans être rigoureusement identiques s'écartent très peu de l'identité. Il n'en est pas de même si l'on regarde un objet en relief, un objet à trois dimensions. Les deux images rétiniennes sont alors très différentes. Il est d'ailleurs facile de s'en apercevoir, en regardant un objet situé à une petite distance en fermant alternativement l'œil droit et l'œil gauche : on perçoit très aisément les différences, certaines parties visibles avec un œil deviennent invisibles avec l'autre et inversement.

Lorsque nous regardons avec les deux yeux, nous n'avons pas la notion de ces deux images distinctes; mais nous éprouvons une sensation spéciale qui nous fait connaître le relief. On a admis que cette sensation particulière est le résultat de la vision simultanée de deux images différentes que nous fusionnons en une seule impression.

La preuve que la sensation de relief est bien due à cette condition, c'est que nous reproduisons cette sensation avec la netteté la plus complète lorsque, artificiellement, nous réalisons les conditions que nous venons d'indiquer.

Il est possible, par les procédés de la géométrie descriptive, de construire des figures planes qui placées devant un œil donnent la même image rétinienne qu'un objet en relief déterminé. On peut donc construire deux images du même objet, correspondant à chacun des deux yeux. Plus généralement maintenant on obtient ces images en photographiant le corps considéré de deux points différents qui, théoriquement, devraient être par rapport au corps à la même distance angulaire que sont les yeux.

Si l'on regarde chaque image avec l'œil correspondant, on aura la même impression que si l'on regardait l'objet lui-même; il est possible, avec un peu d'habitude, d'obtenir la fusion des deux images ainsi vues : au moment où cette fusion se produit, on perd la notion de deux images distinctes, et immédiatement la sensation de relief prend naissance.

On peut arriver plus aisément à produire cette fusion des deux images par l'emploi du stéréoscope. Cet appareil est formé d'une boîte divisée par une cloison et au fond de laquelle on place les deux images *mn*, *pq* (fig. 201) de telle sorte que chaque œil en voie une seule. Sur la paroi opposée, dans des ouvertures qui y sont pratiquées, on fixe deux prismes OA, O'A' d'un petit angle ayant leurs sommets dirigés vers la ligne médiane. En regardant les deux images, on les voit déviées du côté des sommets en *m'n'*, *p'q'* et la déviation a été choisie telle que ces images se superposent. La fusion des deux sensations a donc lieu immédiatement sans difficulté, et l'on voit les objets en relief avec une grande netteté.

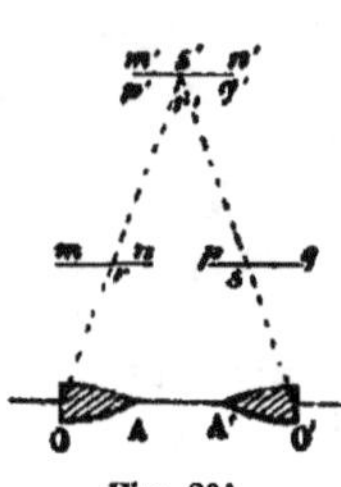

Fig. 201.

Ce résultat prouve bien que la sensation de relief est due à la cause que nous avons indiquée puisque, en en reproduisant les conditions, on obtient invariablement cette sensation.

En réalité, en général, au lieu de prismes, on place devant les yeux deux demi-lentilles convexes se regardant par leur bord tranchant. Ces lentilles produisent l'effet de loupes et donnent un grossissement, en même temps que leur décentration amène la déviation nécessaire.

L'impression que l'on a du relief, de la différence de distance, peut être aidée par d'autres éléments, notamment par les variations de diamètre apparent, par l'affaiblissement de l'intensité lumineuse lorsque les distances augmentent. Ces causes prennent une importance considérable pour de grandes distances ; pour de petites distances, au contraire, on ne peut guère invoquer que la différence entre les images rétiniennes formées dans les deux yeux.

243. Chambres claires. — Les instruments d'optique ont pour effet de substituer à la vision directe d'un objet la vision d'une image de cet objet, image qui occupe une position différente de l'objet ou qui donne une image rétinienne plus grande que celle que donnait directement l'objet.

Les appareils qui servent simplement à déplacer l'image sont, d'une manière générale, les miroirs plans et plus spécialement les chambres claires.

Les appareils qui donnent des images rétiniennes agrandies et qui sont des lentilles ou des combinaisons de lentilles peuvent se diviser en deux classes, qui peuvent être subdivisées : les appareils donnant une image réelle de l'objet et les appareils donnant une image virtuelle.

Nous allons passer rapidement en revue les principaux appareils d'optique.

La chambre claire a pour but de transporter l'image d'un objet dans une position où nous la superposons soit à une règle divisée pour en effectuer la mesure, soit à une feuille de papier pour en faire le dessin en en suivant les contours, avec un crayon par exemple. Il n'y aurait aucune difficulté s'il s'agissait seulement d'obtenir le déplacement de l'image, et on y arriverait par l'emploi d'un ou de plusieurs miroirs ; mais il ne suffit pas de voir l'image déplacée, il faut voir en même temps la règle ou la feuille de papier à laquelle on veut la superposer ; c'est-à-dire qu'il faut voir en même temps en un point par réflexion l'image A′B′ (fig. 202) d'un objet AB, et directement la feuille de papier CD placée en ce même point.

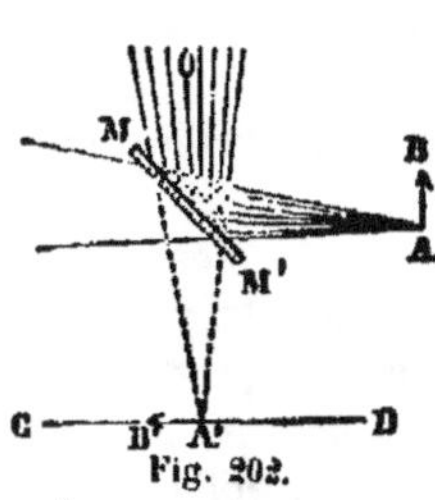

On arrive à ce résultat en produisant la réflexion sur une lame de verre MM′ qui permet en même temps de voir par transparence les objets situés derrière. L'image obtenue par réflexion est en général trop peu éclairée par rapport à l'objet vu directement, le verre ne réfléchissant qu'une faible partie de la lumière.

On améliore cette disposition, par exemple, en employant une lame de verre recouverte d'une très mince couche de platine, qui augmente l'intensité des faisceaux réfléchis et diminue légèrement celle des faisceaux transmis. On peut encore (Govi) produire la réflexion sur une mince couche d'or déposée sur la face diagonale d'un parallélépipède rectangle qui a été scié suivant cette direction et reconstitué ensuite.

Dans ces divers cas les faisceaux réfléchis et les faisceaux transmis coïncident entièrement en arrivant à l'œil en O. Dans d'autres dispositions où l'on emploie des prismes, l'œil reçoit des faisceaux juxtaposés, dont l'un LCO (fig. 203) a traversé le prisme et dont l'autre L'CO a rasé l'arête de ce prisme de ma-

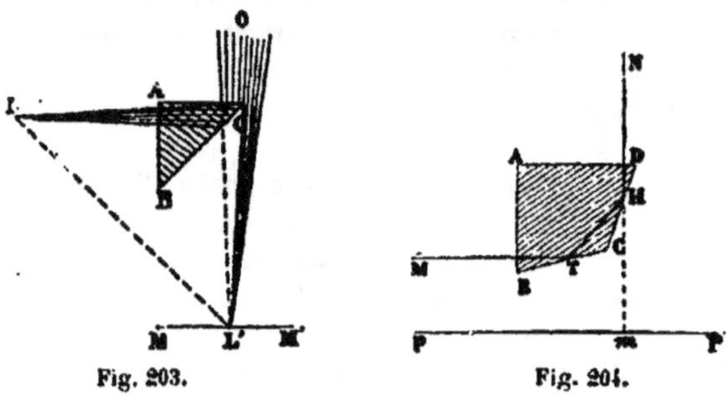

Fig. 203.　　　　　Fig. 204.

nière à aboutir en un même point de la rétine, afin d'obtenir deux impressions superposées.

La chambre claire peut se composer d'un simple prisme à réflexion totale ABC (fig. 203) ou d'un prisme quadrangulaire ABCD (fig. 204) dans lequel il se produit deux réflexions successives.

La première disposition donne des images renversées, la seconde des images droites.

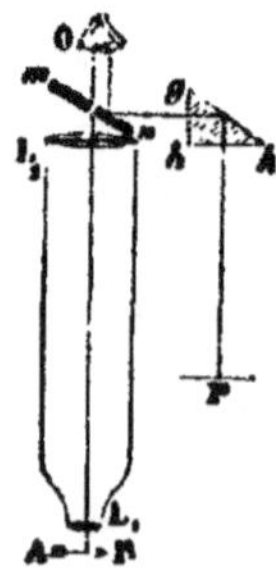

Fig. 205

Comme l'objet que l'on regarde n'est pas en général à la même distance que la feuille de papier sur laquelle on veut le reproduire, on ne peut guère les voir nettement en même temps. On obvie à cet inconvénient en plaçant une lentille convenablement choisie sur le trajet de l'un des faisceaux. On interpose souvent aussi un verre teinté pour rendre plus égales les intensités des images.

Dans ces modèles, l'image que l'on obtient est déplacée perpendiculairement à sa direction ; lorsqu'on applique la chambre claire au microscope L_1L_2 (fig. 205), il est commode de produire le déplacement en P de manière que l'image soit parallèle à l'objet ou à peu près ; on y arrive aisément en employant une combinaison d'un prisme à réflexion totale *ghk* et d'un miroir *mn* percé d'une ouverture pour laisser passer les rayons venant directement de l'objet AB. On peut remplacer ce système par un prisme quadrangulaire, dans lequel se produisent deux réflexions sur les faces opposées qui sont parallèles ou à peu près.

311. Chambre noire ; objectif. Aberration. — Les appareils dans lesquels on cherche à obtenir une image réelle sont très variés dans leurs applications ; mais, en somme, ils consistent toujours en un système convergent ; l'objet est placé au-delà du deuxième plan focal par rapport à la lentille (première ou deuxième région) (270) et l'image se fait de l'autre côté, au delà du deuxième plan focal (cinquième ou sixième région).

Tantôt l'appareil est destiné à donner sur un écran diffusif une image agrandie qui sera visible pour tout un auditoire, ou que l'on pourra dessiner en en suivant les contours ; ce sera alors la lanterne magique, le mégascope, l'appareil à fantasmagorie, les appareils à projection. Quelquefois l'image se produit sur une plaque sensible où elle laisse une trace qu'on peut fixer par les procédés du daguerréotype ou de la photographie (335) ; c'est alors plus spécialement la chambre noire ou chambre obscure ; suivant les besoins et en changeant les positions de l'objet et de l'écran on peut obtenir des images qui sont à volonté plus petites ou plus grandes que l'objet, ou de même grandeur.

312. — Il n'y a pas lieu d'insister sur ces divers appareils ; la réfraction se fait à travers l'objectif, lentille convergente ou système convergent, pour lequel on a à appliquer la discussion générale que nous avons donnée. Nous avons seulement deux remarques à faire.

La quantité de lumière qui sert à former l'image dépend de la grandeur de l'objectif ; il y aurait donc intérêt, à ce point de vue, à augmenter l'ouverture de celui-ci : mais on augmenterait en même temps l'aberration, et les images cesseraient d'être nettes. Aussi est-il bon d'employer des objectifs composés, formés par la réunion de deux lentilles ; pour une même puissance du système et à égalité d'ouverture, les faces auront une plus faible amplitude, une moindre courbure que si l'on avait une lentille unique.

Herschell a étudié spécialement la question et a montré que, à puissance égale, une combinaison de lentilles permet de réduire notablement l'aberration. La forme de lentille qui donne la moindre aberration pour les faisceaux parallèles est celle d'une lentille biconvexe dans laquelle on a $\frac{R_1}{R_2} = -\frac{1}{6}$. L'aberration est alors égale à 1,07 de l'épaisseur de la lentille. Elle peut atteindre une valeur 4 fois plus grande pour d'autres formes moins satisfaisantes.

En employant deux lentilles plans-convexes accolées par leurs faces courbes et dont les distances focales sont dans le rapport de 2, 3 à 1, l'aberration est réduite au quart de ce qu'elle est pour une lentille unique de la meilleure forme.

Enfin on peut même avoir un système dans lequel l'aberration est complètement nulle, en accolant une lentille biconvexe à un ménisque convergent. Voici les données relatives à deux solutions ; les lettres R et F se rapportent à la première lentille, r et f à la deuxième.

	(A)	(B)		(A)	(B)
$R_1 =$	$-5,833$	$-5,833$	$r_1 =$	$-3,688$	$-2,054$
$R_2 =$	$+35$	$+35$	$r_2 =$	$-6,291$	$-8,128$
$F =$	-10	-10	$f =$	$-17,829$	$-5,497$

La distance focale est $-6,407$ pour le système A et $-3,374$ pour le système B.

Ajoutons que l'on peut arriver également à diminuer l'aberration en employant un système complexe de deux lentilles placées à distance.

Lorsque l'on veut obtenir une image agrandie, il est nécessaire d'éclairer très fortement l'objet ; il faut donc joindre à l'appareil donnant naissance à l'image un dispositif concentrant sur l'objet une grande quantité de lumière, dispositif comprenant une lentille convergente, ou un miroir convergent, ou quelquefois les deux. On fait usage de sources de lumière plus ou moins intenses suivant les cas, lampe à huile (lanterne magique), à gaz (projections), faisceau solaire, lumière Drummond, arc électrique (microscope solaire, oxhydrique, photoélectrique).

Ces appareils ne présentent aucune particularité, si ce n'est qu'il faut *mettre au point*, c'est-à-dire obtenir sur l'écran une image nette. On y arrive, suivant les cas, en déplaçant soit l'écran, soit l'objet, soit l'objectif.

246. Grossissement dans les instruments d'optique. — En général, comme nous le dirons en détail plus loin, l'observateur regarde une image virtuelle que fournit l'instrument considéré ; la position de cette image virtuelle peut varier à sa volonté ; il est clair, comme elle doit donner sur la rétine une image nette, que cette image doit être comprise dans les limites de la vision distincte, c'est-à-dire entre le *punctum proximum* et le *punctum remotum*. On ne peut dire d'une manière générale où il convient que cette image se fasse pour que l'image rétinienne soit la plus grande possible ; car la grandeur de cette image virtuelle dépend de sa position, de telle sorte qu'il n'est pas toujours vrai qu'elle doive être au punctum proximum, comme il arrive pour un objet dont la grandeur reste invariable à toute distance.

Afin de savoir dans chaque cas quelle est la valeur du grossissement fourni par un instrument d'optique dans les conditions les plus favorables, il est commode de rechercher d'une manière générale où il convient que, dans chaque cas, se produise l'image virtuelle que l'on regarde pour que l'image rétinienne soit la plus grande possible, ou ce qui revient au même pour que le diamètre apparent de l'image soit le plus grand possible.

Comme nous allons le voir, on arrive à des solutions qui sont applicables à tous les cas, qu'il s'agisse de lentilles ou qu'il s'agisse d'une combinaison de lentilles constituant un système centré.

247. — Considérons une lentille ou un système centré et

soient F' (fig. 206) le premier foyer, et N' le point nodal correspondant, ce sont les seuls éléments qu'il y ait lieu de considé-

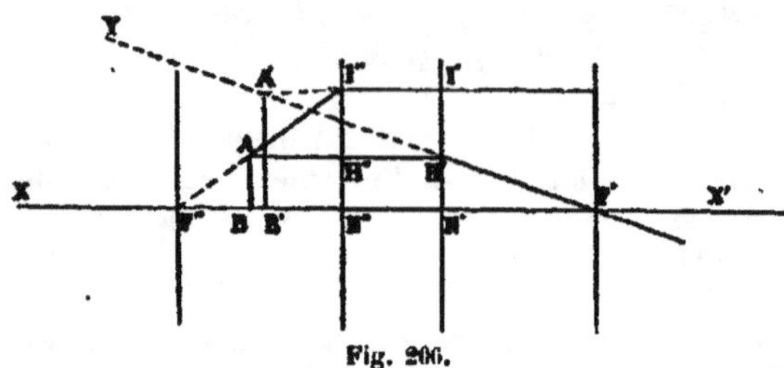

Fig. 206.

rer, puisque nous nous occupons seulement de l'image ; si
nous appelons φ la distance focale du système, nous savons
qu'elle est égale à F'N', affecté d'un signe qui, en conservant
les conventions précédemment adoptées est $+$, si N' est à droite
de P' (parce que, alors N" sera à gauche de F"), et $-$ dans le
cas contraire. Soit X' le centre optique de l'œil ; nous appellerons δ l'abscisse de F' comptée à partir de X', et d l'abscisse
de l'image comptée à partir du même point. Soit enfin α_i le
diamètre apparent de cette image dont la grandeur est I. On
a immédiatement :

$$\alpha_i = \frac{I}{d}$$

ou, à cause de la relation $\dfrac{I}{O} = -\dfrac{l'}{\varphi}$

$$\alpha_i = - O \frac{l'}{\varphi d}.$$

Mais dans le cas de la figure on a $l' = -(\delta - d) = d - \delta$, ce
qui conduit à la valeur

$$\alpha_i = - O \frac{d - \delta}{\varphi d} = - \frac{O}{\varphi} \left(1 - \frac{\delta}{d} \right)$$

On reconnaîtrait aisément que cette formule est générale.
Pour la discussion, nous négligerons le cas où d serait négatif, cas qui correspondrait à un œil hypermétrope non accommodé.

I. Si $\delta = 0$, si le centre optique de l'œil coïncide avec le foyer F', il reste $d_i = -\dfrac{O}{\varphi}$. Pour un objet donné, le diamètre apparent est indépendant de la distance à laquelle se fait l'image.

II. Supposons maintenant $\delta > 0$;

Diverses circonstances peuvent se présenter qu'il convient d'étudier séparément. Remarquons d'abord que si nous désignons par π et ρ les abscisses du punctum proximum et du punctum remotum, on a nécessairement $\pi < d < \rho$:

a. Supposons d'abord $\delta < \pi$, ce qui entraîne nécessairement $\delta < d$. Dans ce cas, la fraction $\dfrac{\delta}{d}$ se retranche de 1 et α_i sera d'autant plus grand que d sera plus grand ; il faudra prendre $d = \rho$, l'image devra être placée au punctum remotum.

b. Soit maintenant $\delta > \rho$, ce qui exige que l'on ait $\delta > d$, la quantité $\dfrac{\delta}{d}$ est plus grande que l'unité et il faut écrire

$$\alpha_i = \frac{O}{\varphi}\left(\frac{\delta}{d} - 1\right)$$

α_i a changé de signe ; donc l'image sera de sens contraire à ce qu'elle était précédemment ; on voit de plus que α sera d'autant plus grand que d sera plus petit ; il faudra prendre $d = \pi$ et disposer l'appareil pour que l'image se fasse au punctum proximum ;

c. Enfin on peut avoir $\pi < \delta < \rho$. On peut vouloir que l'image ait un sens donné, c'est-à-dire un sens correspondant au signe de $-\dfrac{O}{\varphi}$ ou au signe de $\dfrac{O}{\varphi}$. Dans le premier cas, il faut que la parenthèse soit positive, donc que l'on ait $d > \delta$ et la plus grande valeur de α_i sera donnée par la plus grande valeur donnée à d, c'est-à-dire à $d = \rho$. Dans le second cas, il faut que la parenthèse soit négative, donc que $d < \delta$ et la plus grande valeur de α_i sera donnée par $d = \pi$.

Si l'on veut avoir la plus grande valeur possible de α_i quelque soit le sens de l'image, il faut comparer les deux valeurs

$$\alpha_i = -\frac{O}{\varphi}\left(1 - \frac{\delta}{\rho}\right) \qquad \text{et} \qquad \alpha'_i = \frac{O}{\varphi}\left(\frac{\delta}{\pi} - 1\right)$$

Le rapport

$$\frac{\alpha_i}{\alpha_{i'}} = \frac{\frac{1}{\delta} - \frac{1}{\rho}}{\frac{1}{\pi} - \frac{1}{\delta}}.$$

montre que l'on aura

$$\alpha_i > \alpha'_i, \qquad \alpha_i = \alpha'_i \qquad \text{et} \qquad \alpha_i < \alpha'_i$$

suivant que

$$\frac{2}{\delta} > \frac{1}{\pi} + \frac{1}{\rho}, \qquad \frac{2}{\delta} = \frac{1}{\pi} + \frac{1}{\rho} \qquad \text{ou} \qquad \frac{2}{\delta} < \frac{1}{\pi} + \frac{1}{\rho}.$$

On aurait pu arriver d'ailleurs à ces résultats par des considérations géométriques très simples. Considérons un objet AB (fig. 207 à 209) que l'on peut placer à des distances variables [1]; menons le rayon AH′ parallèle à l'axe qui coupe le plan principal au point H′; on sait que le rayon émergent correspondant est F″H′; comme AH′ reste le même quelle que soit la position de l'objet, la droite YH′F″ est le lieu de l'image

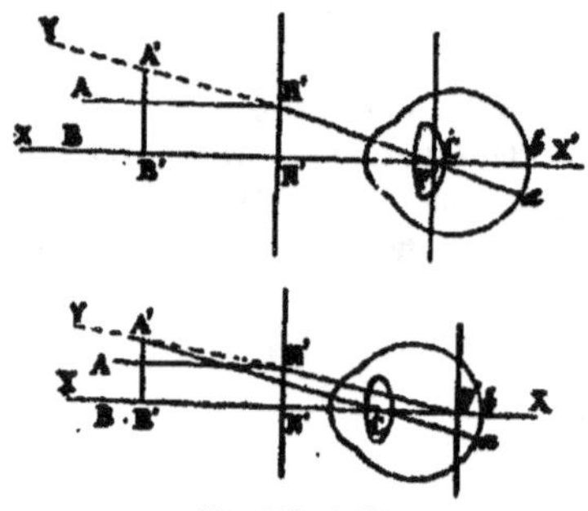

Fig. 207 et 208.

A′B′ de AB dont on connaîtra dès lors la grandeur lorsque sa position sera donnée. Il suffit alors de faire les figures correspondant aux divers cas, pour voir immédiatement les résultats auxquels la formule a conduit.

1. Dans les figures 206 à 209 on a conservé seulement les lignes indispensables : mais il serait facile de les compléter en ajoutant les lignes qui existent dans la figure 205.

2

Il serait très facile d'étendre la discussion au cas où l'on aurait d négatif (fig. 210).

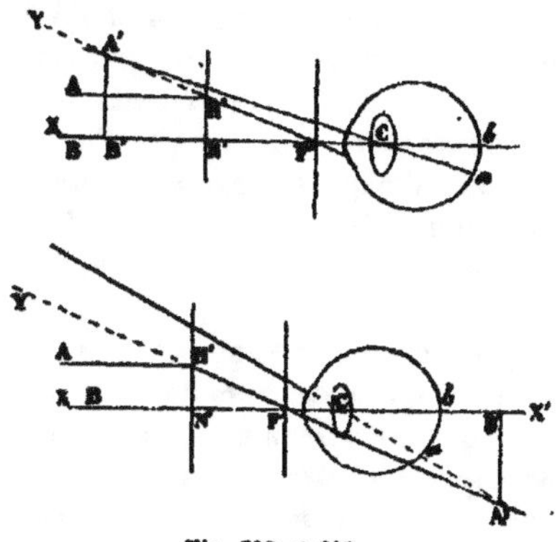

Fig. 209 et 210.

Nous avons négligé le cas où l'on aurait $\delta = d$, ce qui donnerait un grossissement nul ; c'est qu'alors, en effet, l'image a une grandeur nulle si l'objet qui est placé à l'infini est de grandeur finie. Dans ce cas, il faut définir l'objet seulement par son diamètre apparent $\alpha_0 = \dfrac{O}{l}$. Mais comme $\dfrac{I}{O} = \dfrac{\varphi}{l}$, il vient $I = \varphi \cdot \alpha_0$ et l'on a :

$$\alpha_i = \frac{\gamma \cdot \alpha_0}{d} = \frac{\varphi \alpha_0}{\delta}$$

Si δ est fixé, cette valeur est déterminée ; mais si l'on peut faire varier la valeur de d ou δ, on voit que pour rendre α_i maximum, il faut prendre $d = \pi$, et il vient :

$$\alpha_i = \alpha_0 \frac{\varphi}{\pi}.$$

III. — Supposons $\delta < 0$, alors d étant > 0, le terme $\dfrac{\delta}{d}$ est toujours additif et α_i sera d'autant plus grand que d sera plus petit, il faut donc prendre $d = \pi$.

Les considérations géométriques conduisent immédiatement au même résultat.

242. — Les instruments d'optique ne sont pas destinés à être utilisés tous dans les mêmes conditions ; ils peuvent d'une manière générale se diviser en deux groupes :

Les uns sont destinés à l'examen d'objets à notre portée, à notre disposition, et que nous pouvons placer à telle distance de l'appareil qu'il nous convient. Sans rien changer à celui-ci, il nous sera donc toujours possible de mettre l'objet dans une position telle que l'image se produise au point où, d'après la discussion précédente, elle doit être pour donner le plus fort grossissement ; ces appareils sont les *loupes* et *microscopes*.

Les autres sont destinés à examiner des objets en général fort éloignés, mais en tout cas hors de notre portée, et dans des conditions telles que nous ne pouvons modifier la distance qui les sépare de l'appareil ; dès lors, pour que dans chaque cas particulier l'observation puisse se faire dans les meilleures conditions, pour que l'image puisse être vue à la distance la plus convenable, il faut que l'on puisse modifier les éléments qui constituent le système optique. Les appareils qui rentrent dans ce groupe et pour lesquels les conditions sont différentes de celles des microscopes sont ce que l'on nomme en général des *lunettes*.

Nous étudierons successivement les microscopes, puis les lunettes, ce classement nous paraissant rationnel. On pourrait adopter une autre classification, telle que celle qui serait basée sur le nombre et la nature des lentilles ; elle serait moins commode pour la discussion.

249. Loupes. — Les loupes ou microscopes sont destinées à regarder des objets de petites dimensions dont on peut faire varier la position à volonté.

Il y a lieu de considérer successivement dans ce groupe : la loupe simple, la loupe composée, la loupe de Chevalier ou de Brücke, le microscope proprement dit ou microscope composé.

La loupe simple (fig. 211 et 212) est constituée par une lentille convergente interposée entre l'œil et l'objet à regarder AB que l'on place entre la lentille et son plan focal Φ'' de manière à obtenir une image virtuelle A'B'. Nous avons à ap-

pliquer ici directement les considérations que nous avons
développées [1].

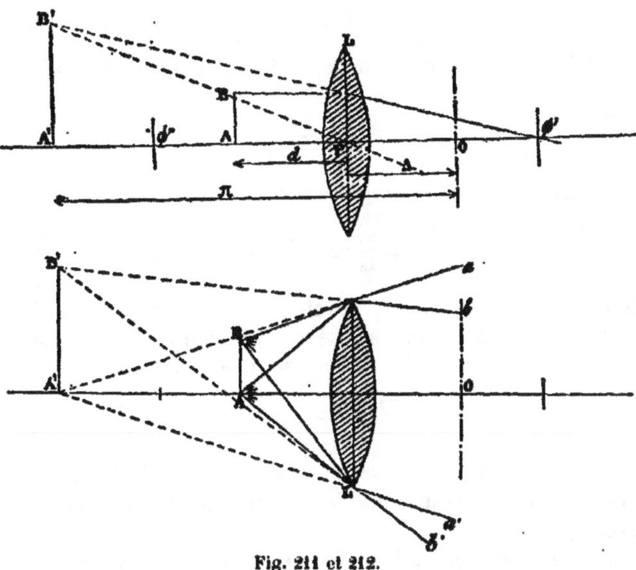

Fig. 211 et 212.

En général, la distance focale d'une loupe est assez grande
pour que l'œil puisse être placé entre le foyer principal Φ' et le
plan principal correspondant, qui est dans la lentille à une
petite distance de la face postérieure. Le centre optique de l'œil
est à 8^{mm} environ de la face antérieure de la cornée ; si l'on
tient compte de la longueur des cils, on voit que le centre optique de l'œil peut être à 12 ou 15^{mm} de la lentille, distance qui
est en général notablement moindre que la distance focale. En
nous reportant à la discussion générale, nous voyons que ce cas
correspond au cas où l'on a $\delta < 0$; il y a donc avantage à ce
que l'image se fasse au punctum proximum.

1. La fig. 211 indique les constructions qui déterminent l'image ; la
fig. 212 donne la marche effective des faisceaux lumineux émanés des
points A et B.

Evaluons le grossissement dans la loupe : d'après ce qui précède, on a :

$$\alpha_i = - \frac{0}{\varphi} \cdot \frac{\pi - \delta}{\pi}$$

L'objet vu directement serait placé à la distance π et l'on aurait :

$$\alpha_0 = \frac{0}{\pi}$$

Il vient donc pour le grossissement g :

$$g = \frac{\alpha_i}{\alpha_0} = - \frac{\pi - \delta}{\varphi}$$

valeur positive ; appelons f la valeur arithmétique de la distance focale, Δ la distance de l'œil au plan principal ; on a $f = - \varphi$ et $\delta = \Delta - f$. La valeur précédente devient :

$$g = \frac{\pi + f - \Delta}{f} = 1 + \frac{\pi - \Delta}{f}$$

On en conclut que le grossissement est d'autant plus grand :

que π est plus grand, que le punctum proximum est plus éloigné ;

que Δ est plus petit : l'œil doit être le plus près possible de la lentille ;

que f est plus petit, que la distance focale est moindre.

Il importe de remarquer que le premier résultat signifie que le *grossissement* est d'autant plus considérable que l'œil est plus presbyte ; on ne doit pas en conclure que ce sont les yeux les plus presbytes qui voient le plus de détail à l'aide de la loupe ; dans ce cas, ce qui intéresse, ce n'est pas g, mais α_i ; or on a :

$$\alpha_i = 0 \frac{\pi + f - \Delta}{\pi f} = \frac{0}{f} \left(1 + \frac{f - \Delta}{\pi} \right)$$

et l'on voit que α est d'autant plus grand que π est plus petit.

250. — Les loupes présentent en général les défauts que nous avons signalés pour les lentilles ; l'aberration de sphéricité et l'aberration de réfrangibilité.

On diminue l'aberration de sphéricité, pour une distance focale déterminée, en prenant une faible ouverture ; mais cette diminution de l'ouverture peut entraîner un affaiblissement de l'intensité lumineuse de l'image, ce qu'il convient d'éviter.

On y arrive en remplaçant la lentille simple par un système formé de deux lentilles convergentes mises en contact ou à peu près ; ce système rentre à proprement parler dans la loupe composée ; mais, au moins comme approximation, on peut négliger l'épaisseur des lentilles et la distance qui les sépare, et admettre que la puissance du système est la somme des puissances des deux lentilles. On sait d'ailleurs (345) que, par un choix convenable des courbures, l'aberration peut être notablement diminuée.

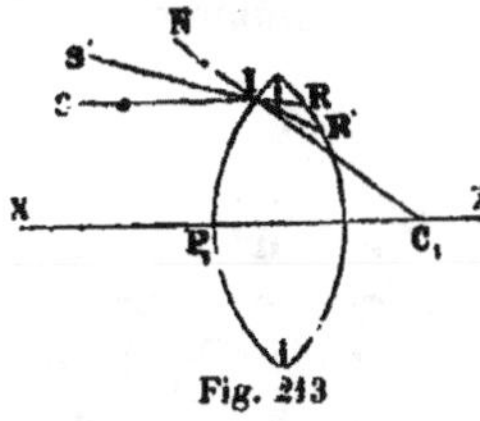

Fig. 243

On arrive à un résultat analogue en plaçant à l'intérieur un diaphragme qui arrête les rayons trop éloignés de l'axe (fig. 243). Il importe de remarquer que ce diaphragme ne joue pas le même rôle que si, avec le même rayon, il était placé extérieurement ; parce que, alors, il arrêterait tous les rayons incidents dont la distance à l'axe dépasserait son demi-diamètre ; tandis que, à l'intérieur, il laisse passer ceux S'IR' qui au-delà de cette distance font un angle d'incidence qui ne dépasse pas certaine valeur, et qu'il arrête ceux SIR qui ont le même point d'incidence, mais font un trop grand angle avec la normale IN.

On arrive au même résultat dans certains modèles de loupes qui ont une assez grande épaisseur en entaillant sous forme de gorge la périphérie de la lentille.

Quant à l'aberration de réfrangibilité, on la corrige lorsqu'on le juge nécessaire par l'emploi de lentilles achromatiques.

351. Loupes composées. — Les appareils composés du genre des microscopes peuvent se diviser en deux groupes, non pas au point de vue général, mais au point de vue du fonctionnement particulier des lentilles qui les composent, suivant que l'appareil comporte, avant la formation de l'image virtuelle définitive, celle d'une image réelle, ou n'en comporte pas ; au point de vue pratique, cette distinction a un intérêt réel parce que, seuls, les appareils du premier groupe comportent l'emploi d'un réticule.

Occupons-nous d'abord du second groupe ; là encore une subdivision est à établir suivant que les lentilles qui constituent le système sont toutes convergentes ou qu'il y en a une de divergente.

Les *doublets* et les *triplets* sont des appareils formés de deux ou de trois lentilles convergentes, tellement disposées qu'il ne se forme aucune image réelle dans l'appareil. Ces appareils servent quelquefois comme loupes composées ou microscopes simples, mais le plus souvent ils sont utilisés comme oculaires dans des instruments plus complexes.

Parmi les doublets les plus employés nous citerons :

Le *doublet de Wollaston* (fig. 214), formé par deux lentilles plan-convexes à distances focales inégales. Ce doublet est caractérisé par le symbole 6, 3, 2, qui indique les rapports existant entre la distance focale de la première lentille L_1, la distance λ des deux lentilles et la distance focale de la seconde lentille L_2.

Le doublet de Ramsden se compose de deux lentilles plan-convexes égales L_1 L_2 (fig. 215), dont les faces courbes sont en regard. Le symbole de ce doublet est de 3, 2, 3.

Le doublet de Wollaston sert quelquefois de loupe ; le doublet de Ramsden sert exclusivement d'oculaire composé.

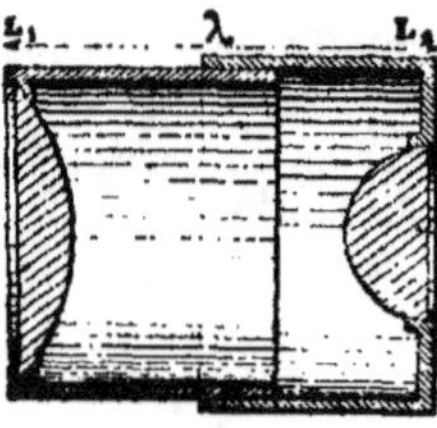

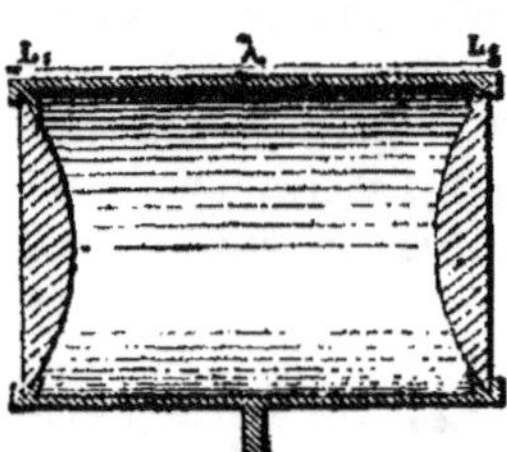

Fig. 214. Fig. 215.

La *loupe de Chevalier* ou *de Brücke* est composée d'une lentille convergente L_1 (fig. 216), qui donnerait de l'objet AB une image réelle *ab*, mais avant la formation de cette image, les faisceaux sont interceptés par une lentille divergente L_2 placée de manière à en donner une image A'B' agrandie et renversée, droite par rapport à l'objet, par conséquent.

Le point *a* où se formerait l'image réelle doit donc être situé au-delà du plan focal F''_2 de la lentille L_2.

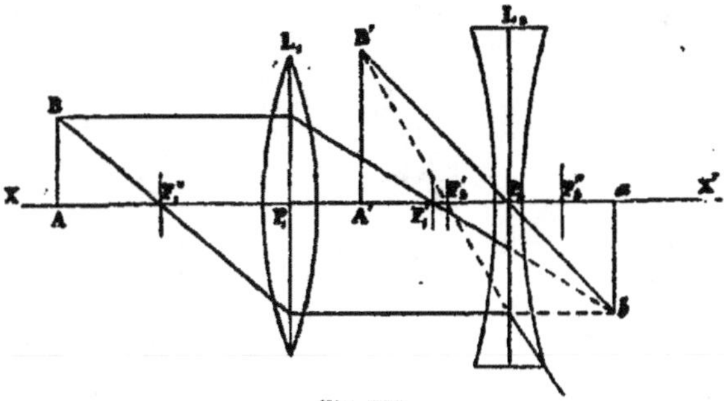

Fig. 216.

359. Microscope composé. — Le *microscope* ou *microscope composé* est essentiellement formé de deux lentilles convergentes (fig. 217) : l'une de grande puissance L_1, l'objectif, est placée près de l'objet AB dont elle donne une image réelle, renversée et agrandie *ab* ; l'autre de moindre puissance L_2 l'oculaire, est placée devant l'œil et joue le rôle de loupe par rapport à cette image réelle dont elle donne une image virtuelle, droite (renversée par rapport à l'objet, par conséquent) et agrandie A'B'.

Afin de diminuer les aberrations de sphéricité et de réfrangibilité, on emploie des objectifs composés et quelquefois aussi des oculaires composés.

L'image devant être notablement agrandie, il est nécessaire d'éclairer fortement l'objet, on y arrive, s'il est transparent, à l'aide d'un miroir placé sous le porte-objet et qui envoie un faisceau émanant soit des nuées, soit d'une lumière artificielle, et que, dans certains cas, on fait converger sur l'objet à l'aide d'une lentille spéciale. Si l'objet est opaque, on concentre la

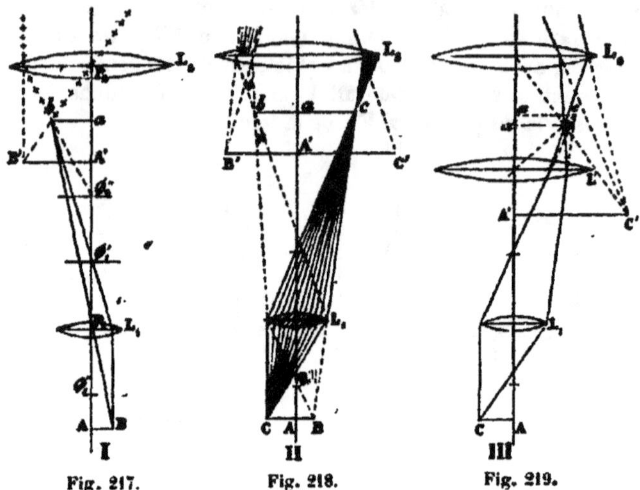

lumière à l'aide d'une lentille convergente que l'on interpose
entre l'objet et la source de lumière.

Pour qu'un point B (fig. 218) puisse être vu, il ne suffit pas
que l'objectif en donne une image réelle b ; il faut encore que
le faisceau qui fournit cette image, et qui a pour base la lentille L, et pour sommet le point b, vienne ensuite rencontrer
l'oculaire. Si la rencontre n'a pas lieu, l'observateur ne peut
voir le point : celui-ci est hors du *champ* de l'appareil. Si le
faisceau ne traverse que partiellement l'oculaire, le point peut
être vu, mais il est d'autant moins éclairé qu'une plus grande
partie du faisceau est restée en dehors de l'oculaire. Aussi, pour
éviter les variations d'intensité qui en résulteraient pour les
diverses parties de l'image, on place au point où se forme
l'image réelle un diaphragme, écran opaque percé d'une ouverture circulaire dont le rayon ac est tel qu'elle ne laisse
passer que les faisceaux qui tombent en totalité sur l'oculaire.

On peut augmenter le champ du microscope en interposant
une lentille convergente L′ (fig. 219) convenablement choisie

entre l'objectif L_1 et l'image réelle *ac* que cette lentille fournit, et qui se trouve alors remplacée par une autre image réelle *a'c'*, de même sens et plus petite ; mais les faisceaux qui forment celle-ci sont notablement rapprochés de l'axe, de telle sorte que les parties périphériques de l'image qui étaient en dehors du champ s'y trouvent ramenées. On comprend que l'appareil est moins puissant, puisque l'on regarde avec l'oculaire une image *a'c'* plus petite que celle *ac* qui existait primitivement ; mais proportionnellement on gagne plus pour le champ qu'on ne perd pour la puissance.

Cette lentille interposée est appelée *lentille de champ*. On peut dire qu'elle constitue avec l'objectif proprement dit un objectif composé fournissant une image réelle que l'on regarde avec l'oculaire ; c'est bien là réellement son rôle optique. On a cependant l'habitude de la considérer comme constituant avec l'oculaire un oculaire composé connu sous le nom d'*oculaire d'Huyghens* : seulement, comme il se comporte autrement que les doublets dont nous avons parlé, on dit que c'est un *oculaire négatif*. Il nous semble que cette manière de caractériser le rôle des lentilles est peu rationnelle.

En choisissant convenablement la lentille de champ, elle permet d'ailleurs d'obtenir des images plus nettes. Par exemple on peut diminuer notablement l'aberration de sphéricité qui, sans son emploi, existerait avec un oculaire simple. On peut également obtenir l'achromatisme sans l'emploi de lentilles achromatiques proprement dites, ainsi que nous l'avons expliqué précédemment d'une manière générale (329).

353. — La valeur du grossissement dans le microscope peut s'obtenir de la façon suivante ; en supposant que l'image se fait à la distance d de l'œil (347), on a $\alpha = -O\,\dfrac{d-\delta}{\varphi d}$; dans cette formule φ est la distance focale du *microscope* et δ l'abscisse du premier foyer de l'instrument entier. On a d'autre part $\alpha_0 = \dfrac{O}{\pi}$, ce qui donne pour le grossissement g dans ces conditions.

$$g = \frac{\alpha_i}{\alpha_0} = -\frac{\pi\,(d-\delta)}{\varphi d}$$

Pour avoir la meilleure utilisation du microscope, il faudrait savoir quel est le signe de δ ; on ne le connaît pas, en général, et il semble, d'après des recherches que nous avons faites, qu'il varie d'un appareil à l'autre. On ne peut donc donner une formule s'appliquant à tous les appareils ; il faudrait employer la formule précédente en donnant dans chaque cas à d et à δ les valeurs correspondant au mode d'emploi.

Dans le cas particulier où l'on place l'image au punctum proximum, on a $\alpha_1 = \dfrac{1}{\pi}$ et il vient pour le grossissement :

$$g = \frac{l}{0}$$

valeur que l'on peut mesurer comme nous allons le dire. On ne peut d'ailleurs en déduire le grossissement pour une autre distance, car la valeur de ce rapport change dans de très grandes proportions.

On place sur le porte-objet un micromètre présentant de fines divisions, par exemple un millimètre divisé en cent parties ; on adapte au-dessus de l'oculaire une chambre claire à déplacement latéral de l'image (343) et on projette l'image virtuelle que l'on voit du micromètre sur une règle divisée en millimètres, par exemple. L'étendue l occupée par une division du micromètre dont λ est la valeur fournit immédiatement le rapport cherché qui est $\dfrac{l}{\lambda}$.

Pour que ce résultat soit exact, il faut que l'image virtuelle du micromètre se fasse en coïncidence avec la règle divisée, il faut, suivant l'expression consacrée, qu'il n'y ait pas de *parallaxe*. On s'en assure en déplaçant l'œil devant la chambre claire : s'il n'y a pas de parallaxe, si les images sont bien superposées, ce déplacement ne détruira pas la coïncidence que l'on aurait observée entre deux traits, un de l'image et un de la règle. S'il y a parallaxe, on s'apercevra que la coïncidence cesse par le déplacement de l'œil.

La valeur du rapport $\dfrac{l}{0}$ dans ce cas est égale à $-\dfrac{l'}{\varphi} = -\dfrac{\pi - \delta}{\varphi}$: pour un même appareil elle varie donc avec π, c'est-à-dire avec l'observateur (δ est à peu près constant pour tous les observateurs). Même dans le cas particulier où on place l'image au punctum proximum, elle ne caractérise pas la valeur de l'appareil considérée, cette valeur ne devant dépendre que des éléments mêmes du système optique.

Il semble que la quantité φ convienne au contraire pour caractériser la valeur du microscope, ou mieux encore $\dfrac{1}{\varphi}$ qui sera la puissance évaluée en dioptries (276) comme nous l'avons dit pour les lentilles.

Il est important de remarquer que dans le microscope φ est positif [1], le point nodal N' étant du côté négatif par rapport à F' et par conséquent N" étant du côté positif par rapport à F".

354. Lunette astronomique. — La lunette astronomique destinée à regarder des objets très éloignés est composée essentiellement d'un objectif L_1 (fig. 220), lentille convergente qui donne de l'objet AB une image ab, réelle, renversée, très petite et placée au delà du 1ᵉʳ plan focal Φ_1' et d'un oculaire L_2, lentille convergente qui joue le rôle de loupe par rapport à cette image, c'est-à-dire que celle-ci doit être placée entre l'oculaire et son 2ᵉ plan focal $\Phi_2"$.

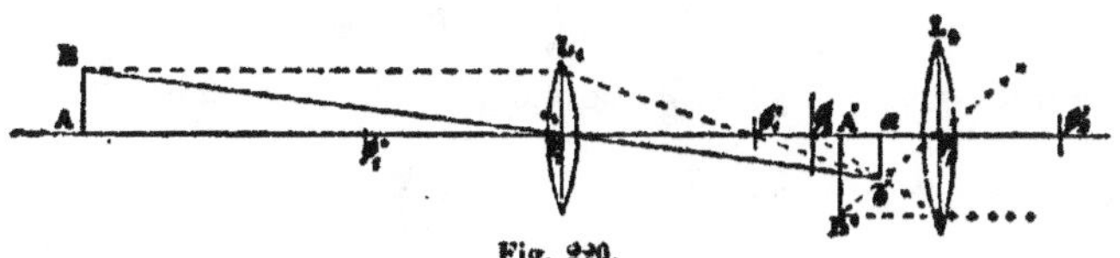

Fig. 220.

L'œil verra alors une image virtuelle A'B' droite (renversée par rapport à l'objet) et agrandie (mais en réalité toujours plus petite que l'objet). La position que devra occuper cette image virtuelle pour que le grossissement soit le plus fort possible dépend de la nature de la vue de l'observateur et de la position du centre optique de son œil par rapport au 1ᵉʳ plan focal Φ_2' de l'oculaire.

____

[1]. Les points nodaux N',N" et les plans focaux F',F" sont ceux du système entier : il en est de même pour la distance focale φ.

L'image *ab* formée par l'objectif est invariable de grandeur et de position, et les variations de grandeur et de position de l'image ne dépendent que des changements de position de l'oculaire par rapport à cette image réelle, et par conséquent des changements de distance entre les deux lentilles, de ce que l'on appelle le tirage; la discussion est donc tout à fait la même que pour la loupe et les conclusions sont les mêmes. Pour avoir le plus fort grossissement possible, l'image virtuelle devra être au punctum proximum ou au punctum remotum suivant que le centre optique de l'œil sera en avant ou en arrière du foyer Φ'_2 de l'oculaire; la position de l'image serait indifférente si ces deux points étaient en coïncidence (347).

355. — En général les objets que l'on regarde avec la lunette astronomique sont assez éloignés pour que l'on puisse considérer que l'image se fait dans le plan focal Φ'_1; si i est la grandeur de cette image le diamètre apparent de l'objet est $\dfrac{i}{\varphi_1} = \alpha_0$, à cause de l'égalité des angles BP_1A et bP_1a (fig. 221). On aura le diamètre apparent α_i de l'image de i par la formule générale (347) :

$$\alpha_i = -\frac{i}{\varphi_2}\left(1 - \frac{\delta}{d}\right)$$

ce qui donnera pour le grossissement :

$$y = \frac{\alpha_i}{\alpha_0} = -\frac{\varphi_1}{\varphi_2}\left(1 - \frac{\delta}{d}\right)$$

δ étant l'abcisse du foyer Φ'_2 de l'oculaire par rapport à l'œil.

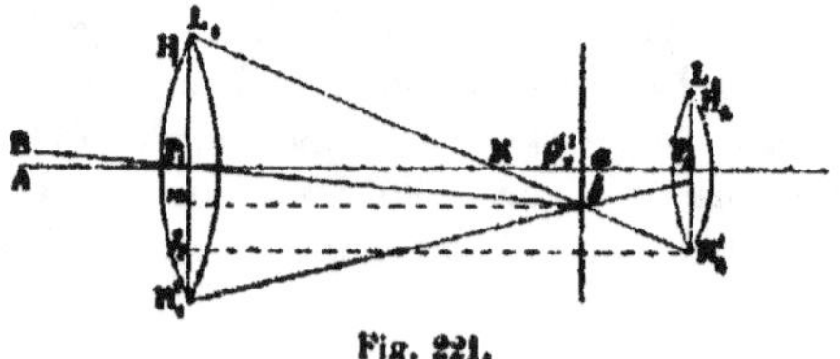

Fig. 221.

Quelle que soit la distance π ou ρ qu'il convienne de donner à *d* pour avoir la plus grande valeur possible, la valeur de *g* dépend de l'observateur et n'est pas une donnée caractéristique de l'appareil. Elle ne deviendrait telle que si l'on faisait δ égal à 0, c'est-à-dire si l'on supposait que le centre optique de l'œil fût en coïncidence avec le foyer Φ'_1; la quantité $\dfrac{\varphi_1}{\varphi_2}$ peut donc servir à caractériser la valeur d'un instrument donné.

Ce même rapport a été considéré comme représentant le grossissement pour un œil qui regarderait à l'infini et dont le centre optique coïnciderait avec le centre optique de l'oculaire. La première condition qui exige que les plans focaux Φ'_1 et Φ''_2 coïncident est acceptable; mais il n'en est pas de même de la seconde. Aussi vaut-il mieux caractériser la valeur d'une lunette comme nous venons de le faire par le grossissement quand le centre optique de l'œil coïncide avec le foyer de l'oculaire.

On ne peut, comme dans le microscope, faire intervenir la distance focale du *système*, cette quantité étant variable et changeant notablement avec le tirage.

256. — Le champ est limité dans la lunette comme dans le microscope, pour les mêmes raisons : en réalité on place dans le plan où se fait l'image réelle *ab* (nous supposons que l'objet est assez loin pour que ce plan coïncide avec le premier plan focal de l'objectif) un diaphragme dont l'ouverture est choisie de manière à intercepter les faisceaux qui ne tombent pas en totalité sur l'oculaire. On reconnaît aisément que la grandeur de l'ouverture est déterminée par l'intersection *b* du plan focal avec la droite $H_1 H'_2$ qui joint les extrémités opposées des diamètres parallèles de l'objectif L_1 et de l'oculaire L_2; le faisceau $H_1 \, b \, H'$ ayant son sommet en *b* est le dernier qui tombe entièrement sur l'oculaire.

Cherchons le rayon de cette ouverture, nous en pourrons déduire le champ de l'appareil.

Soient ω ce rayon *ab* (fig. 224), Ω_1 et Ω_2 les rayons de l'objectif $P_1 H_1$ et de l'oculaire $P_2 H_2$, φ_1 et φ_2 leurs distances focales; $P_1 \Phi'_1$, $\Phi_1' P_2$; nous supposerons enfin que le deuxième plan focal de l'oculaire coïncide avec le premier plan focal de l'objectif.

Menons les parallèles à l'axe mb et $h\,\mathrm{H}'_2$; les triangles semblables $\mathrm{H}_1 mb$ et $\mathrm{H}_1 h\mathrm{H}'_2$ donnent immédiatement :

$$\frac{\Omega_1 + \omega}{\Omega_1 + \Omega_2} = \frac{\varphi_1}{\varphi_1 + \varphi_2}$$

d'où l'on tire :

$$\omega = \frac{\varphi_1 \Omega_2 - \varphi_2 \Omega_1}{\varphi_1 + \varphi_2}$$

Si l'on appelle γ l'angle compris entre les directions extrêmes qui donnent des faisceaux passant à travers le diaphragme, angle dont $\mathrm{B\,P_1\,A}$ est la moitié, on a immédiatement :

$$\frac{\gamma}{2} = a\,\mathrm{P}_1\,b_1, \quad \text{et} \quad \mathrm{tg}\,\tfrac{1}{2}\gamma = -\frac{\varphi}{\omega_1} = \frac{\varphi_2 \Omega_1 - \varphi_2 \Omega_1}{\varphi_1(\varphi_1 + \varphi_2)}$$

valeur que l'on peut écrire :

$$\mathrm{tg}\,\tfrac{1}{2}\gamma = \frac{\dfrac{\Omega_1}{\varphi_1} - \dfrac{\Omega_2}{\varphi_2}}{1 + \dfrac{\varphi_1}{\varphi_2}}$$

Pour éviter les aberrations, on doit conserver à $\dfrac{\Omega_1}{\varphi_1}$ et $\dfrac{\Omega_2}{\varphi_2}$ des valeurs déterminées. On voit alors que $tg\,\tfrac{1}{2}\gamma$ varie en sens contraire de $\dfrac{\varphi_1}{\varphi_2}$, c'est-à-dire du grossissement.

337.— Un rayon lumineux pouvant toujours être considéré, au point de vue de sa marche ultérieure, comme partant d'un

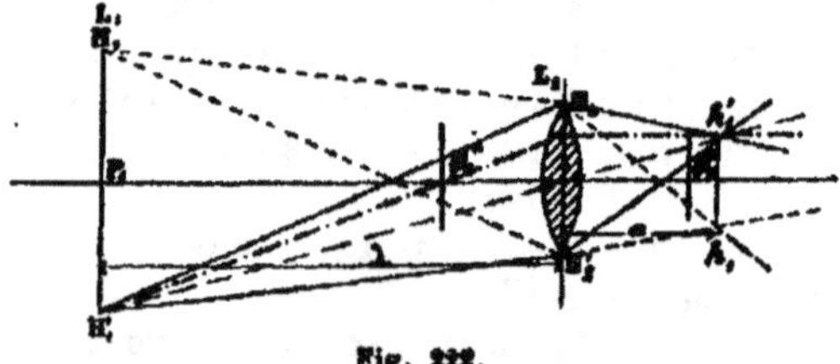

Fig. 222.

point quelconque de sa direction, tous les rayons qui traversent l'oculaire peuvent être supposés partir de l'objectif. On a de cet objectif $H_1H'_1$ (fig. 222), une image réelle h_1h_1' de l'autre côté de la lentille L_2 ; il est facile de calculer la grandeur et la position de cette image par les formules générales :

$$l_2 l'_2 = - \varphi_2^2 \qquad \text{et} \qquad \frac{1}{0} = \frac{\varphi_2}{l_2}$$

Nous supposerons comme précédemment que les plans focaux coïncident. On aura alors $l_2 = - \varphi_2$ et $0 = \Omega_1$; si donc a est le rayon de cette image réelle, qu'on appelle l'*anneau oculaire*, on aura :

$$l_2' = + \frac{\varphi_2^2}{\varphi_1} \qquad \text{et} \qquad \frac{a}{0} = - \frac{\varphi_2}{\varphi_1} ;$$

la distance de l'anneau oculaire à la lentille sera :

$$l'_2 - \varphi_2 = \frac{\varphi_2 (\varphi_2 - \varphi_1)}{\varphi_1}$$

Il est à remarquer que le rapport $\dfrac{0}{a}$ est précisément égal au grossissement absolu et peut servir à le mesurer pratiquement.

On a 0 directement ; pour avoir a, on enlève l'objectif qui n'agit pas comme lentille pour la formation de l'anneau oculaire et l'on cherche l'image réelle de l'ouverture ainsi déterminée à travers l'oculaire. On recueille cette image réelle sur une lame translucide portant des divisions que l'on regarde avec une loupe (dynamètre de Ramsden). Lorsque l'image obtenue est bien nette, on détermine son diamètre $2a$; on a alors immédiatement $\dfrac{\varphi_1}{\varphi_2} = \dfrac{0}{a}$.

258. Réticule. Axe optique. — Non seulement la lunette astronomique permet d'examiner les objets éloignés avec un grossissement qui peut être notable, mais encore elle peut être utilisée à caractériser, à déterminer une direction dans l'espace, et pour cette raison elle a été employée à la mesure des angles.

Dans ce but, on dispose dans le plan focal de l'objectif, où se forme l'image réelle de l'objet, un réticule constitué par deux fils croisés à angle droit. Ce réticule sera vu par l'observaleur en même temps que l'image et avec la même netteté, puisqu'il est à la même distance de l'oculaire.

La ligne géométrique qui joint la croisée des fils du réticule au centre optique de l'objectif est ce que l'on appelle l'*axe optique* de la lunette : c'est une ligne invariable dans l'appareil. On peut aisément amener cet axe optique à passer par un point situé à une très grande distance, car alors l'image de ce point (qui doit se faire sur cette ligne qui est un axe secondaire de l'objectif) se trouvera en coïncidence avec la croisée des fils du réticule, ce que l'on verra nettement à travers l'oculaire. La direction dans laquelle se trouve ce point dans l'espace sera absolument caractérisée par la position de la lunette. Si, la lunette tournant autour d'un centre fixe, on vient à viser un autre point, le déplacement angulaire de la lunette fera connaître l'angle que font entre elles les directions qui passent par ces points.

Mais pour que ces déterminations puissent être faites aisément et exactement, deux conditions doivent être remplies.

Il faut que le réticule soit bien dans le plan focal, qu'il y ait bien coïncidence entre l'image du point visé et la croisée des fils. A cette condition seulement la visée sera indépendante de la position de l'œil derrière l'oculaire. On s'en assure en déplaçant l'œil alors que l'on a obtenu la coïncidence ; si celle-ci subsiste malgré ces déplacements, l'image et le réticule sont bien dans le même plan : s'il y a, au contraire, déplacement d'un point par rapport à l'autre, l'image et le réticule ne sont pas dans le même plan, il y a *parallaxe*. Il faut alors déplacer le réticule longitudinalement jusqu'à ce que la parallaxe ait disparu.

La lunette est constituée par un corps cylindrique dans lequel sont vissées les lentilles ; il faut que l'axe optique coïncide avec l'axe géométrique de ce cylindre. Pour qu'il soit possible de s'en assurer, il faut que la lunette soit disposée de manière à être prise entre des colliers qui lui permettent de tourner autour de cet axe géométrique. On vise une mire divisée placée à grande distance et on note la division dont l'image coïncide avec la croisée des fils ; puis on fait tourner la lunette de 180° autour de son axe géométrique. Si l'axe optique coïncide avec cette ligne, il ne se sera pas déplacé et ce sera la même division dont l'image coïncidera avec la croisée des fils. Si, au contraire, il n'y a pas coïncidence entre ces deux points, l'axe optique aura changé de direction et ce sera une autre division dont l'image se fera à la croisée des fils. Il est clair que la direction de l'axe géométrique passe par le point milieu de la distance qui sépare les deux points visés. Si donc on déplace le réticule, perpendiculairement à l'axe, de manière à amener la croisée des fils à coïncider avec l'image de ce point milieu, la croisée des fils sera sur l'axe géométrique qui alors sera en coïncidence avec l'axe optique. Il sera bon d'ailleurs de faire une vérification en effectuant un nouveau retournement.

359. Télescopes. — On désigne sous le nom de *télescopes catadioptriques* ou simplement *télescopes* des instruments qui sont exclusivement employés à observer les astres ; aussi ne nous y arrêterons-nous pas longtemps.

Il y a de grandes ressemblances théoriques entre ces appareils et la lunette astronomique : on y rencontre un objectif convergent qui donne de l'objet une image réelle et renversée, et un oculaire qui est une loupe, loupe simple ou composée, à l'aide de laquelle on regarde l'image réelle.

La différence consiste à un point de vue général, en ce que l'objectif est un miroir concave au lieu d'être une lentille biconvexe. L'image se forme donc en avant du miroir, ce qui entraîne la nécessité d'une disposition spéciale rejetant cette image en un point où il soit possible de l'examiner aisément avec l'oculaire. C'est le dispositif adopté pour obtenir l'image réelle en une position convenable qui caractérise les diverses espèces de télescopes (Newton, Gregori, Cassegrain, Herschell), que nous n'étudierons pas en détail.

Disons seulement que, autrefois, les miroirs concaves étaient en métal poli et qu'on leur donnait une forme aussi parfaitement sphérique que possible. Foucault a remplacé le métal par du verre argenté. Si la surface perd de son pouvoir réflecteur, il est très aisé sans détériorer la surface d'enlever la couche métallique et de la remplacer par une autre. Ajoutons que Fou-

cault a indiqué des méthodes sûres permettant d'obtenir
une surface parabolique de manière à faire disparaître absolument l'aberration de sphéricité.

Enfin le poids de ces miroirs est notablement inférieur au
poids des miroirs métalliques, ce qui simplifie le montage des
appareils.

360. Lunette terrestre. —Dans certaines circonstances,
lorsque l'on veut regarder des objets à la surface de la terre, il
peut être gênant d'avoir des images renversées. On désigne
sous le nom de lunette terrestre un instrument qui est une
modification de la lunette astronomique et qui donne des
images droites.

On peut construire une semblable lunette en interposant
une lentille convergente entre l'objectif et l'oculaire. Cette
lentille L (fig. 223) est placée de manière à ce que l'image
réelle ab fournie par l'objectif se trouve dans son plan antiprincipal ; elle forme de l'autre côté une image $a_1 b_1$ située à
la même distance, réelle, renversée (droite, par conséquent,
par rapport à l'objet) et égale à l'image précédente. C'est
cette nouvelle image qu'on regarde avec l'oculaire comme
loupe : les conditions de grossissement sont les mêmes que
dans la lunette astronomique, car la lentille interposée ne
change rien à la grandeur des images ; la longueur est seulement augmentée de 4 fois la distance focale de la lentille interposée [1].

1. On pourrait ne pas placer l'image fournie par l'objectif dans le plan
antiprincipal et il serait même ainsi possible d'augmenter le grossissement,
mais on reconnaît aisément que cette position est celle qui donne la distance
minima entre l'image et l'objet, qui rend minimum l'allongement de la lunette.
Si d est cette distance, on a, en général, $d = l - 2\varphi - l'$ avec la relation
$ll' = -\varphi^2$, ce qui donne :

$$d = l + \frac{\varphi^2}{l} - 2\varphi$$

En prenant la dérivée, on aura pour le minimum la condition :

$$0 = 1 - \frac{\varphi^2}{l^2} \qquad \text{ou} \qquad l = \pm\varphi$$

valeurs dont l'une correspond au plan principal et est inadmissible, et dont
l'autre $l = \varphi$ correspond au plan antiprincipal.

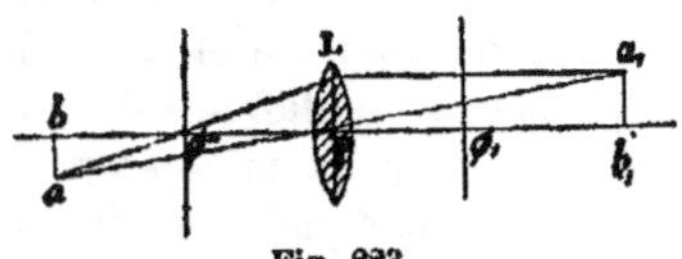

Fig. 223.

En réalité, on interpose non pas une lentille, mais un système de deux lentilles (fig. 224) auquel on donne le nom de *véhicule* ; l'image fournie par l'objectif est de même dans le plan

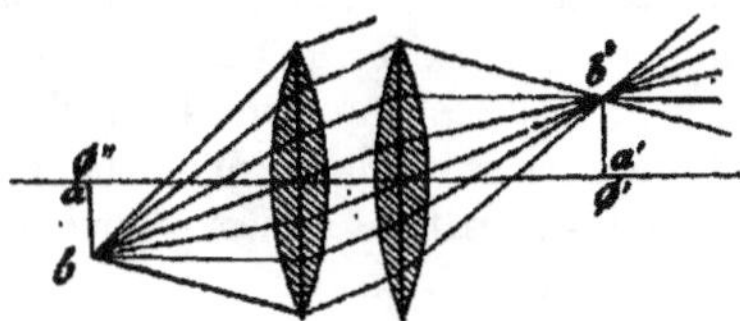

Fig. 224.

antiprincipal du système. En général, les deux lentilles sont égales et ce plan coïncide avec le plan focal de la première lentille.

L'emploi de ces deux lentilles, pour remplacer une lentille unique qui pourrait produire le même effet, s'explique par la nécessité de diminuer les aberrations de sphéricité, chacune des lentilles qui constituent le véhicule ayant des courbures moindres que la lentille unique qu'elles remplacent, puisqu'elles ont une distance focale double.

Si δ est la distance des lentilles, φ la distance focale (négative) de l'une d'elles, l'allongement produit par l'interposition du véhicule est $\delta - 2\varphi$. La distance δ peut être prise quelconque et pourrait être très réduite. En général on prend $\delta = -2\varphi$: les faisceaux qui traversent le véhicule vont alors passer tous par un anneau assez réduit ; à cette distance on place un diaphragme ayant même diamètre que cet anneau et qui arrête les rayons qui se seraient réfléchis sur les parois extérieures de la lunette.

L'oculaire à l'aide duquel on regarde l'image réelle fournie par le véhicule peut être une loupe simple ou une loupe composée. Le plus souvent on emploie un oculaire négatif, c'est-à-dire que, à la suite du véhicule et avant la formation de l'image réelle, on place une lentille jouant un rôle analogue à celui de la lentille de champ du microscope, et l'on regarde l'image réelle formée à l'aide d'une loupe simple.

En réalité, on peut dire que la lentille de champ appartient au véhicule ; on pourrait même admettre que l'objectif, le véhicule et la lentille de champ constituent un objectif composé donnant une image réelle que l'on regarde avec une loupe.

On a l'habitude, au contraire, de considérer l'ensemble du véhicule, de la lentille de champ et de l'oculaire comme formant un oculaire composé particulier qu'on désigne sous le nom d'*oculaire terrestre*. Ces lentilles sont bien, il est vrai, fixées dans une même monture et rendues solidaires, mais cette liaison matérielle ne nous paraît pas suffire pour justifier le groupement au point de vue optique.

361. Lunette de Galilée. — La *lunette de Galilée* est destinée à donner une image droite des objets : elle est constituée essentiellement par un objectif convergent L_1 et un oculaire divergent L_2 (fig. 225).

L'objectif donnerait une image ab réelle et renversée de

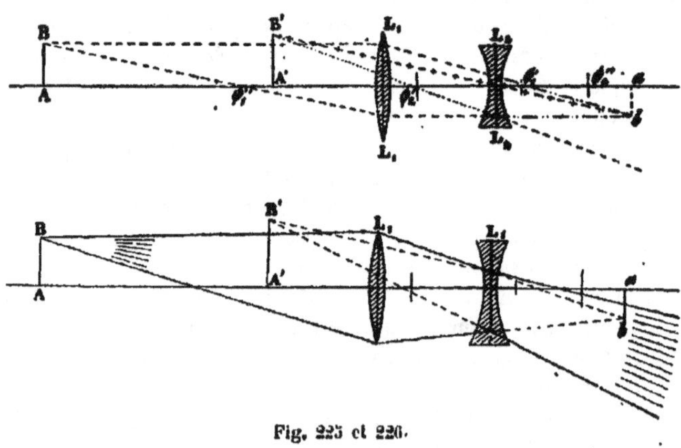

Fig. 225 et 226.

l'objet AB à une distance un peu plus grande que sa distance focale. Mais les faisceaux convergents qui émergent de l'objectif sont interceptés avant leurs sommets par l'oculaire. Cette lentille est placée en un point tel que la position de l'image réelle qui se serait formée est située au delà du deuxième plan focal Φ'', par rapport à la lentille L_2. On a donc (274) une image $A'B'$ virtuelle, renversée (droite par conséquent par rapport à l'objet), et plus grande que n'aurait été la première image ab.

Pour avoir la meilleure utilisation de l'appareil, nous n'avons qu'à appliquer à l'oculaire les résultats fournis par la formule générale, car l'image virtuelle ab est invariable de grandeur et de position. Ici, on a nécessairement $\delta > 0$, et dans la pratique $\pi > \delta$; il faut donc (347) mettre l'image au *punctum remotum*, ce qui donne :

$$\alpha = - i \frac{\rho - \delta}{\varphi_2 \rho}$$

Comme pour la lunette astronomique, on a d'autre part $\alpha_0 = \dfrac{i}{\varphi_1}$; il vient donc finalement

$$g = \frac{\alpha_1}{\alpha_0} = - \frac{\varphi_1}{\varphi_2} \frac{(\rho - \delta)}{\rho}$$

Comme pour la lunette astronomique, on est conduit à prendre $\dfrac{\varphi_1}{\varphi_2}$ pour caractériser la valeur de l'appareil ; mais cette quantité ne correspond à rien de réel, car on ne peut avoir $\delta = 0$.

La lunette de Galilée ne peut avoir de réticule et, par suite, d'axe optique, puisqu'il ne s'y forme aucune image réelle.

Les jumelles de spectacle sont formées par deux lunettes de Galilée, placées parallèlement.

362. Lunette de Rochon. — La lunette de Rochon est un appareil destiné à mesurer le diamètre apparent des objets ; elle peut servir également, par conséquent, à mesurer l'un des éléments de cette quantité, grandeur de l'objet ou distance, lorsque l'on connaît l'autre.

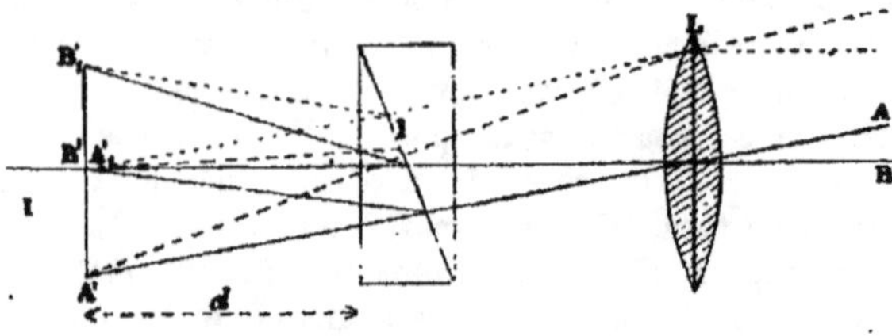

Fig. 227.

Cet appareil est constitué comme une lunette astronomique, mais entre l'objectif **L** (fig. 227) et le point où se forme l'image réelle on interpose un prisme biréfringent [1]. En réalité on superpose à ce prisme un autre prisme de même angle, de manière à constituer une lame à faces parallèles et à obtenir approximativement l'achromatisme.

Les faisceaux émergents de l'objectif se diviseront en deux au sortir du prisme biréfringent (non à l'incidence, parce qu'ils arrivent à peu près normalement et que l'axe du cristal est dans la face d'incidence) ; on aura donc deux images réelles A′ B′, A′₁ B′₁, qui se feront dans le même plan, mais la position de l'image extraordinaire par rapport à l'axe dépendra de la place occupée par le prisme. On déplace celui-ci jusqu'à ce que l'une des extrémités A_1' de l'image extraordinaire coïncide avec l'autre extrémité B′ de l'image ordinaire.

L'objet O étant à une distance D très grande, son image I se fait à peu près dans le plan focal ; son diamètre apparent α sera donné par $\alpha = \dfrac{O}{D}$ ou $\alpha = \dfrac{I}{f}$, si f est la distance du plan focal à la lentille.

Si nous appelons d la distance du prisme au plan focal, et δ la déviation qu'il produit, on a

$$I = d \, \mathrm{tg} \, \delta$$

et par suite

$$\alpha = \frac{O}{D} = d \, \frac{\mathrm{tg} \, \delta}{I}$$

---

1. Dans cette figure, la lumière est supposée venir de la droite.

La quantité $\frac{tg\,\delta}{f}$ est constante pour un appareil donné et est déterminée une fois pour toutes. On pourra donc calculer α, connaissant d ; ou bien, connaissant d et l'une des quantités O ou D, on pourra calculer l'autre.

§ VI

OPTIQUE PHYSIQUE

Hypothèse des ondulations. Vitesse de propagation de la lumière. Interférences. Diffraction. Anneaux colorés. Polarisation de la lumière. Rotation du plan de polarisation.

263. Hypothèse des ondulations. — Nous avons indiqué dès le début de l'optique que l'hypothèse de l'émission était abandonnée et remplacée par l'hypothèse des ondulations, qui rend compte d'une manière plus satisfaisante que la première des phénomènes que nous avons étudiés jusqu'à présent, et qui fait comprendre en outre ceux dont il nous reste à parler et que l'émission ne permet pas d'expliquer : l'hypothèse des ondulations a même permis de prévoir des faits qui n'avaient pas encore été signalés et qui ont été ultérieurement observés.

Il va sans dire que, malgré ces caractères qui sont en faveur de l'hypothèse des ondulations, on ne saurait d'une manière certaine la regarder comme représentant la réalité ; quoiqu'il en soit, elle permet d'étudier les faits en les reliant et en en rendant compte, et cette raison seule suffirait pour expliquer les développements que nous allons donner, bien que nous n'ignorions pas les objections qui lui ont été opposées et dont quelques-unes sont sérieuses.

On admet que l'espace est rempli d'une matière qu'on nomme *éther* (on dit quelquefois *éther lumineux*) qui se comporte comme si elle était parfaitement élastique ; non seulement elle existe dans ce que l'on nomme le vide, comme la chambre barométrique et les espaces interplanétaires et interstellaires, mais encore elle pénètre les corps. On est conduit dès lors à considérer l'éther comme composé, ainsi que la matière, de particules, d'atomes, séparés les uns des autres par des espaces dont nous ignorons la grandeur absolue, de même que nous ne savons rien des dimensions des molécules d'éther.

Lorsqu'une molécule d'éther est éloignée de sa position d'équilibre, elle tend à y revenir et oscille autour de cette position ; ce mouvement se transmet dans toutes les directions aux molécules voisines qui, à leur tour, le communiquent aux molécules suivantes de telle sorte que le mouvement se répand et se propage dans des conditions que nous déterminerons tout-à-l'heure.

C'est ce mouvement moléculaire, ou plutôt c'est l'énergie qui lui correspond, qui est la cause des phénomènes que nous avons attribués aux radiations ; c'est ce mouvement moléculaire qui, émané d'un point, arrive jusqu'à la rétine et qui mettant en jeu l'activité de cette membrane donne naissance à la sensation de lumière ; c'est ce mouvement moléculaire qui, transmis à certains corps, amène des modifications dans leur équilibre interne, modifications qui se traduisent par des changements dans la constitution chimique ; c'est ce mouvement moléculaire qui, modifiant le mouvement vibratoire des molécules matérielles, fait varier les conditions thermiques et est susceptible de produire des changements d'état.

Pour l'explication des phénomènes que nous avons à signaler, il faut admettre que si l'on considère une direction dans laquelle se fait la propagation du mouvement vibratoire (et nous expliquerons plus tard exactement ce qu'il faut comprendre par cette expression) la vitesse des vibrations des molécules d'éther est perpendiculaire à cette direction.

A moins de conditions spéciales, que nous signalerons aussi, la direction de cette vitesse n'a rien de fixe et varie d'un instant à l'autre ; mais bien que ces variations de direction soient rapides, à cause de la faible durée de chacune d'elles, il arrive qu'un grand nombre de vibrations consécutives, 40.000 à 50.000 au moins, ont des directions qui varient assez peu pour qu'on puisse les regarder comme parallèles.

Nous indiquerons, au fur et à mesure que se présenteront des faits nouveaux, les raisons qui conduisent à admettre ces conditions ainsi que les méthodes qui ont permis de déterminer les données numériques caractérisant ces mouvements vibratoires : disons à ce propos, et c'est là un fait intéressant, que certaines de ces données ont pu être obtenues par des méthodes différentes qui ont donné des résultats concordants.

264. — Une molécule d'éther étant écartée de sa position d'équilibre est sollicitée à y revenir par une force ; on admet que celle-ci obéit aux mêmes lois que l'on a observées pour les corps élastiques matériels, c'est-à-dire qu'elle est proportionnelle à chaque instant à la distance de la molécule à sa position d'équilibre. On démontre, en mécanique, que la loi du mouvement peut alors être représentée par l'équation

$$x = a \cos \frac{2\pi t}{\theta}$$

dans laquelle les lettres ont les significations suivantes :

x, distance de la molécule à sa position d'équilibre ;

a, élongation maxima ;

t, temps qui sépare l'instant considéré de l'origine des temps, l'instant initial coïncidant avec le passage de la molécule à l'une de ses positions extrêmes ;

θ, durée d'une vibration complète (vibration double).

On déduit de là, pour la vitesse v :

$$v = -\frac{2\pi}{\theta} a \sin \frac{2\pi t}{\theta} = - Va \sin \frac{2\pi t}{\theta}$$

on désignant par V la vitesse maxima, qui correspond comme il est facile de le voir aux instants pour lesquels la molécule repasse à sa position d'équilibre.

Au lieu de caractériser la durée de la vibration pour la quantité θ, on se donne quelquefois le nombre n des vibrations effectuées en une seconde. On a évidemment la relation

$$n\theta = 1^s$$

A cause de la périodicité des fonctions sinus et cosinus on voit immédiatement que pour deux valeurs de t différant de θ ou d'un multiple quelconque de θ, les quantités x et v reprennent absolument les mêmes valeurs, c'est-à-dire que pour les instants correspondants la molécule m repasse au même point avec la même vitesse (grandeur et sens) : de telle sorte que la position de m est absolument définie par le quotient $\frac{t'}{\theta}$, dans lequel t' est le reste de la division de t par θ. Cette quantité caractérise ce que l'on nomme la *phase*.

Deux points animés de mouvements vibratoires sont dans la *même phase* de leur vibration quand ce quotient a la même valeur pour les deux mouvements.

On appelle *phases opposées* celles pour lesquelles les valeurs de x et de v sont respectivement égales et de signes contraires ; elles correspondent évidemment à des valeurs de $\frac{t'}{\theta}$ différant de $\frac{1}{2}$, c'est-à-dire des valeurs de t' différant de $\frac{\theta}{2}$, ou d'une manière générale à des valeurs de t différant de $(2k+1)\frac{\theta}{2}$

345. Vitesse de propagation de la lumière. — Les radiations ne se transmettent pas instantanément à travers la matière ni même à travers le vide. En ce qui concerne ce dernier cas, il a été mis en évidence pour la première fois par Rœmer (1676) à la suite d'observations astronomiques. L'étude des éclipses des satellites de Jupiter lui montra, à six mois d'intervalle, une différence de près d'un quart d'heure entre les observations et les temps calculés ; il attribua cette différence à ce que, à ces deux époques, la lumière avait à parcourir des espaces qui différaient entre eux du diamètre de l'orbitre terrestre. Non seulement, on peut déduire de cette observation que la lumière ne se propage pas instantanément, mais encore, connaissant la distance de la terre au soleil, en admettant que le mouvement est uniforme, on peut calculer la vitesse de propagation.

D'autres observations astronomiques conduisirent plus tard Bradley à des résultats analogues : il avait observé un déplacement apparent de certaines étoiles qui semblent décrire une petite ellipse pendant l'intervalle d'une année ; c'est là ce qui constitue *l'aberration*. Il attribua ces variations à ce que, aux diverses époques, la vitesse de propagation de la terre et, par conséquent, de l'observateur ne fait pas le même angle avec la direction que suit la lumière pour arriver à l'œil. Les résultats indiquées par Bradley confirmaient ceux qu'avait signalés Rœmer.

Mais il faut arriver jusqu'en 1852 pour trouver des mesures de la vitesse de la lumière par des méthodes physiques et non plus par des observations astronomiques. Nous indiquerons le principe des expériences faites d'une part par Fizeau, d'autre part par Foucault.

366. Méthode de M. Fizeau. — Un point lumineux AL (fig. 228) envoie de la lumière sur une lentille convergente H, au foyer de laquelle il se trouve : le faisceau parallèle qui en résulte passe à travers une glace inclinée M et est dirigé sur un miroir plan N perpendiculaire à sa direction et placé à une assez grande distance (dans les expériences de M. Fizeau les deux stations étaient à Suresnes et Montmartre, distantes de 8 kilomètres ; dans celles de M. Cornu les stations étaient

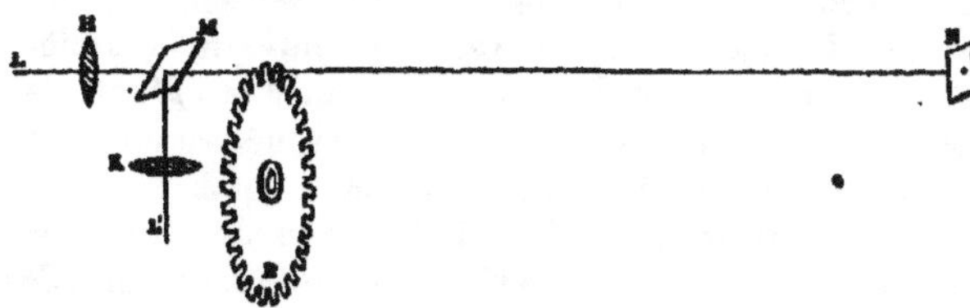

Fig. 228.

l'École Polytechnique et le mont Valérien, distance 10). Le faisceau revient dans la même direction, une partie traverse la glace M, repasse à travers la lentille H, devient convergent et a son sommet en L, l'autre se réfléchit sur cette glace, traverse la lentille convergente K et forme en L' une image réelle qui peut être vue par un observateur convenablement placé.

Outre ces pièces qui constituent la partie optique de l'appareil, il y a un disque R présentant à son bord une denture fine et régulière ; ce disque est placé de manière que le faisceau parallèle passe précisément à travers cette denture et l'on peut lui communiquer un rapide mouvement de rotation.

Lorsque le disque est au repos et que le faisceau passe à travers l'intervalle de deux dents, on voit l'image L : cette image n'est pas vue, évidemment, si le faisceau tombe sur une dent qui l'intercepte à l'aller. Si le disque tourne lentement, le faisceau alternativement passe et est arrêté ; alternativement, par suite, l'observateur notera des apparitions et des extinctions de l'image L', apparitions et extinctions qui se succèderont d'autant plus rapidement que le disque tournera plus vite. Pour une vitesse plus grande, on voit l'image d'une manière continue, à cause de la persistance des impressions sur la rétine. Mais si la vitesse, croissant, atteint une certaine valeur, l'observateur cesse de voir aucune image.

Il est aisé de comprendre ce qui se produit alors : la lumière qui, au départ, tombe sur une dent est arrêtée et ne peut rien donner ; celle qui passe entre deux dents, arrive à la deuxième station, se réfléchit et revient. Mais, pendant le temps nécessaire à ce double parcours, la roue a tourné, et si la vitesse est convenable, le faisceau tombe sur une dent, est arrêté et ne peut former d'image en L'. Le temps nécessaire pour qu'une dent ait pris la place d'un vide est donc celui que la lumière a employé pour parcourir deux fois la distance qui sépare les deux stations. Le temps peut être aisément déterminé, connaissant le nombre des dents du disque et le nombre de tours qu'il fait en une seconde ; si l'on admet que le mouvement est uniforme, on calcule aisément la vitesse puisque la distance des stations est connue.

M. Cornu reprenant le même principe a modifié avantageusement la marche des expériences. Au lieu de chercher à obtenir un mouvement uniforme du disque qui amène l'extinction de l'image L', il produit, à l'aide d'un mécanisme d'horlogerie mû par un poids, un mouvement de rotation de vitesse croissante, et par l'emploi de signaux électriques il enregistre sur un cylindre enfumé la loi du mouvement, de manière à pouvoir à chaque instant connaître le nombre de tours effectués en une seconde.

Le mouvement du disque devenant ainsi de plus en plus rapide, on observe que l'image L' d'abord visible, s'affaiblit progressivement, reparaît, passe par un maximum, s'affaiblit de nouveau, et ainsi de suite : à l'aide de signaux électriques on enregistre sur le même cylindre les instants qui correspondent aux maxima ou aux extinctions. Or la première extinction a lieu quand la lumière passant à travers un vide revient sur la dent voisine ; le maximum suivant se produit quand cette même lumière revient sur le vide voisin ; la deuxième extinction a lieu quand la lumière qui a passé à travers un vide revient sur la dent qui suit le vide voisin et ainsi de suite. Si θ est le temps nécessaire pour qu'une dent succède à un vide, ou inversement, le chemin $2d$ sera parcouru par la lumière en un temps θ pour la première extinction, en 2θ pour le premier maximum, en 3θ pour la deuxième extinction, et ainsi de suite. Comme les valeurs de θ peuvent être déduites des indications successives enregistrées sur le cylindre, on a une série de valeurs de la vitesse, qui doivent être égales.

247. Méthode de Foucault. — Les expériences de Foucault ont été exécutées d'abord pour déterminer le rapport des vitesses de la lumière dans l'air et dans l'eau (1850). Par la suite il disposa l'appareil pour prendre des mesures absolues et nous indiquerons d'abord cette dernière disposition.

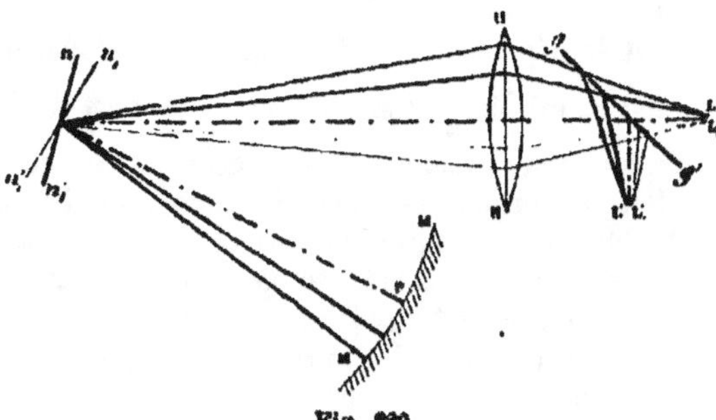

Fig. 239.

Soit L (fig. 229) un point lumineux d'où part un faisceau qui, traversant une lame de verre inclinée gg' puis une lentille HH' qui le rend convergent, vient tomber sur un miroir nn' qui peut tourner autour d'un axe qui lui est parallèle. Le faisceau se réfléchit et pour certaines positions de nn' vient rencontrer un miroir sphérique concave MM' dont le centre est sur nn' ; le faisceau a son sommet sur le miroir et est réfléchi suivant le même cône : il revient en nn' et si, cette pièce n'a pas bougé, suit le chemin inverse, passe à travers la lentille et donne un faisceau qui d'une part a son sommet en L et d'autre part, se réfléchissant sur gg', donne en L' une image réelle.

Si l'on fait tourner lentement le miroir nn', le faisceau rencontre MM' pendant un certain temps, il se produit alors une image en L' ; puis le faisceau cesse de rencontrer le miroir courbe et l'image L' disparaît. Si l'on augmente la vitesse de rotation, l'image, bien que cessant d'exister à chaque tour, continue à être vue, à cause de la persistance des impressions sur la rétine. Mais si la rotation du miroir nn' devient très rapide, il y a de plus un déplacement de l'image L' par rapport à la position qu'elle avait lorsque le miroir était immobile. En effet alors, pendant que la lumière parcourt le trajet du miroir nn' au miroir courbe MM' et revient sur nn', ce miroir a tourné d'un certain angle ; il est venu en $n_1 n_1'$ et le faisceau réfléchi n'a plus la même direction que le faisceau incident : l'angle entre ces deux directions est le double de l'angle dont a tourné le miroir. L'image réelle, après réflexion sur gg' est déplacée de L' en L_1'.

Connaissant le déplacement δ de l'image, d la distance du point lumineux au miroir, $\dfrac{\delta}{d}$ mesure l'angle dont s'est dévié le faisceau ; cet angle peut donc être déterminé et fait connaître l'angle dont a tourné le miroir pendant que la lumière parcourait le double du trajet entre les deux miroirs. Si on détermine le nombre de tours effectués par seconde, on peut calculer le temps qui correspond à ce déplacement angulaire ; on a donc la distance parcourue et le temps correspondant, on en peut déduire la vitesse.

Le miroir *nn'* était mis en mouvement par une petite tur-
bine à vapeur ; de la hauteur du son produit, Foucault dédui-

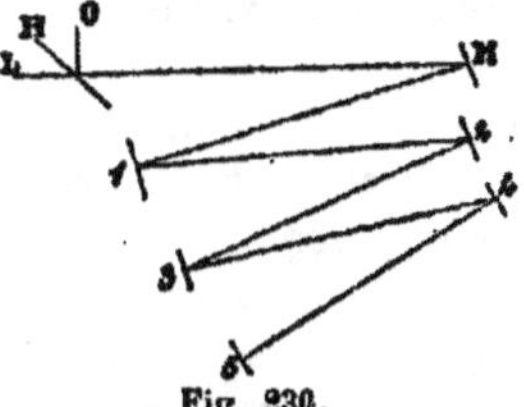

Fig. 230.

sait le nombre de tours effectués
en une seconde. D'autre part,
l'appareil était disposé de telle
sorte que, par plusieurs réflexions
successives sur des miroirs courbes (fig. 230), le chemin parcouru
fût plus considérable : les courbures de ces miroirs étaient choi-
sies de manière à ce que le sommet du faisceau se trouvât
précisément sur le dernier miroir 5, pour satisfaire à la condition que le faisceau revienne exactement sur sa propre direction.

Dans les expériences comparatives, il y avait deux miroirs
M (fig. 229) et M_1 qui agissaient d'une manière analogue ; seulement entre le miroir tournant et le miroir M_1 la lumière avait
à traverser une couche d'eau d'une certaine épaisseur. Il devait donc se produire de ce côté des effets analogues à ceux
que nous avons indiqués pour le miroir MM' : il y avait déplacement de l'image si le miroir *nn'* tournait assez vite. Mais ce
déplacement n'a pas la même valeur, parce que la lumière
ne se propage pas avec la même vitesse dans l'air et dans
l'eau : le déplacement doit être plus grand, nécessairement,
lorsque la vitesse est moindre, parce que pendant le temps
que la lumière, partie du miroir *nn'* met à y revenir, celui-ci
a tourné d'un plus grand angle.

L'expérience était disposée de manière à permettre de voir
à la fois les images produites par les deux réflexions sur M et
sur M_1 : on observa que l'image formée par la lumière qui a
traversé l'eau est plus déviée que l'autre. On en a donc conclu, et cela a une réelle importance théorique, que la lumière
se meut moins vite dans l'eau que dans l'air.

Il résulte de la discussion des diverses expériences faites
que la vitesse de propagation dans l'air peut être évaluée à
300.000 kilomètres environ.

368. Ondes lumineuses. Longueur d'ondulation. —

Comme nous l'avons dit, le mouvement vibratoire ne se propage pas avec une vitesse infinie et l'on sait que cette propagation a lieu uniformément; nous désignerons sa vitesse en
général par ω.

Considérons une molécule m à l'instant où elle s'écarte de
sa position d'équilibre et commence une vibration, les molécules voisines s'ébranlent successivement, et lorsque m aura
exécuté une oscillation *complète*, le mouvement se sera propagé à une certaine distance : cette propagation se sera effectuée dans toutes les directions : l'ensemble des points, qui à
la fin de l'oscillation de m, commencent à se mettre en mouvement, est ce que l'on nomme la *surface de l'onde*; dans
l'éther, et dans les corps qui ont la même constitution physique dans toutes les directions, cette surface d'onde est une
sphère. La propagation continuant, cette sphère aura un rayon
toujours croissant avec le temps.

La distance à laquelle s'est propagée l'ébranlement, pendant
que m exécutait une oscillation complète, est ce que l'on
nomme la *longueur d'ondulation* λ : le temps correspondant
étant θ, on a nécessairement

$$\lambda = \omega\theta$$

ce qui, à cause de $n\theta = 1^s$, conduit à

$$n\lambda = \omega.$$

Le mouvement continuant à se propager, après un temps
égal, à la même distance λ de m, les molécules de cette surface
sphérique ont toutes exécuté une oscillation complète et se
retrouvent dans les mêmes conditions que nous venons d'indiquer : elles constituent encore une surface d'onde, tandis que
le premier mouvement s'étant propagé, les molécules qui le
subissent et qui constituent également une surface d'onde
sont sur une même sphère de rayon $2d$; et ainsi de suite.

On comprend aisément, sans qu'il soit nécessaire d'insister, que dans l'ensemble des molécules ainsi mises successivement en vibration, si sur un même rayon on considère deux molécules distantes de λ ou d'un multiple de λ,

elles seront nécessairement dans la même *phase* de leur mouvement.

Elles seront dans des *phases opposées* quand la distance qui les séparera sera un multiple *impair* de $\frac{\lambda}{2}$.

369. — La force vive communiquée à chaque instant par la molécule *m*, point de départ du mouvement vibratoire, ne peut être modifiée ; on doit la retrouver sur la surface sphérique de rayon toujours croissant dont la formation a commencé à cet instant : en chaque point elle doit donc diminuer en raison inverse du carré du rayon de la sphère, c'est-à-dire en raison inverse du carré de la distance à la molécule *m*. Il en résulte que l'élongation maxima *a* diminue au fur et à mesure que l'on considère des points plus éloignés, de telle sorte que, à un instant donné, l'état des molécules dont la position d'équilibre est en ligne droite peut être représentée symboliquement par une courbe analogue à AMA′*m*′ (fig. 231) dans laquelle les ordonnées des maxima M, M′ et des minima *m*, *m*′ vont en décroissant.

On peut arriver à annuler ou au moins à diminuer cet affaiblissement en remplaçant la propagation dans toutes les directions par la propagation dans une direction unique, comme il arrive dans le cas d'un faisceau cylindrique. La courbe symbolique est alors une sinusoïde ABA′B′ (fig. 232).

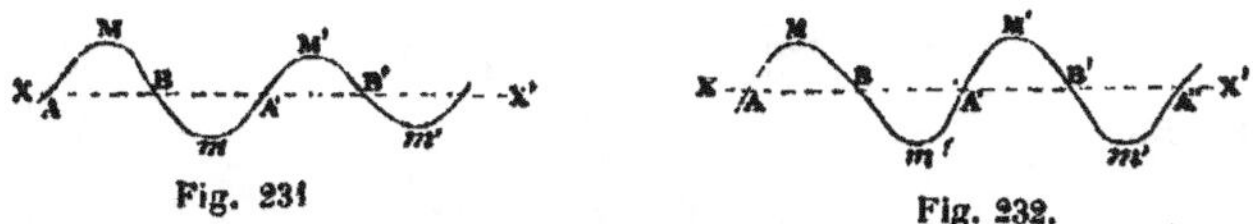

Fig. 231　　　　　　　　　　Fig. 232.

Il faut remarquer d'autre part que si l'on considère deux points à une distance déterminée δ, la variation d'intensité sera d'autant moindre que les points seront plus éloignés de la source. Si *d* est la distance du premier point, la variation d'intensité sera proportionnelle à

$$\frac{1}{d^2} - \frac{1}{(d + \delta)^2} = \frac{2d\delta + \delta^2}{d^2 (d + \delta)^2} = \frac{2\delta + \frac{\delta^2}{d}}{d (d + \delta)^2}$$

quantité qui devient très petite dès que d est grand par rapport à δ.

Nous supposerons dans ce qui suit que les expériences ont lieu dans ces conditions.

270. — Considérons deux points A et B situés à une distance z, assez petite pour qu'on puisse négliger les variations d'amplitude du mouvement vibratoire, et supposons que A étant en mouvement communique ce mouvement à B. La loi des vitesses de A est caractérisée par l'équation

$$v = - V \sin \frac{2\pi t}{\theta}$$

qui représentera également la loi des vitesses du mouvement de B, si on prend pour origine des temps l'instant où la molécule B passe à sa position d'équilibre. Mais cette équation devra être modifiée si l'on veut conserver pour le 2ᵈ mouvement la même origine que pour le premier. Il faut remarquer que la première impulsion émanée de A n'est arrivée en B qu'après un temps que nous désignerons par τ, et que les diverses phases se reproduiront avec le même retard. L'équation des vitesses de B sera donc dans ces conditions

$$v = - V \sin \frac{2\pi (t - \tau)}{\theta}$$

et comme on a évidemment

$$\tau = \frac{z}{\omega} \qquad \text{ou} \qquad \frac{\tau}{\theta} = \frac{z}{\lambda}$$

il vient :

$$v = - V \sin 2\pi \left(\frac{t}{\theta} - \frac{z}{\lambda} \right).$$

La quantité $\frac{\tau}{\theta}$ caractérise la différence de phase qui existe entre les deux mouvements au même instant ; la quantité z est ce que l'on nomme la *différence de marche*.

271. Composition des mouvements vibratoires. Interférences. — Soient deux points lumineux A et B animés du même mouvement vibratoire, et soit M un point quelconque distant de z_1 et z_2 des points A et B. Si $v = - V \sin \dfrac{2\pi t}{\theta}$ représente la loi des vitesses de A et de B, on aura en appelant v_1 et v_2 les vitesses que prendrait M en subissant l'action seule de A ou l'action seule de B :

$$v_1 = - V \sin 2\pi \left(\frac{t}{\theta} - \frac{z_1}{\lambda} \right)$$

$$v_2 = - V \sin 2\pi \left(\frac{t}{\theta} - \frac{z_2}{\lambda} \right).$$

Lorsque les deux actions s'exerceront simultanément, le point M prendra à chaque instant une vitesse qui sera la résultante des deux vitesses v_1 et v_2, résultante qu'il sera possible de calculer si l'on connaît l'angle que font entre elles ces vitesses.

Considérons, en particulier, le cas où l'angle AMB est très petit et où les vitesses v_1 et v_2 sont l'une et l'autre dans le plan AMB, faisant entre elles, par conséquent, le même angle que nous supposerons négligeable. Si u est la vitesse résultante, on aura dans ce cas

$$u = v_1 + v_2$$

et

$$u = - 2V \sin 2\pi \left(\frac{t}{\theta} - \frac{z_1 + z_2}{2\lambda} \right) \cos 2\pi \left(\frac{z_1 - z_2}{2\lambda} \right)$$

ce que l'on peut écrire

$$u = - U \sin 2\pi \left(\frac{t}{\theta} - \frac{z_1 + z_2}{2\lambda} \right)$$

en posant

$$U = 2V \cos 2\pi \left(\frac{z_1 - z_2}{2\lambda} \right).$$

C'est-à-dire que la loi du mouvement de M sera de même forme que celle de chacun des points A et B ; elle n'en différera que par la valeur de la vitesse maxima, et par conséquent par celle de l'amplitude qui est liée à la vitesse maxima.

L'intensité lumineuse, comme nous l'avons dit, paraît liée à la force vive ; il s'agit bien entendu de la force vive moyenne, car les variations sont trop rapides pour être perçues isolément. Elle dépend donc de la vitesse maxima, par conséquent de U.

La valeur de U est variable suivant les conditions de position de M par rapport à A et à B. Elle est maxima si l'on a $z_1 = z_2$, et sa valeur est égale à 2V : c'est le cas où les distances MA et MB sont égales.

Dans ce cas, l'intensité lumineuse sera maxima ; sa valeur sera la somme des deux intensités lumineuses de A et de B. Cette somme serait proportionnelle à $2m\mathrm{V}^2$, m étant la masse d'une molécule d'éther ; l'intensité lumineuse en M serait $m\mathrm{U}^2$.

Quand $z_1 - z_2$ variera et croîtra continuement, par exemple, U décroîtra d'une manière également continue, ainsi par conséquent que l'intensité lumineuse. En particulier, quand on aura $z_1 - z_2 = \frac{1}{2}\lambda$, la valeur de U sera nulle et, par suite, nulle aussi l'intensité lumineuse. Pour ce cas particulier, dans lequel la différence de marche est égale à une demi-longueur d'ondulation, la vitesse u sera constamment nulle : le point M restera au repos. Il ne saurait donc y avoir en ce point aucune action lumineuse ou autre ; au point de vue des sensations lumineuses, ce point serait dans l'obscurité.

En continuant à faire croître $z_1 - z_2$, la valeur de U croîtra ; elle atteindra un nouveau maximum pour $z_1 - z_2 = \lambda$ et ainsi de suite périodiquement.

Il résulte des remarques que nous venons d'indiquer que, comme conséquence de l'origine vibratoire des phénomènes lumineux, et dans les conditions que nous avons spécifiées, deux actions qui, prises isolément produiraient de la lumière, peuvent, par leur coexistence, ne donner lieu à aucun effet. On dit alors qu'il y a *interférence*. On exprime souvent ce résultat d'une manière abrégée, en disant que de la lumière ajoutée à de la lumière peut produire de l'obscurité.

Cette première conséquence mérite d'être tout d'abord vérifiée expérimentalement, car elle ne s'observe pas en général, bien que souvent les actions de deux points lumineux distincts coexistent, cela tient à ce que les conditions toutes spéciales que nous avons indiquées ne sont pas remplies.

On peut mettre en évidence ce fait fondamental des interférences à l'aide de diverses expériences qui ont toutes un caractère commun : c'est que les deux points lumineux ne sont pas indépendants, et que, en réalité, la lumière qui arrive en M avec une certaine différence de marche émane d'un point lumineux unique. Ainsi seulement peuvent être réalisées les conditions de grandeur et de direction de vitesse que nous avons indiquées comme nécessaires.

273. — Soit S (fig. 233) un point lumineux placé dans le voisinage de deux miroirs plans NM, MP, faisant entre eux un angle très voisin de 180° ; de ce point S partent des faisceaux qui se réfléchissent sur

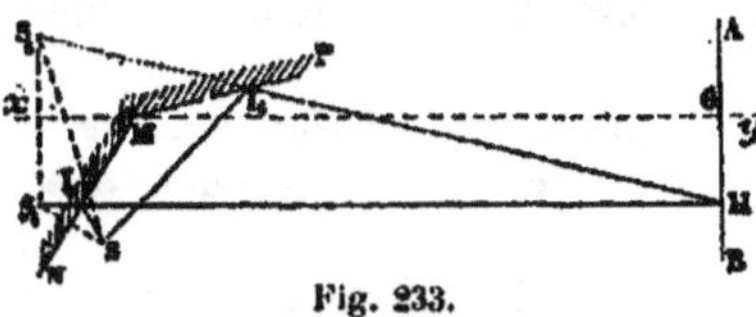

Fig. 233.

les miroirs et prennent la même direction que s'ils partaient respectivement des points S_1 et S_2, images virtuelles de S sur ces miroirs. Il y a donc toute une partie de l'espace dans laquelle il parvient de la lumière de chacun de ces faisceaux.

En réalité, on n'emploie pas un point lumineux, mais une ligne droite lumineuse, parallèle à l'intersection des miroirs ; la figure représente alors une section droite du système.

Considérons un point H de l'espace commun aux deux faisceaux ; la lumière qui y parvient a parcouru d'une part le chemin $SI_1 H$, de l'autre $SI_2 H$, chemins qui sont respectivement égaux à $S_1 H$ et à $S_2 H$. La différence de marche $S_1 H - S_2 H$ dépend de la position de H et varie d'une manière continue quand le point considéré H se déplace aussi continuement ; supposons qu'il décrive la droite AB parallèle à $S_1 S_2$. Soit xy la perpendiculaire au milieu de $S_1 S_2$. Quand H est en G, la différence de marche est nulle, il y a maximum d'éclairement ; puis, quand ce point s'éloigne d'un côté ou de l'autre, la différence de marche croît, l'intensité lumineuse diminue, et pour une position D, telle que $S_1 D - S_2 D$ soit égale à $\frac{\lambda}{2}$, l'intensité lumineuse doit être nulle ; au-delà elle réapparaît, passe par un maximum en E quand on a $S_1E - S_2E = \lambda$; et ainsi de suite. Il en est de même bien entendu de l'autre côté de G. Par conséquent un observateur qui examine l'espace dans les environs de G doit le voir sillonné de bandes alternativement lumineuses et obscures ; c'est ce que l'expérience montre effectivement, c'est là ce que l'on nomme les *franges d'interférence.*

Pour observer ces franges, on les examine avec une loupe ou mieux avec un microscope muni d'un réticule et pouvant se déplacer parallèlement à S_1S_2 à l'aide d'une vis micrométrique, ce qui permet de mesurer la largeur des franges, c'est-à-dire la distance qui sépare le milieu d'une frange brillante du milieu de la frange obscure ou du milieu de la frange brillante la plus voisine.

Ainsi l'expérience vérifie ces premières conséquences de la théorie, en montrant la réalité de faits en concordance avec les indications du calcul.

Cette expérience permet même de déterminer la valeur de λ: soit, en effet, un point H (fig. 233), correspondant à la n^e frange brillante par exemple, ce qui exige que l'on ait $HS_1 - HS_2 = n\lambda$; on pourra donc calculer λ, si l'on peut évaluer $HS_1 - HS_2$.

Pour effectuer cette mesure on opère ainsi qu'il suit : soient d la distance du point H à la droite S_1S_2, $2a$ la distance S_1S_2, et δ la distance GH.

On a :

$$S_1H = \sqrt{d^2 + (\delta + a)^2} \quad \text{et} \quad S_2H = \sqrt{d^2 + (\delta - a)^2}$$

ou approximativement :

$$S_1H = d + \frac{1}{2d}(\delta + a)^2 \qquad S_2H = d + \frac{1}{2d}(\delta - a)^2.$$

On aurait donc :

$$S_1H - S_2H = n\lambda = \frac{2a\delta}{d}$$

On peut évaluer directement $\frac{a}{d}$; car on peut à l'aide d'un goniomètre mesurer l'angle $2\alpha = S_1GS_2$, et l'on a :

$$tg\alpha = \frac{a}{d} \qquad \text{d'où} \qquad \lambda = \frac{1}{n}\, 2\delta tg\alpha$$

En mesurant successivement les largeurs de diverses franges, dans la même expérience, on doit trouver des valeurs égales pour λ. On a ainsi une première vérification numérique.

L'expérience montre, ce que l'on ne pouvait prévoir, que si, sans rien changer aux conditions de l'expérience, on opère avec une lumière monochromatique différente de celle qui avait été employée d'abord, on observe encore le même phénomène ; seulement la largeur des franges est différente, croissant à mesure que la réfrangibilité décroît.

On peut déterminer par une série d'expériences les valeurs de λ qui correspondent aux lumières de diverses réfrangibilités et l'on on peut déduire les valeurs suivantes de θ et de n.

	λ	θ	n
Violet............	$4,23 \times 10^{-4}$	$1^{s},41 \times 10^{-15}$	$7,08 \times 10^{14}$
Indigo............	4,49	1,49	6,69
Bleu..............	4,75	1,58	6,30
Vert.............	5,21	1,73	5,76
Jaune............	5,51	1,88	5,43
Orangé...........	5,83	1,94	5,13
Rouge	6,20	2,07	4,83

Ces valeurs peuvent être obtenues par d'autres méthodes, qui fournissent des résultats concordants ; elles ont pu être déterminées même pour les radiations en dehors de la partie visible du spectre, parce que l'on observe des phénomènes entièrement analogues pour les phénomènes calorifiques et pour les phénomènes actiniques, et que les thermomètres et les plaques ou papiers sensibles mettent en évidence l'existence de franges.

Les franges se forment partout en avant des miroirs, dans la partie commune aux deux faisceaux réfléchis ; mais leur largeur n'est pas partout la même. On voit en effet immédiatement que le lieu de la k^e frange est l'hyperbole ayant pour foyer les points $S_1 S_2$ et ayant $k \frac{\lambda}{2}$ pour axe transverse. Si l'on trace les diverses hyperboles correspondant aux valeurs successives de k, on voit que les distances qui les séparent comptées parallèlement à $S_1 S_2$ sont d'autant plus petites que l'on se rapproche davantage des miroirs.

Fig. 234.

On obtient des résultats analogues en employant des dispositions différentes, telles que le biprisme de Fresnel MNP (fig. 234); on conçoit le mode de fonctionnement de cet appareil sans qu'il soit nécessaire d'insister : les rayons partant de S prennent en sortant des faces MP et NP les mêmes directions que s'ils venaient de S_1 et de S_2.

Si l'on opère avec de la lumière composée, de la lumière blanche, par exemple, il n'y a plus de franges obscures, mais des franges irisées. On s'en rend aisément compte en représentant par une courbe telle que AA' (fig. 235) les intensités aux divers points de l'écran pour une couleur simple. Pour d'autres couleurs, on aurait des courbes analogues BB', CC', et si elles existent simultanément, on aura en chaque point un effet lumineux qui dépendra des intensités de chaque couleur; ces effets seront liés aux rapports des ordonnés de ces diverses courbes et varieront avec le point considéré.

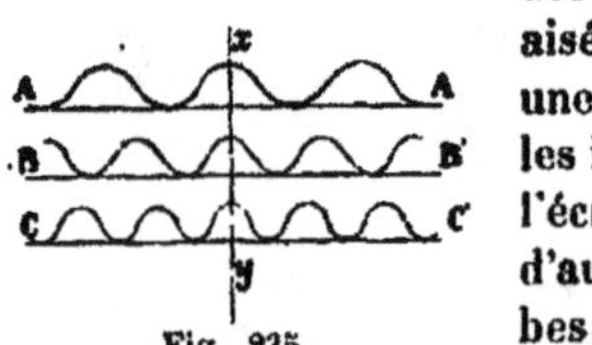

Fig. 235.

272. — On peut obtenir des franges par l'emploi d'un seul miroir MN (fig. 236) en faisant interférer des rayons réfléchis IH, paraissant émaner de l'image virtuelle S_1 du point lumineux S, avec des rayons SH venant directement du point lumineux même. Les conditions générales paraissent être les mêmes au premier abord, et la frange centrale qui correspond à une partie vivement éclairée devrait être sur le prolongement du miroir; elle n'existe pas, mais on peut observer des franges à partir de celle d'un certain ordre. Le calcul permet d'assigner à l'avance la position qu'elles doivent occuper ; l'expérience montre qu'il existe bien des franges aux points indiqués, mais elles sont inverses de ce que l'on pourrait attendre : il y a une bande lumineuse quand la différence de marche est égale à un nombre de impair de fois $\frac{\lambda}{2}$, et une bande obscure quand cette différence est égale à $2k\frac{\lambda}{2}$.

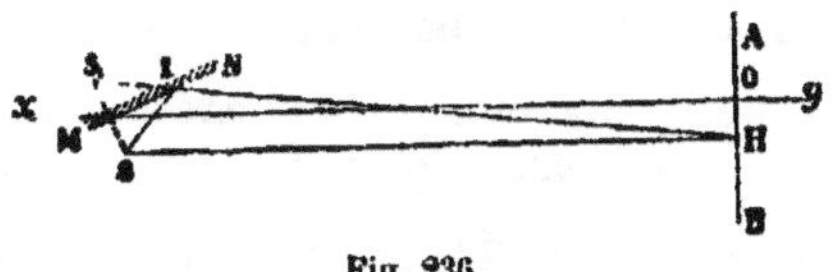

Fig. 236.

Comment expliquer qu'il y ait dans ce cas une différence totale avec ce qui se passe pour la première expérience des miroirs de Fresnel ? tout est analogue, sauf *une réflexion* qui existe dans un cas et non dans l'autre. La difficulté disparaît si l'on admet que la réflexion produit dans le mouvement vibratoire un changement dans le sens de la vitesse, c'est-à-dire produit le même effet qu'une augmentation de marche égale à $\frac{\lambda}{2}$ (ou une diminution de même valeur).

Il n'y avait pas à tenir compte de cette action dans la première expérience, parce qu'elle existe pour les deux rayons et disparaît quand on calcule la différence de marche ; elle intervient dans la dernière expérience, parce que cette action n'existe que pour l'un des rayons et qu'elle subsiste, par conséquent, lorsque l'on évalue la différence.

Disons immédiatement que des expériences, que nous décrivons plus loin, montrent que ce changement de sens de la vitesse, que cette variation de la vibration qui semble produite par une variation de parcours égale à $\frac{\lambda}{2}$ (ou par une variation de temps égale à $\frac{\theta}{2}$) ne se produit pas nécessairement pour toute réflexion. Elle se manifeste quand la réflexion se fait dans un milieu moins réfringent sur un milieu plus réfringent ; elle ne se manifeste pas lorsque, au contraire, la réflexion se fait dans un milieu plus réfringent sur un milieu moins réfringent.

L'expérience que nous venons d'indiquer peut être remplacée par une autre, qui consiste à employer trois miroirs et à faire interférer de la lumière qui s'est réfléchie sur un seul miroir, avec de la lumière qui s'est réfléchie sur deux miroirs successifs : il y aura donc dans ce cas pour l'un des rayons une variation de $\frac{\lambda}{2}$ ou $\frac{\theta}{2}$ correspondant à la réflexion, et pour l'autre une variation de $2\frac{\lambda}{2}$ ou $2\frac{\theta}{2}$ La différence dont il y a à tenir compte sera donc représentée par la différence effective de chemin parcouru (ou de temps), plus une demi-longueur d'onde $\frac{\lambda}{2}$ (ou plus la durée d'une demi-vibration). Les effets observés doivent donc être les mêmes que dans le cas d'un seul miroir.

274. Anneaux colorés ; couleurs des lames minces. Lorsqu'on pose sur une lame de verre une lentille de faible courbure, on voit dans les environs du point de contact des cercles présentant des couleurs variées ; ces cercles se déforment lorsque l'on presse sur la lentille, ils changent de diamètre lorsque l'on remplace la lentille par une autre d'une courbure différente. Ces remarques conduisent naturellement à supposer que ces phénomènes de coloration sont en relation avec la couche d'air interposée qui, suivant les points et les conditions de l'expérience, présente des épaisseurs diverses.

Cette supposition est confirmée par le fait que des colorations de même nature peuvent prendre naissance lorsqu'on applique deux lames de glace l'une sur l'autre, en les pressant de manière à ne laisser entre elles qu'une très mince couche d'air.

Des effets du même genre se manifestent dans un certain nombre d'autres cas, comme dans les bulles de savon, à la surface de l'eau sur laquelle on a versé une très minime quantité d'un liquide huileux qui s'étend rapidement. Dans tous les cas de même nature, on retrouve une condition constante, la présence d'une couche très mince d'une substance présentant une réfringence différente de celles des milieux qu'elle sépare. Il

est donc naturel d'attribuer à l'existence de cette couche
mince l'origine de ces phénomènes, origine qui, comme nous
allons le voir, se rapporte à la même cause que les interférences.

Considérons une lame mince d'air à faces parallèles MNPQ
(fig. 237) comprise entre deux plans de verre et sur laquelle
tombe un faisceau de lumière parallèle. Soit un rayon S I, dont

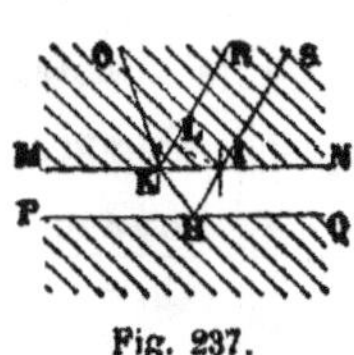

Fig. 237.

I est le point d'incidence ; en ce point une
partie de la lumière se réfléchit, mais une
autre passe en se réfractant suivant IH ; au
point H où le rayon rencontre l'autre surface PQ, une partie continue dans le troisième milieu en se réfractant, mais une partie
de la lumière se réfléchit en HK ; au point
K, même effet : une partie de la lumière se
réfracte suivant KO. On reconnaît bien aisément, par raison
de symétrie et à cause de la réversibilité que les angles de SI
et de KO avec les normales sont égaux.

Mais en même temps un autre rayon R est parvenu directement au point K ; une partie s'est réfractée mais l'autre partie s'est réfléchie et a pris précisément la direction KO, direction sur laquelle il doit se produire des effets résultant de
la superposition de deux mouvements vibratoires, mouvements
vibratoires qui ont la même origine mais qui ont effectué des
parcours différents.

Cherchons quelle différence de phase existe entre les deux
rayons lorsqu'ils parviennent en K.

Remarquons que les deux rayons SI et RK émanés d'un
même point lumineux sont parallèles et que les surfaces d'onde
sont alors des plans perpendiculaires à leur direction. Si donc
nous menons IL perpendiculaire à SI les mouvements vibratoires en I et en L sont dans la même phase, et la différence
qui peut exister en K provient des parcours différents à partir
de ces points.

Comme la propagation ne s'effectue pas dans le même milieu,
il faut faire intervenir les vitesses de propagation de la lumière
dans l'air ω, et dans le verre ω_1.

Le temps effectif correspondant au parcours IHK est égal à

$\frac{2IH}{\omega}$; mais il faut tenir compte de la réflexion qui se produit en H et qui produit le même effet qu'une variation égale à $\frac{\theta}{2}$; d'autre part le temps effectif correspondant au parcours LK est $\frac{LK}{\omega_1}$ et il n'y a pas à tenir compte de la réflexion, puisqu'elle se produit dans le milieu le plus réfringent sur le milieu le moins réfringent.

La différence de phase dépendra donc de la différence des durées $\frac{2IH}{\omega} + \frac{\theta}{2} - \frac{LK}{\omega_1}$: si l'on appelle e l'épaisseur de la couche d'air, cette différence peut s'écrire $\frac{2e}{\omega \operatorname{Cos} r} + \frac{\theta}{2} - \frac{2e \operatorname{tg} r \operatorname{Sin} i}{\omega_1} = \tau$ (avec la relation $\frac{\operatorname{Sin} i}{\operatorname{Sin} r} = n$).

Si nous admettons que les rayons qui prennent la même direction KO ont la même intensité, on aura les résultats suivants :

Lorsque τ sera égal à $2 k \frac{\theta}{2}$ les mouvements vibratoires seront concordants et s'ajouteront en donnant un mouvement vibratoire d'amplitude maxima.

Lorsque τ sera égal à $(2 k + 1) \frac{\theta}{2}$ les mouvements vibratoires qui parviennent en K sont dans des phases opposées, il y a interférence, et aucun phénomène lumineux ou d'autre nature, ne peut être perçu sur KO.

Pour toute valeur intermédiaire de τ, il y aura un mouvement vibratoire résultant, d'autant plus faible que la valeur de τ se rapprochera davantage de $(2k + 1) \frac{\theta}{2}$, et d'autant plus intense que τ se rapprochera plus de $2k \frac{\theta}{2}$.

A chaque valeur de τ correspond une valeur de e déterminée par l'équation précédente; suivant cette valeur il y aura, sur la direction de la lumière réfléchie, des phénomènes lumineux plus ou moins intenses ou nuls.

En particulier si la lumière arrive normalement, on a $i = 0$ et les conditions précédentes se réduisent à $\frac{2e}{\omega} + \frac{\theta}{2} = 2 k \frac{\theta}{2}$ ou

$$e = (2k-1)\frac{\lambda}{4}$$ pour le maximum des effets produits ; et à

$$\frac{2e}{\omega} + \frac{\theta}{2} = (2k+1)\frac{\theta}{2} \text{ ou } e = 2k\frac{\lambda}{4}$$ pour le cas de l'interférence.

On ne peut admettre que le rayon réfléchi une seule fois en K ait une intensité précisément égale à celle du rayon dont le point d'incidence est en I et qui a subi diverses pertes en I, H et K, de telle sorte qu'il ne pourrait jamais y avoir interférence complète, mais seulement un affaiblissement plus ou moins notable de l'intensité. Mais il faut tenir compte qu'il arrive en K des rayons ayant eu leurs points d'incidence à des distances égales à 2 fois, 3 fois IK, et qui se sont réfléchis 3 fois, 5 fois.... avant d'arriver en K. Ils sont d'autant plus affaiblis qu'ils sont plus éloignés, mais leur effet s'ajoute à celui du premier rayon, ainsi qu'on peut le reconnaître aisément. On démontre, et l'expérience le vérifie, que la superposition de tous ces rayons peut amener la destruction complète du rayon réfléchi une seule fois.

En étudiant d'une manière analogue le cas où les mouvements s'ajoutent, on reconnaît que l'intensité totale suivant KO n'est pas égale à l'intensité incidente, mais un peu plus faible.

375. — Il y a à tenir compte d'effets analogues lorsque, dans les mêmes conditions, l'observateur se place de manière à recevoir non la lumière réfléchie mais la lumière transmise ; de manière à recevoir, par exemple, suivant GO (fig. 238) le rayon incident SI ayant subi une réflexion de plus que dans le cas précédent, en même temps qu'il reçoit la partie du rayon RK qui a traversé la lame mince suivant KG.

On conçoit que l'on doive ici rencontrer des conditions analogues aux précédentes ; mais si l'on cherche à déterminer les différences de phases des deux mouvements qui parviennent en K pour se propager ensuite suivant KGO, on voit immédiatement que la différence géométrique de marche est la même que précédemment, mais qu'il y a à tenir compte des deux réflexions que subit le rayon S, I, l'une en H et l'autre en K (cette der-

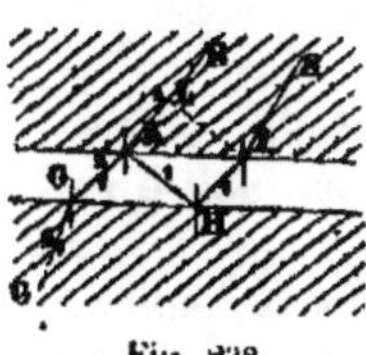

Fig. 238.

nière n'existait pas dans le cas précédent) ; chacune d'elles introduit une variation de phase correspondant à $\frac{\theta}{2}$ de telle sorte que, ensemble, elles amènent une différence égale à θ, différence sans intérêt, par conséquent, et dont il n'y a pas à tenir compte.

Dès lors la différence de phase dépendra de

$$\tau = \frac{2e}{\cos r} - \frac{e \sin i \sin r}{\cos r}$$

et il y aura maximum d'effet dans la direction GO′ si $\tau = 2k\,\frac{\theta}{2}$

et il y aura interférence si $\tau = (2\,k + 1)\,\frac{\theta}{2}$.

Si l'on considère spécialement les rayons normaux ces conditions conduisent aux énoncés suivants :

Il y a maximum d'effet pour $e = 2k\,\frac{\lambda}{4}$; il y a interférence pour $e = (2\,k + 1)\frac{\lambda}{4}$; les effets sont intermédiaires pour des valeurs de e comprises entre ces limites.

On voit que les valeurs particulières sont les mêmes que dans le cas précédent, mais qu'elles correspondent à des résultats exactement inverses.

Comme dans le cas précédent, il ne faut pas compter un seul rayon S I, mais une infinité de rayons arrivant en K après avoir subi 4, 6, 8... réflexions successives. Lorsque l'on en tient compte, on reconnaît qu'il ne peut jamais y avoir interférence complète. Par contre on trouve que dans le cas du maximum, l'intensité suivant GO est précisément égale à l'intensité incidente. Enfin on reconnaît que, dans tous les cas, la quantité de lumière réfléchie, pour une épaisseur donnée, ajoutée à la quantité de lumière transmise, est toujours égale à la quantité de lumière incidente.

376. — Lorsque sur une lame mince arrive de la lumière composée, de la lumière blanche par exemple, que doit-il se produire ? il est facile de le prévoir.

Les diverses lumières simples qui existent dans la lumière

composée ont des longueurs d'ondulation différentes λ_1, λ_2, λ_3, etc. L'épaisseur e de la lame mince ne peut être un multiple exact, pair ou impair, du quart de toutes ces valeurs, mais seulement d'une ou d'un petit nombre. Pour les lumières correspondantes, il y aura, dans le cas de la réflexion, maximum s'il s'agit d'un multiple impair ; il y aura interférence s'il s'agit d'un multiple pair (et inversement pour le cas de la lumière transmise). Mais pour les autres lumières, ou se trouvera dans les cas intermédiaires et, soit à la réflexion, soit à la transmission, il n'y aura qu'une partie de la lumière qui subsistera.

Il résulte donc de là que, nécessairement, le faisceau complexe, réfléchi ou transmis, aura une composition différente de celle du faisceau incident et donnera par suite la sensation d'une couleur différente ; notamment si la lumière incidente est blanche on verra la lame mince colorée. La coloration sera différente suivant qu'on regardera par transmission ou par réflexion ; mais les deux colorations observées sont nécessairement complémentaires puisque, pour chaque lumière simple, ce qui manque dans le faisceau réfléchi se trouve dans le faisceau incident.

Telle est l'explication des faits que nous rappellions d'une manière générale précédemment ; elle est applicable à beaucoup d'autres cas où l'on observe des irisations, mais non à tous, comme nous le dirons.

377. — Il est aisé de comprendre ce qui se produit lorsque l'on pose une lentille sur une lame de verre (fig. 239) et qu'on éclaire ce système par une lumière monochromatique. Suivant les points où frappe la lumière, la couche d'air traversée est plus ou moins épaisse et doit produire des effets différents.

Examinons d'abord ce qui se passe dans la lumière réfléchie, et considérons le cas de la lumière normale : il est évident que tout sera symétrique autour de la normale passant par le point de contact, et qu'il suffit d'étudier ce qui se passe dans une section méridienne.

Au point de contact, l'épaisseur de la couche traversée est

Fig. 239.

nulle et, d'après ce que nous avons dit plus haut, il doit y avoir interférence à la réflexion de telle sorte qu'on voit un point noir. A partir de ce point, l'épaisseur de la lame d'air commence à croître, le rayon réfléchi augmente d'intensité et passe par un maximum quand cette épaisseur atteint une valeur égale à $\frac{\lambda}{4}$; après quoi l'intensité diminue jusqu'à ce que l'épaisseur de la couche d'air traversée soit égale à $2\frac{\lambda}{4}$ ou $\frac{\lambda}{2}$, ce qui donnera lieu à un cercle obscur, et ainsi de suite. Les épaisseurs des couches d'air qui correspondent aux interférences sont donc proportionnelles aux nombres 0, 2, 4, 6...; celles qui correspondent au maximum d'intensité sont proportionnelles aux nombres 1, 3, 5, 7...

On peut déduire de là les valeurs des rayons des cercles correspondants, quantités qui se prêtent beaucoup mieux à des mesures. Si l'on appelle R le rayon de courbure de la lentille, e l'épaisseur d'une couche, x le rayon du cercle correspondant : c'est-à-dire la distance de cette couche au point de contact, on a :

$$x^2 = e\,(2R - e)$$

ou, approximativement, à cause de la très petite valeur de e :

$$x = \sqrt{2Re}$$

C'est-à-dire que les rayons des anneaux obscurs doivent varier proportionnellement à

$$0,\ \sqrt{2},\ \sqrt{4},\ \sqrt{6}\ldots$$

et les rayons des anneaux des cercles lumineux, proportionnellement à

$$1,\ \sqrt{3},\ \sqrt{5},\ \sqrt{7}\ldots$$

On peut mesurer les rayons des anneaux colorés sous l'incidence normale de la façon suivante :

La lentille et le plan de verre sont placés dans le voisinage de la machine à diviser, de manière que l'on puisse amener le

centre noir à la croisée des fils du réticule d'un microscope
monté sur le chariot de cette machine : entre la lentille et le
microscope on intercale une lame de verre inclinée à 45°, qui
envoie sur le système la lumière d'une source placée latéralement. La lumière réfléchie par la lame d'air traverse en partie
le verre, et il en arrive dans le microscope une quantité suffisante pour donner une image visible.

On amène alors le fil du réticule perpendiculaire à l'axe de
la vis micrométrique à passer par le centre noir, puis à être
tangent successivement aux divers anneaux; on lit les déplacements de ce fil, et par suite les rayons de ces anneaux, sur
la tête de la vis. On mesure ainsi successivement les diverses
valeurs de x, et l'on vérifie qu'elles satisfont bien aux conditions indiqués plus haut.

On voit de plus que si l'on connaît R on pourra calculer la
valeur de λ pour la lumière sur laquelle on opère ; car pour le
1ᵉʳ anneau lumineux, on doit avoir $e = \frac{\lambda}{4}$ et par suite, x_1 étant
le rayon correspondant, on a

$$x_1 = \sqrt{\frac{R\lambda}{2}} \quad \text{ou} \quad \lambda = \frac{2x_1^2}{R}.$$

On aurait, d'ailleurs, d'une manière générale :

$$\lambda = \frac{2.r^2}{nR}$$

pour l'anneau de rang n.

Les valeurs obtenues par cette méthode concordent avec
celles que nous avons indiquées plus haut.

La question est moins simple quand la lumière n'est pas
normale lors de l'incidence : on peut cependant trouver assez
aisément la loi des rayons des anneaux. Il est possible d'autre
part, à l'aide d'une expérience analogue à celle que nous venons d'indiquer, de vérifier l'exactitude de la loi.

378. — Il va sans dire que, pour la lumière transmise, on
trouve des anneaux dans des conditions semblables à celles
dont nous venons de parler, avec cette seule différence que les

anneaux obscurs d'un système occupent la position des anneaux brillants de l'autre système et réciproquement. Il est donc inutile d'insister : nous nous bornerons à rappeler que les anneaux sombres ne sont pas complètement obscurs.

On peut, à l'aide d'une expérience directe fort simple, montrer qu'il y a inversion exacte dans la distribution des anneaux : à cet effet, on place verticalement (fig. 240) le système de la lentille et du plan sur lequel elle s'appuie, et on l'éclaire par une large feuille de papier blanc ABC située au-dessous, de manière à envoyer de la lumière diffuse.

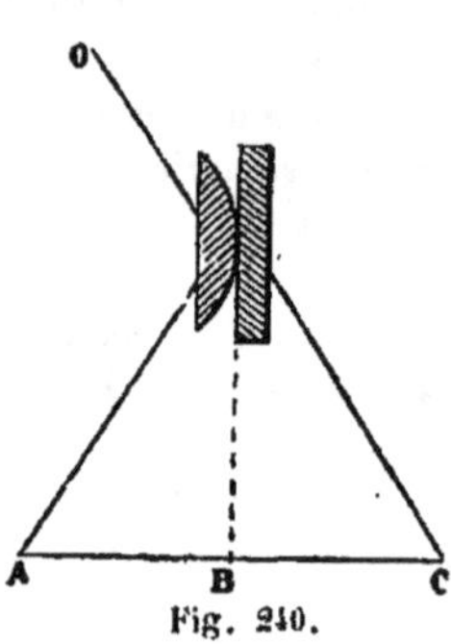

Fig. 240.

Si, à l'aide d'un écran noir, on masque la partie BC du papier, la partie AB envoie seule de la lumière, et l'observateur placé en O voit par réflexion des anneaux à centre obscur.

On déplace l'écran de manière à masquer la partie AB : la partie BC envoie seule de la lumière, et l'observateur placé en O voit par transmission des anneaux à centre clair.

Si on enlève alors totalement l'écran les deux systèmes d'anneaux doivent coexister : or l'observateur ne voit aucun anneau et ne note rien de particulier au centre, ce qui prouve que les deux systèmes se sont superposés de manière que les parties claires de l'un coïncident précisément avec les parties sombres de l'autre.

279. — On peut disposer l'expérience des anneaux colorés de manière à justifier l'hypothèse que nous avons faite sur l'effet de la réflexion sur le changement de phase.

On prend une lentille de crown que l'on pose sur une lame de flint : l'indice de réfraction est de 1,5 pour le crown et de 1,6 pour le flint ; on obtient à l'aide de ces substances posées l'une sur l'autre les anneaux que nous avons décrits. On introduit alors entre la lame et la lentille une goutte d'essence d'anis, dont l'indice de réfraction est 1,55, et l'on voit des anneaux ; mais le système est différent du précédent en ce que que le centre est blanc.

Il est facile de concevoir qu'il doit en être ainsi d'après les hypothèses indiquées. En effet, il n'y a rien de changé quant à la longueur du chemin parcouru ; rien non plus pour le rayon RK (fig. 237); mais pour le rayon SI, il n'en est pas de même : la réflexion en H se fait bien avec une variation de phase correspondant à $\frac{0}{2}$, mais la réflexion sur K se fait aussi avec une variation de phase, parce qu'elle se produit dans un milieu moins réfringent (indice 1.55) sur un milieu plus réfringent (indice 1,60). Il y a donc avec le cas ordinaire une différence correspondant à une différence de période de $\frac{0}{2}$, ce qui intervertit entièrement les effets.

Généralement, on met nettement en évidence cette différence en composant la lame inférieure d'une partie de flint et d'une partie de crown : le point de contact est placé sur la ligne de séparation. On voit alors, après l'introduction de l'essence d'anis deux séries de demi-anneaux : les uns sur le crown à centre noir, les autres sur le flint à centre blanc, et l'interversion se manifeste en ce que à chaque demi-anneau obscur d'un côté correspond exactement un demi-anneau lumineux de l'autre.

Si l'on emploie de la lumière composée, en général de la lumière blanche, les effets observés seront modifiés. Chaque lumière simple donnera un système d'anneaux, mais la valeur de λ variant d'une lumière à l'autre, les diamètres ne seront pas égaux. Sauf au centre où il n'y aura aucune lumière pour les anneaux réfléchis et où toutes les lumières coexisteront avec leur intensité primitive pour les anneaux transmis, ce qui donnera un centre blanc, il y aura en chaque point des intensités lumineuses différentes pour les diverses couleurs, de telle sorte qu'il y aura des cercles irisés. Les effets seront les mêmes que pour les franges d'interférence (372) et pour les mêmes raisons.

380. Anneaux à grandes différences de marche. — Considérons, par exemple, des anneaux à centre noir produits par de la lumière monochromatique, la lentille étant en contact avec le plan de glace ; supposons qu'à l'aide d'un système micrométrique quelconque on puisse écarter la lentille du plan par degrés insensibles, et examinons ce qui se passera.

En un point déterminé quelconque, l'épaisseur de la couche d'air augmentera progressivement : ou, inversement, pour avoir une couche d'épaisseur déterminée il faudra considérer des points de plus en plus rapprochés du centre.

Dès le début du mouvement, la tache noire centrale disparaît, car il se produit en ce point une différence de marche qui diffère de la valeur $\frac{\lambda}{2}$ produite par la réflexion : en même temps les diamètres de tous les anneaux diminuent.

Lorsque le déplacement sera de $\frac{\lambda}{4}$, épaisseur qui correspondait au 1ᵉʳ cercle éclairé, ce cercle se réduira à une tache centrale lumineuse qui s'affaiblira à son tour lorsque le déplacement aura dépassé cette valeur : le cercle obscur suivant se rétrécira à son tour et se réduira à une tache noire centrale lorsque le déplacement sera de $\frac{\lambda}{2} = 2\frac{\lambda}{4}$, et ainsi de suite.

On verra donc ainsi, par un déplacement continu, tout le système d'anneaux se contracter progressivement ; on verra les divers anneaux se réduire à leur centre, puis disparaître, et il y a une relation simple entre le rang de l'anneau qui est réduit à son centre et le déplacement. Si, en effet, le k^e anneau est réduit à son centre, c'est que, en ce point, l'épaisseur est la même que celle qui existait au début pour cet anneau, c'est-à-dire que l'épaisseur est $k\frac{\lambda}{4}$, quantité qui mesure le déplacement depuis le début.

M. Fizeau a utilisé cette remarque pour mesurer les dilations des corps cristallisés ; les quantités à évaluer étant très minimes, il fallait un procédé spécial.

M. Fizeau a pu observer des anneaux colorés pour un déplacement égal à 2 centimètres ; dans ce cas les rayons qui interfèrent ont une différence de marche qui peut être évaluée à 100.000 longueurs d'ondulation environ (λ ayant une valeur moyenne différant peu de $0^{mm}.005$). Il faut donc admettre, comme nous l'avons dit, que les variations dans la direction de la vitesse du mouvement vibratoire de l'éther sont insensibles après un pareil nombre de vibrations, puisque l'interférence peut encore se manifester.

Il importe de remarquer que, malgré ce grand nombre de vibrations, la durée correspondante est très courte : que le temps pendant lequel il faut admettre la persistance de la direction des vibrations n'est que de 1 quinze billionième de seconde, de telle sorte que cette condition n'exclut pas des changements *rapides* dans la direction des vibrations.

Ces expériences ne peuvent réussir que si l'on emploie de la lumière rigoureusement monochromatique : la lumière de l'alcool contenant du sel marin ne peut convenir. La lumière jaune des composés sodés comprend, en effet, deux lumières différant très peu ; chacune de ces lumières donne un système spécial d'anneaux ; comme il n'y a pas coïncidence, à partir d'un certain ordre les anneaux obscurs d'un système se superposent aux anneaux clairs de l'autre système, et l'on ne peut rien distinguer. Il est vrai que, par la suite, la différence s'accentuant, les anneaux reparaissent : mais leur disparition momentanée est un inconvénient qu'il est préférable d'éviter.

381. Principe d'Huyghens. — Les phénomènes assez complexes que nous venons d'indiquer sont aisés à expliquer, comme on l'a vu, à l'aide des hypothèses que nous avons faites ; on peut même dire qu'ils sont expliqués ainsi de la manière la plus simple, et que ces effets d'interférence imposent aux phénomènes lumineux un mouvement vibratoire pour cause.

Il faut que ces hypothèses fournissent l'explication des phénomènes qui ont été indiqués et étudiés dans l'optique géométrique ; nous allons montrer qu'elles satisfont à cette condition.

Pour l'explication d'un certain nombre de faits, il est commode de faire usage d'un mode de démonstration qui est connu sous le nom de *principe d'Huyghens*.

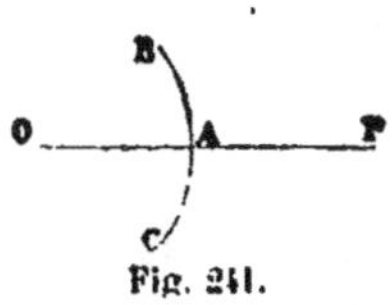

Considérons un point P (fig. 241) qui reçoit le mouvement vibratoire du point lumineux O, de telle sorte que les effets

Fig. 241.

observés en P ont, en réalité, pour origine les oscillations de O. Concevons par la pensée entre ces points
une surface d'onde BAC qui reçoit le mouvement de O de
telle sorte que, à un même instant, tout ces points soient
dans la même phase de leur vibration. On peut dire que le
mouvement de O est transmis à P par l'intermédiaire de BAC,
que les effets observés en P dépendent du mouvement des
points de BAC et que l'on peut à volonté considérer ces effets
comme ayant pour origine le mouvement des points composant la surface BAC et qui possèderaient, d'une manière quelconque, le même mouvement que celui que leur aurait communiqué le point O.

On peut, tout aussi bien, considérer une surface autre
qu'une surface d'onde; seulement les divers points qui la composent ne sont pas alors dans la même phase et il faudra,
quand on substituera l'action de cette surface à celle du point
O, supposer que les divers points ont entre eux les mêmes différences de phase que celles qu'ils auraient s'ils étaient considérés comme recevant l'action de O.

On ne voit pas, tout d'abord, l'avantage qu'il y a à cette
substitution, puisqu'on remplace l'action d'un point unique O
par celle d'une série de points dont il faudra déterminer la
résultante. Mais, comme nous le verrons, certaines démonstrations en sont grandement simplifiés.

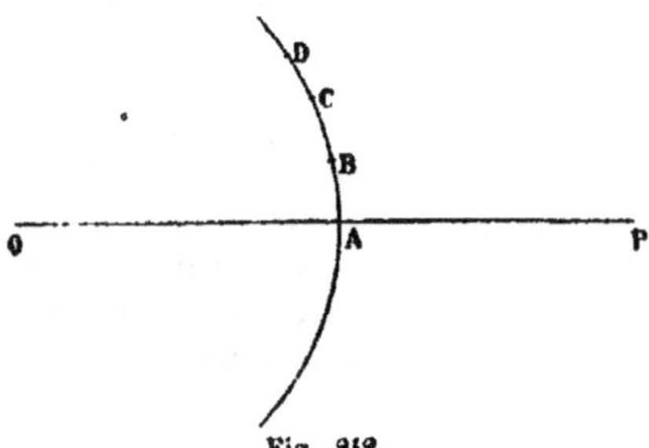

Fig. 242.

382. Propagation rectiligne. Zone efficace. — Considérons un point lumineux O (fig. 242) et soit P le point où

l'on observe les effets produits ; soit enfin une surface d'onde quelconque ; d'après le principe d'Huyghens, les effets en P peuvent être considérés comme résultant de l'action simultanée de divers points de cette surface, ces divers points étant dans la même phase et présentant la même amplitude.

Les mouvements transmis en P par ces points ne seront pas dans la même phase, car les chemins parcourus ne sont pas les mêmes. Décrivons de P comme centre une sphère tangente en A à la surface d'onde ; déterminons à partir de A des points B,C,D..., tels que les différences de marche BP — AP, CP — BP, DP — CP..., soient égales à $\frac{\lambda}{2}$. A cause des propriétés des courbes tangentes, les arcs AB, BC, CD, etc..., diminuent rapidement de grandeur et dès que l'on considère un arc de rang un peu élevé sa grandeur est très petite. Les mouvement émanés de deux points limitant un arc de rang élevé qui sont discordants parviendront donc en P dans la même direction sensiblement, et il y aura interférence ; il en sera de même pour les différents points de cet arc dont les mouvements interféreront avec ceux des points compris dans l'arc suivant. De telle sorte que, à partir d'une certaine zone, les mouvements de chaque zone seront détruits par les mouvements de la zone suivante et que l'on n'aura dès lors à tenir compte que des zones assez voisines du point A pour que, par suite de l'écart relativement grand des points correspondant à une différence de marche de $\frac{\lambda}{2}$, il ne puisse y avoir interférence.

Si nous considérons les premières zones, les mouvements émanés de points pour lesquels la différence de marche est de $\frac{\lambda}{2}$ parviendront en P en discordance ; aussi bien qu'il n'y ait pas interférence y aura-t-il un certain affaiblissement de l'intensité lumineuse que produirait chaque zone par l'action des deux demi-zones voisines. De telle sorte qu'il n'y a guère que la demi-zone comprise autour de A (définie par ce que son extrémité b serait telle que l'on ait $bP — AP = \frac{\lambda}{4}$) dont l'action soit transmise en B sans affaiblissement.

C'est donc, au moins comme première approximation, cette

demi-zone dont il suffit d'étudier l'action sur P pour se rendre compte des phénomènes observés, en négligeant tout le reste de la surface d'onde ; c'est ce qu'on a appelé la *zône efficace*.

Il en sera de même si nous considérons des surfaces d'onde successives etc., sur chacune desquelles il suffira de tenir compte de l'action exercée sur P par de très petites surfaces autour des points analogues à A, points de contact des sphères décrites de P comme centre et tangentes aux diverses surfaces d'onde.

Dans le cas d'un milieu isotrope, les surfaces d'onde sont des sphères ayant le point O comme centre ; les points sont donc sur une même droite. De telle sorte que dans l'étude des effets produits par O sur P, il suffit de considérer les mouvements vibratoires qui se manifestent à une très petite distance autour de la droite OP. C'est en cela que consiste, dans la théorie des ondulations, la propagation rectiligne de la lumière.

La ligne OP, lieu des centres des zones efficaces, représente ce que l'on nomme le rayon lumineux, mais on voit que ce rayon n'est qu'une abstraction ; il ne représente rien d'effectif, de réellement existant, comme dans la théorie de l'émission.

383. — Fresnel a fait une intéressante vérification des résultats que nous venons d'indiquer, ainsi qu'il suit :

Connaissant la position du point lumineux O et celle du point P, on observe les effets produits ; on peut calculer pour une position donnée de la surface d'onde AD l'étendue des diverses zones successives, et notamment l'étendue de la deuxième zone qui détruit, au moins partiellement l'effet de la zone efficace. Fresnel construisit un écran annulaire ayant précisément les dimensions de cette deuxième zône, écran qui placé à la distance de AD avait pour effet d'empêcher que les points de cette zône pussent agir sur P ; comme la théorie l'indique, puisque l'on supprime des actions discordantes, il observa une augmentation de l'intensité lumineuse.

L'expérience fut continuée, et un autre écran annulaire dont les dimensions correspondaient à celle de la quatrième zone fut joint au premier écran ; en arrêtant de cette manière l'action de points en concordance avec ceux de la deuxième zone en discordance par conséquent avec ceux de la zone centrale et de la troisième zone et on observa une nouvelle augmentation de l'intensité lumineuse, comme on devait le trouver.

Le fait en lui-même de l'augmentation d'intensité par la suppression d'une partie des points capables d'agir, et l'exactitude de la détermination des dimensions de l'écran capable de produire cette augmentation, sont une intéressante expérience à l'appui de l'hypothèse des ondulations.

Dans les expériences qui vont suivre comme dans celles relatives aux interférences, on prend comme source lumineuse non un point, mais une ligne obtenue en recueillant sur une lentille cylindrique de court foyer la lumière émanée d'une flamme vive. Les surfaces qu'il y a lieu de considérer sont, non des sphères, mais des cylindres ayant cette droite lumineuse pour axe. Il nous suffira alors de considérer des figures planes représentant des sections droites de ces surfaces.

384. Diffraction. — On conçoit que les conditions de la propagation seront modifiées dans certaines directions si l'on interpose des écrans opaques interceptant une partie des ondes. Il se produit alors, en effet, des phénomènes particuliers désignés sous le nom de phénomènes de *diffraction*, phénomènes que l'hypothèse des ondulations explique, et qui sont en désaccord avec ce qui résulte des données de l'optique géométrique basée sur l'hypothèse de l'émission.

Considérons un écran opaque large MN (fig. 243) dont le bord N est parallèle à la ligne lumineuse O ; joignons ON, cette droite prolongée constitue la limite de l'ombre géométrique. Portons à partir de N sur la surface d'onde deux distances N*n* et N*n'* égales à la moitié de l'étendue qu'il est seulement nécessaire de considérer pour expliquer les effets produits à la distance ON.

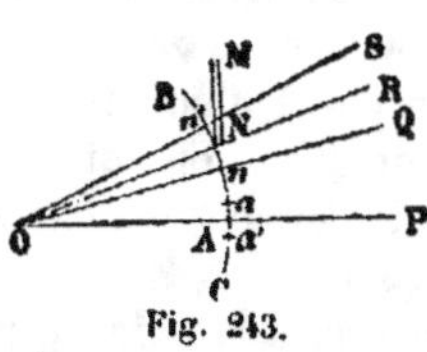

Fig. 243.

Joignons O*n* : le point Q est dans les mêmes conditions que si l'écran n'existait pas, car il reçoit l'action d'une zone efficace entière N*n*, et il en est de même naturellement des points situés au-dessous de Q.

D'autre part le point S' obtenu en joignant O à n' ne reçoit aucune lumière, car la zone efficace correspondante étant masquée en entier par l'écran ne produit aucun effet et il en est de même des points situés au-dessus de S.

Entre Q et R, il se produit des effets qu'une analyse détaillée permettrait seule d'expliquer et de laquelle il résulte qu'il y a des variations d'intensité se traduisant par des maxima et des minima. On observe donc des franges alternativement lumineuses et obscures dans la lumière monochromatique.

Entre R et S on observe des effets d'une autre nature. En R l'intensité lumineuse est la moitié de ce qu'elle serait si l'écran n'existait pas ; pour des points situés au-dessus, l'intensité diminue progressivement, car une partie de la zone Nn cesse d'agir ; la partie utile qui, comme nous l'avons dit, se réduit presque absolument à cette première zone décroît donc, si bien que la vitesse communiquée au point considéré devient rapidement négligeable.

Dans le cas qui nous occupe on n'observe donc pas la limite de l'ombre géométrique, mais on observe en dehors de cette ligne des franges présentant des maxima et des minima dont les intensités décroissent rapidement (franges irisées si l'on opère avec une lumière composée), et en dedans de cette ligne une intensité décroissant rapidement jusqu'à l'obscurité qui n'est cependant totale qu'à une certaine distance.

Ces phénomènes constituent la diffraction.

Si l'on emploie un écran dont les deux bords agissent, mais qui soit large par rapport aux dimensions des zones de la surface d'onde, ou si l'on emploie un écran percé d'une ouverture dont la largeur satisfait à la même condition, on doit observer pour chacun des bords considérés isolément des effets analogues à ceux que nous venons d'indiquer.

On peut calculer la position des franges de diffraction qui se produisent dans chacun de ces cas. Fresnel, en opérant avec un écran percé d'une ouverture, a déterminé les positions relatives des franges fournies par les deux bords, et a trouvé des résultats en concordance avec ceux qu'indiquait le calcul.

385. — Mais les faits sont autres si l'on examine l'ombre produite par un corps étroit ; dans ce cas, on observe les franges extérieures, mais en outre on observe à l'intérieur des franges plus serrées et plus vives ; ces dernières sont bien dues à l'action simultanée des deux bords, car elles disparaissent si l'on applique un écran opaque contre l'un de ceux-ci.

Sans entrer dans le détail, on reconnaît aisément qu'un point situé sur l'axe de symétrie du système est éclairé, car il reçoit l'action de deux portions d'onde appartenant à la zône efficace et dont les actions identiques s'ajoutent ; mais l'intensité sera moindre que si l'écran n'existait pas, parce que la première zone, qui comme nous l'avons dit produit l'effet principal, manque dans ce cas. Mais à côté de ce point la symétrie n'existe pas, et les deux demi-onde n'agissent pas de la même façon : suivant que les actions seront discordantes ou concordantes, il y aura donc une frange obscure ou une frange lumineuse ; les différences d'intensité diminuent à mesure que l'on s'éloigne du point central.

Une étude plus complète montre que la longueur de ces franges, toutes choses égales d'ailleurs, augmente quand diminue la largeur de l'écran.

On fait généralement l'expérience en employant comme écran un fil fin. Pour vérifier le dernier résultat signalé, on prend comme écran un cône très aigu, une aiguille : on obtient alors des franges étroites vers la base de l'aiguille, et qui vont en s'élargissant à mesure qu'on examine des parties plus voisines de la pointe.

386. — Si l'on emploie un écran percé d'une fente très étroite et si l'on place l'écran sur lequel on examine les effets produits à une assez grande distance, on observe une partie centrale éclairée, comme si l'écran n'existait pas, et ayant une étendue plus grande que celle qui correspondrait au cône lumineux indiqué par l'optique géométrique ; en dehors de cette partie éclairée, et de chaque côté, on observe des franges. Enfin l'étendue éclairée est d'autant plus grande que l'ouverture est plus étroite.

Nous ne pouvons entrer dans l'explication détaillée de ces faits qui concordent absolument avec les déductions de la théorie. On peut concevoir directement, d'ailleurs, que si l'ouverture décroît l'étendue éclairée doit augmenter. Considérons le point central, il reçoit des deux moitiés de l'onde non interceptée des actions concordantes qui s'ajoutent ; il doit donc y avoir une partie éclairée en ce point. Pour que, en un point situé sur l'écran, il y ait annulation, il faut que, pour ce point, la partie effective de l'onde se divise en deux zones discordantes ; cela exige pour les deux bords de l'écran, une différence de marche égale à λ, ce qui permettra de diviser cet arc en deux parties dont les points auront deux à deux des différences de marche égales à $\frac{\lambda}{2}$. Mais pour obtenir cette différence de marche, il faut évidemment que les lignes considérées soient d'autant plus obliques que l'ouverture sera plus étroite, et par conséquent la partie dans l'ombre commencera d'autant plus loin du point central que l'ouverture sera plus étroite.

On conçoit même que, à la limite, si l'ouverture était réduite à *un point*, il n'y aurait plus d'ombre, car ce point recevant le mouvement de A le transmettrait seul, sans interférence possible par conséquent, dans la partie située au-delà de l'écran, partie dans laquelle il y aurait une seule onde élémentaire, tout se passerait donc comme si l'ouverture était elle-même un point lumineux.

887. — Considérons le cas d'un écran MN (fig. 244) dans lequel sont pratiquées deux ouvertures A, B voisines et très étroites ; d'après ce que nous avons dit, chacune d'elles donnera un espace uniformément éclairé : dans la partie commune il y aura donc en chaque point deux mouvements vibratoires communiqués : ces mouvements vibratoires ne sont pas indépendants l'un de l'autre puisque, en réalité, ils ont pour origine le mouvement de O. Ils sont dans des conditions où l'interférence peut se produire, et elle se produit en effet.

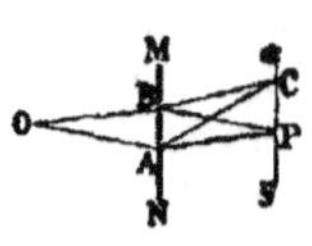

Fig. 244.

En particulier si le point lumineux O est sur la ligne O P, ligne de symétrie perpendiculaire à MN, tout doit se passer comme dans les cas que nous avons étudiés (371, 372), les ouvertures jouant alors le rôle des images virtuelles des miroirs et du biprisme.

Les expériences donnent des résultats entièrement conformes à la théorie : la nature des effets et les grandeurs numériques sont vérifiées par l'observation.

Les phénomènes d'interférence qui se produisent dans ce cas peuvent être utilisés dans diverses circonstances, en modifiant quelque peu l'expérience : indiquons ici une première application.

Déterminons dans les circonstances précédemment indiquées la position de la frange centrale P ; puis sur l'une des ouvertures plaçons une lame mince à faces parallèles d'un corps transparent B (fig. 245). On observe que les franges existent encore, mais que le système s'est déplacé, la frange centrale étant rejetée sur le côté ; déterminons le rang k de la frange qui se trouve à la position P qu'occupait la frange centrale, c'est-à-dire la ligne de symétrie. Cette donnée permet de calculer le rapport des vitesses de propagation de la lumière dans l'air ω et dans la substance considérée ω_1.

En effet, bien que géométriquement les deux chemins par-

Fig. 245.

courus soient égaux, il s'est établi une différence de phase résultant de ce que, sur une épaisseur e, égale à celle de la lame, la propagation s'est effectuée d'une part dans l'air et de l'autre dans la substance en expérience. La différence de phase correspond à la différence des temps employés à parcourir cette épaisseur (pour le reste du trajet, il n'y a pas de différence) c'est-à-dire à $\frac{e}{\omega_1} - \frac{e}{\omega}$; mais l'expérience montre d'autre part que cette différence est égale à $k\frac{\theta}{2}$ puisque la frange considérée est la k^e, on a donc :

$$\frac{e}{\omega_1} - \frac{e}{\omega} = k\frac{\theta}{2}$$

ou

$$\frac{\omega}{\omega_1} - 1 = \frac{k}{e'}\frac{\lambda}{2}$$

ce qui permet de calculer $\frac{\omega}{\omega_1}$.

288. Réflexion et réfraction dans l'hypothèse des ondulations. — Indiquons maintenant comment l'hypothèse des ondulations permet d'expliquer les faits de changement de direction, réflexion et réfraction, qui se produisent à la surface de séparation de deux milieux.

Nous considérerons seulement, pour plus de simplicité, le cas de la lumière parallèle, c'est-à-dire le cas d'une onde plane.

Soit un faisceau de direction SS' (fig. 246) et soit AB une portion de l'onde correspondante ; après un certain temps si le

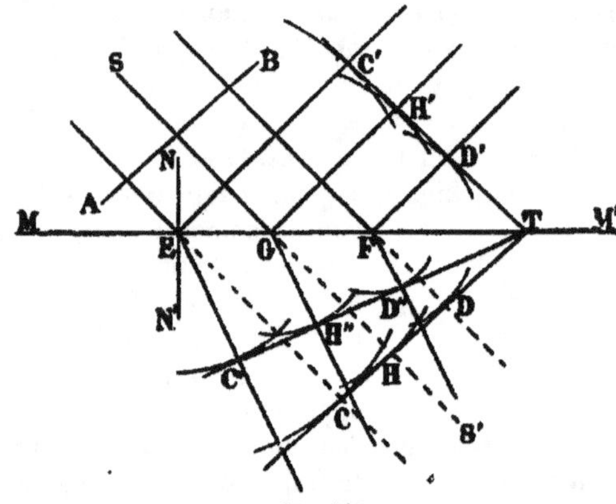

Fig. 246.

milieu se continuait l'onde serait parvenue en CD, c'est-à-dire que tous les points de CD sont dans la même phase.

Soit maintenant MM' la surface qui limite un milieu différent de celui dans lequel se propageait la lumière, et soient ω et ω_1 les vitesses de propagation dans le premier et dans le second milieu.

En vertu du principe d'Huyghens, nous pouvons considérer les effets qui se produiront ultérieurement comme résultant de l'action des divers points de EF, points agissant comme sources de lumière, à la condition que, à chaque instant, ces divers points soient dans la phase de la vibration où ils sont effectivement par suite de l'action de la source lumineuse.

Or nous pouvons connaître cet état en nous appuyant sur l'effet que ces points auraient produit, si le premier milieu se prolongeait au-dessous de EF ; chaque point serait le centre d'une onde élémentaire, et ces ondes devraient être telles que leur enveloppe fût le plan CD dont tous les points sont dans la même phase. Les différents points E, G, F ont donc dû se trouver dans la même phase dans des temps précédant l'instant où le mouvement correspondant s'est propagé en CD, et égaux respectivement à $\dfrac{EC}{\omega}, \dfrac{GH}{\omega}, \dfrac{DF}{\omega}$.

Ceci posé, considérons l'effet du second milieu et voyons ce qui doit se passer.

Chacun des points de EF est devenu un centre de mouvement et va produire une action qui se propagera sphériquement dans tous les sens.

Il y aura dès lors, à l'instant où dans le premier milieu l'onde serait parvenue en CD, des ondes élémentaires, qui émanées des points de CD à l'instant où ils étaient dans la même phase, se seront formées dans le premier milieu au-dessus de EF, et d'autres qui se seront produites dans le deuxième milieu au-dessous de EF.

Occupons-nous d'abord des premières : ce serait, à l'instant considéré, des sphères dont les rayons sont respectivement égaux, pour chaque point, à la durée de propagation multipliée par la vitesse de propagation ω ; les ondes élémentaires sphériques de même phase et qui ont pour centre E, G, F... auront respectivement pour rayons : $EC' = EC$, $GH' = GH$, $FD' = FD$....

Ces diverses ondes élémentaires, symétriques des ondes directes de propagation qui ont été interceptées, donneront une onde totale, leur enveloppe, qui sera nécessairement le plan C'D'T, symétrique de CDT ; cette onde continuera à se propager parallèlement à elle-même, elle correspond à la lumière réfléchie. On voit immédiatement que la direction du faisceau réfléchi, perpendiculaire à la surface d'onde, est symétrique du faisceau incident par rapport à la normale, résultat qui est absolument d'accord avec les lois de la réflexion.

Occupons-nous maintenant des ondes qui se propagent dans le second milieu, et qui ont pour origine les points E, G, F... aux instants où ils sont dans la même phase : à l'instant où, si le second milieu n'existait pas, ces ondes de même phase auraient pour enveloppe le plan CDT, elles auront des rayons respectivement égaux aux produits des temps correspondants par la vitesse de propagation ω_1, soit, par conséquent

$$EC' = \frac{EC}{\omega} . \omega_1 \qquad HG'' = \frac{HG}{\omega} . \omega_1 \qquad FD'' = \frac{FD}{\omega} . \omega_1 \ldots$$

c'est-à-dire qu'elles constitueront un système semblable au précédent, les rayons étant modifiés dans le rapport $\frac{\omega_1}{\omega}$. Ces ondes élémentaires donneront naissance à une onde unique qui sera leur enveloppe ; cette enveloppe est évidemment un plan passant par T et tangent à ces sphères.

Cette onde plane, qui continuera ensuite à se propager, correspond à la lumière réfractée ; elle répond à un faisceau dont la direction est donnée par la droite EC''. On reconnaît immédiatement que ce rayon est dans le plan normal qui contient CE. D'autre part, les angles d'incidence i et de réfraction r étant respectivement égaux à ETC, ETC'', on a :

$$\sin i = \frac{EC}{ET} , \qquad \sin r = \frac{EC''}{ET} \qquad \text{d'où} \qquad \frac{\sin i}{\sin r} = \frac{EC}{EC''} = \frac{\omega}{\omega_1}$$

La quantité $\frac{\omega}{\omega_1}$ étant indépendante de l'angle d'incidence, on retrouve bien les lois de la réfraction.

On voit de plus quelle est la signification de l'indice de réfraction, qui représente le rapport des vitesses de propagation dans le premier et dans le second milieux. Cette valeur de l'indice justifie la loi de réversibilité.

Dans l'hypothèse de l'émission, on parvenait à expliquer également les phénomènes dont nous venons de parler. Mais on trouvait pour valeur de l'indice de réfraction $\frac{\omega_1}{\omega}$, c'est-à-dire l'inverse de la valeur que nous venons d'obtenir.

L'indice de l'eau par rapport à l'air étant plus grand que 1, et Foucault ayant prouvé directement que la vitesse de propagation dans l'air ω est plus considérable que la vitesse dans l'eau ω_1, ce résultat s'accorde avec l'hypothèse des ondulations et est en contradiction formelle avec celle de l'émission.

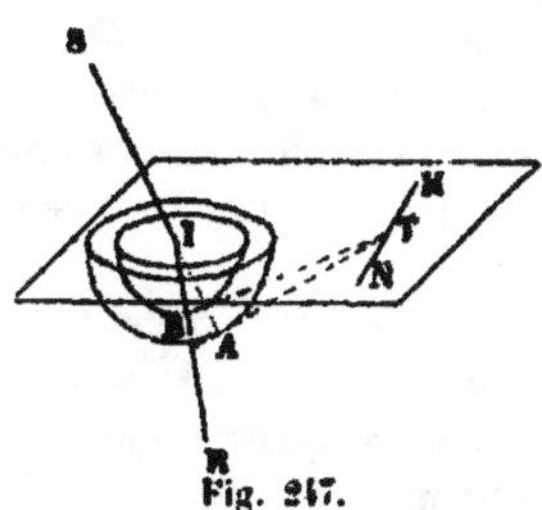

Fig. 247.

L'explication que nous venons de donner du phénomène de la réfraction conduit à une construction du rayon réfracté correspondant à un rayon incident donné SI (fig. 247).

Construisons deux sphères ayant pour centre le point I et telles que le rapport de leurs rayons soit égal à l'indice de réfraction du milieu considéré : ces sphères peuvent être regardées comme deux des ondes sphériques élémentaires EC, EC" (fig. 246) dont nous avons parlé précédemment. Prolongeons le rayon SI jusqu'au point A où il coupe la sphère extérieure et menons en ce point le plan tangent qui coupe en MN la surface d'incidence. Par MN menons un plan tangent à la sphère intérieure ; le point de contact B appartient au rayon réfracté qui est dès lors déterminé.

On voit en effet que ces deux plans tangents représentent les ondes planes TC et TC" de la figure précédente.

On reconnaît aisément que le plan qui contient SI et IR est normal à la surface, il suffit donc de considérer les intersections par le plan d'incidence qui donne des cercles dans les sphères et les tangentes AT et BT ce qui rend compte de la construction que nous avons donnée (252) (fig. 132).

259. Propagation dans un milieu cristallisé. — Cherchons à comprendre comment peut se faire la propagation d'un mouvement vibratoire dans un milieu cristallisé à un axe, c'est-à-dire dans un milieu où les propriétés se retrouvent identiques dans toutes les directions normales autour de cet axe, mais varient dans les autres directions.

Nous allons pour cela chercher la forme de l'onde élémentaire, ou mieux des ondes élémentaires, car nous allons démontrer qu'il y en a deux.

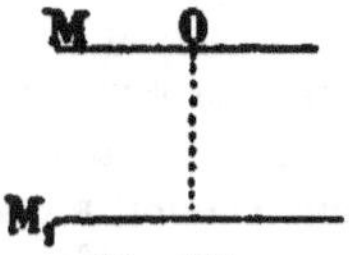

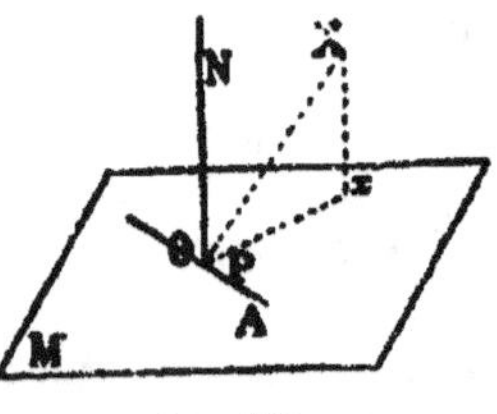

Fig. 248.

Nous nous appuierons pour cela sur les remarques suivantes et sur diverses hypothèses que nous indiquerons.

Considérons une onde plane M (fig. 248) qui, en un temps égal à l'unité, s'est transportée en M₁; la distance de ces deux positions mesure ce que nous appellerons la vitesse normale de propagation.

Si nous considérons, d'autre part, une onde élémentaire ayant pour centre le point O de la première onde, la position qu'elle aura atteinte après le temps 1 sera tangente au plan M₁.

Il résulte de là que s'il existe en O un mouvement vibratoire et que nous connaissions la vitesse normale de propagation dans les diverses directions, si par le point O nous menons des droites quelconques sur chacune desquelles nous portons une longueur égale à cette vitesse, les plans menés perpendiculairement aux extrémités de ces droites auront nécessairement pour enveloppe la surface d'onde élémentaire.

Fresnel a admis que la vitesse normale de propagation dépend des réactions élastiques produites dans l'éther par le déplacement des molécules : cette hypothèse ne s'impose pas *a priori*, mais elle est justifiée parce qu'elle conduit à une explication du phénomène.

Soient M (fig. 249) une surface d'onde, OX l'axe optique du milieu passant en O, ON la normale à la surface d'onde, et O*x* la trace du plan NOX sur le plan de l'onde. Nous allons rechercher la forme de l'onde élémentaire correspondant à un déplacement de la molécule O, déplacement dans le plan de l'onde. Mais avant d'examiner le cas général, nous allons considérer deux cas particuliers.

Fig. 249.

Supposons d'abord que le déplacement ait lieu suivant OA perpendiculaire à Ox et perpendiculaire par conséquent à OX; à ce déplacement correspondra une vitesse normale de propagation OP.

Quelle que soit la direction de la surface d'onde, un semblable déplacement sera possible et il y aura une vitesse normale de propagation correspondante. Mais toutes les directions de déplacement étant normales à l'axe optique devront donner naissance aux mêmes réactions élastiques, et par suite les diverses vitesses normales de propagation seront égales.

L'enveloppe des plans que l'on mènerait perpendiculairement à l'extrémité de toutes ces vitesses sera nécessairement une sphère.

Considérons maintenant le cas où les déplacements se produiront suivant Ox : pour ce déplacement il y aura une certaine vitesse normale de propagation. Mais si nous considérons une autre surface d'onde dans laquelle se produirait un autre déplacement suivant Ox', projection de l'axe optique sur le plan de l'onde, il y aura une autre vitesse de propagation, car les réactions élastiques (comme toutes les autres propriétés) varient avec la direction considérée, sauf pour les directions normales à OX. Pour chaque direction nouvelle de la surface d'onde il y aura donc une nouvelle vitesse normale de propagation. Les différents plans menés aux extrémités de ces vitesses ne seront donc certainement pas à la même distance de O et par suite leur enveloppe ne sera pas une sphère : on peut évidemment prévoir que ce sera une surface de révolution autour de OX.

Donc l'onde élémentaire correspondant aux vibrations astreintes aux conditions que nous avons indiquées sera une surface de révolution autour de l'axe optique et autre qu'une sphère.

Un calcul, dans le détail duquel nous ne pouvons entrer, et où l'on introduit quelques hypothèses subsidiaires, montre que dans le cas des cristaux à un axe cette surface est un ellipsoïde.

Arrivons maintenant au cas général : celui où, dans le plan de l'onde, la vibration a une direction quelconque.

La réaction élastique qui prend alors naissance dans cette direction et en sens contraire, peut être remplacée par deux composantes dirigées l'une suivant OA, l'autre suivant Or. Pour chacune des composantes les conclusions qui précèdent seront applicables et nous serons conduits à admettre que le mouvement du point O donne naissance à deux ondes élémentaires : l'une est une sphère, l'autre un ellipsoïde de révolution autour de l'axe optique.

Ceci donne l'explication de la double réfraction, du dédoublement du rayon qui se produit à l'entrée de la lumière dans un milieu biréfringent.

Considérons en effet le faisceau incident, comme nous l'avons fait ci-dessus pour la réfraction (fig. 246) et soit E un point de la surface de séparation. Si le premier milieu se continuait, son mouvement produirait au bout d'un certain temps θ une onde sphérique EC'; mais ce mouvement va provoquer, dans le milieu biréfringent, la formation de deux ondes, une onde sphérique et une onde ellipsoïde de révolution autour de l'axe optique. Il en sera naturellement de même pour tous les points de EF ; seulement les ondes auront des dimensions dépendant de la position du point considéré comme centre, dimensions qui seront proportionnelles d'ailleurs à celles des ondes sphériques qui auraient donné l'onde plane dans le 1ᵉʳ milieu s'il s'était prolongé. Il y aura donc deux surfaces d'onde qui seront les enveloppes de ces ondes élémentaires.

Par raison de similitude, on reconnaît aisément que ces surfaces sont des plans qui vont couper la surface d'incidence suivant la même ligne que l'onde C'D'.

On voit immédiatement que l'une de ces ondes est construite absolument comme si le 2ᵉ milieu était uniréfringent et qu'elle doit obéir aux lois ordinaires de la réfraction : c'est ce que nous avons appelé le *faisceau ordinaire*. Il n'en est pas de même de l'autre onde, au moins en général. Mais cette explication fait comprendre la construction du rayon extraordinaire qu'Huyghens a donnée et que nous avons indiquée (280).

Il est à remarquer que les ondes sphériques, par des considérations analogues à celles que nous avons indiquées pour la réfraction simple (387), comprennent uniquement des vibrations perpendiculaires à la section principale du cristal, section qui comprend l'axe et la normale au point d'incidence, tandis que les ondes ellipsoïdes comprennent uniquement des vibrations parallèles à cette section principale.

Il résulte de là que, pour chacune des deux ondes planes qui ont pris naissance dans le milieu biréfringent, il n'y aura que des ondes élémentaires d'une seule nature : sphériques pour le rayon ordinaire, ellipsoïdes pour le rayon extraordinaire, de telle sorte que chaque onde plane se propagera parallèlement à elle-même sans donner naissance à de nouvelles modifications.

390. Lumière polarisée. — Une remarque que nous venons de faire montre la possibilité de produire des faisceaux dans lesquels les vibrations seraient toutes parallèles entre elles, faisceaux qui ne seraient pas constitués de la même manière dans toutes les directions, de telle sorte qu'il serait possible que les propriétés, les effets observés présentassent certaines différences dans diverses directions ; il y aurait en tout cas deux axes de symétrie.

Ces conditions diffèrent de celles qui se rencontrent pour un faisceau de lumière naturelle tel que nous l'avons imaginé, faisceau dans lequel les propriétés doivent être identiques dans toutes les directions. Il est à remarquer en effet que, à cause de l'extrême multiplicité des vibrations dans un temps très court, on ne peut observer l'effet de l'une d'elles, mais seulement la résultante d'un très grand nombre de vibrations consécutives, et cela quelle que soit la nature de l'effet considéré : dans un temps même très court, il arrive donc à notre œil des vibrations ayant toutes les directions différentes (bien que pendant 50.000 ou même 100.000 vibrations le changement de direction soit insensible, puisque ce nombre ne correspond guère qu'à un 10.000ᵉ de seconde). Il ne saurait donc y avoir dans l'effet résultant rien qui soit spécial à une direction donnée, rien qui différencie une direction d'une autre direction.

Il est donc possible, il est même probable qu'un faisceau provenant du dédoublement d'un faisceau naturel par un spath doit présenter, à certains égards, des propriétés différentes de celles que possède la lumière naturelle. L'expérience montre qu'il en est bien réellement ainsi, et il y a lieu d'étudier les propriétés d'un faisceau de cette nature, d'étudier les propriétés de ce que l'on appelle la *lumière polarisée*.

Disons, d'une manière générale, que l'on n'observe pas de différences au point de vue de l'optique géométrique entre la lumière naturelle et la lumière polarisée, et que les différences portent soit sur des variations d'intensité, soit sur certains phénomènes de l'optique physique.

391. — Considérons un faisceau ayant traversé un prisme de Nicol ou de Foucault (284), faisceau dont les vibrations sont dans le plan de la section principale puisque c'est un faisceau extraordinaire.

Etudions la manière dont ce faisceau polarisé se comporte dans diverses circonstances.

Faisons tomber ce faisceau sur une surface réfléchissante, sur une lame de verre noir, par exemple, et comparons les intensités du faisceau réfléchi et du faisceau incident, alors que l'angle d'incidence restant le même le miroir tourne autour de l'axe du faisceau. Tandis que pour la lumière naturelle le faisceau réfléchi aurait une intensité constante, indépendante de la position du plan d'incidence, on observera des variations plus ou moins notables si le faisceau incident est polarisé. Pour un tour complet du miroir, on observera deux maxima et deux minima qui seront également espacés.

Si même l'angle d'incidence est convenablement choisi (pour le verre noir, il doit être de 35° environ), pour les deux positions correspondant aux minima, le rayon réfléchi s'éteint complètement ; il n'y a plus de rayon réfléchi.

Cette expérience justifie donc les prévisions énoncées, tant en ce qui concerne les variations des propriétés qu'en ce qui correspond à l'existence de deux axes de symétrie.

On désigne sous le nom de *plan de polarisation* du faisceau la direction du plan d'incidence pour laquelle le faisceau réfléchi correspond à l'intensité maxima. La détermination de ce plan est expérimentale et indépendante de toute hypothèse, elle n'exige en rien la connaissance des conditions qui ont produit la polarisation. Lorsque l'on répète l'expérience comme nous l'avons indiqué avec de la lumière ayant traversé un nicol, on voit que le maximum d'intensité du faisceau lumineux réfléchi correspond au cas où le plan d'incidence est perpendiculaire à la section principale du cristal ; nous sommes donc conduits à admettre que la direction des vibrations est perpendiculaire au plan que nous avons appelé plan de polarisation.

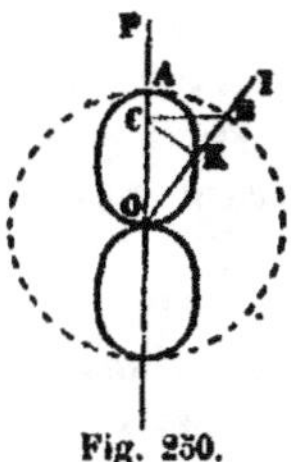

Fig. 250.

Malus a déterminé la loi de variation d'intensité du faisceau réfléchi. Si l'on appelle I l'intensité du faisceau incident, I_α celle du faisceau réfléchi quand le plan d'incidence fait un angle α avec le plan de polarisation, on a :

$$I_\alpha = I \cos^2 \alpha$$

Il est souvent commode de représenter cette loi graphiquement ; on y arrive aisément en traçant une courbe dont l'équation polaire serait l'équation précédente, l'axe polaire coïncidant avec la trace du plan de polarisation sur un plan perpendiculaire au faisceau, l'angle vecteur est α et le rayon vecteur I_α.

Si l'on trace un cercle ayant pour rayon une longueur OA (fig. 250) représentant l'intensité primitive, on a très aisément autant de points de la courbe que l'on veut en répétant la construction indiquée sur la figure pour trouver le point K, car on a immédiatement :

$$OK = OB \cos^2 AOB.$$

Nous avons dit que l'extinction totale ne se produit que si l'angle d'incidence a une valeur déterminée ; cette valeur est donnée par la loi suivante dite loi de Brewster :

L'angle pour lequel l'extinction totale se produit est celui pour lequel le rayon réfracté est perpendiculaire au rayon réfléchi.

Pour une incidence quelconque, on a :

$$\frac{\sin i}{\sin r} = n$$

Dans le cas qui nous occupe on a $i + r = 90°$; on a donc pour définir l'angle i la relation :

$$\text{tg } i = n$$

292. — La réfraction produit sur la lumière polarisée des effets analogues à ceux de la réflexion, mais moins marqués, même sous l'angle d'incidence le plus favorable, qui est le même que pour la réflexion. Aussi pour faire l'expérience fait-on subir à la lumière plusieurs réfractions successives en employant une *pile de glaces*.

En faisant tomber un faisceau sur une semblable pile on observe que, par la rotation, il se produit des variations d'intensité dans le faisceau transmis ; pour un tour complet, il y a deux maxima et deux minima régulièrement espacés. Seulement les minima (qui, en général, ne produisent pas l'extinction) ont lieu lorsque le plan d'incidence est parallèle au plan de polarisation, c'est-à-dire perpendiculaire à la direction que nous avons attribuée aux vibrations.

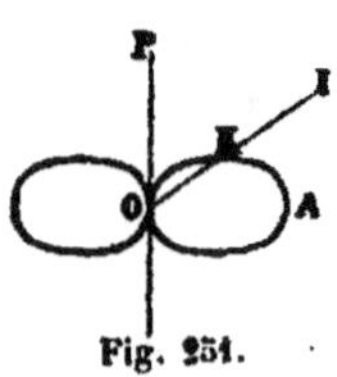

Fig. 251.

Les valeurs de l'intensité sont données par la relation :

$$I_\alpha = I \sin^2\alpha$$

les données étant les mêmes que précédemment, en supposant que l'extinction a lieu réellement. Ces variations sont représentées par une courbe analogue à celle que nous avons indiquée plus haut, cette courbe occupant seulement une position différente par rapport à l'axe polaire qui est la trace du plan de polarisation (fig. 251).

293. — Enfin, si l'on fait tomber un faisceau polarisé sur un cristal biréfringent, sur un spath d'Islande, on aura en général deux faisceaux comme d'habitude, mais ils auront des intensités différentes. Chacun d'eux passera par deux maxima et deux minima pour un tour complet du spath et les maxima de l'un correspondront aux minima de l'autre. Le faisceau ordinaire sera maximum quand le plan de polarisation sera parallèle à

la section principale du spath : le faisceau extraordinaire sera
maximum quand le plan de polarisation sera perpendiculaire à
cette section principale.

Ces résultats auraient pu être prévus d'après ce que nous avons
dit du mécanisme de la double réfraction ; l'onde se dédouble
quand les vibrations ont une direction quelconque par rapport
à la section principale. Si les vibrations sont perpendiculaires
à cette section principale (c'est-à-dire si le plan de polarisation
est parallèle à cette section) elles donnent naissance seulement
à l'onde ordinaire ; l'onde extraordinaire
prend seule naissance au contraire si
les vibrations sont parallèles à la section principale (c'est-à-dire si le plan
de polarisation lui est perpendiculaire).

Si les vibrations ont une direction
quelconque, les forces élastiques correspondantes peuvent être remplacées
par deux composantes, en général inégales, l'une perpendiculaire à la section

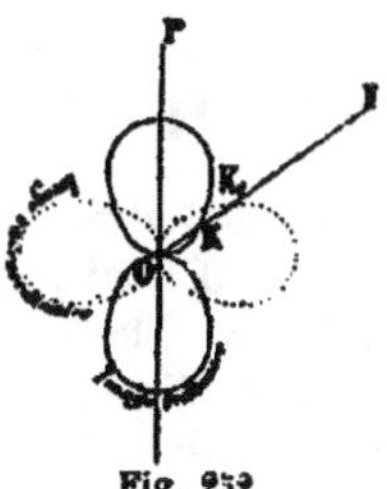

Fig. 252.

principale et donnant naissance au rayon ordinaire, l'autre
dans cette section et donnant le rayon extraordinaire : les
deux rayons auront donc des intensités inégales.

En désignant par $I_{0\alpha}$ et $I_{E\alpha}$ les intensités du faisceau ordinaire et du faisceau extraordinaire quand la section principale
fait un angle α avec le plan de polarisation, on a :

$$I_{0\alpha} = I \cos^2\alpha \qquad I_{E\alpha} = I \sin^2\alpha$$

Les courbes représentatives sont respectivement les mêmes
que celles que nous avons indiquées précédemment (fig. 252).
Il est à remarquer que la somme $I_{0\alpha} + I_{E\alpha} = I$; est indépendante de α. Si on obtient deux images se
superposant en partie (fig. 253), on reconnaît
en effet que la partie commune conserve la
même intensité lorsqu'on tourne le spath, tandis qu'il y a des variations inverses sur les par-

Fig. 253

ties de deux images qui ne se superposent pas.

Pour certains cristaux, comme la tourmaline, il se produit

en outre un effet d'une autre nature ; il y a une absorption très
inégale des deux faisceaux. Si l'on fait tomber un faisceau polarisé sur une tourmaline taillée parallèlement à l'axe, le faisceau extraordinaire subsiste seul, même pour une épaisseur
assez faible : s'il arrive normalement, d'ailleurs, il traverse
normalement. Dans ce cas, il y a maximum si l'axe de la tourmaline (qui définit la section principale) est perpendiculaire
au plan de polarisation ; il y a extinction quand il est parallèle
à ce plan.

394. — *Nous pouvons nous expliquer ce qui se produit
dans la réflexion et la réfraction de la lumière non polarisée.
Occupons-nous d'abord de la réflexion.*

Les faits observés (391) quand le plan de polarisation est : 1°
en coïncidence avec le plan d'incidence ; 2° perpendiculaire au
plan d'incidence, conduisent à penser que dans la réflexion :
1° les forces élastiques perpendiculaires au plan d'incidence
subsistent, puisque le faisceau réfléchi n'est pas affaibli ; 2° les
forces élastiques situées dans le plan d'incidence ne subsistent
pas, puisqu'il y a extinction du faisceau.

Si donc le plan de polarisation a une direction quelconque,
il en sera de même des forces élastiques qui prennent naissance
par suite du mouvement vibratoire ; ces forces peuvent toujours être remplacées par deux composantes, l'une perpendiculaire au plan d'incidence, l'autre parallèle à ce plan, et dont
la valeur dépend de la direction du plan de polarisation par
rapport au plan d'incidence. La deuxième composante dispa-
raîtra : la première restera seule, constituant un faisceau moins
intense que le faisceau incident et d'autant moins intense que
la composante correspondante sera plus faible, c'est-à-dire que
l'angle des deux plans sera plus voisin de 90°.

Une analyse plus complète permet même d'expliquer la loi
de variation de l'intensité.

Des considérations analogues s'appliquent à la réfraction des
faisceaux polarisés.

395. — *On peut concevoir que l'on superpose dans une
même direction un faisceau de lumière naturelle à un faisceau*

polarisé : on aura ce que l'on appelle un faisceau *partiellement polarisé*. Il est aisé de se rendre compte des effets qui se produisent si l'on répète avec un semblable faisceau les expériences que nous venons de mentionner. La lumière polarisée produira des alternatives de maxima et d'extinction, tandis que la lumière naturelle donnera lieu à une intensité constante : les actions s'ajouteront et on observera des alternatives de maxima et de minima, mais les minima ne seront jamais nuls et ils correspondront à l'intensité propre de la lumière naturelle.

396. Analyseurs; polariseurs. — Lorsque, à l'aide d'un des appareils précédemment décrits (miroir noir, pile de glaces, spath d'Islande, tourmaline), on observe les effets que nous avons signalés, les autres appareils donnent également lieu aux phénomènes correspondants, de telle sorte qu'il suffit d'employer un seul d'entre eux pour reconnaître si la lumière est naturelle, ou totalement polarisée, ou partiellement polarisée, et, dans ces derniers cas, pour pouvoir préciser la direction du plan de polarisation. Pour cette raison, ces divers appareils ont reçu le nom d'*analyseurs*.

Bien qu'ils puissent être employés indifféremment, on fait usage presque exclusivement des cristaux biréfringents, soit que l'on utilise la tourmaline, soit que l'on emploie un spath. Souvent, dans ce dernier cas, on remplace le spath qui donne deux faisceaux, deux images, par un nicol ou un foucault qui n'en donne qu'une ; on est d'ailleurs suffisamment renseigné, puisqu'on sait que ces prismes laissent passer seulement la lumière extraordinaire.

Nous avons été conduit à la considération de la lumière polarisée par l'explication concernant la double réfraction, de laquelle il résulte que les faisceaux ordinaires et extraordinaires sont polarisés ; d'après cette explication, les plans de polarisation de ces deux faisceaux sont perpendiculaires l'un à l'autre. On peut donc se servir d'un spath comme *polariseur*, pour obtenir de la lumière polarisée, à la condition que la lame employée soit assez épaisse pour que les deux faisceaux soient séparés à la sortie.

On peut dès lors, naturellement, employer un nicol ou un

foucar'' ?our avoir un faisceau polarisé ; on connaît d'ailleurs la direction du plan de polarisation qui est perpendiculaire à la section principale, puisque l'on recueille le faisceau extraordinaire.

Il va sans dire que la tourmaline peut aussi servir de polariseur, et dans les mêmes conditions. Lorsque, comme c'est l'habitude, la tourmaline est taillée parallèlement à l'axe, le plan de polarisation est perpendiculaire à cet axe.

Le miroir de verre noir et la pile de glaces peuvent également servir de polariseurs : le verre noir, sous l'incidence de 35°,30′ donne un faisceau dont le plan de polarisation coïncide avec le plan d'incidence ; la pile de glaces donne un faisceau dont le plan de polarisation est perpendiculaire au plan d'incidence; généralement, d'ailleurs, la polarisation n'est pas complète.

On peut s'expliquer assez aisément ces effets de la façon suivante pour le miroir noir, d'après ce que nous avons dit de ce qui se passe lors de la réflexion d'un faisceau polarisé.

Considérons un faisceau de lumière naturelle qui tombe sur le miroir et dont chaque vibration fait naître des forces élastiques dont la direction varie rapidement, comme celle des vibrations. Chaque force élastique peut être remplacée par une composante située dans le plan d'incidence, composante qui disparaît d'après ce que nous venons de dire, et une composante perpendiculaire au plan d'incidence, composante qui subsiste après la réflexion. Comme elle subsiste seule, elle donne naissance à des vibrations qui sont également perpendiculaires au plan d'incidence : le faisceau réfléchi doit donc être polarisé et son plan de polarisation doit coïncider avec le plan d'incidence. C'est bien ce que l'on observe en réalité.

On expliquerait d'une manière analogue comment la réfraction à travers une pile de glaces a pour effet de donner naissance à un faisceau polarisé, et l'on se rendrait compte également de la direction que présente le plan de polarisation du faisceau dans ce cas.

Ainsi donc, on voit que les divers appareils qui peuvent servir d'*analyseurs* peuvent aussi transformer de la lumière naturelle en lumière polarisée ; ils peuvent servir de *polariseurs*.

397. Direction des vibrations. — Plaçons un point lumineux devant un écran opaque dans lequel sont pratiquées deux étroites ouvertures (fig. 243) ; nous savons que derrière cet écran on observe les franges d'interférence dont nous avons expliqué la formation (383).

Fresnel et Arago eurent l'idée de faire cette expérience en employant de la lumière polarisée ; à cet effet, ils plaçaient une pile de mica devant chaque ouverture. Ces piles de mica peuvent avoir deux positions particulières :

1° Les piles sont placées parallèlement, les plans de polarisation de la lumière émanant des deux ouvertures sont parallèles : il en est donc nécessairement de même des directions des vibrations. On observe que les franges d'interférence se produisent comme dans la lumière naturelle et l'on conçoit qu'il doive en être ainsi ; car les deux actions, qui coexistent en un point donné et dont on observe la résultante, correspondent à des vitesses parallèles qui s'ajoutent ou se retranchent suivant leur sens, et peuvent par conséquent se détruire.

2° Les piles sont placées perpendiculairement l'une à l'autre, les plans de polarisation sont perpendiculaires ; il en est de même des directions des vibrations. On n'observe dans ce cas aucune apparence d'interférence, aucune variation d'intensité ; c'est que, en effet, les deux actions qui coexistent en chaque point étant perpendiculaires l'une à l'autre donnent toujours une résultante qui n'est jamais nulle.

Il y a donc accord entre l'expérience et les déductions que l'on peut tirer de l'hypothèse des ondulations, dans ce cas encore.

En partant de ces résultats, Fresnel, puis Verdet, ont pu en déduire par le calcul que les vibrations sont dans le plan de l'onde. Nous avons déjà déduit des interférences la nécessité d'un mouvement vibratoire ; de la polarisation la nécessité d'un mouvement transversal ; ces faits précisent la direction de ces variations.

398. Polarisation elliptique et circulaire. — Considérons un faisceau de lumière polarisée tombant à la surface d'une lame biréfringente à faces parallèles ; en général, il se

divisera en deux qui se propageront diversement dans cette
lame ; à la face d'émergence, il y aura donc deux actions différentes dont chacune donnera naissance à un faisceau ordinaire ou extraordinaire. Si les deux actions se manifestent en
un même point, elles se composeront en une seule et il se
produira un mouvement vibratoire que nous allons étudier.

Supposons pour plus de simplicité que le faisceau incident arrive normalement et que la lame soit taillée parallèlement à
l'axe optique ; les deux rayons suivront la
même direction dans le cristal, bien que les
deux ondes se propagent avec des vitesses
différentes, et à l'émergence il y aura composition des actions.

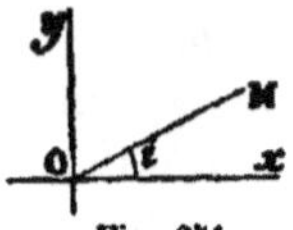

Fig. 254.

Soit Ox la direction de l'axe optique, OM
la direction de la vibration lumineuse qui est caractérisée par
l'équation

$$\mu = a \sin \frac{2\pi t}{\theta}$$

dans laquelle μ mesure le déplacement à partir de la position
d'équilibre. L'onde incidente se divisera en deux ; l'onde ordinaire dont les vibrations seront perpendiculaires à Ox et
l'onde extraordinaire pour lesquelles les vibrations seront perpendiculaires à Oy. Si α est l'angle MOx, on aura pour les
mouvements composants :

$$x = a \sin \frac{2\pi t}{\theta} \cos \alpha \qquad y = a \sin \frac{2\pi t}{\theta} \sin \alpha$$

Les deux ondes se propageront avec des vitesses différentes,
de telle sorte qu'à l'émergence elles ne seront pas dans la même
phase, comme elles l'étaient à l'incidence.

On peut toujours choisir l'origine des temps telle que l'on ait
pour l'un des mouvements :

$$x = a \sin \frac{2\pi t}{\theta} \cos \alpha$$

Mais alors l'autre sera caractérisé par l'équation

$$y = a \sin \frac{2\pi (t - \tau)}{\theta} \sin \alpha$$

La quantité τ dépend évidemment de l'épaisseur e de la lame traversée et de la différence $\omega - \omega'$ des vitesses des deux ondes et l'on a :

$$\tau = \frac{e}{\omega - \omega'}$$

Les forces de réaction qui naissent en chaque point vont se composer ; à l'émergence, en général, la résultante changera à chaque instant de grandeur et de direction. Comme ces forces sont supposées être à chaque instant proportionnelles aux déplacements nous raisonnerons directement sur ceux-ci.

On aura la forme de la trajectoire en éliminant t entre x et y. On a :

$$x = A \sin \frac{2\pi t}{\theta} \qquad y = B \sin \frac{2\pi t}{\theta} \cos \frac{2\pi \tau}{\theta} - B \cos \frac{2\pi t}{\theta} \sin \frac{2\pi \tau}{\theta}$$

en posant

$$A = a \cos \alpha \qquad \text{et} \qquad B = a \sin \alpha.$$

On déduit de là :

$$Bx \cos \frac{2\pi \tau}{\theta} - Ay = AB \cos \frac{2\pi t}{\theta} \sin \frac{2\pi \tau}{\theta} ;$$

comme on a d'autre part :

$$Bx \sin \frac{2\pi \tau}{\theta} = AB \sin \frac{2\pi t}{\theta} \sin \frac{2\pi \tau}{\theta}$$

il vient :

$$\left(Bx \cos \frac{2\pi \tau}{\theta} - Ay \right)^2 + B^2 x^2 \sin^2 \frac{2\pi \tau}{\theta} = A^2 B^2 \sin^2 \frac{2\pi \tau}{\theta}$$

et après réduction

$$B^2 x^2 - 2AB \cos \frac{2\pi \tau}{\theta} xy + A^2 y^2 = A^2 B^2 \sin^2 \frac{2\pi \tau}{\theta},$$

équation qui, en général, représente une ellipse.

Dans une expérience donnée, les quantités A, B et τ restent constantes, de telle sorte que la direction des axes est invariable.

Le faisceau émergent correspond donc à une onde dans laquelle les mouvements des molécules d'éther se font suivant des trajectoires elliptiques semblablement dirigées; on dit qu'il est *polarisé elliptiquement*.

339. — Un faisceau de lumière polarisée elliptiquement présente des propriétés sur lesquelles nous ne nous arrêterons pas; nous nous bornerons à étudier quelques cas particuliers intéressants.

Examinons le cas où l'on aurait

$$\frac{2\pi\tau}{\theta} = 2k\frac{\pi}{2} \qquad \text{ou} \qquad \tau = 2k\frac{\theta}{4}$$

il vient alors suivant que k est pair ou impair

$$(Bx \pm Ay)^2 = 0.$$

Etudions les deux cas séparément, en revenant aux données primitives :

Si k est pair, l'équation se réduit à

$$y = x \operatorname{tg} \alpha$$

Si k est impair elle devient :

$$y = -x \operatorname{tg} \alpha$$

Dans l'un et l'autre cas, la trajectoire est une droite de direction constante; la lumière doit donc être polarisée rectilignement à l'émergence; seulement dans le premier cas, le plan de polarisation est le même qu'à l'incidence, les vibrations sont parallèles à ce qu'elles étaient primitivement, la lame interposée n'a produit aucun changement. Dans le deuxième cas le plan de polarisation a changé, il occupe une position symétrique de celle qu'il avait à l'incidence par rapport à l'axe optique.

Les épaisseurs de la lame qui produisent ces effets sont données par la relation

$$e = 2k\frac{\theta}{4}(\omega - \omega').$$

Les valeurs qui produisent les effets que nous venons d'indiquer correspondent donc aux termes d'une progression arithmétique, le premier cas aux termes de rang pair, le deuxième cas aux termes de rang impair.

Etudions maintenant le cas particulier où l'on aurait à la fois

$$A = B \qquad \text{et} \qquad \frac{2\pi\tau}{\theta} = (2k + 1)\frac{\pi}{2}$$

ce qui revient à

$$\alpha = (2k + 1)\frac{\pi}{4} \qquad \text{et} \qquad \tau = (2k + 1)\frac{\theta}{4}$$

L'équation générale deviendra alors :

$$x^2 + y^2 = A^2$$

et représente une circonférence.

Les trajectoires des mouvements moléculaires dans l'onde incidente étant des circonférences, le faisceau correspondant doit présenter l'identité de propriétés dans toutes les directions et ne manifester aucune différence analogue à celles que nous avons signalées en parlant de la réflexion ou de la réfraction de la lumière polarisée rectilignement. La lumière, qui est dite alors *polarisée circulairement*, se comporte à cet égard comme de la lumière naturelle dont elle diffère cependant par sa constitution ; on peut le reconnaître d'ailleurs ainsi que nous allons le dire.

Les épaisseurs de la lame qui peuvent produire cet effet sont données par la formule

$$\iota = (2k + 1)\frac{\theta}{4}(\omega - \omega')$$

elles sont donc les termes d'une progression arithmétique qui a la même raison $2\frac{\theta}{4}(\omega - \omega')$ que celle qui reproduirait la polarisation rectiligne. La différence entre deux termes de même rang de ces deux progressions est $\frac{\theta}{4}(\omega - \omega')$. Il résulte de là que si, à une lame qui produit la polarisation circulaire, on superpose une lame de même substance et d'épaisseur égale à $\frac{\theta}{4}(\omega - \omega')$, ou plus généralement à un nombre impair de fois $\frac{\theta}{4}(\omega - \omega')$, on transformera le faisceau polarisé circu lairement en un faisceau polarisé rectilignement dont on pourra reconnaître la nature à l'aide d'un analyseur quelconque.

On construit généralement en mica les lames présentant cette épaisseur ; elles ont reçu le nom de *lames quart d'onde*. Elles permettent de distinguer aisément la lumière polarisée circulairement, qu'elles transforment comme nous venons de le dire, de la lumière naturelle sur laquelle elles ne produisent pas d'effet.

Ainsi que nous l'avons déjà indiqué d'une manière générale, tous les faits que nous venons de signaler sont absolument vérifiés par l'expérience.

Sans insister, nous ajouterons que les phénomènes qui se produisent dans les lames cristallines, sous l'influence de la lumière polarisée agissant dans des conditions convenables, donnent lieu à des effets variés de coloration ; ces effets diffèrent avec la constitution cristalline qu'ils peuvent servir à faire connaître. Ces caractères sont fréquemment employés en minéralogie ; la substance réduite en lame à faces parallèles est placée entre deux tourmalines, constituant la pince à tourmalines. Les effets observés quand, examinant cet ensemble par transparence on fait tourner les tourmalines, fournissent d'importants renseignements.

400. Rotation du plan de polarisation. — En général, les cristaux taillés en lames normales à l'axe laissent passer sans modification les faisceaux polarisés arrivant sous l'incidence normale. Cependant certains corps, le quartz en particulier, produisent des effets dont nous indiquerons les principaux ; d'autres corps d'ailleurs partagent cette propriété découverte par Arago et étudiée d'abord par Biot.

Considérons un faisceau de lumière monochromatique polarisée ; s'il traverse un quartz, il ne cesse pas d'être polarisé, mais le plan de polarisation a changé de direction, il a tourné d'un certain angle ; un analyseur peut amener l'extinction, mais sa section principale a des positions différentes suivant que le quartz sera ou ne sera pas interposé. La loi de variation de l'intensité ne sera d'ailleurs pas changée, elle sera

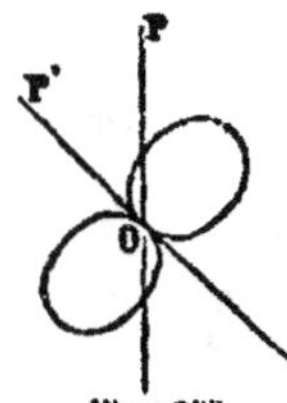

Fig. 255.

représentée par l'expression $I \cos^2 (\alpha - \rho)$, dans laquelle α représente l'angle avec le plan primitif de polarisation et ρ l'angle que fait le nouveau plan de polarisation avec l'ancien. Autrement dit cela revient à imaginer que la courbe représentative des intensités (fig. 255) a tourné d'un certain angle ρ.

On désigne ce phénomène sous le nom de *rotation du plan de polarisation*, et quelquefois aussi sous le nom impropre de *polarisation rotatoire*.

Le phénomène est soumis aux lois suivantes :

1re Loi. — *Pour une lumière donnée et pour un même corps, l'angle dont tourne le plan de polarisation est proportionnel à l'épaisseur de la lame traversée.*

Il résulte de là que, pour une épaisseur convenable, la rotation sera de 180° et qu'aucun effet particulier ne sera observable.

Pour une même épaisseur et une même lumière, la valeur de l'angle de rotation dépend de la nature du corps ; c'est une constante spécifique. On désigne sous le nom de *pouvoir rotatoire* l'angle dont tourne le plan de polarisation pour une épaisseur de 1mm.

Non-seulement la valeur de la rotation change, mais le sens n'est pas le même pour tous les corps, ni même pour les divers échantillons d'un même corps. On dit qu'un corps est *dextrogyre* lorsque la rotation se fait à droite, il est *lévogyre* dans le cas contraire.

On convient d'affecter du signe + ou du signe — le pouvoir rotatoire d'un corps suivant qu'il est dextrogyre ou lévogyre.

En général, lorsqu'un corps présente des échantillons produisant des effets inverses, ces différences sont liées à une dissymétrie dans la forme cristalline, dissymétrie qui varie précisément de côté suivant les échantillons. Deux échantillons qui sont dans ces conditions ont, au signe près, le même pouvoir rotatoire, c'est-à-dire que sous la même épaisseur ils produisent la rotation du plan de polarisation du même angle, mais en sens contraire.

2e Loi. *Si l'on place à la suite l'une de l'autre plusieurs substances actives, la rotation finale est la somme algébrique des rotations produites séparément par chacun des corps.*

On peut à l'aide de cette loi, notamment, annuler l'action d'un corps lévogyre par celle d'un corps dextrogyre d'une épaisseur convenable, ou inversement.

3° Loi. *Dans le cas de dissolution d'une substance active dans un liquide inactif, la rotation du plan de polarisation est proportionnelle à la quantité de substance active dissoute.*

On comprend que, par l'application de cette loi, on peut arriver à évaluer la quantité d'une matière active dissoute (saccharimétrie).

4° Loi. *La rotation du plan de polarisation varie avec la nature de la lumière considérée : la valeur de la rotation augmente quand la longueur d'ondulation diminue.*

401. — Fresnel a donné du phénomène de la polarisation rotatoire une explication mécanique du même genre que celles que nous avons précédemment indiquées : nous la signalerons sommairement, sans la développer.

On reconnaît aisément qu'un mouvement vibratoire rectiligne peut être regardé comme résultant de la composition de deux mouvements circulaires égaux et de sens contraire, qui dès lors peuvent le remplacer. Fresnel suppose que la décomposition du mouvement rectiligne en deux mouvements circulaires s'effectue dans le quartz et les substances actives : les deux mouvements circulaires se propagent, mais avec des vitesses différentes ; ils se composent à la sortie et donnent de nouveau un mouvement rectiligne ; mais, à cause de la différence des vitesses de propagation, ils ne se retrouvent plus dans les mêmes rapports et la vibration rectiligne qui est leur résultante n'a pas la même direction qu'à l'incidence.

Cette hypothèse rend naturellement compte de la 1ᵉ loi, car l'effet résultant de la différence des vitesses de propagation doit être proportionnel au chemin parcouru.

Une vérification se présente immédiatement : un quartz ne doit produire aucune manifestation dans le cas d'un faisceau polarisé circulairement ; c'est ce que l'expérience directe a montré.

Fresnel a vérifié d'ailleurs directement la réalité de l'existence des faisceaux circulaires inverses ; il fait tomber normalement un faisceau de lumière polarisée rectilignement sur un parallélipipède formé de trois prismes accolés, deux dextrogyres ABC, BDE (fig. 256) enca-

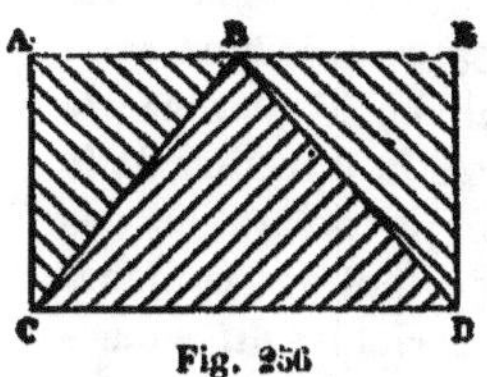
Fig. 256

drant un lévogyre CBD, par exemple, A l'entrée, la décomposition doit se faire, sans séparation des faisceaux ; mais la séparation se fait à l'entrée du prisme intermédiaire parce que les vitesses de propagation de ces faisceaux varient en sens contraire, et de même à la sortie de ce prisme. Les faisceaux sont séparés et on peut reconnaître qu'ils sont l'un et l'autre polarisés circulairement.

408. — Lorsque de la lumière composée, de la lumière blanche, par exemple, est polarisée et traverse un analyseur, si nous considérons seulement l'un des faisceaux et un angle quelconque des sections principales, l'intensité est moindre que pour le faisceau incident, mais la coloration n'est pas changée, toutes les lumières simples ayant été affaiblies pro-

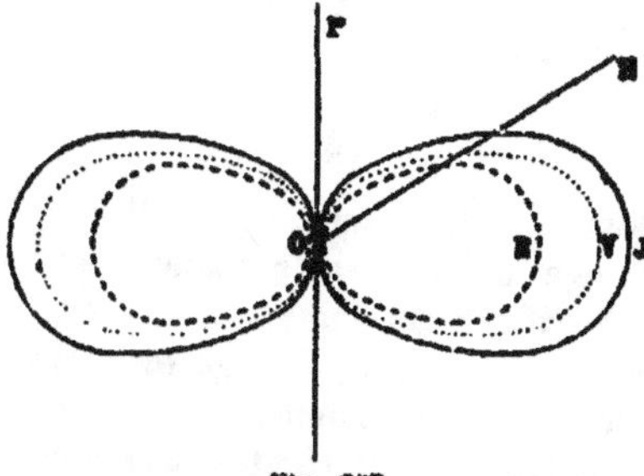
Fig. 257.

portionnellement ; c'est ce que montre immédiatement la figure 257, qui suppose seulement le cas de trois lumières simples, parce que les courbes R,V,J représentatives des intensités sont semblables et semblablement placées : les équations sont, en effet, de même forme $I_\alpha = I \sin^2 \alpha$ et I seulement change d'une courbe à l'autre.

Mais si l'on interpose un quartz entre le polariseur et l'analyseur, les résultats ne sont pas les mêmes : le plan de polarisation tourne d'angles différents pour les diverses couleurs. Les courbes des intensités R, V, J (fig. 258) restent bien semblables, mais elles ne sont plus semblablement placées; le rapport des rayons vecteurs changera avec la direction de la ligne considérée OH et, par suite, aussi, la coloration des images fournies par le faisceau. Ces images ont des couleurs qui dépendent de l'angle des sections principales du polari-

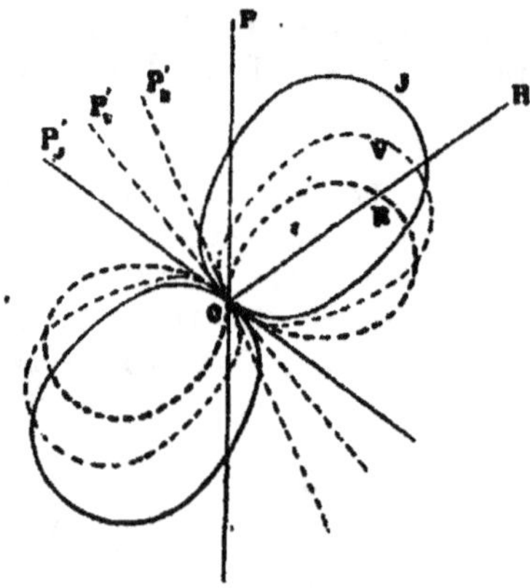

Fig. 258.

seur et de l'analyseur. Dans aucun cas, il ne peut y avoir extinction de l'image, car une seule couleur peut disparaître pour une valeur donnée de cet angle.

Si l'on considère, en général, l'image ordinaire et l'image extraordinaire, on sait que la somme des intensités est constante. Il en est de même pour chaque couleur séparément dans le cas qui nous occupe : les deux images seront donc telles que, pour chaque couleur, l'une aura tout ce qui manque à l'autre et leur superposition reproduirait le faisceau incident; si celui-ci est formé de lumière blanche, les deux images observées après interposition du quartz sont complémentaires. C'est ce que l'expérience vérifie.

CHAPITRE IV

ACOUSTIQUE

402. Premières notions. — On appelle *son* ou *bruit* la sensation que produit la mise en activité du nerf auditif, quelle que soit la cause qui produit cette action. L'acoustique a pour but l'étude des conditions *objectives* dans lesquelles se produit cette sensation et des diverses modifications dont elle est susceptible.

La distinction entre le son et le bruit n'a rien de nettement caractérisée.

L'expérience et l'observation montrent que toutes les fois que nous éprouvons la sensation sonore normale (due à une cause extérieure) nous trouvons réunies les conditions suivantes :

1° Un corps élastique vibrant périodiquement (corps sonore) ;

2° Une succession non interrompue de milieux élastiques entre le corps sonore et l'oreille ;

3° Une oreille et un système nerveux sains.

L'ordre qui paraît d'abord le plus logique consisterait à étudier les conditions de vibration des corps sonores, puis les conditions de la propagation et enfin les effets divers produits par ces vibrations lorsqu'elles arrivent à l'oreille. Mais comme on se sert utilement des sensations sonores pour l'étude des autres conditions, il est préférable de suivre un ordre précisément inverse et de commencer par l'indication des effets que produit, par l'intermédiaire de l'oreille, le mouvement vibratoire qui nous est communiqué.

104. — Le mouvement vibratoire qui, parvenant à l'oreille, fait naître la sensation sonore, peut agir sur des appareils convenablement choisis, sur des membranes tendues par exemple, qui permettent d'enregistrer les vibrations (Phonautographe de Scott, flammes manométriques de Kœnig). L'expérience montre que la mise en action de ces appareils se produit dans les mêmes circonstances que la mise en activité de l'oreille ; on peut donc se servir à volonté de l'un ou de l'autre de ces moyens pour reconnaître, dans de certaines conditions, l'existence d'un mouvement vibratoire.

Le *phonautographe* se compose essentiellement d'une membrane tendue placée dans le plan focal d'un paraboloïde creux que l'on tourne du côté d'où arrive le mouvement vibratoire. Sur l'autre face, et en son centre, on a fixé un petit crin, un fil métallique fin qui participera au mouvement de la membrane. Devant ce style on place un cylindre enregistreur, ou l'on fait glisser une plaque de verre enfumée ; le style tracera une ligne sinueuse qui donnera les éléments du mouvement vibratoire :

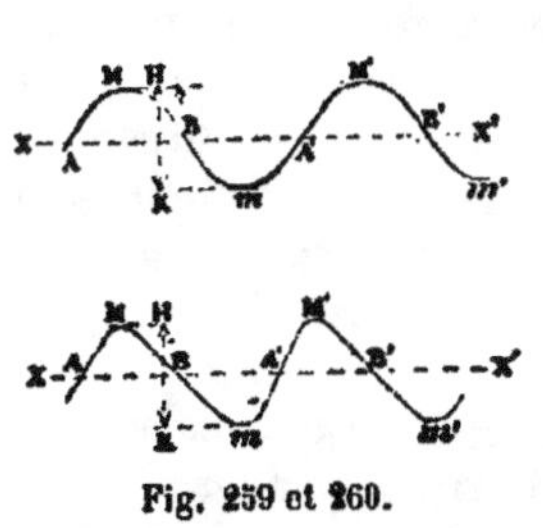

Fig. 259 et 260.

la distance HK (fig. 259 et 260) d'un maximum M au minimum *m* voisin donne l'amplitude ; l'étendue longitudinale AB d'une sinuosité est liée à la rapidité du mouvement vibratoire pour une même vitesse de la plaque enfumée, et permet de calculer la durée d'une vibration si l'on connaît cette vitesse ; enfin la forme même de la courbe sinueuse renseigne sur la loi du mouvement.

Les *capsules manométriques* consistent en petits réservoirs en forme de tambour AB (fig. 261) présentant une base rigide au milieu de laquelle est un petit tuyau recourbé E présentant une fine ouverture ; l'autre base CD est constituée par une mince feuille de caoutchouc et est destinée à recevoir les vibrations. Enfin, en un point quelconque de la paroi latérale F est un ajutage, par lequel on fait arriver du gaz d'éclairage qui s'échappe par le tube recourbé et qui, allumé, produit une flamme étroite et allongée. Lorsque les vibrations sont communiquées à la membrane élastique, les dimensions de la capacité varient et comme le gaz arrive uniformément, il s'écoule plus ou moins vite; la flamme subit donc des variations de longueur. On ne peut les distinguer directement à cause de leur rapide succession, mais elles deviennent visibles lorsqu'on regarde la flamme dans un miroir tournant. Suivant les conditions du mouvement vibratoire, l'image, qui apparaît sous forme d'une bande lumineuse, présente des dentelures variées de profondeur, de largeur et de forme. Ces variations mettent bien en évidence les diverses conditions du mouvement vibratoire, mais ne se prêtent pas aisément à des mesures précises.

Fig. 261 et 262.

Il arrive souvent que le tambour présente deux bases rigides AB,GH (fig. 262), la membrane élastique CD étant tendue à moitié distance. L'une des capacités ainsi constituées reçoit le gaz comme nous l'avons dit ; l'autre est mise en rapport en I par un tube de caoutchouc avec un espace où l'air entre en vibration. Notamment la capsule est souvent reliée à une sphère creuse présentant seulement deux orifices, et constituant ce que l'on nomme un *résonnateur*. Comme nous le dirons plus loin la masse d'air comprise dans le résonnateur ne peut vibrer que d'une seule manière, ou à peu près.

405. Qualité des sons. Intensité. — Les sons se différencient pour nous par trois caractères ou qualités: l'*intensité* qui nous fait dire d'un son qu'il est fort ou faible, la *hauteur* qui nous fait dire d'un son qu'il est grave ou aigu, et le *timbre* qui nous fait distinguer deux sons auxquels nous reconnaissons même intensité et même hauteur.

L'intensité du son dépend :

1° De l'amplitude du mouvement vibratoire communiqué à l'oreille ; 2° de la densité du milieu qui lui transmet ce mouvement.

1° L'expérience se fait en mettant à côté de l'oreille un phonautographe ou une capsule manométrique. On reconnaît que l'intensité est d'autant plus forte que l'amplitude des vibrations est plus grande. On peut dire encore, dès lors, que cette intensité est liée à la vitesse moyenne des parties vibrantes ; il suffit de considérer cette vitesse moyenne et non la vitesse à chaque instant, parce que la sensation résulte de la fusion des actions corrrespondant à un certain nombre de vibrations consécutives ;

2° L'observation a montré que, en aérostat, sur les hautes montagnes, le bruit produit par la parole, par un coup de pistolet, est bien moindre que ce qu'il est à la surface du sol ; au contraire, le son a été signalé comme amplifié dans des réservoirs d'air comprimé qui servaient aux hauts-fourneaux à Devon, dans les cloches à plongeur.

On n'a pas, d'ailleurs, de données bien précises, parce que l'on ne possède pas de moyens pratiques et exacts d'établir de comparaison entre les intensités des sons.

Les indications que nous venons de donner permettent d'admettre que l'intensité est liée à la force vive communiquée à l'oreille à chaque instant, force vive moyenne mv^2 qui croît avec la vitesse moyenne de vibration v et avec la masse m. Cette notion, qui ferait dépendre l'intensité de la sensation de l'énergie communiquée à l'oreille, est acceptable ; mais elle n'est pas démoutrée, il faut le reconnaître.

106. Hauteur. Intervalles. — La hauteur d'un son est liée à la rapidité des vibrations communiquées à l'oreille, ou ce qui revient au même au nombre de ces vibrations en une seconde.

La vérification se fait en mettant le phonautographe à côté de l'oreille et en communiquant un mouvement uniforme d'une vitesse connue à la surface sur laquelle se fait l'enregistrement. Non-seulement on reconnaît à simple vue que les vibrations sont d'une durée d'autant plus courte, que par conséquent leur nombre en 1 seconde est d'autant plus grand que le son est plus aigu ; mais encore, si l'on connaît la vitesse de la surface d'enregistrement on peut évaluer ce nombre en comptant celui des sinuosités correspondant à une longueur donnée.

Nous n'indiquerons maintenant que cette méthode de

compter les nombres de vibrations; mais nous devons dire que le plus souvent on les détermine, comme nous l'expliquerons plus tard, en étudiant, non les vibrations qui arrivent à l'oreille, mais le mouvement vibratoire du corps sonore.

Tous les mouvements vibratoires communiqués à l'oreille ne donnent pas naissance à des sons; s'ils sont trop lents ou trop rapides, on peut avoir la notion des vibrations, mais on n'éprouve pas la sensation sonore. Les chiffres extrêmes qui ont été donnés sont 32 et 73.000; mais en réalité ce n'est que très exceptionnellement qu'on peut percevoir des sons ayant ces hauteurs : en général, les sons que l'on perçoit sont compris approximativement entre 80 et 8.000 vibrations.

Lorsque l'on entend des sons qui correspondent à des nombres de vibrations peu différents, l'oreille peut avoir quelque difficulté à les distinguer; à cet égard, les diverses personnes ne présentent pas la même sensibilité de l'ouïe; cependant on peut admettre que, en moyenne, deux sons peuvent être distingués lorsque la différence entre les nombres de vibrations est environ $\frac{1}{1000}$ de ces nombres.

407. — Le nombre des sons distincts entre les limites des sons perceptibles est grand; mais ils ne sont pas tous utilisés en musique et, par des considérations encore mal connues et sur lesquelles nous n'avons pas à insister, on a fait choix d'un nombre limité de sons distribués régulièrement d'après les principes que nous allons indiquer.

On dit que deux sons sont à l'*unisson* lorsqu'ils correspondent aux mêmes nombres de vibrations.

Lorsque deux sons ne sont pas à l'unisson, leur audition simultanée ou successive produit une impression spéciale que l'on désigne sous le nom d'*intervalle*. Cette impression est indépendante de la hauteur absolue des sons; c'est-à-dire que si l'on a deux sons A et B correspondant à un certain intervalle, on peut trouver deux autres sons C et D, différents des premiers et qui donnent l'impression du même intervalle. L'expérience montre que ce qui caractérise l'intervalle, c'est le rapport des nombres de vibrations, c'est-à-dire que si *a*, *b*,

c et d sont les nombres correspondant aux quatre sons précédents, on a

$$\frac{a}{b} = \frac{c}{d}$$

L'intervalle qui correspond au rapport 2 est particulièrement intéressant : les sons qui le constituent ont une ressemblance spéciale telle que, s'il existe une différence de timbre, on peut être impressionné comme si ces sons avaient la même hauteur. C'est l'intervalle *d'octave*.

L'échelle musicale totale est divisée en un certain nombre d'octaves dans chacune desquelles on trouve les mêmes intervalles : il suffit donc d'étudier une octave.

408. De la gamme. — La gamme est formée de 7 sons auxquels on a donné les noms suivants et qui sont caractérisés par les rapports représentant les intervalles qu'ils forment avec le premier :

ut	*ré*	*mi*	*fa*	*sol*	*la*	*si*
1	$\dfrac{9}{8}$	$\dfrac{5}{4}$	$\dfrac{4}{3}$	$\dfrac{3}{2}$	$\dfrac{5}{3}$	$\dfrac{15}{8}$.

au delà du *si* on prend la note caractérisée par le rapport 2 et qui a reçu le même nom de *ut* et on recommence la même série. Lorsque l'on a à considérer des notes comprises dans des octaves différentes, on les désigne par des indices, indices croissant quand le son devient plus aigu.

Si l'on détermine les intervalles des sons consécutifs de la gamme, en divisant l'un par l'autre les rapports que nous avons donnés, on trouve les valeurs suivantes :

ut	*ré*	*mi*	*fa*	*sol*	*la*	*si*	*ut*
$\dfrac{9}{8}$	$\dfrac{10}{9}$	$\dfrac{16}{15}$	$\dfrac{9}{8}$	$\dfrac{10}{9}$	$\dfrac{9}{8}$	$\dfrac{16}{15}$	

Il y a donc trois séries d'intervalles distincts; mais, au point de vue des applications musicales, nous identifions aisément des intervalles qui ne sont pas absolument identiques ; on reconnaît que l'on peut accepter l'une pour l'autre deux notes dont les nombres de vibrations sont dans le rapport $\dfrac{81}{80}$; ce rapport (beaucoup plus grand que ce qu'une oreille moyenne cesse de distinguer : $\frac{1001}{1000}$) est ce que l'on appelle un *comma*. Aussi confond-on sous le nom de *ton* les deux intervalles $\frac{9}{8}$ et $\frac{10}{9}$; on désigne l'intervalle $\frac{16}{15}$ sous le nom de *demi-ton*, parce que sa valeur s'écarte peu de $\sqrt{\frac{9}{8}}$ qui représenterait effectivement la moitié d'un ton.

La gamme est donc constituée par 5 tons T et 2 demi-tons t présentant la répartition suivante :

$$T \quad T \quad t \quad T \quad T \quad T \quad t$$

On reconnaît aisément qu'on ne peut reproduire la *gamme*, en partant d'une note quelconque autre que *ut* : la même succession d'intervalles ne se retrouve pas.

Ainsi, par exemple, en partant de *ré*, on voit que :

$$\overset{ré}{} \quad \underset{T}{} \quad \overset{mi}{} \quad \underset{t}{} \quad \overset{fa}{} \quad \underset{T}{} \quad \overset{sol}{}$$

le second intervalle t est trop petit et le 3e T trop grand, quoique l'intervalle mi-sol représenté par $t+T$ soit bien celui qui doit exister entre la 2e et la 4e note de la gamme ; on peut donc arriver à trouver une succession convenable en remplaçant le *fa* par une note qui serait à T de *mi* et à t de *sol* ; la nouvelle note ainsi caractérisée a reçu le nom de *fa dièse* (fa ♯). Cette note, qui doit être à un ton du mi $\frac{4}{5}$, peut être prise égale à

$$\frac{5}{4} \times \frac{10}{9} = \frac{25}{18}$$

Mais on a

$$\frac{25}{18} = \frac{4}{3} \times \frac{25}{24};$$

le *fa* ♯ est donc obtenu en multipliant par $\frac{25}{24}$ le nombre de vibrations du *fa*.

En poursuivant cette gamme, on est également conduit à diéser *l'ut* et, en en essayant d'autres, on arrive à reconnaître qu'il faut *diéser* successivement les divers notes ; on applique dans tous les cas la même règle pour obtenir ces notes diésées.

Si l'on part de *fa* pour faire une gamme, on a :

$$\text{fa} \quad_{T}\quad \text{sol} \quad_{T}\quad \text{la} \quad_{T}\quad \text{si} \quad_{t}\quad \text{ut}$$

on voit que la distance T *la-si* est trop grande, que *si-ut*, *t* est trop petit quoique *la-ut*, $T+t$ ait la valeur convenable. On est donc conduit à prendre une nouvelle note dont la distance à *la* soit *t*, et dont la distance à *ut* soit T ; cette note a reçu le nom de *si bémol* (si ♭). Des considérations analogues montrent que l'on est conduit à bémoliser successivement les diverses notes ; cette opération correspond à multiplier par $\frac{24}{25}$ le nombre de vibrations qui caractérise la note considérée.

Mais, dans la pratique, on ne conserve pas absolument toutes les notes ainsi obtenues et dont plusieurs diffèrent entre elles de moins d'un comma. C'est ainsi que les sons employés dans les instruments à sons fixes se réduisent à :

$$\begin{array}{cccccccccccc}
\text{ut} & \text{ut}\sharp & & \text{ré}\sharp & \text{mi} & \text{fa} & \text{fa}\sharp & & \text{sol}\sharp & & \text{la}\sharp & \text{si} & \text{ut} \\
 & & \text{ré} & & & & & t & & \text{la} & & & \\
\text{si}\sharp & \text{ré}\flat & & \text{mi}\flat & \text{fa}\flat & \text{mi}\sharp & \text{sol}\flat & & \text{la}\flat & & \text{si}\flat & \text{ut}\flat &
\end{array}$$

Enfin, dans les instruments dits *à gamme tempérée*, on prend absolument égaux entre eux tous ces intervalles, dont la valeur est alors $\sqrt[12]{2}$; tous les intervalles sont altérés, sauf celui d'octave.

400. Des harmoniques. — Indépendamment de cette échelle de sons qui, sous cette forme au moins, paraît entièrement artificielle, il convient de signaler une suite qui est naturelle ; c'est celle qui, partant d'un son caractérisé par son nombre *n* de vibrations, et appelé *son fondamental*, comprend les sons correspondant aux multiples successifs de *n* ; ces sons sont appelés les *harmoniques* du premier. En se reportant aux valeurs données plus haut, on reconnaît que certains harmoniques, les premiers, forment ce que l'on appelle un accord parfait, que certains sons appartiennent à la gamme, mais non pas tous et que, inversement, on n'y rencontre pas tous les sons de la gamme :

$$n \quad 2n \quad 3n \quad 4n \quad 5n \quad 6n \quad 7n \quad 8n \quad 9n \quad 10n \quad 11n \quad 12n\ldots$$
$$ut_1 \quad ut_2 \quad sol_2 \quad ut_3 \quad mi_3 \quad sol_3 \quad \times \quad ut_4 \quad ré_4 \quad mi_4 \quad \times \quad sol_4\ldots$$

On ne peut donc pas faire dériver la gamme de cette série naturelle, au moins directement.

410. — Nous nous sommes occupés jusqu'à présent des hauteurs relatives ; mais, en outre, les notes en musique ont une hauteur absolue. Il suffit évidemment de caractériser la hauteur absolue d'une note ; on a fait choix en musique, comme point de comparaison, du *la* qui est donné par la 2ᵉ corde du violon à vide ; l'octave correspondante est caractérisée par l'indice 3.

On est convenu, en France, de prendre pour le *la₃* le son qui correspond à 870 vibrations par seconde. On trouve immédiatement que l'*ut₃* représente 522 vibrations et on peut dès lors trouver toutes les autres notes.

Les diverses octaves successives sont alors caractérisées par les nombres suivants de vibrations :

$$ut_{-1} \quad ut_0 \quad ut_1 \quad ut_2 \quad ut_3 \quad ut_4 \quad ut_5 \quad ut_6$$
$$32{,}625 \quad 65{,}25 \quad 130{,}5 \quad 261 \quad 522 \quad 1044 \quad 2088 \quad 4176$$

En acoustique, on fait souvent usage d'une échelle qui est plus commode et qui diffère peu de la précédente ; le son ut_0 est à peu près égal à 64 vibrations par seconde, soit 2^6 vibrations, de telle sorte que le nombre de vibrations qui correspond au son ut_n est donné immédiatement par 2^{n+6}.

411. Timbre des sons. — Il faut reconnaître que l'étude des conditions qui déterminent les variations du timbre n'est pas aussi complète que celle des conditions qui se rapportent à la hauteur ; cependant, principalement depuis les recherches d'Helmholtz, on est parvenu à acquérir certaines notions ; mais elles ne sont peut être pas absolument suffisantes.

Les expériences faites comme précédemment avec le phonautographe et avec les flammes manométriques montrent que des sons de même hauteur mais de timbres divers comme ceux qui sont produits par des instruments différents, ou qui, produits par la voix, correspondent à des voyelles différentes, donnent des formes distinctes de vibrations, de telle sorte que l'on est conduit à conclure que le *timbre* est lié à la *forme*, à la loi du mouvement vibratoire. Cette indication, que l'on pouvait prévoir puisque les autres éléments qui caractérisent un mouvement vibratoire correspondent aux autres qualités du son, cette indication est un peu vague et il est peu aisé de spécifier quelle forme de vibration répond à un timbre donné.

Mais la question peut être examinée à un autre point de vue.

Lorsque l'on entend exécuter un accord de plusieurs notes sur un piano ou un orgue ou par un orchestre, on a une impression générale correspondant à l'ensemble des notes exécutées, mais si l'on prête attention, il est possible d'entendre séparément les diverses notes qui sont exécutées ; on n'a pas la même impression suivant qu'on *entend* ou qu'on *écoute* en cherchant à analyser.

Un effet analogue peut être observé lorsqu'on produit une note à l'aide d'un instrument quelconque, à l'aide d'un violon par exemple ; on *entend* la note exécutée, mais si l'on *écoute* avec attention, on distingue, outre la note dont on avait déterminé d'abord la hauteur, plusieurs autres sons qui sont des harmoniques du premier : le fait a été signalé d'abord par des musiciens, Rameau notamment.

Si l'on répète l'expérience avec d'autres corps sonores, on pourra observer, comme cela arrive pour le diapason, qu'on peut n'entendre aucune note autre que le son principal, même en écoutant avec attention ; pour d'autres instruments, on distingue certains harmoniques, mais ce ne sont pas les mêmes que pour le violon. En un mot les divers timbres se différencient par le nombre, l'ordre ou l'intensité relative des divers harmoniques qui existent en même temps que le son fondamental ; le timbre résulte de la fusion inconsciente des sensations produites par des sons accessoires (harmoniques, au moins en général) qui sont joints au son fondamental.

Nous montrerons plus loin que cette notion est liée directement à la forme des vibrations, de telle sorte que les deux explications ne sont pas contradictoires. Mais on voit qu'on pourrait définir nettement un timbre en indiquant quelles sont les notes accessoires qui sont jointes au son principal et quelles sont leurs intensités relatives.

412. — On peut montrer que les sons accessoires ainsi entendus ont bien une existence objective et qu'ils ne sont pas le produit d'une illusion sensorielle. On se sert pour cela d'un

Fig. 263.

appareil destiné par Helmholtz à analyser les divers timbres : il se compose (fig 263) d'une série de résonnateurs choisis de manière à correspondre à des sons bien déterminés et à

joindre chacun d'eux à une capsule manométrique ; on regarde dans un miroir tournant l'ensemble des flammes correspondantes.

L'expérience montre que si l'on met un diapason en vibration dans le voisinage de l'appareil, aucune flamme ne présente de variations si le son du diapason ne correspond à
aucun des résonnateurs ; et que s'il y en a un qui lui corres-
pónde, la flamme qui en dépend éprouve des variations et
en éprouve seule. Si alors, devant cet appareil, on produit
un son dans lequel à l'aide de l'oreille on entend des sons
accessoires, on reconnaît que les flammes manométriques
correspondantes éprouvent des variations, ce qui montre bien
qu'il existe effectivement des mouvements vibratoires, cause
des sons accessoires perçus.

Pour que l'étude des timbres fût complète, il faudrait que
l'on eût caracté...sé pour chaque timbre les sons accessoires
qui existent, ainsi que leurs intensités relatives, et, en reproduisant artificiellement ces conditions, on devrait reproduire
bien le même timbre. Nous signalerons quelques expériences
de ce genre relatives à la synthèse des timbres ; mais il faut
reconnaître que l'on n'est pas encore arrivé d'une manière
complètement satisfaisante à la reproduction d'un timbre
déterminé.

Nous reviendrons sur cette question en parlant des corps
sonores.

113. — Fourier a démontré d'une manière générale que :
*Toute forme quelconque de vibration, périodique et régulière,
peut être considérée comme la somme de vibrations pendulaires
dont les durées sont 1, 2, 3.... fois moins grandes que celle du
mouvement donné, et qu'il n'existe qu'une décomposition possible.*

C'est-à-dire qu'un mouvement vibratoire dont la période a
une durée θ est la somme de mouvements caractérisés par les
équations

$$y = A \sin \frac{2\pi t}{\theta} \qquad y = B \sin 2\,\frac{2\pi t}{\theta} \qquad y = C \sin 3\,\frac{2\pi t}{\theta}\ldots$$

On est conduit à admettre que les vibrations pendulaires donnent naissance aux sons simples ; les sons dans lesquels on reconnaît la présence de sons accessoires seraient alors produits par la superposition de mouvements pendulaires, d'où résulterait le changement dans la loi, dans la forme de la vibration. Comme nous l'indiquions, ces deux idées, loin de s'exclure, sont au contraire en concordance.

Il est intéressant de signaler cette faculté que l'oreille possède de pouvoir nous faire discerner les éléments simples qui existent dans un son complexe, tandis que l'œil ne possède aucune propriété analogue pour les couleurs composées.

114. Propagation du son. — Un ébranlement vibratoire périodique étant communiqué en un point d'un milieu élastique, ce mouvement va se propager dans le milieu et, d'une manière générale, nous retrouvons des conditions analogues à celles que nous avons indiquées en optique ; il y aura donc à considérer des surfaces d'onde et des longueurs d'onde ; comme alors aussi, si n est le nombre de vibrations exécutées en 1 seconde, si θ est la durée d'une vibration, λ la longueur d'onde et ω la vitesse de propagation de l'ébranlement, on aura :

$$n\lambda = \omega \quad \text{et comme} \quad n\theta = 1, \quad \text{il vient aussi :} \quad \lambda = \omega\theta$$

Il y a toutefois une différence notable entre les deux cas : Nous avons été conduits à conclure des faits observés que pour la lumière les vibrations de l'éther étaient dans le plan de l'onde, normales à la direction de la propagation. Pour l'acoustique, au contraire, il faut concevoir que les vibrations sont normales à la surface de l'onde, parallèles à la direction de la propagation : cette direction des vibrations est incompatible avec des phénomènes analogues à ceux de la polarisation, aussi n'observe-t-on rien de semblable pour les sons.

Mais par contre les déplacements longitudinaux ont pour effet d'amener des variations de distance et par suite des variations de pression dans les couches voisines. Dans l'espace qui sépare deux surfaces d'onde distantes de λ et correspondant aux passages des molécules à leur position d'équilibre, on distingue deux parties d'égale longueur : dans l'une, il y a compression, dans l'autre il y a dilatation. Ces deux parties constituent ce que l'on nomme *l'onde condensante* et *l'onde dilatante.*

Le mouvement vibratoire d'une tranche déterminée peut être représenté comme en optique, par une expression de la forme [1]

$$x = a \sin\frac{2\pi t}{\theta}$$

dans laquelle x est l'écartement de la tranche au temps t ; a l'amplitude maxima et θ la durée de l'oscillation. La vitesse v au même instant est donnée par l'équation :

$$v = \frac{dx}{dt} = \frac{2\pi a}{\pi}\cos\frac{2\pi t}{\theta} = V\cos\frac{2\pi t}{\theta}$$

Si l'on considère la propagation dans un tuyau de petite section, en négligeant l'action des parois, on conçoit que le mouvement vibratoire doive se transmettre de proche en proche sans modification, puisque la quantité de force vive communiquée ne doit pas changer ; chaque point, à son tour, subira donc les mêmes actions et son mouvement sera caractérisé par les équations ci-dessus. Mais si l'on convient de compter les temps à partir du même instant, il y aura pour un point un retard d'autant plus grand que sa distance z à l'origine des espaces sera plus considérable ; les équations qui caractérisent son mouvement seront alors, en posant $\frac{z}{\omega} = \tau$:

$$x = a \sin\frac{2\pi}{\theta}\left(t - \frac{z}{\omega}\right) \qquad \text{et} \qquad v = V\cos\frac{2\pi}{\theta}\left(t - \frac{z}{\omega}\right)$$

ou

$$x = a \sin 2\pi\left(\frac{t}{\theta} - \frac{z}{\lambda}\right) \qquad \text{et} \qquad v = V\cos 2\pi\left(\frac{t}{\theta} - \frac{v}{\lambda}\right)$$

ou encore

$$x = a \sin\frac{2\pi(t - \tau)}{\theta} \qquad\qquad v = V\cos\frac{2\pi(t - \tau)}{\theta}$$

Considérons l'espace compris entre deux couches infiniment voisines situées respectivement à des distances de l'origine z

1. Le remplacement du cosinus par le sinus correspond seulement à un changement d'origine des temps ; il est sans importance.

et $z + dz$; à un certain instant, les déplacements correspondants seront x et $x + dx$, et l'intervalle qui sépare les deux tranches aura passé de dz à $dz + dx$; si p_0 et p sont les pressions correspondantes, on aura :

$$\frac{p}{p_0} = \frac{dz}{dz + dx} = \frac{1}{1 + \frac{dx}{dz}}$$

ou approximativement

$$p = p_0 \left(1 - \frac{dx}{dz} \right) \qquad \text{d'où} \qquad \frac{p - p_0}{p_0} = - \frac{dx}{dz}$$

quantité qui mesure la condensation (positive ou négative). On a

$$x = a \cos 2\pi \left(\frac{t}{\theta} - \frac{z}{\lambda} \right)$$

il viendra donc :

$$- \frac{dx}{dz} = \frac{2\pi a}{\lambda} \sin 2\pi \left(\frac{t}{\theta} - \frac{z}{\lambda} \right).$$

comme on a

$$v = - \frac{2\pi a}{\theta} \sin 2\pi \left(\frac{t}{\theta} - \frac{z}{\lambda} \right)$$

on voit que le rapport de la vitesse à la condensation est égal à $\frac{\lambda}{\theta} = \omega$, c'est-à-dire à la vitesse de propagation.

Donc la courbe que l'on construirait pour représenter les vitesses à un instant représenterait aussi les condensations par un simple changement d'échelle.

415. — Lorsque le mouvement vibratoire se propage dans tous les sens dans un milieu indéfini homogène, l'amplitude du mouvement vibratoire décroît à mesure qu'on considère des points plus éloignés de l'origine.

Considérons deux tranches très minces, d'épaisseur ε situées aux distances z et z' ; comme précédemment, la force vive communiquée à la première devra se retrouver tout entière à la seconde. Si l'on considère la force vive correspondant à une période d'une vibration pour une surface s elle sera proportionnelle à

$$s \int_0^\theta \left(\frac{2\pi}{\theta}\right)^2 a^2 \sin^2 2\pi \frac{t}{\theta}\, dt = \frac{s}{2} \frac{4\pi^2}{\theta} a^2$$

On devra donc avoir

$$\frac{s}{2} \frac{4\pi^2 a^2}{\theta} = \frac{s'}{2} \frac{4\pi^2 a'^2}{\theta}$$

et à cause de

$$\frac{s}{s'} = \frac{z^2}{z'^2}$$

il vient :

$$\frac{a}{a'} = \frac{z}{z'}$$

L'amplitude des mouvements vibratoires qui se manifestent à des distances différentes décroît donc en raison inverse de la distance. Tandis que l'état de condensation de l'air aux divers points d'un tuyau est représenté à chaque instant par une sinusoïde (fig. 231), cet état est représenté dans le cas d'un milieu indéfini par une ligne sinueuse dont les ordonnées maxima vont constamment en décroissant (fig. 232). Dans l'un et l'autre cas, il faut concevoir que cette courbe se déplace d'un mouvement uniforme, sans modification dans le tuyau, mais en s'amincissant pour ainsi dire dans le cas du milieu indéfini.

Si l'on admet que l'intensité de la sensation soit liée à la force force moyenne communiquée à l'oreiile, on voit qu'elle sera proportionnelle à

$$\frac{\int_0^\theta v^2 dt}{\int_0^\theta dt} = \frac{\int_0^\theta \frac{4\pi^2 a^2}{\theta^2} \sin^2 2\pi \frac{t}{\theta} dt}{\int_0^\theta dt} = \frac{1}{2} \left(\frac{2\pi}{\theta}\right)^2 a^2.$$

L'intensité doit être proportionnelle au carré de l'élongation maxima.

Nous avons dit que l'on avait reconnu, en effet, qu'elle croissait avec l'amplitude des vibrations.

Il résulte de là que dans un tuyau l'intensité du son doit rester la même à toutes les distances ; c'est ce que l'expérience vérifie, du moins très sensiblement. C'est sur cette remarque qu'est basé l'emploi des tuyaux acoustiques.

Dans un milieu indéfini, on voit que l'intensité du son doit
varier en raison inverse du carré de la distance ; c'est ce que
l'expérience confirme, mais seulement d'une manière approximative, car, comme nous l'avons dit, on ne possède pas d'appareil permettant de comparer avec précision des intensités
sonores.

**110. Vitesse d'un ébranlement vibratoire dans un
corps élastique ; vitesse de propagation du son.** —
Newton a déduit des propriétés des gaz une formule qui donne
la valeur de la vitesse de propagation ω d'un ébranlement vibratoire :

$$\omega = \sqrt{g \, \frac{\Delta . 0{,}76}{D_0} \, (1 + \alpha T)}$$

dans laquelle g est l'accélération des corps en chute libre, D_0
et Δ les poids spécifiques à 0° des gaz et du mercure, α le
coefficient de dilatation des gaz et T la température.

Cette formule appliquée à l'air donne des résultats qui ne
sont pas conformes aux résultats de l'expérience : on a expliqué cette différence en remarquant que les condensations et
dilatations successives qui se manifestent en un point sur le
passage des ondes ont pour effet d'amener des changements de
température ; à cause de la mauvaise conductibilité des gaz,
l'équilibre de température ne se rétablit pas à chaque instant,
de telle sorte que la température varie et que, à un instant
quelconque, la pression n'est pas donnée par la loi de Ma-
riotte seule.

On démontre que, si l'on tient compte de ces conditions, on
doit avoir la formule suivante connue sous le nom de formule
de Laplace:

$$\omega = \sqrt{g \, \frac{0{,}76 \, \Delta}{D_0} \, (1 + \alpha T)(1 + \tau)}$$

dans laquelle τ est l'élévation de température que subit une
masse d'air quand on réduit son volume dans le rapport de
$1 + \alpha T$ à 1.

Mais nous avons démontré (101) que l'on a :

$$\tau = \frac{C - c}{c} \qquad \text{ou} \qquad 1 + \tau = \frac{C}{c}$$

La formule devient donc :

$$\omega = \sqrt{g \frac{0{,}76 \, \Delta}{D_0} (1 + \alpha T) \frac{C}{c}}.$$

Les valeurs fournies par l'expérience sont d'accord avec les résultats donnés par cette formule.

417. Détermination expérimentale de la vitesse de propagation du son dans l'air. — Des recherches directes ont été entreprises plusieurs fois pour déterminer la vitesse de propagation du son dans l'air ; à deux stations A et B dont on connaissait la distance d on avait disposé des canons ; des observateurs munis de chronomètres à pointage ou d'autres appareils à enregistrer le temps étaient placés à ces stations et à d'autres, intermédiaires, dont les distances étaient connues.

A l'une des stations, A par exemple, on mettait le feu au canon, à une heure indiquée d'avance: les observateurs voyaient la lueur et notaient l'instant correspondant. A cause de la très grande vitesse de la lumière, on peut admettre que cet instant était celui où le mouvement vibratoire prenait naissance. On notait ensuite l'instant où le son était perçu, c'est-à-dire où le mouvement vibratoire parvenait à l'oreille ; le temps écoulé représentait la durée de la propagation.

On reconnut d'abord que, pour les divers observateurs, cette durée était proportionnelle à leurs distances au point A ; donc le mouvement de propagation est uniforme. En divisant alors un des espaces par le temps correspondant, on trouvait la vitesse cherchée.

En réalité, on opérait alternativement à chacune des stations A et B pour éliminer l'influence du vent par la moyenne de nombres pris dans l'un et l'autre sens. On reconnut d'ailleurs que le vent ne modifiait pas la valeur de la vitesse ; que, seulement, il faisait varier l'intensité du son qui, quelquefois, n'était entendu que dans un seul sens.

Le nombre trouvé (en 1738) fut de 340^m,89 par seconde à la température de 16°, ce qui, d'après la formule, correspondrait à 332ᵐ à 0°.

418. — Dans le but principal de déduire de la valeur de la vitesse du son celle du rapport $\frac{C}{c}$, Regnault fit une série d'expériences sur la propagation du mouvement vibratoire dans un tuyau et à l'air libre. Dans ces deux expériences il avait substitué à l'appréciation par l'oreille l'enregistrement direct du phénomène.

Dans plusieurs séries d'expériences il opérait sur de longues conduites qui étaient encore vides ; une extrémité était fermée par une plaque rigide, l'autre par une membrane tendue au centre de laquelle était fixé un style qui laissait une trace sur une feuille de papier se déroulant uniformément [1]. Une ouverture latérale était pratiquée près de cette extrémité ; généralement on y engageait le canon d'un pistolet dont la détonation donnait naissance à un ébranlement qui se propageait dans le tuyau, mais qui d'abord provoquait le mouvement de l'enregistreur : l'onde parcourait le tuyau, se réfléchissait à l'extrémité (424) et revenait en sens contraire produisant un nouveau signal ; l'onde subissait une nouvelle réflexion, son mouvement changeait de sens et les mêmes actions se manifestaient ; l'onde s'affaiblissait progressivement, mais, dans certains cas, on put enregistrer vingt retours de l'onde. La distance qui, sur l'enregistreur, sépare deux signaux consécutifs, permet de déterminer le temps qui s'est écoulé entre deux retours successifs de l'onde qui a ainsi parcouru un chemin égal au double de la longueur des tuyaux ; on en déduit la vitesse.

Regnault trouva 336ᵐ,6, pour vitesse moyenne de propagation à 0°, valeur très peu différente de celles qui ont été déduites de diverses recherches faites à l'air libre.

Il profita de l'installation qu'il avait réalisée pour étudier

---

1. Nous signalons cette disposition pour indiquer seulement le principe de la méthode ; mais, en réalité, la membrane présentait en son centre un petit disque métallique qui, lors des vibrations, venait fermer un circuit traversé par un courant électrique qui animait un enregistreur.

diverses questions notamment celle de l'affaiblissement de l'intensité dans les tuyaux cylindriques ; mais nous ne pouvons nous arrêter sur ces points de détail.

La comparaison des résultats d'expérience et de la formule de Laplace a permis à M. Regnault de calculer la valeur de $\frac{C}{c}$ qu'il a trouvée égale à 1,3945.

Bien que Regnault ait fait quelques expériences sur divers gaz, on n'a pas déterminé la vitesse de propagation dans les gaz autres que l'air par des procédés du même genre, et l'on a eu recours pour arriver au résultat à un procédé indirect que nous décrirons par la suite.

419. Vitesse de propagation du son dans l'eau. — Colladon et Sturm on fait sur le lac de Genève une détermination directe de la vitesse de propagation du mouvement vibratoire dans l'eau ; deux stations A et B avaient été choisies sur les rives opposées du lac à une distance de 10^{km}. Une barque placée en A supportait une cloche plongée dans l'eau et que l'on pouvait faire vibrer en la frappant avec un marteau qui oscillait autour d'un axe fixe placé hors de l'eau ; une tige portant une mèche allumée était reliée à cet axe et lorsque le marteau frappait la cloche, la mèche enflammait un amas de poudre. Un observateur placé à la station B voyait la lueur produite et était averti de l'instant où l'ébranlement était communiqué à l'eau ; à la barque qui le portait était fixé un tube recourbé et élargi à sa partie inférieure qui, fermée par une membrane, était plongée dans l'eau ; l'autre extrémité, hors de l'eau était libre et placée à l'oreille de l'observateur qui, par cette disposition, entendait un son quand l'ébranlement du liquide était communiqué à la membrane ; à l'aide d'un compteur à pointage il notait l'instant du départ et l'instant de l'arrivée de l'ébranlement ; le quotient de la distance des deux stations par le temps compris entre ces instants donnait la vitesse cherchée ; elle fut trouvée égale à 1435^m par seconde à 8°. La vitesse déduite de la formule théorique serait de 1460^m ; la différence s'explique aisément par ce fait que la compressibilité de l'eau n'est pas déterminée avec précision.

Comme pour les gaz, il existe une méthode indirecte pour déterminer la vitesse de propagation dans les liquides.

420. Vitesse de propagation du son dans les solides.
— La mesure directe de la vitesse de propagation du son dans
les solides a été effectuée par Biot qui utilisa la conduite
d'eau de l'aqueduc d'Arcueil, d'une longueur de 981^m. Le son
était produit à une extrémité en frappant directement sur la
conduite : un observateur placé à l'autre extrémité entendait
deux sons, le premier transmis par le métal, l'autre par l'air,
et il notait le temps t qui s'écoulait entre les instants où ces
sons étaient perçus.

Soient l la longueur de la conduite, ω la vitesse de propagation dans l'air, v la vitesse de propagation dans le solide ; la
propagation s'effectue dans ces deux milieux en des temps qui
sont respectivement $\dfrac{l}{\omega}$ et $\dfrac{l}{v}$, et l'on a :

$$\frac{l}{\omega} - \frac{l}{v} = t$$

d'où l'on déduit v, car on connait ω.

La méthode ne comporte pas une grande précision, et c'est
par des moyens indirects qu'on est parvenu à déterminer la vitesse de propagation dans les solides.

421. Influence de la distance sur les qualités du son.
— Le fait que le mouvement vibratoire se propage d'un mouvement uniforme montre que, à une distance quelconque d'un
corps en vibration, les ondes ont la même longueur. En un
point quelconque, les vibrations parviendront avec un certain
retard, mais elles se succèderont avec la même rapidité. La
hauteur du son perçu doit donc rester invariable quelle que
soit la distance du corps sonore à laquelle l'observateur est
placé ; c'est ce que l'expérience vérifie.

Il n'en serait pas de même si la distance du corps sonore à
l'observateur venait à varier ; lorsque le corps sonore s'éloigne
de l'observateur, les ondes s'allongent et par suite l'observateur en reçoit un moindre nombre en 1 seconde : le son qu'il
perçoit doit donc être plus grave que celui qu'il percevrait si le
corps sonore était au repos.

Inversement, le son serait plus aigu si le corps sonore s'ap-
prochait de l'observateur.

Naturellement, l'effet serait le même si, le corps sonore étant fixe, l'observateur s'en éloignait ou s'en rapprochait ; le résultat dépend seulement de la vitesse relative.

Pour que ces différences soient perceptibles, il faut que la vitesse relative atteigne une valeur suffisante. On a pu, dans diverses expériences, vérifier la réalité de ces conclusions.

Nous avons indiqué déjà l'influence de la distance sur l'intensité du son. On sait peu de choses sur l'influence qu'elle peut avoir sur le timbre.

421. Effets de la coexistence de plusieurs sons. — Lorsque deux ou plusieurs mouvements vibratoires émanés de centres différents parviennent en un certain point, ce point prend un mouvement complexe et la vitesse du point à un instant considéré dépend de la grandeur et du sens des vitesses correspondant aux divers mouvements vibratoires élémentaires.

Nous percevons une sensation particulière résultant du mouvement complexe qui est alors communiqué à notre oreille ; mais il arrive le plus souvent que cette sensation n'est pas une, et que nous la décomposons, que nous l'analysons. Lorsque deux corps sonores sont placés en des points différents, nous n'avons pas la notion d'un son ou d'un bruit unique, mais la notion de deux sons coexistants, et nous pouvons distinguer la note qui correspond à chacun d'eux et que nous entendrions si chacun d'eux était seul ; nous avons même de plus la notion de la direction suivant laquelle parvient chaque son.

Il peut n'en être pas toujours ainsi, si les sons arrivent à peu près dans la même direction et s'ils ont entre eux certaines relations de hauteur ; c'est ainsi qu'un accord de plusieurs notes, exécuté par un instrument, le piano par exemple, ou par un orchestre donne une sensation d'ensemble ; on peut, il est vrai, lorsqu'on y prête attention, reconnaître l'existence de plusieurs notes, les distinguer même, mais cela n'est pas toujours aisé et l'analyse peut ne pas se faire complètement.

422. — Cette question de la coexistence de plusieurs sons, de plusieurs mouvements vibratoires, présente un intérêt particulier lorsque les corps sonores sont placés à une petite distance l'une de l'autre, de telle sorte que les vitesses qui, à chaque instant, sont communiquées à un même point soient parallèles ou à peu près.

Nous nous occuperons d'abord du cas où les sons produits sont identiques. La question est tout-à-fait analogue à celle que nous avons traitée en optique (371) et les conclusions sont les mêmes.

Dans le cas général, le point prend un mouvement vibratoire de même durée et dont l'amplitude seulement est différente; le son perçu a la même hauteur que celui que produirait séparément chacun des corps sonores; seule l'intensité est différente.

Si la différence de marche, la différence des distances du point considéré aux deux corps sonores, est égale à un nombre pair de demi-longueurs d'onde, il y aura addition des effets.

Mais si la différence de marche est égale à un nombre impair de demi-longueurs d'onde, les deux actions se détruiront, le point considéré restera au repos et il n'y aura pas de son produit. C'est-à-dire que si nous plaçons notre oreille en ce point, où chaque corps sonore agissant isolément nous ferait percevoir un son, nous n'entendrons rien lorsque les deux corps sonores agiront simultanément. Il y aura *interférence sonore*.

On peut mettre ce fait en évidence à l'aide de l'expérience suivante : un corps sonore donnant un son simple, un résonnateur par exemple, est placé à l'orifice d'un tube bifurqué dont, après un certain parcours, les branches se réunissent en une partie cylindrique que l'on introduit dans l'oreille. Si les deux branches sont de même longueur, les ondes parties en même temps arrivent en même temps après s'être séparées ; elles se réunissent et l'effet observé est le même que s'il n'y avait eu qu'un seul tube. Mais l'une des branches est à coulisse et peut s'allonger : l'onde qui la parcourt arrive donc à l'orifice avec un certain retard que l'on peut faire varier en tirant plus ou moins la coulisse. Les deux ondes qui se composent à la sortie pour donner le son présentent une certaine différence de marche : le son décroît d'intensité et s'éteint même complètement pour un certain allongement. On vérifie que l'allongement qui amène l'extinction est égal à une demi-longueur d'onde.

L'expérience peut se faire sous une autre forme qui montre la diminution, puis la disparition du mouvement vibratoire, en mettant le tube en communication avec une capsule manométrique dont la flamme reste immobile lorsque la différence de marche est égale à une demi-longueur d'onde.

494. Sons résultants; battements. — Les mouvements vibratoires qui correspondent à la production des sons sont très petits, mais non infiniment petits; aussi les résultats que nous avons indiqués précédemment et qui, strictement, correspondent à cette condition, ne sont-ils pas les seuls que l'on puisse observer.

Sorge, puis Tartini ont observé que lorsque l'on produit deux sons soutenus régulièrement, on entend un troisième son auquel a été donné le nom de *son résultant*. En réalité, comme Helmholtz l'a montré, le phénomène est moins simple et il y a lieu de considérer deux espèces de sons résultants ; ces sons ont d'ailleurs une faible intensité et il faut prêter une oreille très attentive pour les distinguer.

Si l'on produit simultanément deux sons correspondant à des nombres de vibrations n et n', on peut distinguer :

1° Un son qui correspond à un nombre de vibrations $n-n'$; c'est le *son résultant différentiel* ;

2° Un son qui correspond à un nombre de vibrations $n+n'$; c'est le *son résultant additionnel;*

Les sons différentiels sont plus faciles à reconnaître que les sons additionnels ; ces derniers sont toujours plus aigus que les sons primaires ; les premiers sont toujours plus graves que le plus aigu des deux sons primaires, et même plus graves que les deux sons primaires, si ceux-ci sont distants de moins d'une octave, et d'autant plus que ceux-ci sont plus rapprochés.

Lorsqu'on opère avec des sons primaires qui ne sont pas simples, la question se complique, car les divers harmoniques d'un son primaire peuvent donner des sons résultants avec le son fondamental et avec les harmoniques de l'autre son ; mais ces sons résultants ont une faible intensité : il est probable cependant qu'ils ne sont pas sans importance au point de vue de l'effet musical des combinaisons de sons.

425. — Lorsque l'on produit deux sons qui diffèrent peu de hauteur, on observe un phénomène d'une autre nature qui consiste dans la production de maxima très prononcés, séparés par des minima nettement perceptibles. C'est là ce qui constitue les *battements* : le nombre des battements est égal à la différence des nombres de vibrations des sons qui les produisent.

On perçoit très aisément ces battements lorsqu'il s'en produit moins de 6 à 8 par seconde ; au delà, ils donnent naissance à une sorte de roulement très distinct. Lorsque le nombre dépasse 30, cet effet disparaît, seulement on a l'impression d'un son dur.

On pourrait penser que les battements et les sons résultants différentiels sont des phénomènes de même ordre, les battements étant perçus en tant que battements tant que leur nombre n'atteint pas celui qui correspond aux premiers sons perceptibles (32 vibrations), et se fusionnant au delà pour donner naissance à la sensation sonore ; mais il n'en est rien, car sans pouvoir les compter, on reconnaît l'existence des battements même lorsque leur nombre est très supérieur à 32. Il serait d'ailleurs difficile de préciser complètement cette différence sans entrer dans de longs détails sur le fonctionnement physiologique de l'oreille.

426. Réflexion du son. Echo, résonnance. — Lorsqu'un mouvement vibratoire se propageant dans un milieu élastique rencontre un autre milieu élastique, il se produit à la surface de séparation des phénomènes analogues à ceux que nous avons signalés pour la lumière : il y a production d'ondes réfléchies et d'ondes transmises dans le second milieu. Les ondes ainsi produites obéissent aux mêmes lois que celles que nous avons données pour la lumière.

Lorsque par exemple des ondes sphériques rencontrent une surface plane, elles donnent naissance à d'autres ondes sphériques ayant pour centre un point qui est le symétrique par rapport à la surface réfléchissante du centre primitif d'ébranlement. Un observateur qui reçoit ces ondes est impressionné comme s'il existait un corps sonore en ce centre *virtuel* d'ébranlement ; il entend un son qui lui paraît venir de ce centre. Ce son est l'*écho* de celui qu'il entend par l'effet des ondes directes qui arrivent à son oreille.

Il est facile d'étendre à cette réflexion des ondes sonores, *mutatis mutandis*, tout ce que nous avons dit sur la réflexion de la lumière : surfaces planes parallèles, surfaces courbes, etc.

Il est un point sur lequel nous voulons insister : lorsque l'on produit un bruit ou un son devant une surface plane élastique, on n'a pas toujours conscience de l'écho, du son provenant de la réflexion qui ne se distingue pas du son entendu directement. Cela tient à la persistance de la sensation, à ce que l'impression sonore se prolonge un peu après que la cause a cessé, 1 dixième de seconde en moyenne ; si avant cet intervalle le même son se fait entendre, il ne produit pas une impression nouvelle, mais prolonge seulement l'impression première. Si la surface réfléchissante est à une distance d de l'observateur, le son dû à la réflexion parviendra à son oreille à un temps $\frac{2d}{333}$ après le son primitif. Si donc celui-ci a une durée égale à cette valeur, il y aura fusion des deux impressions. Si le son primitif est excessivement court, il suffit que $\frac{2d}{333}$ soit inférieur ou égal à $0°,1$ pour qu'il y ait fusion : il suffit donc que d ait une valeur de 17^m environ ou une valeur moindre.

Au point de vue de la propagation, l'onde réfléchie est définie comme nous l'avons dit ; il convient d'ajouter en outre que l'effet mécanique subsiste : l'onde dilatante ou condensante au point où se fait la réflexion reste dilatante ou condensante : la vitesse du mouvement vibratoire conserve la même relation de sens avec la vitesse de propagation qu'avant la réflexion : elle change donc de sens d'une manière absolue.

Lorsque, dans un milieu indéfini ou dans un tuyau, il existe une série d'ondes qui se propagent et viennent se réfléchir, donnant naissance à une série d'ondes se déplaçant en sens contraire, il y a, en chacun des points de l'espace où parviennent ces séries d'ondes, des compositions de mouvements vibratoires. Nous étudierons plus loin les conditions qui en résultent dans le cas d'un tuyau: disons seulement ici que même dans un espace indéfini, au moins si le corps sonore est assez éloigné de la surface réfléchissante, il se produit des phénomènes d'interférences analogues à ceux que nous décrirons ; l'expérience justifie parfaitement ces prévisions de la théorie.

427. — Signalons un phénomène particulier qui a quelque analogie avec les précédents et qui se produit lorsque des ondes se propageant dans un tuyau parviennent à une extrémité qui soit librement ouverte à l'atmosphère. Dans ce cas, il y a réflexion sur cette partie ouverte, au delà de laquelle l'ébranlement n'est pas transmis ; il y a production d'ondes réfléchies comme sur une surface rigide, mais avec cette différence essentielle que le sens de la condensation est changé, c'est-à-dire qu'une onde dilatante ou condensante avant la réflexion est remplacée par une onde condensante ou dilatante. Inversement à ce qui se produisait dans l'autre cas, la vitesse de vibration conserve le même sens, d'une manière absolue. La superposition de ces deux séries donne lieu à des effets particuliers.

428. Effets de la superposition des ondes directes et des ondes réfléchies. — Considérons un tuyau cylindrique dans lequel des ondes sonores se propagent dans une direction déterminée. Nous pouvons représenter par

$$v = - V \sin \frac{2 \pi t}{\theta} \qquad (1)$$

le mouvement que prend sous l'influence de ces ondes un point situé à l'extrémité; pour un point M situé à une distance z avant cette extrémité, la vitesse sera donnée par la relation

$$v_1 = - V \sin 2\pi \left(\frac{t}{\theta} + \frac{z}{\lambda} \right) \qquad (2)$$

L'onde réfléchie sur une paroi rigide produira un mouvement qui est caractérisé également par l'équation (1) ; par l'action des ondes réfléchies, la vitesse du point M sera représentée par la relation

$$v_2 = + V \sin 2\pi \left(\frac{t}{\theta} - \frac{z}{\lambda} \right)$$

Le point M aura un mouvement dont la vitesse sera à chaque instant la résultante, de v_1 et v_2. Si u est cette vitesse, qui est ici la somme des composantes, on aura :

$$u = v_1 + v_2 = - 2 V \cos 2\pi \frac{t}{\theta} \sin 2\pi \frac{z}{\lambda}$$

C'est-à-dire que, à l'intensité près, la vitesse de chaque point obéira à la même loi que si les ondes directes existaient seules. Mais les différences d'intensité sont très notables.

Si l'on prend $z = 0$ ou, d'une manière générale, si l'on a $z = k\frac{\lambda}{2} = 2k\frac{\lambda}{4}$, on voit que la vitesse est constamment nulle : les points correspondants restent en repos : ces points sont ce que l'on appelle des *nœuds fixes* de vibration. Le premier est situé à l'extrémité fermée du tuyau, les autres en sont à des distances respectivement égales à

$$2\frac{\lambda}{4}, \quad 4\frac{\lambda}{4}, \quad 6\frac{\lambda}{4} \ldots$$

Si l'on donne à z une des valeurs comprises dans la formule $z = (2k + 1)\frac{\lambda}{4}$, la vitesse est donnée par la relation

$$u = \mp 2 V \cos 2\pi \frac{t}{\theta}$$

et le maximum de cette valeur est plus grand que ceux correspondant à tous les autres points ; ces points sont donc ceux qui s'écartent le plus de leur position d'équilibre, ou les appelle des *ventres fixes* de vibration ; il sont situés à des distances de l'extrémité qui sont respectivement $\frac{\lambda}{4}$, $3\frac{\lambda}{4}$, $5\frac{\lambda}{4}$.

Il est important de remarquer que de part et d'autre des points situés aux distances $2k\frac{\lambda}{4}$ les valeurs de u sont de si-

gnes contraires, tandis qu'elles sont de même signe de part
et d'autre des points situés aux distances $(2k+1)\frac{\lambda}{4}$. Donc les
couches situées de part et d'autre d'un nœud de vibration, se
mouvant en sens contraire, s'en approcheront puis s'en éloi-
gneront ensemble, produisant alternativement des condensations puis des dilatations. Au contraire, les couches situées
de part et d'autre d'un ventre se meuvent dans le même sens
constamment ; il n'y a donc ni condensation, ni dilatation.

Pour les points situés à toute autre distance, les effets seront intermédiaires à ceux que nous venons de signaler.

On peut vérifier les effets précédents en disposant des capsules manométriques le long de la paroi d'un tuyau fermé,
dans lequel on fait arriver des ondes de longueur connue ; à
l'extrémité fermée et aux nœuds la flamme sera très agitée
par suite des variations continuelles de pression ; elle restera
absolument immobile aux ventres, et intermédiairement pré-
sentera une certaine agitation d'autant plus grande que le
point sera plus rapproché d'un nœud.

On peut arriver à comprendre les résultats signalés plus
haut en représentant les vitesses aux divers points d'un tuyau
par les ordonnées d'une si-
nusoïde ABC (fig. 264), qui
se déplace uniformément
dans le sens de la propagation ; l'onde réfléchie est représentée par une courbe
CEF qui est symétrique par
rapport au fond du tuyau

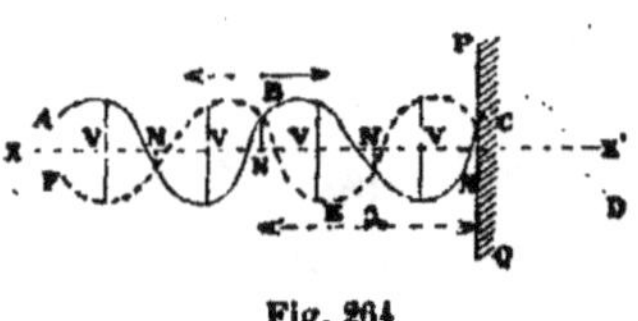

Fig. 264

de la continuation CD de l'onde directe. Les ordonnées positives indiquent que les vitesses de vibration sont de même
sens que la vitesse de propagation, et par suite pour les vitesses de l'onde réfléchie qu'elles sont de sens contraire aux
vitesses qui correspondent aux ordonnées positives de la
courbe directe. La valeur de la vitesse en chaque point est
donc représentée par la différence algébrique des ordonnées
des deux courbes. On arrive aisément à retrouver les ventres
V et les nœuds N comme précédemment.

430. — Dans le cas où le tuyau est ouvert, la vitesse en un point M est toujours donnée par

$$v_1 = - V \sin 2\pi \left(\frac{t}{\theta} + \frac{z}{\lambda} \right)$$

la vitesse que produirait l'onde réfléchie est

$$v_2 = - V \sin 2\pi \left(\frac{t}{\theta} - \frac{z}{\lambda} \right)$$

puisque par la réflexion le sens de la vitesse de vibration a changé par rapport à la vitesse de propagation et est donc resté le même, absolument.

La vitesse résultante u du point M sera

$$u = v_1 + v_2 = - 2\,V \cos 2\pi \frac{z}{\lambda} \sin 2\pi \frac{t}{\theta}$$

Les conséquences sont donc les mêmes que précédemment, d'une manière générale.

On reconnaît aussi qu'il y a des nœuds fixes de vibration, mais ils correspondent aux points dont la distance est comprise dans la formule $z = (2\,k + 1)\dfrac{\lambda}{4}$; il y a des ventres fixes de vibration aux distances $z = 2\,k\dfrac{\lambda}{4}$, il y en a donc un à l'extrémité ouverte, notamment.

Les maxima de variation de pression correspondent aux nœuds ; il n'y a pas de variation aux ventres.

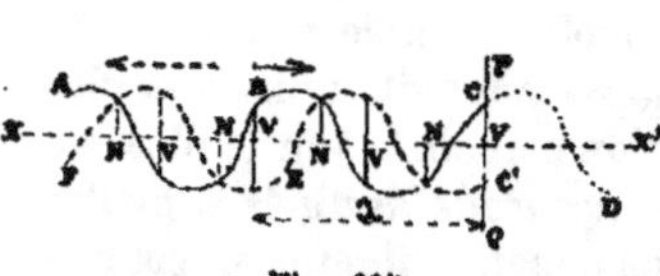

Fig. 265.

On arriverait à comprendre ces résultats par une méthode géométrique, comme précédemment ; seulement la courbe C'EF (fig. 265) représentant l'effet de l'onde réfléchie est symétrique de la continuation CD de l'onde directe, par rapport au centre V de l'orifice du tuyau.

On voit d'une manière générale que, dans l'un et l'autre cas, les ventres et les nœuds alternent, qu'ils sont à des distances de $\frac{\lambda}{4}$; il y a un ventre à l'extrémité si elle est ouverte, un nœud si elle est fermée.

On désigne sous le nom de *concamération* l'intervalle qui sépare deux nœuds voisins ; il est égal à la moitié de la longueur d'onde.

430. — Dans le cas de la propagation sphérique, les ondes réfléchies peuvent interférer avec les ondes directes, comme dans le cas d'un tuyau fermé ; il y a donc dans ce cas des ventres et des nœuds de vibration ; seulement, à cause de la diminution de l'amplitude, l'interférence n'est jamais complète et ne peut se manifester qu'entre des ondes pour lesquelles la différence de marche n'est pas très grande, c'est-à-dire en des points qui ne sont pas très éloignés de la surface réfléchissante.

Seebeck a vérifié expérimentalement l'exactitude de ces conséquences.

431. Réflexions sur des surfaces courbes. — La réflexion sur des surfaces courbes donne lieu, comme pour la lumière, à des modifications de la forme de l'onde ; il peut en résulter en certains points une concentration de l'énergie, une augmentation d'intensité du son perçu.

C'est ce qui se présente, par exemple, lorsque des ondes, assez éloignées de leur point d'origine pour pouvoir être considérées comme sensiblement planes, viennent rencontrer la concavité d'un paraboloïde de révolution, à l'axe duquel elles sont perpendiculaires. Il se produit, après la réflexion, des ondes sphériques décroissantes, ondes dont le centre est au foyer ; c'est en ce point que le mouvement vibratoire a la plus grande amplitude, c'est là que l'on perçoit le son le plus intense, c'est là qu'il faut placer les appareils destinés à mettre en évidence l'existence du mouvement vibratoire, comme par exemple la membrane du phonautographe.

On a des exemples curieux d'audition de sons ayant leur origine à de très grandes distances et perçus au foyer de surfaces présentant à peu près la forme d'un paraboloïde, comme, par exemple, une voile gonflée par le vent.

Dans le cas d'une surface elliptique de révolution, le son produit à l'un des foyers même faiblement est perçu nettement à l'autre foyer, sans qu'on puisse rien distinguer intermédiairement : c'est ce que l'on observe, par exemple, dans l'une dés salles du Conservatoire des Arts-et-Métiers, à Paris.

432. Réflexions multiples. — De même que pour la lumière, si le corps sonore est placé entre deux surfaces planes parallèles, il y aura des réflexions multiples sur ces surfaces, à chacune desquelles correspondra pour l'observateur la perception d'un son ; si le son produit est continu, ces sons divers se confondent, mais ils sont distincts, si le son primitif est bref : c'est là ce qui constitue les *échos multiples*. Le son va s'affaiblissant à chaque réflexion par suite non seulement de la réflexion, mais aussi par suite de l'augmentation de chemin parcouru ; on cite cependant des exemples (Château de Simonetta, en Italie) où l'écho répète 40 fois le son primitif.

La réflexion des ondes sonores peut se produire, non seulement sur des surfaces dures, rigides, mais à la surface de l'eau, à la surface des nuages, ou même à la surface qui sépare deux couches d'air de densités différentes, comme Tyndall l'a observé pour des couches présentant une notable différence dans l'état hygrométrique.

433. Propagation du son dans des milieux successifs. — En général, lorsqu'un mouvement vibratoire se propageant dans un milieu vient à rencontrer un autre milieu élastique, il n'y a pas seulement réflexion, mais une partie de ce mouvement se propage dans le second milieu, le partage entre les ondes transmises et les ondes réfléchies se faisant dans des conditions diverses suivant les circonstances.

C'est ainsi qu'un son produit dans l'air est perçu par un observateur dont la tête est plongée dans l'eau, ou inversement : c'est ainsi qu'agissent les appareils appelés téléphones à ficelles : une membrane est tendue à l'une des bases d'un cornet ou cylindre creux ; en son centre est fixée une ficelle dont l'autre extrémité est attachée à un appareil semblable au premier. Les deux appareils doivent être placés à une distance telle que la ficelle soit tendue ; en parlant devant l'un des cornets on produit des vibrations qui se transmettent à la membrane . puis au fil, puis à la membrane de l'autre appareil et à l'air qui y est renfermé ; si un observateur a l'oreille devant le cornet, il entend nettement les sons émis, les paroles prononcées devant l'autre appareil.

Pour que la propagation se fasse d'une manière appréciable dans ces conditions, il convient que le contact entre les deux milieux se fasse par une surface de grande étendue. Aussi les sons transmis à l'air directement par une corde vibrante, par une tige vibrante comme un diapason, sont-ils de faible intensité ; lorsqu'on veut les faire entendre à une certaine distance, il faut les relier à une surface élastique de grande surface, table d'harmonie ou de résonnance, qui participe aux vibrations du corps sonore et transmet celles-ci à l'air environnant.

Dans la propagation d'un milieu à un autre, on observe un phénomène analogue à celui de la réfraction de la lumière ; mais les effets qui se produisent alors sont, jusqu'à présent, sans grand intérêt. On a pu les mettre en évidence à l'aide de prismes ou de lentilles ; les milieux sont d'autant plus réfringents, ainsi qu'il arrive pour la lumière (387), que le son s'y propage avec une plus petite vitesse.

424. Vibrations par influence. — Lorsque, sur le trajet d'ondes sonores, il se trouve un corps susceptible de vibrer comme corps sonore, il peut entrer en vibration pour son propre compte, pour ainsi dire, de telle sorte qu'il continue à vibrer lors même que le mouvement vibratoire primaire a cessé. On dit alors qu'il y a *résonnance* ou vibration par *influence*.

Il y a, on le voit, une différence entre le cas d'un corps transmettant simplement les vibrations qui lui sont communiquées et le cas de la vibration par influence, car dans le premier cas toute action cesse avec le mouvement primitif. Aussi tandis que, d'une manière générale, il suffit pour la propagation que le corps soit élastique, il faut en outre pour l'influence

que le son produit satisfasse à certaines conditions. La condition la plus satisfaisante est celle dans laquelle la hauteur du
son transmis est la même que celle du son que produit le
corps vibrant directement, ou celle de l'un des sons que peut
produire le corps quand, comme il arrive généralement, il
est susceptible d'en produire plusieurs.

Si le corps vibrant est de faible masse, il pourra résonner
par influence, même si le son influençant n'a pas absolument la
même hauteur que son son propre ; mais le son produit par

Fig. 266.

influence sera d'autant plus faible que la différence sera plus
grande. Si, au contraire, le corps vibrant a une masse considérable, le mouvement vibratoire ne sera communiqué que si
l'unisson existe absolument.

La masse d'air contenue dans une sphère ou un cylindre
présentant deux ouvertures de petites dimensions transmet
faiblement les sons en général : mais elle vibre par influence
et renforce notablement le son qui est absolument de même hauteur que celui qu'elle peut rendre ; c'est là le principe des *résonnateurs* (fig. 266) dont nous avons parlé et qu'on peut employer en
les mettant directement à l'oreille ou en y joignant une capsule
manométrique : ils permettent de reconnaître nettement l'existence d'un son déterminé dans un mélange complexe de sons
formant un bruit, un accord, ou correspondant seulement à un
timbre déterminé.

Un résonnateur peut produire également le renforcement d'un
son ; plaçons devant l'ouverture, qui alors est unique, un dia-

pason rendant le son propre du résonnateur et qui par lui-
même rend un son à peine perceptible à quelque distance; le
son deviendra très intense par la mise en vibration de l'air du
résonnateur, et il suffira de boucher l'ouverture par un écran
pour que le son paraisse presque éteint.

435. — Cette disposition a été utilisée par Helmholtz dans
un appareil destiné à produire la synthèse des timbres : il
comprend une série de diapasons donnant, par exemple, les
8 premiers harmoniques du plus grave. Ces diapasons sont
entretenus électriquement, de manière à vibrer d'une façon
continue : chacun d'eux est placé devant un résonnateur capable de renforcer la note qu'il donne ; les ouvertures de ces résonnateurs peuvent être fermées, mais on peut les déboucher
plus ou moins complètement, de manière que le son que l'on
entend soit plus ou moins intense. Il est ainsi possible d'ajouter au son fondamental, qui est produit avec l'intensité maxima,
tels harmoniques qu'on veut, en leur donnant des intensités relatives variables à volonté; ces divers sons se fusion-
nent et modifient le timbre du son fondamental ; mais il
faut reconnaître que l'on n'arrive pas à reproduire nettement
des timbres bien caractérisés.

**436. Étude des corps sonores; mesure des nombres
de vibrations.** — L'étude des corps sonores peut se faire à
divers points de vue; on peut rechercher au point de vue mécanique les conditions de mouvement vibratoire qui sont com-
patibles avec la nature, la forme et les dimensions d'un corps
élastique; les résultats auxquels on parvient ainsi contiennent
plus ou moins explicitement les lois des corps sonores.

Au point de vue spécialement physique, on peut se proposer
de rechercher les conditions dans lesquelles un corps entre
en vibrations et de déterminer par l'expérience les lois qui
régissent les corps sonores ; nous nous bornerons à cette dernière étude en donnant seulement quelques indications complémentaires.

La première question qui se présente est de déterminer le
nombre des vibrations exécutées par le corps considéré. On
peut y arriver par des procédés divers.

On peut, par exemple, utiliser directement l'oreille et apprécier la hauteur absolue du son perçu ; mais on n'y parvient que si l'on est très exercé et, même alors, on n'arrive pas à une exactitude absolue ; il y a une certaine incertitude sur cette hauteur et par suite sur le nombre des vibrations.

L'emploi des résonnateurs peut faciliter cette appréciation ; en plaçant un résonnateur à l'oreille, on a la sensation d'un renforcement notable pour le son qui correspond à sa hauteur propre ; mais, là encore, il n'y a pas exactitude absolue, et le renforcement existe, quoique moins fort, pour des sons très voisins de celui du résonnateur.

Un procédé que l'on peut employer dans tous les cas consiste à établir l'unisson entre le son que l'on étudie et celui que produit un appareil indiquant directement le nombre de ses vibrations, et dont on peut faire varier la hauteur. Bien que, dans ce cas, l'oreille entre en jeu, on peut obtenir des résultats assez précis, parce qu'une oreille un peu exercée distingue aisément l'unisson ; d'ailleurs la production de battements peut être utilisée pour parvenir à obtenir celui-ci.

427. — L'appareil permettant d'employer cette méthode est

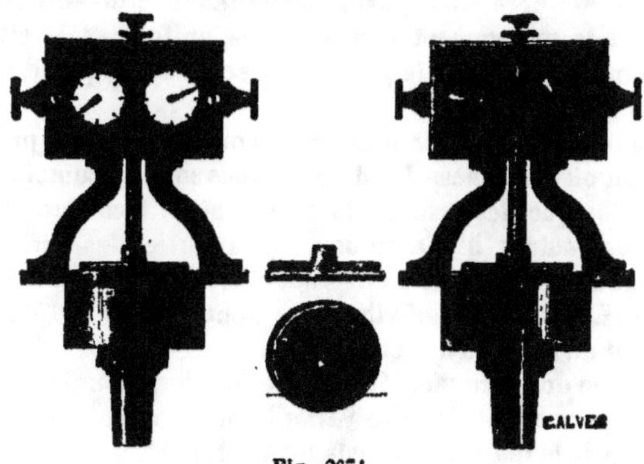

Fig. 267¹.

1. Figure extraite du *Traité de physique médicale* de Desplats et Gariel (Paris, Savy).

la *sirène* qui a été inventée par Cagniard-Latour. A l'extrémité
d'un tuyau qui amène le vent d'une soufflerie (fig. 267) se trouve
une caisse cylindrique dont la base supérieure présente des
trous, répartis uniformément sur une circonférence ; ces trous
sont percés obliquement, de manière que les projections de
leurs axes sur le plan du disque soient tangentes à la circonférence qui passe par leurs centres. Un axe vertical, dont le pied
est au centre du disque et dont la partie supérieure est maintenue par une garniture métallique, porte, à une petite distance
du disque précédent, un autre disque tournant avec l'axe et
présentant des ouvertures ayant le même écartement que celles
du disque inférieur ; ces ouvertures présentent une inclinaison
analogue, mais dirigée en sens contraire.

A la partie supérieure, l'axe porte une vis sans fin qui peut
engrener avec une roue dentée, faisant partie d'un compteur
dont les aiguilles indiquent le nombre des tours exécutés par
le disque. A l'aide d'une disposition quelconque, on peut, à volonté, établir ou rompre la liaison de l'axe avec le compteur.

Lorsque de l'air est envoyé par la soufflerie, il passe par les
ouvertures des deux disques, mais, à cause de leur inclinaison,
il communique un mouvement de rotation au disque mobile ;
pour une pression donnée de l'air, le mouvement, lent au
début, va en s'accélérant, mais les résistances croissent avec la
vitesse et le mouvement arrive à être uniforme ; la vitesse
ainsi acquise dépend de la pression, s'accroissant quand celle-
ci augmente.

L'écoulement de l'air n'est pas continu : il se produit
à l'instant où les orifices des deux disques sont en coïncidence,
il cesse lorsque les orifices de l'un sont en face des parties
pleines de l'autre ; il y aura donc, à la sortie, des variations
périodiques de pression, d'où production d'un mouvement vibratoire. Le nombre des vibrations pour un tour est évidemment égal au nombre des ouvertures.

La sirène doit être montée sur une soufflerie munie d'un régulateur permettant de faire varier la pression entre certaines
limites ou de la maintenir constante à volonté.

Pour déterminer le nombre des vibrations correspondant à
un son donné, on fait marcher la sirène après avoir désem-

brayé le compteur et avoir ramené les aiguilles au zéro ; on agit
sur le régulateur et l'on fait varier la pression du vent jusqu'à
ce que le son produit soit à l'unisson du son étudié ; quand ce
résultat est atteint, on embraye le compteur et on note l'instant ; après un certain temps, 10 secondes par exemple, on
débraye le compteur et on lit le nombre n de tours. Si p est le
nombre des trous du disque, le son correspondra à $\frac{np}{10}$ vibrations
par seconde. Il va sans dire que cette mesure n'a d'exactitude
que si l'unisson s'est maintenu pendant toute la durée de l'expérience.

La sirène peut marcher dans l'eau, sous l'influence d'un courant sous pression : c'est même cette propriété qui lui a
fait donner son nom.

128. — Mais de tous les procédés celui qu'il convient d'employer, lorsqu'il est possible, c'est l'enregistrement direct des
vibrations : il peut être utilisé notamment lorsque le corps sonore est solide. Il consiste à fixer au corps sonore AB (fig. 268)
un petit style assez léger pour ne pas modifier les conditions de
vibration, une soie de sanglier, par exemple, et à approcher de
ce style un cylindre enregistreur C sur lequel se tracera lors du
mouvement de celui-ci une ligne sinueuse dont le nombre de
sinuosités sera égal au nombre des vibrations. En même temps
un compteur produit un signal qui s'enregistre, à chaque seconde par exemple, à côté de la précédente ligne sinueuse : il

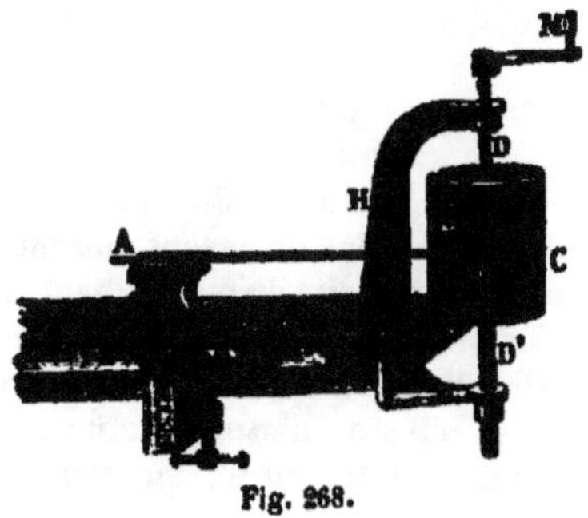

Fig. 268.

suffit de compter le nombre des sinuosités entre deux signaux
consécutifs pour avoir le nombre des vibrations par seconde.

Au lieu d'inscrire les signaux du compteur à chaque seconde, on emploie souvent un électro-diapason : c'est un diapason dont le mouvement est entretenu électriquement, et dont
on enregistre directement les vibrations sur le cylindre. On
sait à l'avance combien de vibrations il exécute par seconde,
100 par exemple, de telle sorte que chaque vibration enregis-
trée correspond à une durée de $0^s,01$, ce qui permet d'évaluer
aisément les temps et de mesurer la durée des vibrations de
l'autre corps sonore.

Il n'est pas toujours possible de fixer un style sur le corps
sonore, par exemple sur les instruments de musique : on peut
alors utiliser un procédé indiqué par MM. Cornu et Mercadier.
On fixe invariablement à l'instrument, à la table d'harmonie
par exemple, l'extrémité d'un fil métallique dont l'autre extrémité librement suspendue porte le style que l'on approche à
volonté du cylindre enregistreur.

189. — Une autre méthode fort ingénieuse est celle que M.
Lissajous a basée sur l'emploi de procédés optiques pour comparer les nombres de vibrations de deux corps sonores, de deux
diapasons par exemple. Ces deux diapasons A,B (fig.269) sont

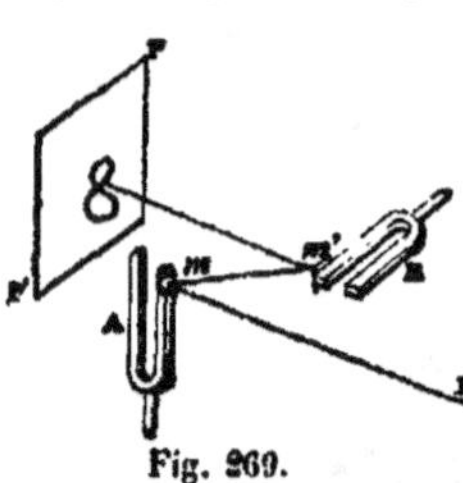

placés de manière à vibrer dans des
plans rectangulaires : ils portent deux
petits miroirs m, m' sur les branches
en regard. Un rayon lumineux L
arrive dans une direction constante
sur l'un d'eux m, s'y réfléchit, tombe
sur l'autre m' sur lequel il se réfléchit également et vient donner une
tache lumineuse sur un écran PP,

Fig. 269.

placé à quelque distance. Si les diapasons vibrent, cette tache se
déplace et, à cause de la rapidité du mouvement, on perçoit une
ligne lumineuse. La forme de cette ligne dépend du rapport entre
les nombres de vibrations; par exemple c'est une droite, une
ellipse ou un cercle, s'il y a unisson absolu ; c'est une courbe
complexe pour d'autres intervalles ; mais il suffit d'une très

faible différence entre le rapport des nombres de vibrations qu.
existent et celui qui correspondrait à l'intervalle juste pour que
la figure subisse des déformations, des balancements périodiques.

L'étude des figures résultant de l'action d'un corps vibrant
quelconque et d'un diapason connu permet de déterminer s'il
existe un intervalle juste entre les sons produits, et quel est
cet intervalle ; on en déduira le nombre de vibrations du corps.

440. Étude des corps sonores. Tuyaux sonores. —
Tous les corps élastiques peuvent entrer en vibration : ils
peuvent tous être utilisés comme corps sonores ; mais il convient de les étudier séparément suivant qu'ils sont gazeux, liquides ou solides. Nous nous occuperons premièrement des
corps gazeux.

Nous considérerons d'abord le cas, qui est le plus important,
où il s'agit d'une colonne gazeuse dont une dimension, la longueur, est très grande par rapport aux deux autres : c'est là ce
qui constitue un *tuyau sonore*.

Un tuyau rempli d'un gaz peut transmettre un mouvement
vibratoire quelconque, mais pour qu'il devienne réellement
sonore, il faut que le mouvement vibratoire qui s'y établit
satisfasse à certaines conditions résultant de ce que, si l'action
se continue, il y a superposition en chaque point d'une onde
directe et d'une onde réfléchie, ou plutôt de plusieurs ondes
réfléchies.

Pour qu'un tuyau soit sonore, il faut que le mouvement vibratoire de l'air qu'il contient puisse se transmettre à l'atmosphère : il faut donc de toute nécessité qu'il soit ouvert en un
point, généralement à une extrémité. L'autre extrémité peut
être au contraire, à volonté, ouverte ou fermée, ce qui
distingue les tuyaux ouverts des tuyaux fermés.

Imaginons que, par un procédé quelconque, des ondes
soient produites dans un tuyau (nous indiquerons plus loin
comment on parvient à ce résultat) ; ces ondes parcourent
le tuyau, se réfléchissent à l'extrémité, reviennent en sens
contraire et subissent une nouvelle réflexion à la première extrémité et ainsi de suite : ces ondes s'affaiblissent d'ailleurs

par leur propagation même et par les réflexions successives. A partir de chaque extrémité il y aura toujours à considérer deux séries consécutives d'ondes, directes et réfléchies, pour lesquelles on devra observer les conditions que nous avons indiquées précédemment.

Fig. 270.

Il faudra donc toujours que le mouvement vibratoire soit tel qu'il résulte de cette superposition un nœud à toute extrémité ouverte, un ventre à toute extrémité fermée (427).

441. — S'il s'agit d'un tuyau ouvert (fig. 270), il devra y avoir un ventre V à chaque extrémité ; si donc λ est la longueur d'onde et si l est la longueur du tuyau, comme $\frac{\lambda}{2}$ est la distance qui sépare deux ventres consécutifs, il faut que l'on ait

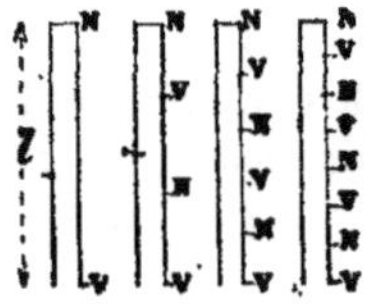

$$l = k\frac{\lambda}{2} = 2k\frac{\lambda}{4}$$

Fig. 271.

équation dans laquelle k a une valeur entière quelconque. Comme on a d'ailleurs $\omega = n\lambda$, ω étant la vitesse de propagation du son et n le nombre de vibrations, il vient :

$$l = 2k.\frac{\omega}{4n} \qquad \text{d'où} \qquad n = 2k\frac{\omega}{4l}.$$

Dans le cas d'un tuyau fermé (fig. 271), comme il y a un ventre à une extrémité et un nœud à l'autre, il y a un nombre impair de demi-concamérations et il faut que l'on ait :

$$l = (2k+1)\frac{\lambda}{4}$$

d'où

$$n = (2k+1)\frac{\omega}{4l}$$

Examinons les conséquences de ces formules :

Le son le plus grave que peut rendre un tuyau s'obtient :

Pour le tuyau fermé en faisant $k = 0$, ce qui donne $n = \frac{\omega}{4l}$;

10

Pour le tuyau ouvert en faisant $k = 1$, ce qui conduit à

$$n = 2 \frac{\omega}{4l}.$$

C'est ce que l'on appelle le *son fondamental* du tuyau.

On voit donc que :

Pour un tuyau quelconque le nombre des vibrations correspondant au son fondamental est en raison inverse de la longueur ;

Le son rendu par un tuyau ouvert est plus aigu d'une octave que le son fondamental d'un tuyau fermé de même longueur.

Ce dernier énoncé peut être remplacé par le suivant, qui lui est équivalent :

Un tuyau fermé a le même son fondamental qu'un tuyau ouvert de longueur double.

Mais on peut obtenir pour chaque tuyau divers états vibratoires correspondant à des valeurs différentes de k ; dans le cas d'un tuyau fermé, on aura successivement pour n les valeurs

$$3 \frac{\omega}{4l}, \quad 5 \frac{\omega}{4l}, \quad 7 \frac{\omega}{4l} \ldots\ldots$$

qui correspondent à des sons, harmoniques impairs du son fondamental dont le nombre de vibrations est $\frac{\omega}{4l}$;

Dans le cas d'un tuyau ouvert, on aura successivement pour n les valeurs :

$$4 \frac{\omega}{4l}, \quad 6 \frac{\omega}{4l}, \quad 8 \frac{\omega}{4l} \ldots\ldots$$

qui correspondent à la série complète des harmoniques du son fondamental dont le nombre de vibrations est $2 \frac{\omega}{4l}$.

Ces divers résultats ont été vérifiés par l'expérience.

112. — Il est très-important de remarquer que, pour un tuyau donné, il y a ainsi divers modes de vibrations qui peuvent exister séparément ; mais ils peuvent aussi exister simultanément, c'est-à-dire que, à chaque instant, un point prend la vitesse résultante des vitesses différentes que ces divers mouvements élémentaires lui imprimeraient si chacun d'eux existait seul. C'est là ce que démontre l'existence des sons partiels que l'oreille entend lorsqu'un tuyau *parle*, cette audition étant le résultat d'une faculté particulière de l'oreille qui peut dans un mouvement vibratoire complexe reconnaître l'existence des mouvements vibratoires simples composants.

Ce fait résulte aussi, à un autre point de vue, de ce que l'étude mécanique du mouvement vibratoire de l'air dans un tuyau conduit à une équation différentielle qui admet plusieurs solutions particulières, correspondant aux divers modes vibratoires simples ; mais qui, par là même, admet aussi comme solution la somme des diverses solutions particulières.

Cette remarque est d'accord avec l'observation, qui apprend que les sons émis par les tuyaux ont des timbres différents suivant qu'ils sont ouverts ou fermés ; il doit en être ainsi, en effet, puisque les harmoniques qui s'ajoutent au son fondamental constituent des séries différentes suivant que le tuyau est ouvert ou fermé.

Disons en passant que la série des sons ajoutés est différente si la colonne gazeuse n'est pas cylindrique, si elle n'a pas partout la même section. Ce sont ces différences dans les sons accessoires qui expliquent les timbres différents des divers instruments à vent employés en musique, et non pas comme on le croit quelquefois la nature de la substance qui forme les parois, substance qui est presque complètement sans influence.

443. Mise en vibration des tuyaux sonores. — Il existe divers moyens pour mettre en vibration l'air d'un tuyau, pour *faire parler* ce tuyau.

Il suffit de faire vibrer à l'orifice ouverte un diapason dont le nombre de vibrations soit égal au nombre des vibrations de l'un des sons que peut rendre le tuyau : l'air que contient celui-ci vibre alors. Le tuyau joue le rôle d'un résonnateur dont on entend seulement le son, en général au moins, le son du diapason étant faible et difficilement perceptible lorsqu'il est seul.

Un procédé plus usité dans la pratique de la construction des instruments de musique, consiste à diriger un courant

Fig. 272.

d'air sur un biseau D (fig. 272) qui se trouve à l'une des extrémités du tuyau AB, extrémité ouverte. C'est la disposition dite à *embouchure de flûte* que l'on trouve notamment dans la flûte, dans les sifflets, dans les tuyaux d'orgue, etc. Lorsqu'un courant d'air étroit vient se briser sur un biseau isolé, on entend un bruit spécial, un sifflement particulier; ce bruit correspond à un mouvement vibratoire complexe que prend l'air, mouvement qui produit un mélange d'un grand nombre de sons discordants, très voisins les uns des autres, comme on peut le reconnaître par une analyse faite, par exemple, à l'aide de résonnateurs. Parmi tous ces sons, ceux qui correspondent à des sons que peut rendre le tuyau sont renforcés, et ceux-là seulement; il y aura donc résonnance pour ces sons qui seront seuls nettement perçus à distance, bien que l'on puisse distinguer aussi, mais faiblement, le frôlement de l'air qui contribue à donner un timbre particulier au son.

Pour un courant d'air déterminé, le son fondamental du tuyau sera produit si l'embouchure a des dimensions et des dispositions convenables; mais si l'on augmente sa vitesse, on pourra faire entendre isolément les sons partiels ou harmoniques suivants.

Fig. 273.

414. — Les instruments à anche comprennent sur le parcours de l'air qui traverse le tuyau, à l'entrée où à la sortie, une partie généralement rétrécie BC (fig. 273) à laquelle est adaptée l'*anche* EFD, pièce élastique de forme variée qui est susceptible de vibrer et qui, par ses vibrations, produit des ouvertures et des fermetures successives de l'orifice; il en résulte des variations de pression et par suite la production d'un mouvement vibratoire dans la colonne d'air.

L'anche est souvent constituée par une lame métallique rectangulaire, fixée par une extrémité à la petite base de l'ouverture qu'elle ferme au repos et qu'elle dépasse de part et

d'autre pendant la vibration ; c'est l'*anche libre*. Quelquefois
l'anche est un peu plus large que l'orifice dont elle s'écarte
seulement dans un sens, et qu'elle vient frapper à chaque oscillation ; c'est l'*anche battante*. Ces dernières ne sont plus
guère employées ; les premières se rencontrent dans l'har-
monium, dans certains jeux d'orgue : les anches de la clari-
nette, du hautbois, du basson peuvent être rapprochées de ce
type.

Dans quelques circonstances, les variations de l'orifice sont
produites par la mise en vibration de lamelles ou rubans
élastiques dont les bords libres sont placés parallèlement à
peu de distance et qui sont maintenus fixes d'autre part ; le
passage d'un courant d'air provoque la vibration de ces lamelles qui constituent les *anches membraneuses*. On reproduit
aisément cette disposition dans diverses expériences avec
des feuilles de caoutchouc ; elle se rencontre dans le larynx,
où les cordes vocales jouent précisément le rôle de ces
lamelles élastiques, et dans le jeu des instruments en cuivre dits à *bocal* où les lèvres constituent les anches membraneuses.

Les anches métalliques ne peuvent, en général, vibrer que
d'une seule manière ; elles doivent être choisies de telle sorte
qu'elles rendent le son du tuyau auquel elles sont adaptées ;
on les accorde sur place en faisant varier la longueur de la
partie libre FD qui, seule, peut vibrer. Le son propre de
l'anche se confond avec le son du tuyau.

Dans les anches des instruments en bois, il y a réaction des
vibrations de la colonne d'air sur les vibrations de l'anche,
dont le mouvement varie avec la longueur de cette colonne :
ces anches ont un son propre que l'on entend quand on les
fait vibrer seules, mais ces sons, étant désagréables, ne sont
pas utilisés. Les divers modes vibratoires que doit prendre
l'anche sont rendus plus faciles par la pression variable des
lèvres de l'exécutant.

Dans les anches membraneuses, on peut faire varier la
forme, les dimensions, la tension des parties vibrantes dont
les vibrations sont en rapport avec celles de la masse aérienne
de l'appareil ; dans les instruments en cuivre, les vibrations

dé l'air imposent un mouvement concomittant aux membranes ; dans la production de la voix, la masse d'air est moins puissante, et subit sans presque le modifier le mouvement vibratoire des cordes vocales.

445. Tuyaux cubiques. — Dans quelques cas, il y a utilité à considérer le mode de vibration de masses d'air dont les trois dimensions sont du même ordre de grandeur, comme des sphères, des cubes, etc.

Savart a démontré la loi suivante :

Les masses d'air de forme semblable, ébranlées par des embouchures ayant les mêmes positions relatives et des dimensions proportionnelles, engendrent des sons dont les nombres de vibrations sont en raison inverse de leurs dimensions homologues.

Tous les éléments d'ailleurs concourent à modifier le nombre des vibrations ; forme, position et grandeur de l'embouchure, etc. Le mouvement de l'air ne présente plus le degré de simplicité qui se rencontre dans les tuyaux, et les surfaces nodales ne sont plus planes. Aussi, par exemple, une masse cubique rend-elle le même son qu'un tuyau dont la longueur serait égale à 4 ou 5 fois celle de l'arête.

Wertheim a donné des formules compliquées pour représenter les lois des tuyaux à forme de parallélépipèdes ou de cylindres. Nous n'insisterons pas.

Nous dirons seulement qu'une masse sphérique, par exemple, peut vibrer de diverses manières, qu'elle peut produire des sons autres que le son fondamental ; mais que ces autres sons sont très éloignés de celui-ci et sont beaucoup moins renforcés par influence que lui : c'est là ce qui explique l'emploi des résonnateurs. La grandeur de l'ouverture n'est pas d'ailleurs sans action ; le renforcement du son propre est d'autant plus considérable que l'ouverture est plus petite, mais il exige alors une égalité plus complète des durées des périodes vibratoires.

446. Mesure indirecte de la vitesse de propagation du son. — En général, on fait parler les tuyaux à l'aide d'un

courant d'air ; mais les mêmes effets se produisent si l'on
emploie un courant d'un autre gaz ; les lois restent les mêmes, seulement la hauteur absolue des sons change. En effet,
si nous considérons le son fondamental d'un tuyau fermé,
on a :

$$n = \frac{\omega}{4\,l}$$

n varie donc proportionnellement à la vitesse de propagation du son dans le gaz considéré.

Cette remarque permet de déterminer la vitesse de propagation du son dans un gaz quelconque. Nous avons dit que la
distance d d'un nœud au ventre le plus voisin est égale à $\frac{\lambda}{4}$; à
cause de $\omega = n\lambda$, il vient :

$$d = \frac{\omega}{4\,n} \qquad \text{et} \qquad \omega = 4\,nd$$

Si donc, faisant parler un tuyau à l'aide d'un gaz quelconque, on mesure n, d'après la hauteur du son, et d on en déduira ω. On conçoit que le procédé le plus simple pour avoir d
est de faire rendre le son fondamental à un tuyau fermé, car
alors on a $d = l$; mais il y a incertitude sur la partie de l'embouchure où il faut considérer que se trouve le ventre, et il
peut y avoir des perturbations à l'autre extrémité. M. Wertheim a paré à cette difficulté en faisant une série de mesures
sur un même tuyau dont il faisait varier la longueur. Appelons x celle qui correspond à ces perturbations de telle
sorte que l'on a $d = l + x$, il avait pour deux expériences les
équations :

$$\omega = 4\,n_1\,(l_1 + x) \qquad \text{et} \qquad \omega = 4\,n_2\,(l_2 + x) .$$

d'où, en éliminant x que l'on suppose constant et indépendant
de la longueur du tuyau, on déduit :

$$\omega = \frac{4\,n_1\,n_2\,(l_1 - l_2)}{n_2 - n_1} .$$

Les vitesses dans les divers gaz secs, à la température de
0°, sont les suivantes :

Hydrogène....	1269m,50	Gaz oléfiant..........	314m,00
Oxyde de carbone....	337 40	Protoxyde d'azote....	261 90
Air.................	333 00	Acide carbonique.....	261 60
Oxygène...........	317 17		

447. Vibrations des liquides. — Les liquides sont susceptibles de vibrer comme les gaz, dans des conditions analogues et suivant les mêmes lois. Mais leurs mouvements vibratoires ne sont pas utilisés ; aussi suffirait-il de donner cette indication générale, s'il n'était nécessaire d'indiquer qu'on a appliqué à la mesure indirecte de la vitesse de propagation du son dans les liquides la même méthode que nous venons de signaler pour les gaz. Wertheim a fait sur ce sujet des expériences analogues à celles que nous avons décrites sommairement plus haut ; voici quelques résultats :

Eau de Seine à 15°...............	1173m,4
Eau de mer à 20°	1187
Alcool absolu à 23°...............	947
Essence de térébenthine à 24°.....	988 8
Ether sulfurique.................	946 3

448. Vibrations des corps solides. — Les corps solides élastiques peuvent vibrer quelle que soit leur forme ; mais pour pouvoir énoncer des lois, il est nécessaire d'établir des divisions suivant les conditions de cette forme et de l'expérience :

I. Corps dont deux dimensions sont très petites par rapport à la troisième : A. les corps sont rigides, verges vibrantes ; B. les corps doivent être tendus pour vibrer, cordes vibrantes.

II. Corps dont une dimension est très petite par rapport aux deux autres : C. les corps sont rigides, plaques vibrantes ; D. les corps doivent être tendus pour vibrer, membranes vibrantes.

III. Corps dont les trois dimensions sont du même ordre de grandeur.

Nous nous occuperons d'abord de ce dernier cas.

On sait peu de choses sur ce que sont alors les vibrations des corps élastiques, vibrations qui, presque toujours, sont provoquées par des chocs : des corps même de forme absolument irrégulière peuvent donner naissance à des sons musicaux très purs.

Une seule loi peut être signalée, elle se rapporte aux sons produits par des corps semblables.

Les sons produits par des corps de même nature, géométrique-ment semblables, correspondent à des nombres de vibrations qui sont en raison inverse des dimensions homolgues.

449. Plaques vibrantes. — Une plaque vibrante est constituée, d'une manière générale, par une lame plane ou courbe dont l'épaisseur est petite par rapport aux autres di-mensions et dont un point est maintenu invariable.

Une plaque vibrante peut présenter des mouvements vibra-toires très différents : si l'on vient à la frapper en un point per-pendiculairement à sa surface, les vibrations des diverses par-ties sont également perpendiculaires à cette surface. Ce sont là les *vibrations transversales*, que l'on obtient encore en frot-tant le bord avec un archet enduit de colophane dans une di-rection perpendiculaire à la surface.

A l'aide des doigts mouillés, ou mieux à l'aide d'un morceau de drap enduit de colophane, on peut frotter le bord sur une certaine longueur : on provoque alors des ébranlements pa-rallèles à la surface ; ce sont les *vibrations longitudinales*.

Occupons-nous d'abord des vibrations transversales.

Dans ce mode de vibration, la plaque se divise en un cer-tain nombre de parties ou *concamérations* telles que deux con-camérations voisines sont séparées par une ligne en repos appelée *ligne nodale*. L'existence des lignes nodales ne peut se comprendre que si ces parties voisines ont, au même instant, des mouvements opposés.

On met aisément en évidence l'existence de ces lignes no-dales en projetant uniformément du sable fin sur la plaque maintenue horizontale (fig. 274) ; lorsqu'on met cette plaque en vibration, on voit le sable sautiller sur certaines parties *a, b, c, d, e, f,* qu'il abandonne progressivement pour se réu-nir sur certaines lignes où le sable était immobile au début.

Pour mettre en évidence le sens des vibrations des diverses parties, on se sert d'un tuyau à double embouchure (fig. 275),

Fig. 274.

Fig. 275.

ayant des dimensions telles qu'il peut vibrer à l'unisson de la plaque : à son extrémité supérieure il porte une membrane tendue sur un cadre, sur laquelle on projette du sable dont le mouvement met en évidence les vibrations de l'air. A la partie inférieure, ce tuyau se divise en deux autres portant chacun une ouverture à la partie inférieure. En plaçant une ouverture au-dessus d'une concamération, l'autre étant en dehors, l'air du tuyau vibre, le son est renforcé, le sable s'agite sur la membrane. Ces effets sont augmentés si les deux ouvertures sont placées au-dessus de deux concamérations a, c séparées par une concamération intermédiaire : les mouvements de ces concamérations sont de même sens. Mais tout effet disparaît, il y a interférence, si les ouvertures sont placées au-dessus de deux concamérations voisines a, b : les vibrations y sont de sens contraire.

450. — Un même corps peut vibrer de diverses façons, et la disposition des lignes nodales peut varier beaucoup pour une même plaque. Pour des plaques circulaires fixées en leur centre, les lignes nodales sont le plus souvent des rayons, en nombre pair nécessairement, car le nombre des concamérations doit être pair ; ce nombre est variable suivant les conditions de la mise en mouvement. De plus, il apparaît quelquefois des lignes nodales circulaires.

Pour les plaques rectangulaires, les lignes nodales sont parallèles aux côtés, ou parallèles aux diagonales ; les deux systèmes peuvent coexister, d'ailleurs.

Savart et Chladni ont étudié ces questions sans parvenir à les élucider : notamment, on ne sait pas quelles relations

existent entre les sons rendus par une même plaque quand le
système des lignes nodales change. On peut dire cependant,
d'une manière générale, que le son est d'autant plus aigu que
le nombre des concamérations est plus grand.

Comme nous l'avons dit pour les tuyaux, plusieurs modes
distincts de vibrations peuvent coexister : le son n'est plus
simple, il est complexe ; mais les sons accessoires ne sont pas
des harmoniques du son fondamental ; aussi le timbre des
sons rendus par les plaques vibrantes est-il très particulier.

Si l'on a des plaques de même substance et de surfaces géométriquement semblables, on constate les lois suivantes lorsque
la division en concamérations est la même :

*Les nombres de vibrations sont en raison inverse des carrés des
dimensions homologues et proportionnels à l'épaisseur.*

Ces lois s'expriment par la relation :

$$\frac{n}{n'} = \frac{l'^2 e}{l^2 e'}.$$

Si les solides représentés par ces plaques sont aussi géométriquement semblables, on a :

$$\frac{e}{e'} = \frac{l}{l'}$$

d'où il vient

$$\frac{n}{n'} = \frac{l'}{l}$$

*Les nombres de vibrations sont en raison inverse des dimen-
sions homologues.*

Les cloches et les timbres doivent être, d'une manière générale, assimilés aux plaques vibrantes.

Les vibrations longitudinales des plaques vibrantes donnent
naissance à des sons dont le timbre est très différent de celui
que donnent les vibrations transversales ; mais il n'y a rien de
précis ou d'intéressant à dire sur cette question.

151. Vibrations des membranes. — Les membranes
flexibles ne peuvent vibrer que si elles sont tendues ; on les
fixe en les collant sur un cadre rigide, ou comme dans les tim-

bales sur un cercle que l'on peut déplacer à l'aide de vis, ce qui fait varier la tension.

Pour les faire vibrer, le meilleur procédé, au point de vue expérimental, consiste à faire parler dans le voisinage, et notamment au-dessous, un tuyau sonore convenablement accordé : on peut encore les frapper d'un coup sec.

Les résultats indiqués par le calcul concordent difficilement avec ceux que fournissent les expériences ; une des causes principales des différences observées tient à ce que le calcul suppose que la membrane est identique à elle-même dans toute son étendue et que la tension est la même dans tous les sens, conditions impossibles à réaliser exactement.

Lorsqu'une membrane vibre, elle se divise en concamérations et l'on observe des lignes nodales : diverses dispositions de ces lignes peuvent d'ailleurs correspondre au même son.

Une membrane ne peut rendre qu'un nombre limité de sons ; mais ce nombre peut être assez grand ; de plus, au moins entre certaines limites, ces sons se trouvent assez rapprochés. Il en résulte que, par influence, la membrane peut vibrer pour tous les sons compris entre ces limites, car, pour les membranes, l'action d'influence se manifeste même s'il n'y a pas absolument unisson. C'est là ce qui explique l'emploi des membranes dans les appareils destinés à l'enregistrement des vibrations, comme le phonautographe.

159. Verges vibrantes. — Lorsqu'une tige rigide, ayant une dimension très grande par rapport aux deux autres, est fixée invariablement en un point, elle constitue une verge vibrante et peut être le siège de vibrations de formes diverses.

Si, par exemple, on l'écarte de sa position d'équilibre, puis qu'on l'abandonne, ou qu'on la frappe brusquement, les déplacements de ses diverses parties seront perpendiculaires à la longueur de la verge ; on aura des *vibrations transversales*. S'il s'agit d'une verge à section rectangulaire, on obtiendra le même résultat en frottant perpendiculairement la verge avec un archet sur un de ses bords.

Si, à l'aide d'un drap recouvert de colophane, on frotte la verge dans le sens de sa longueur, celle-ci conservera sa direction rectiligne, mais ses diverses parties se déplaceront et oscilleront autour de leur position d'équilibre dans le sens de la longueur de la verge. On aura des *vibrations longitudinales*, dont on peut mettre l'existence en évidence en appuyant sur l'extrémité libre un petit pendule ; celui-ci sera chassé et produira un certain nombre de chocs lorsque la tige sera mise en vibration comme il vient d'être dit.

Enfin si l'on frotte la verge cylindrique perpendiculairement à sa longueur, ou une verge à section rectangulaire dans une direction oblique, il se produira des vibrations qui ne changeront pas la forme rectiligne de la verge : ce sont les *vibrations tournantes*; les diverses parties de la verge oscilleront autour de leur position d'équilibre, perpendiculairement à sa longueur.

153. — Nous avons supposé d'abord que la verge est encastrée à une extrémité ; mais cette condition n'est pas nécessaire pour le cas des vibrations transversales, de même qu'il n'est pas nécessaire que l'autre extrémité soit libre.

Euler a donné une formule générale qui fait connaître le nombre N des vibrations exécutées par une verge de section rectangulaire :

$$N = \frac{n^2 e}{l^2} \sqrt{\frac{gr}{\delta}}$$

dans laquelle e est l'épaisseur de la verge comptée parallèlement aux déplacements, l la longueur, δ la densité, g l'accélération due à l'action de la pesanteur et r un coefficient qui dépend de l'élasticité ; enfin n est un coefficient variable suivant la manière dont la verge est soutenue et le nombre des nœuds qui s'y forment. Il est à remarquer que la largeur n'intervient pas dans la formule.

Si l'on a deux verges de même nature, géométriquement semblables, et vibrant de la même façon, on aura

$$\frac{e}{e'} = \frac{l}{l'}$$

et il viendra pour le rapport des nombres de vibrations

$$\frac{N}{N'} = \frac{l}{l'}$$

*Les nombres de vibrations sont en raison inverse des dimen-
sions homologues.*

Nous n'entrerons pas dans le détail des diverses formes que peut prendre la lame, suivant que ses extrémités sont toutes deux encastrées ou appuyées, ou que, l'une étant encastrée, l'autre est appuyée ou libre. Nous dirons seulement que les parties appuyées ou encastrées ne peuvent se déplacer et constituent des nœuds.

Il peut ne pas y avoir d'autres parties immobiles, d'autres nœuds, et alors la partie située à l'extrémité, si celle-ci est libre, ou à moitié distance s'il y a deux nœuds, exécute les plus grandes oscillations ; c'est ce qui constitue un *ventre*. Mais il peut arriver que la verge se subdivise en plusieurs concamérations séparées par des lignes no-dales, dont on peut reconnaître l'existence en projetant du sable sur la lame tenue horizontalement. Lorsqu'il y a plu-sieurs nœuds, les distances des nœuds intermédiaires sont égales entre elles, mais elles diffèrent de la distance du pre-mier nœud intermédiaire au nœud extrême voisin ; de même la distance du dernier nœud à l'extrémité libre (qui est un ventre) s'il en existe une, n'est pas la demi-distance des nœuds intermédiaires.

Les sons rendus sont d'autant plus aigus que le nombre de concamérations est plus grand ; on a trouvé la formule géné-rale suivante, dans laquelle N est le nombre des vibrations, l la longueur de la lame si elle est libre ou appuyée à ses deux extrémités, ou le double de la longueur si elle est fixe à un bout et libre à l'autre, et d la distance des deux nœuds inter-médiaires :

$$N = \frac{l^2}{d^2}.$$

Les sons successifs que peut rendre une verge ne sont pas dans des rapports simples avec le son fondamental, car, sauf des cas exceptionnels, d n'est pas une partie aliquote de l.

Il va sans dire que, comme nous l'avons indiqué d'autre part, ces sons partiels doivent se produire, quoique plus fai-blement, lorsque la verge donne la note fondamentale ; aussi le timbre de ce son a-t-il un caractère spécial. Ce son est celui des anches métalliques qu'on entend peu d'ailleurs, parce qu'il est masqué par le son des tuyaux qu'elles font parler ; c'est aussi celui des boîtes à musique.

454. — Les vibrations des verges courbes sont plus complexes que celles des verges droites ; nous dirons seulement quelques mots des *diapasons*. Un diapason (fig. 276) a d'une manière générale la forme d'un U à branches très allongées, à section rectangulaire et fixé à une tige droite par le milieu de sa cour-

Fig. 276.

bure. Dans le mode ordinaire de vibration, il y a deux nœuds très voisins de la courbure dont le sommet est un ventre ; la tige qui y est fixée vibre alors longitudinalement. Il existe d'autres sons qui peuvent être produits, mais ils ont peu d'influence, parce qu'ils ne sont pas intenses si l'on fait vibrer le diapason avec un archet et non en le frappant. Il en est de même si le diapason est fixé sur une caisse de résonnance accordée à l'unisson du son fondamental qu'elle renforce seul.

455. Vibrations longitudinales. — Les vibrations longitudinales des verges présentent les plus grandes analogies avec les vibrations des tuyaux, aussi pourrons-nous passer rapidement.

Lorsqu'une onde se propage longitudinalement dans une

verge, elle se réfléchit à l'extrémité : il y a donc coexistence d'un système d'ondes réfléchies, d'où la production de nœuds et de ventres fixes de vibration. Il nous suffira d'ajouter qu'une extrémité appuyée joue le même rôle qu'une extrémité fermée d'un tuyau, et qu'une extrémité libre de la verge est analogue à une extrémité ouverte d'un tuyau.

Il résulte de là que les lois qui président aux subdivisions qui peuvent se produire, aux nombres de vibrations qui prennent naissance, sont les mêmes ; il est inutile d'insister.

Le son produit par une verge vibrant longitudinalement est beaucoup plus aigu que le son de la même verge vibrant transversalement ; si n est le nombre des vibrations transversales pour le son fondamental, n' celui des vibrations longitudinales, l la longueur de la verge, e son épaisseur (ou son diamètre) : on a

$$\frac{n}{n'} = K\frac{e}{l}$$

K est un coefficient égal à 2,056 pour le cas d'une verge rectangulaire et à 1,781 pour une verge cylindrique.

456. — De même que pour les gaz et les liquides, puisque le mode de vibration est le même, on conçoit que l'étude des sons rendus par des verges vibrant longitudinalement puisse servir à déterminer la vitesse de propagation du son dans les solides. Chladni a trouvé, pour la vitesse de propagation dans des tiges diverses, les nombres suivants, la vitesse dans l'air étant prise pour unité :

Air.........	1		Aluminium .	15,3
Etain.......	7,5		Verre......:	16,6
Argent......	9		Fer, acier...	16,6
Laiton......	10,6		Sapin.......	16,6
Cuivre......	12		id	18

Il importe de remarquer que, d'une manière générale, il y a coexistence des vibrations transversales et longitudinales, ce qui a permis d'expliquer certains faits qui paraissaient en désaccord avec les résultats qu'aurait dû donner l'existence séparée de chacun de ces modes vibratoires.

457. Vibrations tournantes. — Nous dirons quelques mots seulement des vibrations tournantes qui peuvent être considérées comme analogues à des vibrations longitudinales, donnant naissance par conséquent à des nœuds où il y a des alternatives de compression et de dilatation ; seulement le mouvement est perpendiculaire à la longueur de la verge.

Wertheim a démontré que si n et n' sont les nombres de vibrations tournantes et longitudinales d'une verge cylindrique, on a :

$$\frac{n}{n'} = 1,6331.$$

Ajoutons que ces vibrations tournantes existent toujours plus ou moins lorsque des vibrations longitudinales ont pris naissance.

458. Cordes vibrantes. — Les cordes vibrantes peuvent vibrer transversalement ou longitudinalement ; les vibrations transversales nous occuperont seules.

Une corde est généralement cylindrique ; comme elle doit être tendue, ses deux extrémités sont nécessairement fixes.

On met une corde en vibration soit en la frappant ; soit en la pinçant, l'écartant de sa position d'équilibre et l'abandonnant ensuite ; soit le plus souvent, surtout au point de vue expérimental, en la frottant avec un archet enduit de colophane, qui agit en communiquant à la corde une série de légers chocs se succédant très rapidement.

On peut concevoir que l'ébranlement communiqué à la corde se transmette, se propage jusqu'à l'extrémité ; là, il y réflexion comme pour le cas des vibrations longitudinales. On met le fait en évidence en agissant sur un long tube de caoutchouc, tendu entre deux points fixes, que l'on frappe brusquement ; on voit nettement une onde qui se propage et qui, arrivée à l'extrémité, se réfléchit.

Il y aura donc dans la corde une série d'ondes directes et une série d'ondes réfléchies à chaque extrémité : il se produira des interférences.

Une extrémité doit être évidemment un nœud ; on reconnaitrait comme nous l'avons indiqué (427), qu'il se produit un ventre à une distance $\frac{\lambda}{4}$, λ étant la longueur de l'onde d'ébranlement, et un nœud à une distance $\frac{\lambda}{2}$. Comme chaque extrémité est un nœud (fig. 277), il faut donc, si l est la longueur de la corde AB que l'on ait :

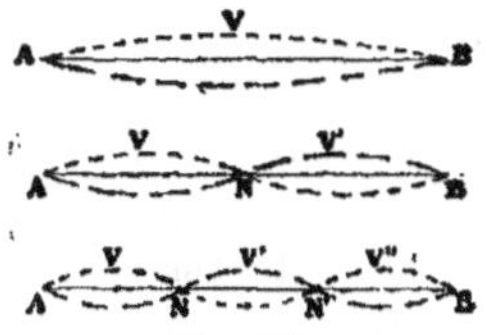

$$l = n\frac{\lambda}{2}.$$

De cette formule on tire les conclusions suivantes :

Si l'on fait $n = 1$, on a $l = \frac{\lambda}{2}$, il y a un nœud à chaque extrémité et un ventre au milieu de la corde.

Si l'on donne successivement à n les valeurs 2, 3, 4... on a pour $\frac{\lambda}{2}$ les valeurs $\frac{l}{2}, \frac{l}{3}, \frac{l}{4}$ ..., la corde se divisant ainsi en 2, 3, 4... concamérations et présentant 1, 2, 3... nœuds intermédiaires.

L'existence de ces modes spéciaux peut être mise en évidence par l'expérience suivante : sur une corde tendue on dispose une série de petits morceaux de papier pliés et placés à cheval sur la corde ; on touche très légèrement avec le doigt un point situé à $\frac{1}{n}$ de la longueur de la corde, et l'on attaque avec l'archet entre le doigt et l'extrémité fixe ; la corde entre en vibration dans toute sa longueur et les morceaux de papier tombent, à l'exception de ceux qui étaient précisément à $\frac{2}{n}, \frac{3}{n}, \frac{4}{n} ... \frac{n-1}{n}$ de la longueur de la corde.

On a démontré par le calcul que, si l'on suppose la corde absolument flexible, on a la formule suivante qui donne le nombre n des vibrations :

$$n = \frac{1}{rd} \sqrt{\frac{P}{\pi\delta}}$$

dans laquelle r est le rayon de la corde, d la distance qui sépare deux nœuds consécutifs, P le poids qui tend la corde et δ la densité.

On voit que si la corde vibre de manière à rendre le son fondamental, on a $d = l$; la formule devient alors

$$u = \frac{1}{rl} \sqrt{\frac{\mathrm{P}}{\pi\delta}}.$$

On vérifie les lois qui sont comprises dans cette formule à l'aide du sonomètre, comme nous le dirons plus loin.

Si la corde se divise successivement en 2, 3, 4... concamérations, ou aura pour d les valeurs successives $\frac{l}{2}, \frac{l}{3}, \frac{l}{4}$... et les nombres correspondants seront $2n, 3n, 4n...$, c'est-à-dire qu'ils constituent la série complète des harmoniques du son fondamental.

459. — On peut vérifier, sinon rigoureusement, parce que les cordes ne sont jamais absolument flexibles, au moins très

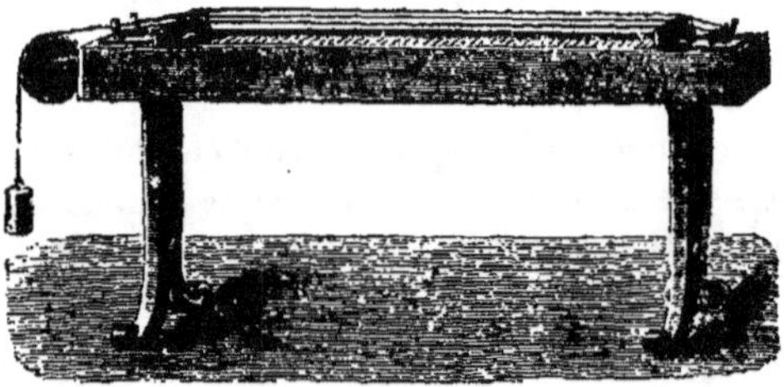

Fig. 277.

approximativement, les lois comprises dans la formule précédente, à l'aide du *sonomètre*. Cet appareil (fig. 277) consiste en une longue boîte rectangulaire de bois mince et élastique, présentant quelques ouvertures et servant de caisse de résonnance ; elle est généralement montée sur des pieds.

Sur la paroi supérieure on tend des cordes dont on peut faire varier à volonté la nature et le diamètre ; ces cordes sont fixées à une extrémité ; à l'autre elles s'enroulent sur des chevilles qui permettent de les tendre plus ou moins, ou bien elles passent sur des poulies et supportent des poids qui produisent une tension que l'on peut faire varier, mais qui se trouve ainsi mesurée. La partie de la corde que l'on fait vibrer est limitée par des chevalets fixes ; de plus, on peut placer un chevalet mobile le long d'une échelle divisée, de manière à avoir des longueurs variables des parties vibrantes.

On vérifie les lois en modifiant à volonté les éléments qui caractérisent la corde : longueur, diamètre, densité, tension et en mesurant à l'aide de la sirène la hauteur des sons obtenus. Plus généralement, on garde une corde invariable et l'on fait varier les éléments des autres ; on apprécie à l'oreille les intervalles entre les divers sons produits et le son de la corde restée invariable.

Comme dans tous les cas précédents, les divers modes vibratoires qui peuvent prendre naissance successivement coexistent lorsque la corde vibre de manière à produire le son fondamental ; c'est l'adjonction de la série des harmoniques, série complète en général, qui donne le timbre particulier des sons produits par les cordes.

CHAPITRE V

MAGNÉTISME.

Phénomènes généraux. — Magnétisme terrestre. — Lois du magnétisme.

460. Phénomènes généraux du magnétisme. — Certains corps, des oxydes naturels de fer, appelés *aimants*, jouissent de la propriété d'attirer le fer et quelques autres substances que l'on désigne sous le nom de corps *magnétiques*. On a appelé *magnétisme* la cause de cette propriété. Nous ne ferons aucune hypothèse sur cette cause, parce que les phénomènes dont il s'agit peuvent s'expliquer par les propriétés des courants électriques.

On reconnaît que la propriété attractive s'exerce à distance, en s'affaiblissant à mesure que la distance augmente. Nous indiquerons ce fait en disant que la présence d'un aimant crée dans l'espace une modification particulière, de nature inconnue, que nous considérerons comme la cause directe des actions qui s'y passent : c'est ce qu'on appelle le *champ magnétique*.

La présence d'un corps non magnétique ne paraît pas avoir d'effet sensible sur le champ magnétique ; les actions magnétiques produites par un aimant ne seront donc pas modifiées par la présence d'un écran non magnétique. Nous dirons plus loin que, en réalité, toutes les substances sont sensibles à l'action des aimants, mais très faiblement pour la plupart ; les écrans interposés doivent donc toujours produire quelque effet, mais il est négligeable en général.

On peut communiquer à des barreaux d'acier les propriétés que possèdent les aimants naturels; ce sont alors des *aimants artificiels* ou *barreaux aimantés*, d'un emploi commode parce qu'on peut leur donner la forme la plus convenable en vue des expériences.

Si l'on approche un barreau aimanté AB (fig. 278) d'un

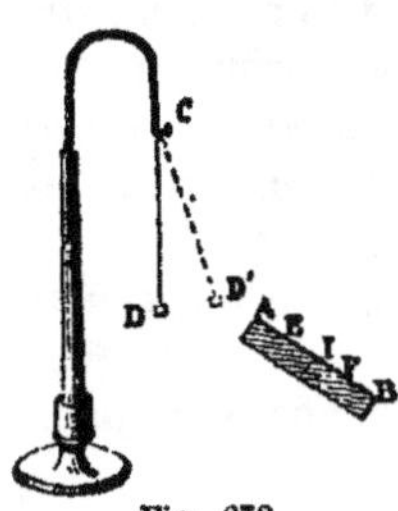

Fig. 278.

pendule magnétique constitué par une petite bille de fer doux D suspendue à l'extrémité d'un fil dont l'autre extrémité C est maintenue fixe, on reconnaît la propriété attractive par l'inclinaison que prend le pendule. En étudiant successivement l'action des diverses parties du barreau, on reconnaît que, en général, l'attraction émane des régions situées dans le voisinage des extrémités ; on les appelle *pôles* ou *régions polaires*. Intermédiairement il y a une partie I, *région neutre* ou *ligne neutre* où l'action est nulle ou très faible. Quelquefois il y a plus de deux régions polaires : les régions actives intermédiaires ont reçu le nom de *points conséquents*.

461. — Si on suspend un barreau aimanté *ns* (fig. 279) de manière qu'il puisse tourner librement autour de son centre de gravité loin de tout aimant ou de toute masse de fer, on

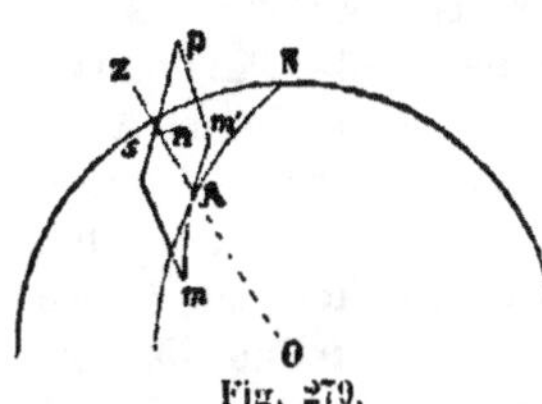

Fig. 279.

reconnaît qu'il prend une direction d'équilibre stable qui, en un même point du globe, est la même pour tous les barreaux.

Cette direction est déterminée : 1° par le plan vertical *pmm'* qui la contient, qu'on appelle *méridien magnétique* et qui est défini par la *déclinaison*, angle *m'*AN que fait ce plan avec le méridien géographique du lieu où se trouve le barreau : 2° par l'*inclinaison*, angle que, dans le méridien magnétique, la direction du barreau fait avec l'horizontale.

On remarque que, en un même point, c'est toujours le même pôle qui est au-dessous de l'horizontale ; dans notre hémisphère, ce pôle est celui qui se dirige du côté du nord ;

pour cette raison on le désigne sous le nom de *pôle nord*, l'autre est désigné sous le nom de *pôle sud*.

462. — Soient deux barreaux aimantés dont on a préalablement déterminé les pôles; suspendons l'un d'eux, A, par son centre de gravité et approchons alors successivement de ses deux extrémités les extrémités du barreau B. On reconnaît qu'il y a tantôt attraction et tantôt répulsion et l'on peut résumer les faits observés par la formule suivante :

Les pôles de noms contraires s'attirent, les pôles de même nom se repoussent.

Ces actions d'ailleurs varient avec la distance, diminuant quand celle-ci augmente.

463. — Lorsqu'on rompt un barreau aimanté AB (fig. 280) présentant deux pôles, on obtient deux fragments a_1b_1, a_2b_2 qui sont des aimants complets ayant chacun deux pôles ; ces aimants sont orientés comme l'aimant primitif, et ils peuvent être fragmentés de la même façon que celui-ci.

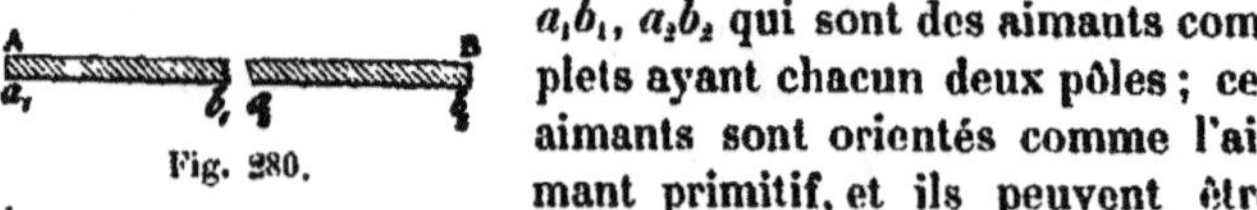

Fig. 280.

464. Aimantation par influence. — Lorsque l'on place un barreau d'un métal magnétique *ab* (fig. 281) dans le voisinage d'un aimant AB, il s'aimante plus ou moins rapidement suivant les conditions et la nature du métal. L'action est très nette quand les deux barreaux sont situés sur le prolongement l'un de l'autre, au contact ou à faible distance. On obtient une aimantation, dite *aimantation par influence*; les pôles obtenus sont orientés comme ceux du barreau influençant.

Fig. 281.

Un barreau *ab*, aimanté par influence, peut agir également par influence sur un autre barreau *a'b'*.

L'action dépend de la distance, diminuant quand celle-ci augmente, et varie avec la nature du métal : elle est plus intense pour le fer que pour l'acier.

Lorsque l'on vient à éloigner, à faire disparaître l'aimant influençant, l'aimantation produite diminue ; elle disparaît absolument, s'il s'agit de fer doux et s'affaiblit seulement s'il s'agit d'acier qui conserve ainsi une aimantation permanente.

Presque jamais le fer n'est assez doux pour que l'aimantation disparaisse absolument ; on dit alors qu'il y a du *magnétisme rémanent*.

Disons que l'on peut obtenir une aimantation plus énergique dans un barreau d'acier, en frottant celui-ci avec un pôle d'un aimant, toujours dans le même sens (méthode de la simple touche) ; ou avec les pôles opposés de deux aimants qu'on fait glisser isolément à plusieurs reprises du milieu aux extrémités (méthode de la touche séparée) ; ou avec ces pôles placés à côté l'un de l'autre et qu'on fait glisser simultanément dans l'un et l'autre cas (méthode de la double touche).

165. Actions réciproque de deux aimants. — Considérons deux aimants voisins, l'un fixe et l'autre mobile. Ce dernier va subir de la part du premier quatre actions :

1º Attraction du pôle N du premier sur le pôle S du second, f ;

2º Répulsion du pôle S du premier sur le pôle S du second, f' ;

3º Attraction du pôle S du premier sur le pôle N du second, F ;

4º Répulsion du pôle N du premier sur le pôle N du second, F'.

Il y aura donc en somme deux forces appliquées au corps mobile, l'une à son pôle S, résultante des forces f et f', l'autre à son pôle N, résultante des forces F et F'.

Si l'on connaît les grandeurs et directions de ces forces, la masse de l'aimant mobile et les liaisons auxquelles il peut être astreint, on en déduira le mouvement qu'il prendra ou la position d'équilibre à laquelle il s'arrêtera.

Il peut être commode pour les applications de remplacer les deux forces, qui sont quelconques, en général, par une force appliquée au centre de gravité et un couple ; on démontre en mécanique que ce changement est toujours possible.

Il est particulièrement intéressant d'étudier le cas où le barreau mobile est astreint à tourner autour d'un point fixe. On sait alors que les forces qui lui sont appliquées peuvent être remplacées par une force passant par le point fixe et dont l'action sera détruite, et par un couple qui tendra à faire tourner le barreau ; mais le moment du couple variera avec la position de ce barreau et s'annulera pour une position déterminée dans laquelle le barreau sera en équilibre. Si l'on écarte le barreau de cette position, il tendra à y revenir, et la rapidité des oscillations dépendra de la grandeur des forces qui constituent le couple.

Il va sans dire qu'on peut supposer qu'une des forces du couple est appliquée au point fixe ; le mouvement ou l'équilibre sont dus alors à l'action de l'autre force.

En réalité, la question n'est pas aussi simple, car chacune des forces signalées au début est déjà une résultante d'actions élémentaires, mais cela ne change rien aux conséquences générales que nous avons indiquées.

166. Champ magnétique. Lignes de force —Lorsque dans le voisinage d'un aimant on déplace un barreau aimanté de petite dimension, une aiguille aimantée, on observe qu'elle prend des directions différentes suivant la position qu'elle occupe. La force qui agit aux différents points a donc une direction variable.

Si, de plus, on fait osciller cette aiguille, on observe que la durée des oscillations varie, en général, d'un point à un autre; la grandeur de la force est donc également variable.

Chacun des points du champ magnétique est caractérisé par la grandeur et la direction de cette force.

On peut concevoir que, partant d'un point, on trace une ligne telle qu'elle ait en chaque point la direction de la force magnétique, c'est-à-dire celle que prendrait une petite aiguille mobile autour de ce point. Les lignes qu'on peut tracer ainsi sont ce que l'on appelle les *lignes de force* du champ magnétique.

On pourrait d'autre part concevoir que partant d'un point on cherche les points où la force magnétique a la même valeur; ces points sont sur une surface que l'on peut appeler une surface de niveau magnétique par comparaison avec ce qui se passe dans les liquides soumis à des forces extérieures.

Dans ce dernier cas, on sait que, en chaque point, la direction de la force est normale à la surface de niveau. De même les lignes de force sont normales aux surfaces de niveau magnétique.

On a convenu de représenter le champ magnétique par les lignes de force. Par définition elles caractérisent la direction de l'action en chaque point; pour caractériser la grandeur de l'action, on convient de tracer ces lignes de force de telle sorte que les distances qui séparent deux lignes consécutives soient inversement proportionnelles à l'intensité de la force.

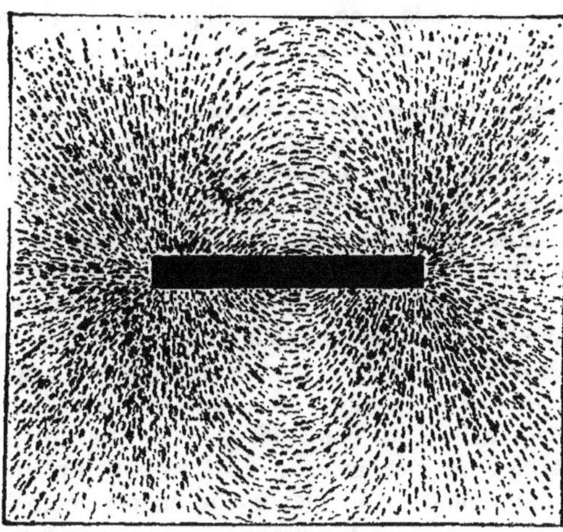

Fig. 282.

Le champ magnétique est dit *uniforme* si les lignes de force sont parallèles et équidistantes; c'est le cas du champ magnétique qui existe en chaque point du globe et dont l'existence est mise en évidence par la direction stable qu'y prennent spontanément les aiguilles aimantées.

467. — On peut avoir une idée de la constitution du champ magnétique produit par un aimant en étudiant les *fantômes magnétiques* auxquels il donne naissance. Plaçons horizontalement dans le voisinage d'un aimant une feuille de papier ou de carton et projetons-y de la limaille de fer à l'aide d'un tamis. On voit les parcelles de fer se grouper en lignes dont on facilite la formation en imprimant de légers ébranlements à l'écran.

Les lignes ainsi obtenues (fig. 282) font connaître la direction des lignes de force, car chaque parcelle de fer doux en s'approchant de l'aimant s'est aimantée par influence et s'est alors dirigée comme l'aurait fait une petite aiguille aimantée, c'est-à-dire dans la direction de la ligne de force du point où elle se trouve.

En faisant varier la position relative du papier par rapport à l'aimant, on explore le champ magnétique et l'on recueille des indications sur la manière dont il est constitué.

468. Éléments magnétiques terrestres. — L'observation de l'aiguille aimantée a été faite en un grand nombre de points du globe où l'on a déterminé la *déclinaison* et l'*inclinaison*, ce qui donne la direction des lignes de force. Leur étude montre que d'une manière générale, et cela nous suffit, le champ magnétique ainsi mis en évidence est analogue au champ magnétique qui résulterait de l'existence, à l'intérieur de notre globe, d'un vaste aimant dirigé à peu près dans la direction de l'axe terrestre : il est peu probable que cet aimant existe et nous donnerons par suite une autre explication des faits observés, mais il est commode pour les explications de savoir que la terre se comporte à peu près comme un aimant.

L'observation montre d'ailleurs que le champ magnétique terrestre n'est pas constant, la direction des lignes de force varie avec le temps. C'est ainsi que la déclinaison, dont les premières mesures précises remontent à 1550, et l'inclinaison observée d'abord en 1670 ont pris les valeurs suivantes :

Années	Déclinaison	Inclinaison		Années	Déclinaison	Inclinaison
1550	8° E			1798	22°.15 O	69°.51
1666	0°			1849	20°.34	66°.45
1670	1°.30 O	75°		1881	16°.48	65°.27
1712	11°.15					

Ces valeurs sont prises actuellement avec soin dans plusieurs observatoires et, on a pu tracer des cartes indiquant à la surface de la terre les lieux des points où la déclinaison a la même valeur (*lignes isogones*) et ceux où l'inclinaison a la même valeur (*lignes isoclines*).

Ces éléments ne suffisent pas pour déterminer absolument le champ magnétique, puisqu'il faudrait y joindre pour chaque point la connaissance d'une force, mais ils suffisent pour les cas très nombreux où il s'agit seulement d'étudier la position d'équilibre d'un barreau aimanté, d'une aiguille aimantée ne pouvant que tourner autour d'un point fixe qui est son centre de gravité.

469. — Nous avons dit que, en général, l'action d'un barreau aimanté A sur un barreau aimanté mobile B est réductible à une force et un couple. Dans le cas de la terre, le couple existe seul : on pouvait le prévoir en remarquant que, à cause de la très grande distance à laquelle se trouve un pôle A (fig. 283) de la terre, il exerce sur les deux pôles d'un aimant

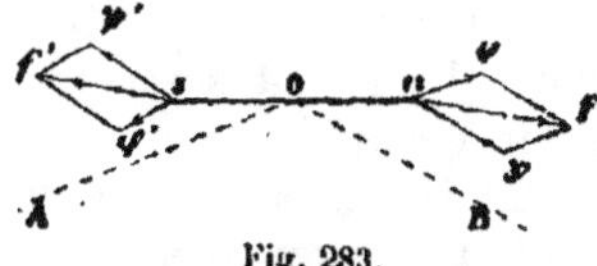

Fig. 283.

mobile n,s, des forces φ, φ' que nous pouvons regarder comme parallèles, égales et de sens contraire ; il en est de même pour l'autre pôle B. Les résultantes f et f' appliquées aux pôles de l'aimant sont donc aussi parallèles, égales et de sens contraire, et constituent un couple.

On peut vérifier expérimentalement ce résultat de la façon suivante : un fil fin cd (fig. 284) fixé à sa partie supérieure porte inférieurement une planchette légère aux extrémités de laquelle sont deux poids égaux. L'équilibre s'établit lorsque la planchette est immobile et le fil est sans torsion. On enlève un des poids et on le remplace par une aiguille aimantée ab mobile sur un pivot : celle-ci se dirige en tournant autour du pivot, mais la planchette ne change pas

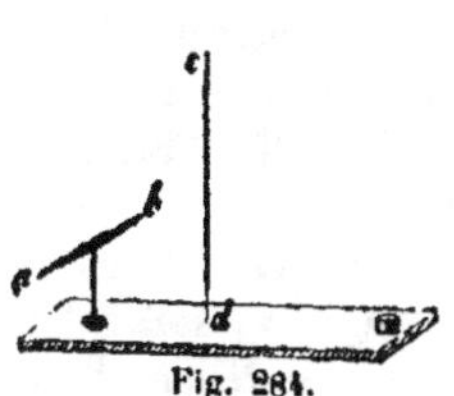

Fig. 284.

de direction, ce qui se produirait si l'aiguille était soumise à une résultante de translation même faible, car d'une part cette force agirait à l'extrémité d'un long bras de levier, et d'autre part l'élasticité du fil seule s'opposerait à ce mouvement de torsion qui ne développerait qu'une force minime. On peut donc dire que l'action terrestre ne produit pas de force ayant une composante horizontale.

D'autre part, en pesant avec soin une aiguille d'acier avant et après son aimantation on ne constate aucune variation de poids : l'action de la terre ne produit donc pas de force ayant une composante verticale.

On conclut de ces expériences que l'action terrestre se réduit à un couple.

Il résulte de là qu'il n'est pas nécessaire pour étudier l'effet de l'action terrestre que le point autour duquel peut tourner l'aiguille soit fixé invariablement ; il ne sera pas déplacé. Mais il n'en serait pas de même si le barreau aimanté devait être soumis à l'action d'un autre aimant ; il y aurait alors une résultante de translation. Pour n'avoir à considérer que des mouvements de rotation il faudrait que le centre de rotation fût fixé ; en réalité cette condition est toujours réalisée.

Comme nous l'avons dit, on peut toujours supposer qu'une des forces du couple est appliquée au point fixe : nous n'aurons donc à nous occuper que de l'action d'une force, que nous supposerons appliquée au pôle N par exemple.

470. Action du magnétisme terrestre sur un aimant. — Soient OMM' (fig. 285) le plan du méridien magnétique, O'H la direction de la force magnétique terrestre F qui dans ce plan fait avec l'horizontale l'angle d'inclinaison i : c'est la direction que prend une aiguille aimantée librement suspendue par son centre de gravité.

Supposons l'aiguille SN placée dans le plan vertical OPP' faisant avec le méridien magnétique un angle α; soit NA la la force magnétique terrestre appliquée au pôle N, parallèlement à O'H.

Considérons les composantes de la force terrestre l'une NB, dirigées suivant la verticale, les autres horizontales NE, ND, perpendiculaires entre elles, la force NE étant dans le plan OPP'. Soient V, h et h' leurs valeurs ; on a immédiatement :

$$V = F \sin i$$

$$h = F \cos i \cos \alpha \qquad h' = F \cos i \sin \alpha$$

Examinons maintenant les conditions d'équilibre d'une aiguille aimantée qui serait astreinte
à se mouvoir : 1° dans un plan horizontal ; 2° dans un plan vertical faisant un angle α avec le méridien
magnétique.

1° La force verticale NB n'intervient pas pour l'équilibre si l'aiguille est astreinte à se mouvoir dans
un plan horizontal ; dans la position
où l'aiguille fait avec le méridien
magnétique l'angle α, la force NE
n'intervient pas non plus pour produire le mouvement. La force normale ND agit seule. On voit aisé-
ment comment elle varie et l'on reconnaît qu'elle est nulle
seulement si α est nul ; c'est-à-dire que l'équilibre n'est atteint
que lorsque l'aiguille est dans le plan du méridien magnétique, qui peut être ainsi déterminé par une aiguille soumise
à la condition de rester horizontale.

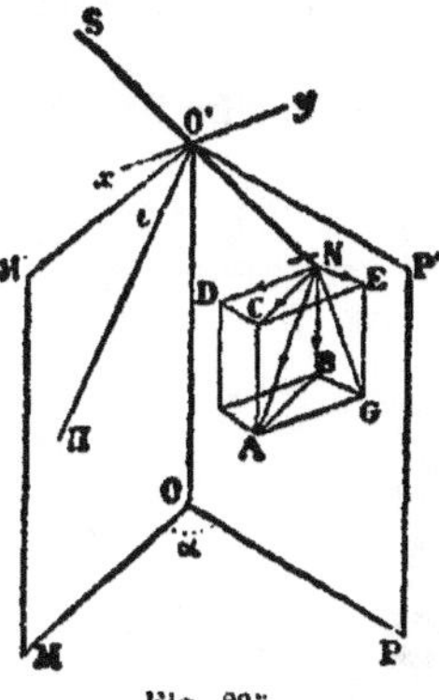

Fig. 285.

Il importe de remarquer que la force V est constante, indépendante de la direction de l'aiguille. Si donc, et c'est le cas
général, l'aiguille est seulement posée sur un pivot et que, à
l'aide d'un contre-poids on l'ait rendue horizontale dans une
position quelconque, elle sera horizontale dans toutes les positions ;

2° La force ND perpendiculaire au plan OPP' dans lequel
se meut l'aiguille est sans action sur les conditions d'équilibre
et de mouvement. L'aiguille est soumise aux forces V et h et
arrive à l'équilibre lorsque sa direction est celle de la résultante NG de ces forces NB et NE : si l'on appelle φ l'angle de
force avec l'horizontale, on a

$$\operatorname{tg} \varphi = \frac{V}{h} = \frac{\operatorname{tg} i}{\cos \alpha}$$

La direction que prend l'aiguille varie avec l'azimut ; l'angle φ a un minimum égal à i lorsque $\alpha = 0$, c'est-à-dire lorsque le plan considéré coïncide avec le méridien magnétique ; puis sa valeur croît jusqu'à 90°, maximum atteint quand le plan où se meut l'aiguille est perpendiculaire au méridien magnétique.

On reconnaît aisément que les directions de cette force décrivent un cône dont une génératrice est verticale et dont la base horizontale est un cercle.

On vérifie ces divers résultats à l'aide d'une aiguille SN

Fig. 286.

(fig. 286) mobile autour d'un axe horizontal ab et se mouvant devant un cercle gradué **AB** : l'appareil tout entier tourne autour d'un axe vertical **EF** ; une alidade **H** mobile sur un cercle gradué **CD** donne les déplacements azimutaux.

La position que prend une aiguille placée dans ces conditions est modifiée si l'axe de rotation ne passe pas par le centre de gravité. Aussi dans ce cas des opérations spéciales doivent-elles être exécutées pour tenir compte de cette condition.

171. Lois des actions magnétiques. — Il importe d'étudier les actions magnétiques au point de vue de leur intensité.

Nous avons dit d'une manière générale que ces actions varient avec la distance; Coulomb a démontré expérimentalement que :

Les actions magnétiques, attractions ou répulsions, varient en raison inverse du carré de la distance.

La vérification expérimentale de cette loi présente quelque difficulté provenant de ce qu'un barreau B sur lequel agit un barreau A, est soumis non-seulement à cette action, mais encore à l'action de la terre qui reste constante quelle que soit la distance à laquelle se trouvent les barreaux. Coulomb a levé cette difficulté de la manière suivante, en employant la méthode dite des *oscillations* :

Considérons une petite aiguille aimantée soumise à l'action de la terre seule; si on l'écarte d'un petit angle de sa position d'équilibre, elle oscillera pour y revenir et, à cause de la grande distance à laquelle se trouve l'aimant terrestre, on pourra admettre que la force qui agit sur elle aux divers points de sa course est constante en intensité et en direction; on pourra donc appliquer la formule du pendule composé à ses oscillations.

Il en sera de même au moins approximativement si on place un barreau aimanté à une distance de l'aiguille qui soit très grande par rapport à la longueur de celle-ci.

Ceci posé, l'aiguille oscillant seule, si nous désignons par t la durée de l'oscillation, par I le moment d'inertie de l'aiguille, par l sa demi-longueur, par F la valeur de la force horizontale appliquée à un pôle (l'autre force du couple étant supposée appliquée au centre, et le moment du couple étant Fl), on sait que l'on a :

$$t = \pi \sqrt{\frac{\mathrm{I}}{\mathrm{F}l}}$$

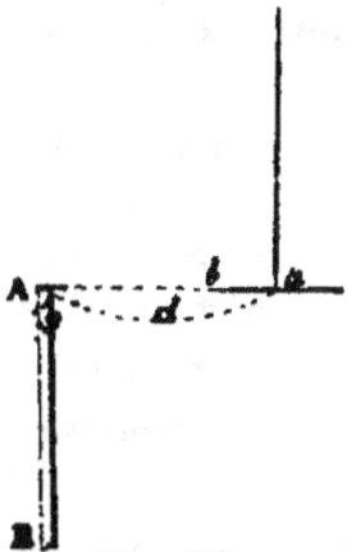

Plaçons maintenant dans le plan du méridien magnétique et à la hauteur de l'aiguille *ab* (fig. 287) le pôle A d'un aimant vertical AB assez long pour que l'autre pôle, agissant d'ailleurs obliquement, puisse être négligé. Appelons φ_1, φ_2... les forces exercées par ce pôle aux distances d_1, d_2... ; l'aiguille sera soumise successivement alors

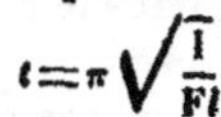

Fig. 287.

aux forces $\varphi_1 + F$, $\varphi_2 + F$,.... et si t_1, t_2,... sont les durées des oscillations correspondantes, on aura :

$$t_1 = \pi \sqrt{\frac{1}{(\varphi_1 + F)\,l}} \qquad t_2 = \pi \sqrt{\frac{1}{(\varphi_2 + F)\,l}} :$$

ces trois équations permettent d'éliminer I, l et F et donnent

$$\frac{\varphi_1}{\varphi_2} = \frac{t_1^2 - t^2}{t_2^2 - t^2}$$

Les expériences donnent pour la valeur du 2e membre $\dfrac{d_2^2}{d_1^2}$, on en conclut l'équation

$$\frac{\varphi_1}{\varphi_2} = \frac{d_2^2}{d_1^2} \qquad .$$

qui vérifie la loi

Il existe d'autres méthodes pour faire cette vérification.

172. Masses et moments magnétiques. — Considérons deux aiguilles d'acier de même forme et de même poids, suspendues de la même façon et aimantées. Si on les fait osciller, soit sous l'influence de la terre seule, soit en présence d'un barreau, on remarque que, en général, les durées d'oscillations ne sont pas égales. Il faut en conclure nécessairement que les valeurs de Fl ne sont pas les mêmes dans les deux cas : ces valeurs seraient égales au contraire si les oscillations avaient même durée. Ces différences ne peuvent être attribuées qu'à l'aimantation qu'ont subie ces aiguilles. On dit que ces aiguilles ont des *moments magnétiques* inégaux dans le premier cas, égaux dans le deuxième.

Si nous admettons que les forces agissent dans les deux aiguilles en des points situés à la même distance du centre, l'égalité ou l'inégalité des durées d'oscillation et des moments magnétiques entraînera l'égalité ou l'inégalité des valeurs de F. Par analogie avec ce qui se passe par exemple pour l'action de la pesanteur sur les corps, on dira que les *masses magnétiques* sont égales ou inégales.

Nous définirons une masse magnétique ainsi, non en elle-même, mais par l'action mécanique qu'elle exerce : quand deux pôles sont en présence, la grandeur de l'action pour une distance donnée est proportionnelle à la masse magnétique, définie par l'oscillation, sous l'influence de la terre, de chacun des deux pôles. Si donc nous désignons par f la grandeur de la force qui prend naissance à la distance d entre deux masses magnétiques m et m'. on peut écrire :

$$f = \frac{mm'}{d^2}$$

si l'on a choisi convenablement l'unité de masse magnétique. qui se trouve ainsi définie, car il faut, en effet, que l'on ait $m = m' = 1$, si l'on a $f = 1$ et $d = 1$.

Il y a donc une unité CGS de masse magnétique ; c'est la masse qui agissant sur une masse égale à la distance de 1 centimètre produit une force égale à 1 dyne. [1]

Lorsqu'une masse magnétique m est placée en un point d'un champ magnétique, elle est soumise à une action F qui doit être proportionnelle à m, mais qui dépend également du champ magnétique. On définit l'état du champ magnétique en ce point par l'action qu'il exerce, en posant : $F = m\mathrm{H}$ et H est ce que l'on appelle l'*intensité* du champ magnétique. Cette équation définit en même temps l'unité de champ magnétique, car pour $F = 1$ et $m = 1$ il faut que l'on ait $\mathrm{H} = 1$.

L'unité de champ magnétique CGS, c'est l'intensité d'un champ qui exerce sur l'unité de masse magnétique une force égale à une dyne. [2]

On évalue fréquemment maintenant les intensités des champs magnétiques dans les machines d'induction utilisées dans l'industrie.

173. Magnétisme et diamagnétisme. — Ainsi que nous l'avons indiqué sommairement, tous les corps sont sensibles à l'action des aimants, mais très diversement au point

---

1. Les dimensions de cette unité qui n'a pas reçu de nom particulier sont:

$$M^{\frac{1}{2}} L^{\frac{3}{2}} T^{-1}$$

2. Les dimensions de cette unité sont $M^{\frac{1}{2}} L^{-\frac{1}{2}} T^{-1}$

de vue de la grandeur de l'action, et même de façons différentes : certains corps sont attirés, nous l'avons dit, ce sont les corps magnétiques ou *paramagnétiques* et pour quelques-uns l'action est énergique ; d'autres au contraire sont repoussés mais toujours très faiblement, on les appelle corps *diamagnétiques*.

Au lieu de chercher à reconnaître ces attractions ou ces répulsions, on peut placer ces corps sous forme allongée *ab* (fig. 289) entre les deux pôles d'un aimant très puissant NS ; s'ils sont librement suspendus, ils prendront une orientation qui sera parallèle à la ligne des

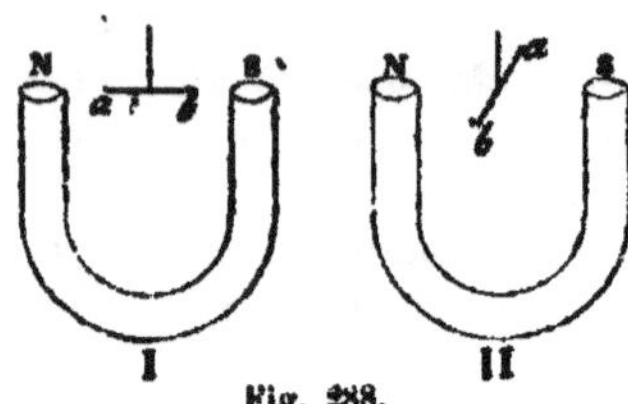
Fig. 288.

pôles ou *axiale* (I) si les corps sont attirés, qui sera perpendiculaire à cette ligne (II) ou *équatoriale* s'ils sont repoussés.

Dans le cas de liquides ou de gaz, on les renferme dans un tube de verre à paroi très mince ; mais il faut avoir soin, au préalable, de déterminer l'effet de l'aimant sur l'enveloppe. On peut d'ailleurs, pour ces fluides, employer d'autres méthodes qu'il est inutile de donner ici.

L'action que subissent les corps magnétiques, la direction axiale qu'ils prennent, sont la conséquence de l'aimantation par influence que prennent ces corps placés en présence de l'aimant, aimantation en vertu de laquelle un pôle de l'aimant détermine un pôle contraire qu'il attire.

On pourrait évidemment expliquer les effets observés pour les corps diamagnétiques en admettant que, par influence, un pôle d'un aimant fait naître dans la partie la plus voisine un pôle de même nom qu'il repousse. Mais on ne voit pas quelle pourrait être la cause de cette différence d'action.

On peut admettre une autre hypothèse qui nous paraît plus satisfaisante et qui s'appuie sur des expériences de Faraday et de Becquerel. Voici le résumé des plus importantes :

Une dissolution de sulfate de fer est enfermée dans un tube de verre mince suspendu par son milieu et plonge dans une dissolution du même sel placée dans un champ magnétique.

intense produit entre les pôles d'un aimant puissant. Des effets divers peuvent se présenter : le tube prendra la direction axiale si la dissolution contenue est plus concentrée que le liquide extérieur ; il prendra la direction équatoriale dans le cas contraire, et restera indifférent si les deux liquides sont d'égale concentration.

Si l'on admet, ce qui semble assez naturel, que le liquide subit une action d'autant plus énergique que la dissolution est plus concentrée, on est conduit à penser que l'effet que l'on observe dépend à la fois du corps et du milieu dans lequel il est plongé. On peut alors énoncer l'hypothèse suivante :

L'effet produit par un pôle d'un aimant sur un corps résulte de la différence entre l'action absolue qu'il exercerait sur ce corps et celle qu'il produirait sur la portion de la substance constituant le milieu ambiant qui remplirait l'espace occupé par le corps considéré, si celui-ci n'y était pas. L'effet définitif dépendra de la grandeur relative de ces deux actions : si l'action exercée sur le corps est la plus grande, la force observée sera de même sens, le corps sera ou plutôt paraîtra magnétique ; il sera diamagnétique si l'action exercée par le milieu est la plus considérable ; le corps serait indifférent si ces deux actions étaient égales.

Il y aurait là quelque chose d'analogue à ce qui se produit dans le cas des corps plongés dans un liquide, où l'effet varie de sens suivant que l'action de la pesanteur est plus grande sur le liquide ou sur le corps plongé.

Il faut reconnaître que cette hypothèse présente quelques difficultés ; ainsi, on a observé que certains corps sont diamagnétiques dans le vide : l'explication précédente exigerait alors que le vide fût magnétique. Cela se comprend malaisément, sans cependant être impossible.

CHAPITRE VI

ÉLECTRICITÉ

§ 1. *Électricité statique.* — § 2. *Électricité des courants.* — § 3. *Actions électriques produites par la chaleur et par les actions chimiques.* — § 4. *Actions électriques produites par des actions mécaniques.* — § 5. *Mesures électriques.* — § 6. *Applications industrielles de l'électricité.*

§ 1

ÉLECTRICITÉ STATIQUE

Phénomènes généraux. Attractions : répulsions. Distribution. Condensation. Électroscopes et électromètres.

174. Premiers phénomènes électriques. — On sait depuis Thalès de Milet que l'ambre jaune (en grec ελγκτρον) acquiert par le frottement la propriété d'attirer les corps légers ; on a reconnu que le soufre, la résine, la cire, le caoutchouc durci ou ébonite, le verre possèdent la même propriété dans les mêmes conditions et que, à l'aide de précautions particulières, tous les corps peuvent produire les mêmes effets. On dit que ces corps sont *électrisés*, et l'on désigne par le nom d'*électrisation* l'état dans lequel ils se trouvent alors.

On observe cette action soit directement en soulevant des fétus de paille, des morceaux de papier, soit à l'aide du pendule électrique (fig. 289), appareil constitué par une boule de sureau suspendue à un fil de soie attaché par l'autre extrémité à un support en verre. Ce pendule constitue un véritable fil à plomb et, à l'état de repos, se dirige suivant la verticale.

Il dévie de cette position, d'un angle plus ou moins considérable, lorsque l'on en approche un corps électrisé, et l'attraction peut être telle que la boule se précipite sur le corps qui l'attire.

Ces expériences montrent immédiatement que l'attraction qui se produit alors agit à distance, à travers l'air ; on reconnaît également sans difficulté que l'action diminue quand la distance augmente.

Fig. 289.

Ce n'est pas seulement par le frottement que l'on peut produire l'électrisation d'un corps, et sans parler des actions physiologiques nous dirons que d'autres actions mécaniques (dans les machines d'induction), que des actions thermiques (dans les piles thermo-électriques), que des actions chimiques (dans les piles hydro-électriques) peuvent donner naissance aux mêmes effets.

Ces actions seront étudiées en détail plus loin, et nous nous bornerons ici à décrire sommairement un élément de pile hydroélectrique

Un élément de pile (pile de Volta ou de Wollaston) comprend une lame de zinc et une lame de cuivre plongeant en partie dans un vase en verre ou en terre et contenant de l'eau acidulée. Par le fait seul de cette disposition, les extrémités des métaux qui sont en dehors du liquide sont électrisées. On désigne ces extrémités sous le nom de *pôles*. L'électrisation d'un pôle subsiste lorsqu'on relie l'autre à la terre par un fil métallique.

En général, cependant, on ne peut mettre aisément en évidence à l'aide du pendule électrique, le fait de l'électrisation des pôles, les actions sont trop peu énergiques ; il faut faire usage d'autres appareils comme l'électromètre condensateur dont nous expliquerons en détail le fonctionnement plus tard. On reconnaît alors que, à l'intensité près, on obtient le même effet soit par l'action de la résine ou du verre frotté, soit par l'action de ce que l'on appelle les pôles de la pile. De telle sorte qu'il faut admettre que l'électrisation existe dans un cas comme dans l'autre.

On ignore encore quelle est la cause qui produit l'électrisation, quelle est la nature de la modification que subit un corps que l'on électrise. On ne sait si c'est un agent spécial, un fluide qui se surajoute au corps, ou s'il s'agit d'un mouvement moléculaire spécial, mouvement des molécules de l'éther ou des molécules matérielles, soit qu'il s'agisse d'un mouvement qui prend naissance ou d'un mouvement existant déjà et qui est modifié dans un de ses éléments. Sans insister, nous désignerons sous le nom d'*électricité* la cause quelle qu'elle soit qui produit l'électrisation.

Comme pour le magnétisme, nous n'admettrons pas que les attractions exercées par les corps électrisés se produisent réellement à distance ; nous admettrons que, par la présence d'un corps électrisé, il se produit dans l'espace une modification, dont nous ignorons d'ailleurs la nature, modification transmise de proche en proche et qui, changeant les conditions dans lesquelles se trouve le pendule, provoque le mouvement de celui-ci. En un mot, il se forme un champ électrique autour d'un corps électrisé et c'est l'existence de ce champ qui modifie les conditions d'équilibre du pendule.

175. — Il ne semble pas que l'électrisation d'un corps change ses propriétés d'une manière appréciable ; dans quelques cas spéciaux, cependant, on a signalé une variation de volume (Duter) ; mais ces changements sont très minimes, et on peut les négliger presque toujours, toujours même comme première approximation, si ce n'est pas précisément leur étude qu'il s'agit de faire ; de telle sorte que l'effet de l'électrisation d'un corps se réduit à la constitution d'un champ électrique pouvant produire des mouvements, comme nous l'avons déjà dit, ou d'autres effets que nous étudierons plus loin.

Plaçons dans le voisinage du pendule l'extrémité A d'un cylindre métallique AB porté par un pied de verre ; s'il n'a pas été frotté, s'il n'est pas électrisé, il n'agira pas sur le pendule. A l'autre extrémité B, mettons en contact un bâton de résine frottée, qui serait sans influence directe appréciable à cette distance ; immédiatement, le pendule sera attiré par le cylindre métallique ce qui prouve que l'extrémité A est électrisée. Il s'est donc produit une modification telle que l'électrisation qui était localisée sur la résine se manifeste à l'autre extrémité du conducteur métallique.

Nous ignorons comment ce phénomène se produit, mais il est naturel de supposer que la modification qui caractérise l'électrisation s'est propagée d'une extrémité à l'autre du conducteur métallique, soit qu'il s'agisse d'un mouvement vibratoire communiqué de proche en proche, soit qu'il s'agisse de la translation effective d'un agent spécial. Dans un cas comme dans l'autre il y a eu propagation de ce que nous appelons l'électricité ; et, sans rien préjuger de la véritable nature de celle-ci, assimilant cette propagation à celle d'un fluide dans un tuyau, nous dirons qu'il s'est produit un *courant électrique*. Ce courant est d'ailleurs d'une durée extrêmement courte et presque instantanément on passe de l'état initial d'équilibre à l'état final.

L'électrisation peut également se manifester sur une sphère de métal montée sur un pied de verre que l'on approche suffisamment d'un corps électrisé ; nous dirons encore dans ce cas qu'il y a eu un courant presque instantané à travers l'air. Ce courant qui, sous cette forme, a reçu plus spécialement le nom d'*étincelle électrique*, se manifeste d'autre part par une lueur plus ou moins vive et par un bruit plus ou moins fort.

476. — Lorsque l'on réunit par un fil métallique un corps électrisé à la terre ou simplement lorsqu'un observateur le touche avec un doigt, l'électrisation disparaît ; tout se passe comme si l'électricité traversant le fil métallique ou le corps de l'observateur venait se perdre dans la terre, qui pour cette raison a reçu le nom de *réservoir commun*.

Considérons une pile dont on reliera un des pôles à la terre : comme nous l'avons dit, l'autre pôle sera électrisé ; réunissons ce second pôle à la terre par un long fil métallique : par analogie, nous devons penser que ce fil est traversé par un courant. Rompons la communication avec la terre et étudions le pôle de la pile : nous le retrouverons électrisé de la même façon qu'il était au début, de telle sorte que, différant en cela des corps électrisés par frottement, l'électrisation se reproduit instantanément après la rupture. On est conduit à penser que la production d'électricité doit se faire d'une manière continue lors même que le pôle est constamment relié à la terre, de telle sorte que, d'une manière continue aussi, le fil métallique sera traversé par l'électricité. C'est là le *courant électrique* proprement dit, c'est le courant continu. D'après l'analogie de l'électrisation des corps frottés et de celle des pôles des piles, nous sommes conduits à penser que, à la durée près, un courant continu ne doit pas différer des courants quasi-instantanés dont nous avons parlé précédemment. On reconnaît d'ailleurs que les effets qu'ils produisent sont les mêmes.

C'est ainsi que l'existence d'un courant dans un fil provoque la formation d'un champ électrique, dont la constitution amène des mouvements dans les corps placés dans le voisinage, comme des fils mobiles traversés par un courant ou des aiguilles aimantées (galvanomètre) ; et les effets sont les mêmes *mutatis mutandis*, qu'il s'agisse d'un courant continu ou d'un courant quasi instantané.

Mais, en outre, on reconnaît que des effets particuliers se manifestent sur le passage même du courant ; c'est ainsi que, laissant de côté les effets physiologiques, on observe des actions calorifiques ou des actions chimiques, quelles que soient également ment la nature et l'origine du courant considéré.

On voit donc que les effets attribués à l'électricité doivent être étudiés dans des conditions diverses : il faut s'occuper des actions qui sont dues à la présence d'un corps électrisé, d'un corps sur lequel l'électricité est à l'état d'équilibre, à l'état de repos et constitue ce que l'on appelle l'*électricité statique*.

Il faut étudier, d'autre part, les phénomènes divers qui sont dus aux courants, alors que l'électricité est à l'état de mouvement et constitue ce que l'on appelle l'*électricité dynamique*. Quoique les courants continus soient de beaucoup les plus intéressants, il importe d'examiner les courants quasi-instantanés et de les comparer aux autres.

Enfin, il y a un autre côté de la question à traiter et il faut rechercher dans quelles conditions on peut provoquer l'électrisation d'un corps, dans quelles conditions il faut se placer pour avoir un courant continu. Dans un cas comme dans l'autre nous verrons que, sans parler des phénomènes physiologiques,

il se produit des manifestations électriques à la suite d'actions
mécaniques, thermiques ou chimiques.

Nous nous occuperons d'abord de l'électricité statique.

177. Corps bons, mauvais conducteurs. — Nous
avons dit qu'un corps électrisé par un procédé quelconque présente la propriété d'attirer les corps légers, et que dans certains cas, cette propriété peut se communiquer par le contact.
Mais les conditions dans lesquelles se produisent ces phénomènes varient avec la nature des corps.

Si l'on se sert de verre, d'ambre, de résine, etc., l'électrisation produite par le frottement, ou provoquée par le contact
d'un corps électrisé, reste localisée au point frotté ou aux parties touchées, tandis que pour les métaux l'électrisation provoquée en un point se manifeste dans tous les points, à la
seule condition que le métal soit soutenu ou porté par un
pied ou un manche en verre ou en résine. Il semble donc que,
dans le premier cas, l'électricité ne puisse se propager dans le
corps, tandis qu'elle se propage dans les métaux. Par analogie
avec ce qui se présente pour la chaleur, on dit que ces derniers sont *bons conducteurs* ou simplement *conducteurs* de
l'électricité, tandis que les premiers sont *mauvais conducteurs*
ou *isolants*.

On reconnaît immédiatement que l'air, l'air sec au moins,
est un isolant, car sans cela les corps électrisés se trouvant
mis en relation avec la terre perdraient immédiatement leur
électrisation. L'expérience prouve, d'autre part, que le corps
humain est bon conducteur, ainsi que nous l'avons dit. Cette
remarque explique pourquoi il faut tenir par un manche de
verre, ou de toute autre substance isolante, les objets en métal
sur lesquels on veut conserver et mettre en évidence l'électrisation. Elle fait comprendre pourquoi un métal tenu directement ne présente pas la propriété électrique lorsqu'on le frotte,
tandis qu'il s'électrise si on le tient par un manche isolant.
Ce n'est pas que l'électrisation ne se produise pas dans tous
les corps lorsqu'on les frotte, c'est parce qu'il faut la conserver pour pouvoir la mettre en évidence, et qu'elle disparaît
lorsqu'un corps bon conducteur est relié à la terre en un quelconque de ses points par un bon conducteur.

Ces divers effets peuvent s'expliquer en admettant que l'agent quel qu'il soit qui produit les phénomènes électriques, l'électricité, ne peut se mouvoir dans certains corps qu'en éprouvant une résistance considérable qui arrête ou limite son déplacement, tandis que dans d'autres corps aucune résistance ne paraît s'opposer à ce déplacement.

178. Deux espèces d'électrisation. — On reconnaît qu'un corps est électrisé à ce qu'il attire les corps légers; tous les corps électrisés possédant cette propriété, il ne serait pas juste d'en conclure que la modification qu'ils ont éprouvée et à laquelle correspond l'électrisation soit la même pour tous. Les expériences suivantes vont montrer au contraire qu'il peut exister des différences très notables :

Considérons un pendule électrique dont la boule est suspendue à un fil de soie et approchons-en un bâton de résine électrisée ; il y a attraction. Laissons la boule du pendule venir au contact de la résine, puis retirons celle-ci ; la boule du pendule, qui est isolée par son mode de suspension, doit être électrisée par contact ; on reconnaît d'ailleurs qu'il en est ainsi en l'approchant d'un corps léger et vérifiant qu'il y a attraction de celui-ci.

De ce pendule ainsi électrisé, approchons successivement un bâton de verre électrisé, puis un bâton de résine également électrisé; on observe qu'il y a attraction par le verre, mais qu'il y a répulsion par la résine. En opérant avec d'autres corps électrisés, on voit que les uns attirent le pendule, comme fait le verre; que les autres le repoussent, comme fait la résine.

Il y a donc deux modes différents d'électrisation, deux électrisations différentes qui peuvent dans certains cas produire les mêmes effets, attraction des corps légers, mais dont la différence se manifeste dans certaines conditions. On a dénommé ces deux électrisations à l'aide des épithètes *vitrée* et *résineuse* qui s'expliquent d'elles-mêmes et que nous adopterons provisoirement.

Dans l'expérience que nous venons d'indiquer, le pendule avait acquis l'électrisation résineuse; on peut le concevoir *à priori*, mais on peut le vérifier à l'aide d'un autre pendule électrisé et reconnaître que le premier pendule produit toujours des effets de même nature que la résine.

On peut répéter cette expérience en touchant d'abord le pendule avec le verre électrisé; comme on peut s'y attendre, le verre et la résine électrisés vont produire des effets opposés. mais cette fois c'est le verre qui produit la répulsion et la résine qui produit l'attraction. Dans ce cas, d'ailleurs, la boule du pendule est électrisée vitreusement.

A cause de l'égalité de l'action et de la réaction on aurait pu déduire de la première expérience que le pendule électrisé vitreusement serait attiré par la résine ; mais nous ne pouvions prévoir qu'il serait repoussé par le verre.

On peut réunir en un court énoncé, fort important, les résultats des expériences précédentes :

Les corps électrisés semblablement se repoussent. les corps électrisés contrairement s'attirent.

179. Hypothèse d'un fluide électrique. — Il est possible à l'aide d'hypothèses simples de constituer une théorie qui rende compte des faits généraux que nous venons d'indiquer; nous ne savons si ces hypothèses représentent la réalité ni même seulement si elles s'en rapprochent; elles sont utiles néanmoins parce qu'elles établissent un lien entre des faits variés et nous permettent de les représenter.

Abandonnant l'hypothèse de Symmer ou des deux fluides qui n'a jamais été réellement utilisée pour l'explication de tous les phénomènes électriques, nous adopterons celle de Franklin ou d'un seul fluide, en y apportant quelques modifications.

Nous admettrons un seul agent comme cause de tous les phénomènes électriques ; le fait que des relations intimes existent entre ces phénomènes et les phénomènes chimiques, calorifiques, lumineux conduit à supposer que la cause est de l'ordre des mouvements. Nous admettrons que tous les corps contiennent une quantité indéterminée de cet agent, mais que si la proportion dans un corps est en un certain rapport avec celle qui existe dans le milieu ambiant, dans les corps environnants, il ne se produit aucun effet, il y a équilibre électrique. Les effets commencent à apparaître s'il y a rupture de cet équi-

libre par suite d'un changement de proportion ; la rupture de
l'équilibre, produite par une cause quelconque d'ailleurs, consiste seulement dans une répartition différente de l'électricité,
sans qu'il y ait changement dans sa quantité totale (quantité
déterminée par une masse invariable s'il s'agit d'un fluide, par
une force vive s'il s'agit d'un mouvement).

Nous admettrons que les deux modes d'électrisation dont
nous avons reconnu l'existence correspondent à ce qu'un corps
peut contenir plus d'électricité que la quantité normale qui
correspond à l'équilibre, ou qu'il peut en contenir moins. Dans
le premier cas, on dit qu'il est électrisé *en plus* ou *positivement*,
dans le deuxième cas qu'il est électrisé *en moins* ou *négativement*.

Par simple convention, on assimile l'électrisation positive à
celle qui se développe sur le verre frotté avec de la laine ; l'é-
lectrisation négative correspond alors à celle qui se manifeste
sur la résine frottée sur une peau de chat. Il importerait peu
que la convention eût été contraire, car ce qui intéresse seulement c'est l'opposition entre les deux modes d'électrisation.

Nous admettrons que par suite de la nature même de l'électricité et par un mécanisme que nous ignorons, un corps contenant de l'électricité agit par répulsion sur un autre corps
contenant de l'électricité.

Enfin nous admettrons que lorsqu'on considère l'action
d'un corps électrisé A sur un corps électrisé B, la force que
l'on observe est une résultante, comme il arrive pour l'action
de la pesanteur sur les corps plongés, comme il arrive pour le
magnétisme (483). Cette force est égale à l'action directe de A
sur B, diminuée de l'action de A sur l'électricité qui serait contenue dans la partie du milieu ambiant correspondant à l'espace
occupé par B si B n'y était pas.

490. — Il est facile de reconnaître que ces hypothèses sont
d'accord avec la plupart des faits que nous avons signalés : il
en est quelques-uns cependant sur lesquels il est nécessaire
d'insister.

D'abord le phénomène fondamental, l'attraction des corps
légers, ne peut pas être expliqué maintenant : c'est un phénomène complexe, sur lequel nous reviendrons.

L'idée que l'électrisation correspond non à une création ou à une destruction de l'électricité, mais seulement à un changement de répartition, conduit à penser que dans tous les cas où l'électrisation se produit, on doit observer à la fois les deux électrisations. C'est en effet ce que l'expérience permet de vérifier. On prend par exemple deux disques portés sur des manches isolants : un disque de verre et un disque de bois recouvert de laine ; on les frotte l'un contre l'autre et l'on reconnaît en les approchant d'un pendule électrisé qu'ils produisent des actions inverses, ils sont électrisés contrairement. De même les pôles d'une pile sont électrisés contrairement, etc.

Les attractions et répulsions des corps électrisés peuvent également s'expliquer ainsi qu'il suit.

Considérons un point matériel électrisé A contenant une quantité d'électricité $\varepsilon + e$, ε étant la quantité que nous appellerons normale par abréviation, celle qui correspond à l'état d'équilibre électrique avec le milieu, e étant une quantité positive ou négative suivant que le corps est électrisé positivement ou négativement et que nous appellerons la *charge* du point A. Si A est isolé dans l'espace, il ne subira finalement aucune action, par raison de symétrie ; mais il pourra n'en être plus de même si l'on place dans le voisinage un autre point électrisé B contenant une quantité d'électricité $\varepsilon' + e'$. Si nous prenons dans l'espace le point B′, symétrique de B par rapport à A, on voit que, par raison de symétrie, toutes les actions exercées sur A se réduisent à celles de B et de B′, les autres se détruisant deux à deux.

Étudions donc les actions de B et de B′ sur A, en remarquant que chacune d'elles est déjà une résultante d'après notre dernière hypothèse.

Les actions électriques dépendent de la distance, mais nous n'avons pas à en tenir compte, car les distances BA et B′A sont égales ; elles dépendent, on le conçoit, des quantités d'électricité en présence et nous pouvons penser, ce qui sera démontré plus loin, qu'elles sont proportionnelles aux produits de ces quantités d'électricité.

On aura alors les valeurs suivantes, k étant une constante :

Action de B sur A :

$$f = K (\varepsilon' + e')(\varepsilon + e) - K(\varepsilon' + e')\,\varepsilon$$

Action de B' sur A :

$$f = - [K\varepsilon'\,(\varepsilon + e) - K\varepsilon'\varepsilon]$$

en convenant de prendre le signe $+$ pour les forces qui tendent à éloigner A de B.

On aura donc pour la résultante R, avec la même convention :

$$R = f + f' = K [(\varepsilon' + e')(\varepsilon + e) - (\varepsilon' + e')\,\varepsilon' - \varepsilon'(\varepsilon + e) - \varepsilon'\varepsilon] = + Kee'$$

Cette valeur montre que la grandeur de l'action ne dépend pas des quantités absolues, ε et ε' d'électricité, mais seulement des *charges* e et e' dont il suffira dès lors de tenir compte.

D'autre part, on voit que R sera positif, que, par conséquent A sera repoussé par B, si e et e' sont de même signe, c'est-à-dire si les électrisations de A et de B sont semblables. Au contraire R sera négatif, il y aura attraction si e et e' ont des signes contraires, c'est-à-dire si les deux corps ont des électrisations contraires.

Nous expliquons donc bien ainsi les attractions et répulsions des corps électrisés.

Il est important de noter que, comme conséquence des hypothèses faites, ce ne sont pas les quantités absolues d'électricité que possèdent les corps qui interviennent mais seulement ce que nous avons appelé les charges, charges qui peuvent être positives ou négatives.

481. Lois des actions électriques. — Ainsi que nous l'avons dit, on reconnaît que les attractions et les répulsions n'ont pas toujours la même intensité ; que, notamment, elles varient avec la distance et avec les conditions d'électrisation des corps en présence. Coulomb a déterminé les lois qui régissent ces actions, lois qui portent son nom ; il s'est servi dans ce but, principalement de la balance de torsion (fig. 290).

Cet appareil[1] consiste essentiellement en un fil élastique fin
et long, fixé par sa partie supérieure à une pièce FG qui peut
tourner, et portant inférieurement une légère aiguille de
gomme laque AB terminée à une extrémité par une balle de

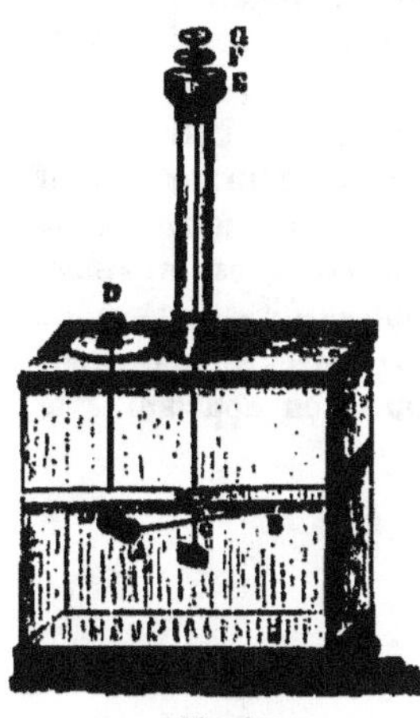

Fig. 290.

sureau A de dimension assez restreinte pour qu'on puisse l'assimiler, comme première approximation du moins, à un point matériel.
Un poids relativement grand C
tend le fil. Le système mobile est
placé dans une cage en verre sur-
montée d'un tube dans lequel passe
le fil ; des échelles graduées permettent de mesurer les déviations
que subiront, d'une part l'extrémité supérieure du fil, d'autre part
l'aiguille de gomme laque. Enfin,
à travers une ouverture pratiquée
dans la cage, on peut introduire
dans l'appareil une tige de gomme
laque portant une petite balle de
sureau.

On dispose l'appareil de telle sorte que, au début, sans torsion, l'aiguille horizontale arrive en face du zéro de la graduation à la place où l'on introduira verticalement l'autre tige de
gomme laque. Lorsque l'on placera cette dernière, l'aiguille
horizontale sera légèrement déviée et les deux balles de sureau
resteront en contact. Mais si la balle A a été préalablement
électrisée, elle électrisera par contact la balle D, qui se trouvera
repoussée et atteindra une position d'équilibre.

Supposons, pour étudier immédiatement le cas général que,
en même temps, on tourne le tambour supérieur d'un certain
angle, ce qui amènera une autre position d'équilibre déterminée par l'angle que fera l'aiguille avec sa position primitive : soit
α cet angle, et soit β l'angle dont on aura tourné le tambour,

[1] Cette figure est extraite du *Traité pratique d'électricité* de M. Gariel
(Paris, Doin, 1884).

avec la convention que ces angles seront positifs si la rotation
a lieu dans un sens déterminé de A vers D, par exemple, et né-
gatifs dans le cas contraire. La torsion du fil est alors, d'une
manière générale, $\alpha - \beta$.

A cause de l'action du poids tenseur, on peut regarder l'extrémité du fil vertical comme sensiblement
immobile ; l'équilibre subsiste donc entre
deux forces appliquées en un point b (fig.
294) d'un levier pouvant tourner autour
du point fixe O. L'une de ces forces est la
répulsion f qui existe entre les corps électrisés, répulsion dont la direction est de
a vers b, l'autre force est la force tangen-

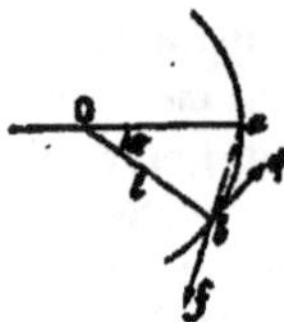

Fig. 294.

tielle de torsion φ. Pour l'équilibre on a, en appelant l la
longueur de l'aiguille :

$$\varphi l = f l \cos \frac{\alpha}{2}$$

mais on a pour la force de torsion :

$$\varphi = k (\alpha - \beta)$$

ce qui donne

$$f = \frac{k (\alpha - \beta)}{\cos \dfrac{\alpha}{2}}$$

D'autre part, on a pour la distance d à laquelle l'action se
produit :

$$d = 2 l \sin \frac{\alpha}{2}$$

Si donc, sans rien changer aux corps électrisés en présence,
on fait tourner le tambour supérieur, donnant ainsi plusieurs
valeurs successives à β, on aura pour α les valeurs correspondantes, et par suite aussi celles de f et de d. Les valeurs numériques obtenues conduisent à énoncer la loi suivante :

*Les répulsions électriques varient en raison inverse du carré
de la distance.*[1]

[1] En réalité Coulomb a opéré différemment : il faut vérifier que le produit

$$f d^2 = 4 k (\alpha - \beta) l^2 \sin \frac{\alpha}{2} \, tg \frac{\alpha}{2}$$

489. — Supposons que l'équilibre étant obtenu pour des valeurs de α et β, on vienne à toucher la boule fixe D (fig. 290) avec une autre boule identique à l'état neutre : on observe que la boule mobile A se rapproche de la boule fixe ; on peut la ramener à la position primitive, mais en changeant la torsion du fil ; soit β' la valeur de la rotation supérieure : la torsion est $\alpha - \beta'$ et on reconnaît qu'elle est la moitié de $\alpha - \beta$.

Ainsi, à la même distance, la force répulsive est devenue moitié moindre ; mais il faut remarquer que, comme conséquence des hypothèses, la charge électrique s'étant répartie sur deux sphères identiques, la charge qui reste sur chacune d'elles est moitié de celle qui existait précédemment. Il y a donc proportionnalité entre la force répulsive et la quantité d'électricité qui produit la répulsion.

A cause de l'égalité de l'action et de la réaction, il y a évidemment aussi proportionnalité entre la force répulsive et la charge du corps qui est repoussé. On peut, par suite, énoncer la loi suivante :

Les répulsions électriques sont proportionnelles aux quantités d'électricité.

Si donc on appelle f la force, d la distance, e et e' les char-

est constant. Mais le produit $\sin\dfrac{\alpha}{2}\,tg\,\dfrac{\alpha}{2}$ est sensiblement égal à $\dfrac{\alpha^2}{4}$ tant que α n'est pas grand, de telle sorte qu'il suffit d'étudier le produit

$$f d^2 = k l^2 (\alpha - \beta)\, \alpha^2.$$

Il faut donc, pour démontrer la loi, que le produit $(\alpha - \beta)\alpha^2$ soit constant, c'est-à-dire que la quantité $\alpha - \beta$ varie en raison inverse du carré de α. Or c'est là ce que montrent sensiblement les chiffres de Coulomb : voici par exemple, les données d'une expérience :

α	β	$\alpha - \beta$
36	0	36
18	126	144
8 1/2	567	575 1/2

Les valeurs de α sont sensiblement les termes d'une progression géométrique décroissante de raison 1/2, les valeurs de $\alpha - \beta$ sont les termes d'une progression géométrique de raison 4, ce qui vérifie bien la loi.

ges électriques mesurées à l'aide d'une unité convenablement choisie, on a :

$$f = \frac{ee'}{d^2},$$

équation qui définit l'unité de quantité d'électricité, car il faut qu'on ait $e = e' = 1$ pour $f = 1$ et $d = 1$; cette unité appelée unité électro-statique n'a pas d'intérêt pratique.

Les attractions obéissent aux mêmes lois et il est possible de le vérifier par la même méthode en employant certaines précautions rendues nécessaires parce que, d'une part, l'équilibre peut ne pas exister toujours ; d'autre part parce que la boule mobile peut dépasser la position d'équilibre et venir toucher la boule fixe, ce qui arrête l'expérience puisque les boules sont chargées contrairement et qu'elles sont ramenées à l'équilibre électrique par le contact.

Enfin on peut étudier ces lois, principalement celles de l'attraction, en employant la méthode des oscillations, d'une manière analogue à celle que nous avons indiquée pour le magnétisme (469).

L'emploi de la balance de torsion et l'application des lois de Coulomb permettent de mesurer la quantité d'électricité dont est chargée la boule fixe que l'on introduit dans l'appareil. On aura des valeurs absolues, de véritables mesures, si l'on a déterminé une fois pour toutes la force qui se produit pour une torsion de 1° du fil ; si l'on n'a pas cette donnée, on aura au moins des valeurs comparatives, relatives, qui le le plus souvent sont seules nécessaires.

482. Déperdition de l'électricité. — Si la boule mobile étant repoussée par la boule fixe, on abandonne l'expérience à elle-même, on reconnaît que l'angle d'écart diminue progressivement, et si on cherche à le maintenir invariable, on trouve que l'angle de torsion et par suite la force répulsive diminue et peut même devenir nulle après un certain temps.

Cet effet tient à ce que les corps électrisés en présence reviennent progressivement à l'état neutre, que la charge électrique diminue, ce que l'on peut s'expliquer par ce que ni l'air, ni les corps par lesquels sont soutenues les balles électrisées, ne sont des isolants parfaits : ils ne s'opposent pas absolument au rétablissement de l'équilibre électrique entre ces balles et le sol, mais y apportent seulement une notable résistance.

Coulomb a étudié les conditions dans lesquelles se fait ce retour à l'équilibre, cette perte, cette déperdition d'électricité suivant l'expression anciennement consacrée (perte qui, dans les hypothèses que nous avons admises, peut être un gain); il n'y a pas lieu de nous y arrêter longuement, car on ne peut jamais, pour ainsi dire, réaliser les conditions qui seraient théoriquement nécessaires. Nous dirons seulement d'une manière générale que, à la condition de prendre un support isolant suffisamment long et fin, d'autant plus long et d'autant plus fin que la charge est plus considérable, l'action de ce support, de même que celle de l'air, est à chaque instant proportionnelle à la charge; la valeur du rapport dépendant des conditions atmosphériques, pression barométrique, température, état hygrométrique.

494. Distribution de l'électricité. — Comment se répartit la charge dans un corps que l'on électrise soit directement par contact, soit par frottement ou de toute autre manière? Les résultats sont très différents suivant qu'il s'agit de corps bons ou de corps mauvais conducteurs. Occupons-nous d'abord des premiers.

Pour cette étude de la distribution de l'électricité, Coulomb a imaginé de se servir du *plan d'épreuve,* appareil constitué par un petit disque ou une petite sphère métallique porté à l'extrémité d'une tige fine de verre ou de gomme laque. On applique la partie métallique au point que l'on veut étudier; elle se charge ou non d'électricité suivant que le point touché est électrisé ou non : en portant alors le plan d'épreuve dans la balance de torsion, on reconnaît qu'il est électrisé ou non suivant qu'il y a ou non répulsion de la boule mobile. On peut même, en tenant compte de la torsion et de la distance, évaluer la force répulsive et par suite la charge électrique que possède le plan d'épreuve. Or, cette donnée est intéressante parce que Coulomb a démontré expérimentalement que la plan d'épreuve prend une charge proportionnelle à celle qui existait au point touché.

Pour faire cette démonstration, on électrise une sphère isolée, puis, la touchant avec le plan d'épreuve, on détermine la charge de celui-ci. On met en contact la sphère avec une autre sphère isolée identique, à l'état neutre ; d'après ce que nous avons dit, la charge se répartit également, et quand on a séparé les sphères la charge sur chacune d'elles est la moitié de ce qu'elle était primitivement sur la sphère isolée. L'essai au plan d'épreuve montre que la charge emportée par celui-ci est moitié de la charge précédente, ce qui établit la proportionnalité.

185. — L'électricité se porte toujours à la surface des corps conducteurs.

On peut le vérifier à l'aide d'une sphère creuse, portée sur un pied isolant et présentant une ouverture, que l'on électrise ; le plan d'épreuve posé sur la surface extérieure prend une charge que l'on met en évidence à l'aide de la balance de torsion ; introduit dans la sphère et mis en contact avec la paroi, il ne se charge pas, et même se décharge si primitivement il était chargé.

On peut faire cette vérification de diverses autres manières ; nous n'en citerons plus qu'une. On électrise une sphère de laiton, pleine, et à l'aide du plan d'épreuve on détermine la charge en un point quelconque. On touche alors cette sphère avec une autre de même diamètre, mais creuse et dont les parois sont fort minces. Après séparation, on reconnaît que sur chacune des sphères la charge est la moitié de ce qu'elle était sur la première : le partage s'est fait également, il ne dépend donc que de la surface, car si la charge avait pénétré dans les corps, elle n'aurait pu se répartir également entre la sphère massive et la sphère creuse.

Coulomb a étudié la répartition de l'électricité sur des conducteurs de formes très diverses et sur des assemblages de corps conducteurs mis au contact : la méthode générale consiste à toucher le corps en expérience en divers points à l'aide du plan d'épreuve et à évaluer la charge par la force répulsive observée en mettant le plan d'épreuve dans la balance de torsion. Avant d'indiquer les principaux résultats obtenus, nous devons faire quelques remarques préalables.

Pendant les mesures que l'on effectue à l'aide du plan d'épreuve, le corps en expérience subit des pertes, la charge électrique change, de telle sorte qu'il ne serait pas possible de comparer les résultats obtenus à divers instants si l'on ne tenait pas compte de ces changements. On pourrait le faire à l'aide de la loi que nous avons indiquée (483); mais on peut opérer plus simplement avec une approximation suffisante.

Si l'on veut comparer les charges en deux points A et B, on touche A avec le plan d'épreuve, on fait la mesure dans la balance, puis on vient toucher B en notant le temps écoulé depuis le premier contact ; on fait la mesure dans la balance, puis après le même temps, on revient toucher A. On compare alors la charge obtenue pour B à la moyenne des charges obtenues pour A : cette correction, pour être exacte, supposerait que les pertes sont proportionnelles au temps, ce qui n'est pas vrai absolument, mais ce qui, pour un temps court, s'éloigne peu de la réalité.

Pour représenter les résultats obtenus qui, pour un corps de forme quelconque, sont différents aux divers points, on peut imaginer que l'électricité forme une couche infiniment mince d'égale épaisseur ; par une assimilation qui se comprend aisément, on admet qu'elle possède des *densités* différentes aux divers points, densités qui seraient proportionnelles aux charges obtenues.

On peut au contraire assimiler l'électricité à un corps présentant partout la même densité, et formant alors une couche ayant une *épaisseur* variable, les épaisseurs en divers points étant proportionnelles aux charges mesurées.

484 — Coulomb est arrivé à de nombreux résultats ; nous nous bornerons à citer les plus intéressants :

La distribution électrique est indépendante de la valeur absolue de la charge ; c'est-à-dire que les rapports des épaisseurs aux divers points restent les mêmes lorsque la charge varie.

Sur une sphère, l'épaisseur est uniforme (ce qui était évident *a priori*, par raison de symétrie).

Sur un ellipsoïde, la surface qui limiterait la couche électrique supposée d'égale densité est un ellipsoïde semblable au conducteur électrisé. On en conclut que les épaisseurs aux sommets sont proportionnelles aux longueurs des axes.

Sur un disque, l'épaisseur est faible dans la région centrale et augmente notablement à la périphérie.

Sur un cylindre terminé par deux hémisphères, l'épaisseur est faible dans la partie centrale, augmente vers les extrémités et est maxima sur l'axe.

Sur un paraboloïde, l'épaisseur croît vers le sommet, d'autant plus que la surface est plus allongée.

Nous passons sous silence, nombre d'autres résultats que nous n'aurons pas à utiliser.

Nous devons ajouter que Poisson, s'appuyant sur les lois élémentaires de Coulomb, a cherché les conditions d'équilibre de l'électricité dans un corps conducteur, en écrivant que la résultante de toutes les actions de l'électricité du corps sur une molécule électrique doit être nulle si la molécule est à l'intérieur du corps (puisque les corps conducteurs sont supposés n'offrir aucune résistance) et qu'elle doit être normale à la surface si la molécule est superficielle. Sans insister, nous dirons que Poisson est arrivé, d'une manière générale, à retrouver les principaux résultats obtenus expérimentalement par Coulomb.

487. — Considérons l'électricité répartie sur un espace infiniment petit à la surface d'un corps ; cette masse électrique ne peut subir aucune action tangentielle de la part du reste de la charge du corps, mais peut éprouver une répulsion normale ; cette répulsion, rapportée à l'unité de surface, constitue ce que l'on nomme la *tension* au point considéré. Son action est annulée et la masse électrique ne s'échappe pas à cause de la résistance que l'air oppose au mouvement de l'électricité ; mais l'équilibre tend à se rétablir et se rétablit en effet si la tension devient suffisamment grande ou si, par suite d'une diminution de la pression de l'air, la résistance au mouvement de l'électricité diminue. Cette tension dépend de la charge au point considéré, et l'on démontre qu'elle croît proportionnellement au carré de l'épaisseur (ou au carré de la densité).

La tension est donc la même en tous les points d'une sphère ; elle varie aux divers points d'un corps d'une autre forme ; elle devient très grande au sommet d'un paraboloïde allongé, et tend vers l'infini au sommet d'un cône ; ce qui veut dire que l'équilibre électrique se rétablit lorsqu'un corps que l'on a électrisé présente une pointe. C'est là ce qui constitue le *pouvoir des pointes*.

468. Électrisation par influence. — Une étude qui se rattache à celle de la distribution c'est l'étude des phénomènes que l'on observe lorsque l'on approche d'un corps électrisé, d'une sphère par exemple, un corps conducteur, isolé ou non, électrisé ou non. Les effets que l'on observe sont désignés sous le nom d'*influence électrique*.

Prenons le cas le plus simple, celui d'un cylindre BC (fig. 292), non électrisé et mis en communication avec le sol, que l'on approche d'une sphère électrisée A. Souvent plusieurs pendules doubles sont fixés sous ce cylindre.

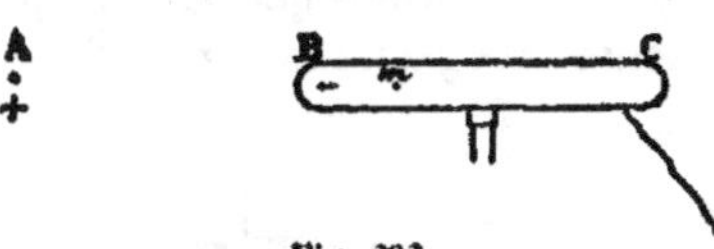

Fig. 292.

On reconnaît que, dans la partie B voisine de la sphère, le cylindre est électrisé ; en en approchant un pendule électrisé ou en étudiant les pendules doubles qu'il porte, on voit que cette électrisation est contraire à celle de la sphère.

On se rend compte de cet effet en remarquant que l'équilibre doit exister sur un point quelconque *m* du cylindre ou du conducteur qui relie le cylindre à la terre ; cet équilibre ne peut exister que si l'action de la sphère électrisée est annulée par une action électrique contraire ; il se produira donc une nouvelle répartition électrique qui satisfera à cette condition, ce qui entraîne nécessairement sur le cylindre une électrisation contraire à celle de la sphère.

Il importe d'ailleurs de remarquer qu'il y a également répartition nouvelle de l'électricité sur la sphère : l'épaisseur électrique augmente sur la partie voisine du cylindre et diminue sur la partie opposée.

Ces effets disparaissent nécessairement sur le cylindre si on éloigne la sphère ou si on la décharge ; sur la sphère, si on éloigne le cylindre.

Pendant que le cylindre est influencé, supprimons la communication avec le sol, puis déchargeons la sphère ou éloignons-la : le cylindre restera chargé et il s'établira une nouvelle distribution en rapport avec la forme de ce corps.

Voici donc un nouveau moyen d'obtenir l'électrisation d'un corps; mais il est à remarquer que, à la différence de ce qui arrive dans l'électrisation par contact : 1° la charge obtenue est contraire à celle du corps électrisé dont on disposait ; 2° la charge du corps électrisé n'a subi aucune modification (bien entendu si l'on a opéré en éloignant ce corps et non en le déchargeant), et que ce corps peut être utilisé à nouveau et indéfiniment pour produire le même effet.

489. — On peut démontrer que la charge manifestée par suite de l'influence est égale à la charge du corps influen-

Fig. 293.

çant. A cet effet, on prend pour corps influençant une boule métallique M (fig. 293) suspendue par un fil de soie et électrisée ; on l'introduit dans un vase métallique creux AB, un cylindre allongé par exemple. Ce vase est porté sur des pieds isolants, mais au début l'opérateur le touche pour le réunir au sol. L'influence se produit par l'approche et l'introduction de la sphère ; quand la sphère est suffisamment enfoncée, elle n'agit plus que sur le vase et non sur les autres corps extérieurs (on peut étudier les variations de l'influence en reliant le vase à un électroscope CD). On supprime alors la communication avec le sol, puis on laisse tomber la boule dans le vase ; on reconnaît par l'approche d'un pendule électrique (ou par l'examen de l'électroscope), par exemple, qu'il n'y a aucune charge sur le système ; donc la charge du corps influençant était précisément égale à la charge contraire qui s'était manifestée dans le corps influencé.

Il résulte de là que dans la première expérience (486), la charge sur le cylindre était moindre que celle de la sphère, car l'influence de celle-ci s'exerçait non seulement sur le cylindre, mais aussi sur tous les corps voisins.

490. — Supposons maintenant que le cylindre BC (fig. 294) que l'on met en présence de la sphère électrisée A soit isolé. Il se produira encore une modification dans la répartition de l'électricité ; mais comme la quantité d'électricité doit rester invariable, la partie B du cylindre la plus rapprochée de la

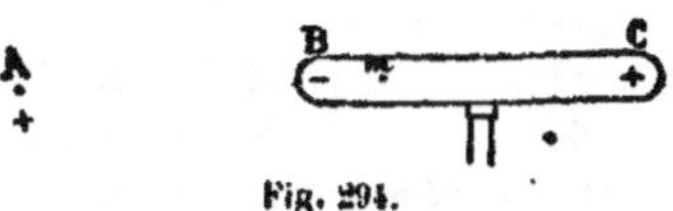

Fig. 294.

sphère prenant une électrisation contraire à celle-ci, l'extrémité opposée C prendra une électrisation semblable. En étudiant les actions exercées sur une molécule électrique m du cylindre, on reconnaît aisément que la présence de cette seconde charge diminue la grandeur de la charge contraire.

Si on éloigne la sphère ou si on la décharge, toute charge

électrique disparaît nécessairement sur le cylindre et celui-ci
revient à l'état neutre. Il n'en serait pas ainsi si, par exemple,
ce corps avait présenté une pointe qui aurait rétabli en un
point l'équilibre électrique avec le milieu ambiant et aurait
par suite changé la quantité totale d'électricité existant sur le
cylindre.

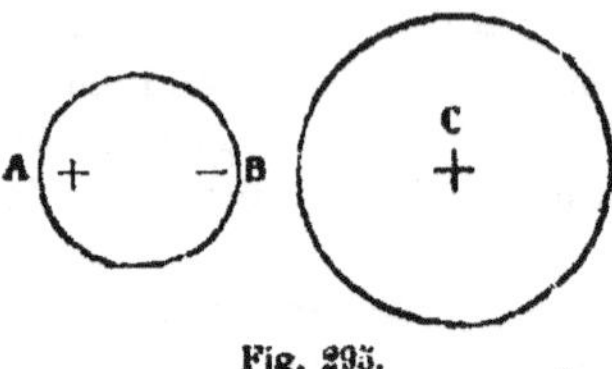

Fig. 295.

Enfin, si le corps conducteur que l'on approche est électrisé,
l'influence se manifestera ; mais les résultats seront très différents suivant la nature et la grandeur de la charge qui existait
préalablement. On peut, dans chaque cas, se rendre compte
des faits observés, en imaginant que l'influence se produit
comme si le corps n'était pas électrisé, et admettant que la
charge finale en chaque point est la somme algébrique de la
charge initiale et de la charge due à l'influence.

491. — La production des effets d'influence nous permet
maintenant d'expliquer le phénomène primordial qui a servi
à caractériser l'électrisation : l'attraction des corps légers.
Lorsque l'on approche un corps électrisé C (fig. 295) d'un corps
à l'état neutre, de la boule AB du pendule électrique par exemple, l'influence se produit et deux charges électriques égales et
opposées apparaissent ; la présence de celle qui est contraire à
celle du corps électrisé, en B, tend à produire l'attraction, la
présence de l'autre A tend à produire la répulsion ; mais la
première action correspond à une moindre distance, elle est
donc plus grande ; la résultante est de même sens et produit
par suite l'attraction.

Lorsque l'on approche d'un corps électrisé un conducteur
quelconque, l'influence se produit sur les deux corps en présence

et des charges électriques contraires et de valeur croissante se manifestent sur les points les plus voisins : la tension croît donc sur chaque corps par l'accroissement de la charge même et par l'attraction produite par la charge contraire voisine. Aussi, pour une certaine distance, l'équilibre se rétablit avant que les corps soient au contact ; ce rétablissement de l'équilibre électrique se produit en donnant naissance à des phénomènes divers que nous étudierons en parlant de l'étincelle électrique.

Un effet analogue se produit si le corps que l'on approche du corps électrisé est terminé par une pointe ; le retour à l'équilibre électrique a lieu également, mais l'action commence plus tôt et il n'y a pas étincelle à proprement parler, mais une aigrette ou effluve ; en tous cas, le résultat final est le même.

492. Électroscope. —Le pendule électrique est peu commode pour étudier de faibles charges : on le remplace le plus souvent par l'*électroscope*. Cet appareil (fig. 296) est essentiellement constitué par une tige métallique **AB** terminée à sa partie supérieure par un bouton, et supportant inférieurement deux minces bandelettes **B***e*, **B***d* coupées dans une feuille d'or de très faible épaisseur. Cette tige passe à travers l'ouverture d'une cloche en verre, de manière que les feuilles d'or se trouvent dans un espace clos que l'on peut maintenir sec.

Fig. 296.

A l'état neutre, les feuilles d'or tombent verticalement et restent accolées l'une à l'autre ; mais lorsqu'elles s'électrisent elles s'écartent, à cause de la répulsion résultant de ce qu'elles sont semblablement chargées.

On peut donc reconnaître si un corps est électrisé en le mettant en contact avec le bouton et observant si les feuilles d'or s'écartent ou non. Mais ce système présente un double inconvenient : si le corps est fortement électrisé, les feuilles d'or sont projetées vivement et se déchirent ; si le corps est faiblement chargé, sa charge, diminuant par le contact avec l'électroscope, peut devenir insuffisante pour des expériences ultérieures.

On peut éviter la déchirure des feuilles, en disposant de part et d'autre deux tiges métalliques e, f portées par un plateau également métallique hk et qui déchargent les feuilles d'or lorsque, par suite d'un écartement suffisant, celles-ci viennent les toucher.

Le plus souvent on opère différemment, en utilisant les effets d'influence : on approche lentement le corps supposé électrisé ; s'il n'est pas électrisé il ne se produit aucun effet ; s'il est électrisé, il produit par influence une électrisation semblable dans les feuilles qui s'écartent. Comme l'action varie avec la distance, on peut régler à volonté l'écart des feuilles et éviter qu'il ne se produise trop brusquement.

Pour reconnaître la nature de l'électrisation d'un corps, on peut employer un électroscope déjà chargé d'une électrisation déterminée. Pour satisfaire à cette condition, on en approche un corps électrisé connu, un bâton de résine frottée par exemple, pendant que l'on touche le bouton avec le doigt ; on supprime le contact, puis on éloigne le bâton. Ainsi que nous l'avons dit, l'électroscope reste alors chargé positivement.

On en approche alors le corps que l'on a au préalable reconnu être électrisé ; si les feuilles d'or se rapprochent, le corps est électrisé comme la résine, c'est-à-dire négativement ; il est au contraire chargé positivement si les feuilles d'or divergent davantage.

193. Du potentiel. — Considérons dans l'espace un corps électrisé et un point chargé de l'unité d'électricité ; celui-ci subira de la part du corps une action attractive ou répulsive, suivant les cas, action qui variera avec la position du point. Une étude analytique de la question montre que si l'on désigne par e la quantité d'électricité située sur un élément du corps à la distance r du point considéré, la grandeur de cette action dépendra d'une fonction V définie par l'égalité $V = \Sigma \dfrac{e}{r}$.

Il existe une infinité de points autour du corps considéré pour lesquels cette quantité V conserve la même valeur, le lieu de ces point constitue ce que l'on appelle une *surface équipotentielle* ; cette valeur de V est le potentiel des points de la surface relativement au corps électrisé.

Il existe une infinité de surfaces équipotentielles pour un même corps ; elles s'enveloppent sans se rencontrer et la valeur du potentiel correspondant croît à mesure que l'on se rapproche davantage du corps considéré.

Ces surfaces jouissent de propriétés intéressantes, qui découlent de ce qu'elles jouent un rôle analogue aux surfaces de niveau, dans l'étude de la pesanteur :

Elles sont en chaque point normales à la force électrique émanée du corps ;

Si l'on prend deux surfaces équipotentielles correspondant à des valeurs de V infiniment voisines, les forces électriques en divers points sont en raison inverse des distances des deux surfaces pour ces points.

La différence de potentiel entre deux surfaces équipotentielles mesure le travail de la force électrique lorsqu'un point chargé de l'unité d'électricité passe de l'une à l'autre de ces surfaces.

Cette propriété ne diffère pas, au fond, de la suivante :

Le potentiel d'une surface est le travail de la force électrique lorsque le point chargé de l'unité d'électricité s'éloigne de cette surface jusqu'à l'infini.

Ces diverses notions sont importantes, mais nous n'avons pas à développer les considérations qui s'y rattachent.

494. — Si on cherche la valeur de l'expression $V = \Sigma \frac{e}{r}$ pour un point situé à l'intérieur d'un corps électrisé, on trouve que cette valeur est indépendante de la position du point, qu'elle est constante pour tous les points du corps : c'est ce que l'on appelle absolument le *potentiel* du corps.

Considérons deux conducteurs électrisés assez éloignés pour ne pas produire l'un sur l'autre d'effets d'influence et réunissons-les par un fil conducteur fin : lorsque l'équilibre sera établi, le potentiel sera le même en tous les points du conducteur unique formé par ce système. Réciproquement, si au début les deux corps avaient été au même potentiel, l'équilibre n'aurait pas été troublé lorsqu'on les aurait réunis par un fil conducteur ; tandis que, inversement, il se serait produit des modifications s'ils n'avaient pas été primitivement au même potentiel. C'est là une conséquence qui permet de vérifier expérimentalement si deux corps électrisés sont ou ne sont pas au même potentiel.

Il importe de remarquer que l'équilibre électrique est lié à cette donnée, et ne dépend pas de l'égalité de charge des corps ni de l'égalité des tensions au point où aboutit le fil conducteur.

495. — Par une analogie qu'il est facile de concevoir, on désigne quelquefois le potentiel sous le nom de température électrique ou de niveau électrique. Il serait plus juste de dire la cote électrique, la cote étant le nombre qui détermine la position de la surface libre d'un liquide : l'équilibre existe entre deux réservoirs remplis d'un même liquide et réunis par une conduite lorsque les surfaces libres sont au même niveau, lorsqu'elles ont la même cote.

On n'a en réalité à considérer que les différences de potentiel qui existent entre les corps ; mais pour simplifier on est convenu de regarder le potentiel de la terre, réservoir commun, comme étant nul, et alors absolument le potentiel d'un corps est la différence, positive ou négative, entre le potentiel de ce corps et le potentiel du sol.

Considérons une sphère électrisée : soit E la quantité d'électricité dont elle est chargée et soit ρ son rayon. On peut déterminer aisément son potentiel : il suffit en effet de déterminer la valeur de $\Sigma \frac{e}{r}$ pour un point quelconque pris à l'intérieur. Si on prend particulièrement le centre, on aura immédiatement

$$V = \Sigma \frac{e}{r} = \frac{1}{\rho} \Sigma e = \frac{E}{\rho}$$

Cette remarque définit l'unité du potentiel ; car on doit avoir $V = 1$ lorsque l'on a $E = 1$ et $\rho = 1$.

496. Mesure du potentiel. — La balance de Coulomb peut servir à déterminer le potentiel d'un corps: touchant le corps avec la boule fixe et avec la boule mobile, qui l'une et l'autre prendront le potentiel V du corps, on évalue la grandeur de la force f qui produit l'équilibre à la distance d. Soit E la quantité d'électricité dont chaque boule est chargée ; si nous supposons ces boules de même rayon ρ, on a :

$$f = \frac{E^2}{d^2} = \frac{E^2}{\rho^2} \cdot \frac{\rho^2}{d^2}$$

donc

$$f = V^2 \cdot \frac{\rho^2}{d^2}$$

et

$$V = \frac{d}{\rho} \sqrt{f}$$

équation qui donnera V, si l'on connaît les valeurs absolues de d, ρ et f.

Le plus souvent on se contente des valeurs relatives ; en maintenant toujours les boules à la même distance, les valeurs de V sont proportionnelles aux valeurs de $\sqrt{f}$, et f est proportionnelle à l'angle de torsion.

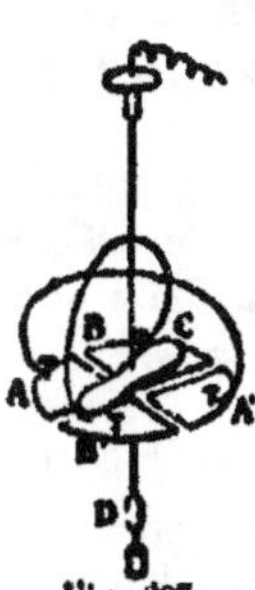

Fig. 297.

La balance de torsion ne se prête pas aisément à des mesures précises ; aussi emploie-t-on d'autres appareils tels que l'électromètre absolu et l'électromètre à quadrants de W. Thomson ; nous décrirons seulement ce dernier.

Concevons une boîte cylindrique plate (fig. 297), divisée en quatre parties égales, A, B, A', B', légèrement écartées les unes des autres [1] et réunies deux à deux en diagonale par des fils conducteurs ; à l'intérieur de cette boîte se trouve une lame métallique légère C taillée en forme de ∞ et maintenue par une tige verticale suspendue elle-même à l'extrémité d'un fil métallique fin. Un

1. Dans la figure 297, le fond supérieur et les parties latérales sont enlevées pour montrer la lame C.

miroir D fixé sur cette tige reçoit un rayon de lumière, qu'il renvoie sur une échelle graduée.

La lame métallique, au repos, a une position telle que son axe de figure soit parallèle à un diamètre de séparation des secteurs métalliques ; elle est électrisée d'une manière continue par l'intermédiaire du fil de suspension. Cette électrisation ne change rien aux conditions d'équilibre si les secteurs ne sont pas électrisés, non plus que si ces secteurs étant électrisés sont tous amenés au même potentiel. Mais si un seul des couples de secteurs est électrisé, ou si, les deux couples l'étant, ils sont portés à des potentiels différents, l'équilibre n'existe plus et la lame soumise à l'action d'un couple tourne et prend une nouvelle position d'équilibre. On démontre que l'angle dont cette lame tourne est proportionnel au potentiel de la lame et sensiblement proportionnel à la différence de potentiel des deux paires de secteurs. Si donc on veut effectuer la mesure de la différence de potentiel entre deux corps donnés, on met ces corps respectivement en communication avec les secteurs et on lit la déviation sur l'échelle graduée, d'où l'on peut déduire l'angle de rotation. Si, par des expériences préalables, on a déterminé la déviation pour une différence de potentiel donnée, on aura donc la valeur cherchée par un calcul simple.

On aura absolument le potentiel d'un corps, en le mettant en communication avec un des couples de secteurs, l'autre couple étant en communication avec le sol.

Les mesures n'offrent quelque précision que si le potentiel auquel est amenée la lame a une valeur constante ; on satisfait à cette condition en la réunissant à l'un des pôles d'une pile à eau dont l'autre pôle est en communication avec la terre.

497. Capacité électrique. — Il résulte de la définition même que, pour un corps donné, le potentiel est proportionnel à la quantité d'électricité dont il est chargé ; que l'on a, par conséquent :

$$\frac{V'}{V} = \frac{E'}{E}$$

d'où l'on tire $\frac{E}{V} = \frac{E'}{V'}$. Désignant par C la valeur de ce rapport constant, on a : $E = CV$.

La quantité C est ce que l'on nomme la *capacité* du conducteur considéré : c'est un élément qui dépend de la forme du corps et non de sa nature. On fait choix d'une unité de capacité déterminée par cette équation même, car il faut que l'on ait $C = 1$ si l'on a $E = 1$ et $V = 1$.[1]

498. Des condensateurs. — La capacité d'un conducteur dépend non seulement du corps lui-même, mais des corps voisins sur lesquels il peut exercer des effets d'influence : c'est ce qui résulte notamment de l'étude des *condensateurs*, dont le plus simple est le condensateur à plateaux et à lame d'air (fig. 298).

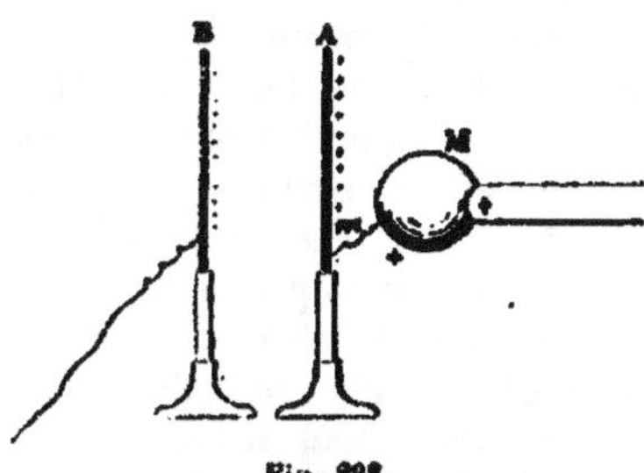

Fig. 298.

Soit un plateau métallique isolé A ; chargeons-le et, à l'aide d'un électromètre par exemple, mesurons son potentiel V. Approchons-en un autre plateau métallique B en communication avec le sol ; on reconnaît que le potentiel a diminué et est devenu V'; comme la quantité d'électricité n'a pas changé, il faut que la capacité ait été modifiée, et comme on doit avoir alors $CV = C'V'$ il faut que C' soit plus grand que C : la capacité a augmenté.

1. On reconnaît aisément que l'on a les dimensions suivantes pour les diverses unités :

Quantité $[M^{\frac{1}{2}} L^{\frac{3}{2}} T^{-1}]$

Potentiel $[M^{\frac{1}{2}} L^{\frac{1}{2}} T^{-1}]$

Capacité $[L]$.

Cette variation de capacité donne l'explication d'effets divers : mettons le plateau isolé A, seul, en communication avec une source M qui fournit de l'électricité à un potentiel déterminé, comme une machine électrique à plateau, et évaluons la quantité d'électricité nécessaire pour amener A à ce potentiel ; cette évaluation peut être faite approximativement en comptant le nombre de tours du plateau. Si l'on recommence ensuite la même expérience alors que le plateau A est mis en présence du plateau B, on reconnaît que pour charger le plateau A à refus, pour l'amener au même potentiel que la machine, il faut une plus grande quantité d'électricité (puisque la capacité est augmentée). Comparant cet effet à ce qui se passerait pour un récipient que l'on aurait rempli de gaz, mais où l'on pourrait en introduire une nouvelle quantité en comprimant, en condensant ce gaz, on a désigné cette action sous le nom de *condensation* de l'électricité.

Le plateau A qui reçoit la charge électrique est appelé le *collecteur* ; le plateau B dont la présence est nécessaire pour produire la condensation est le *plateau condensateur*.

Le fait que le potentiel du plateau A diminue par l'approche du plateau B, comme diminuent aussi tous les effets qui en dépendent, est un résultat analogue à ceux qu'on observerait si une partie de l'électricité cessait d'agir. Ils expliquent le nom de *dissimulation de l'électricité* qu'on applique quelquefois aux phénomènes dont il s'agit.

489. — En réalité, les divers phénomènes qui se produisent sont liés au jeu normal des forces électriques : ces phénomènes dépendent en somme de ce que la résultante des actions sur une molécule électrique extérieure est moindre lorsque le plateau B est approché que lorsqu'il ne l'est pas. C'est là ce qui explique que le potentiel est moins élevé pour une même charge électrique, c'est là aussi ce qui explique que le plateau A étant en équilibre avec une machine lorsqu'il est seul, cesse de l'être lorsque le plateau B est approché.

Quand le condensateur est formé, quand le plateau B est approché, l'action du système sur un point extérieur se compose de la différence de l'action de A et de l'action de B puisque ces plateaux sont chargés contrairement; elle est donc nécessairement moindre que l'action de A seul. Du côté de B même cette action est nulle, puisque ce plateau est ou a été en communication avec la terre : la charge est moindre sur B, plateau influencé, que sur A plateau influençant, mais elle agit à plus petite distance. Du côté de A elle n'est pas nulle et est de même sens que celle de ce plateau à cause de sa plus grande charge et de sa plus faible distance.

Si l'on considère l'espace compris entre A et B, il importe de remarquer que les actions des deux charges s'ajoutent au lieu de se retrancher. Aussi la tendance au rétablissement de l'équi'ibre électrique est-elle très grande et une étincelle se produit dès que la charge est un peu considérable ou dès que la distance est trop faible. Pour éviter cette action il convient de disposer entre le collecteur et le condensateur une lame isolante, une lame de verre, par exemple. Nous dirons cependant que cette action n'est pas la seule que produise la lame isolante.

300. — Lorsqu'un condensateur est chargé et que les deux plateaux sont isolés, on peut toucher le plateau B sans qu'il se produise aucun effet : malgré la charge qu'il contient, l'action sur un point extérieur est nulle, comme nous l'avons dit. Si l'on approche de A un conducteur ou le doigt, comme pour un corps électrisé quelconque, il y a influence, puis étincelle ; mais, bien entendu, l'effet est moindre que celui qui serait produit si toute la charge de A intervenait. Le plateau A est ramené alors au potentiel zéro, puisqu'il est en équilibre avec le réservoir commun, et il contient une charge moindre que B. On se trouve donc dans des conditions analogues aux précédentes : seulement le plateau B est maintenant le collecteur et le plateau A, le condensateur.

On peut répéter cette expérience et, théoriquement, on ne parviendrait jamais à décharger le condensateur, à ramener deux plateaux à l'état neutre, car chaque fois on n'enlève qu'une fraction de la charge existant sur le plateau que l'on touche.

Si on réunit les deux plateaux AB, CD (fig. 299) par un conducteur isolé MPN il se produit une étincelle et l'équilibre se rétablit : les deux plateaux ne sont pas au potentiel zéro, mais ils ont chacun une charge égale à la moitié de l'excès de celle du collecteur sur celle du condensateur. Ils ne sont ramenés à une charge nulle que si le conducteur qui les réunit est relié à la terre.

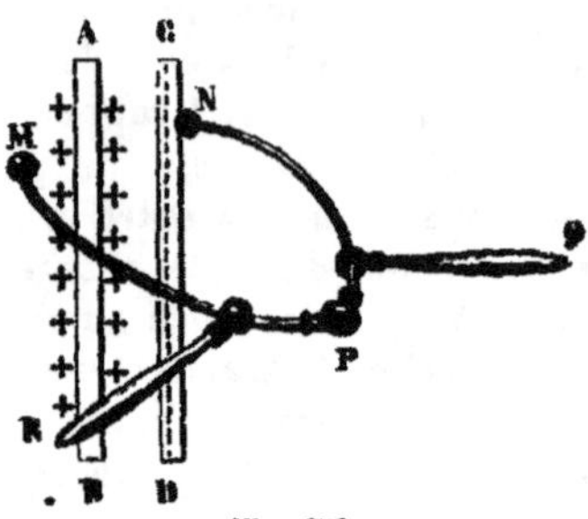

Fig. 299.

L'action étant très énergique, il peut y avoir inconvénient pour l'observateur à la subir; aussi convient-il, pour décharger un condensateur, d'employer un excitateur à manches de verre, formé de deux pièces MP, NP munies de poignées de verre R, Q et réunies par une charnière en P.

Lorsqu'on a un condensateur formé par deux lames métalliques appliquées sur une lame isolante et qu'on l'a déchargé en réunissant les deux armatures par un conducteur, si après un certain temps on rétablit la communication entre ces armatures, on observe une seconde étincelle résultant de ce que l'on a appelé une charge résiduelle. On peut même observer une série d'étincelles qui s'expliquent comme nous le dirons par le fait que les charges électriques, pendant la condensation, pénètrent la substance isolante.

201. Bouteille de Leyde. — Le condensateur à plateaux, dont les parties peuvent aisément se séparer, est commode pour les démonstrations relatives à la condensation : lorsque l'on veut observer des effets puissants, il est préférable d'utiliser des *bouteilles de Leyde* et des *jarres*. On désigne sous ce nom des bouteilles, ou des bocaux dont la paroi est en

contact avec des conducteurs métalliques sur ses deux faces ;
dans les jarres (fig. 301) ce sont des feuilles d'étain qui sont
collées à l'intérieur et à l'extérieur ; dans les
bouteilles de Leyde l'armature extérieure est
formée par une feuille d'étain, l'armature intérieure par des morceaux de clinquant (fig. 300).
Une tige métallique pénètre à travers le bouchon
qui ferme la bouteille et est en contact par son
extrémité inférieure avec l'armature intérieure.
On charge ces condensateurs en faisant communiquer cette tige avec la source d'électricité,
une machine électrique en général, et mettant
l'armature extérieure en communication avec le
sol, soit par une chaîne, soit en tenant la
bouteille à la main.

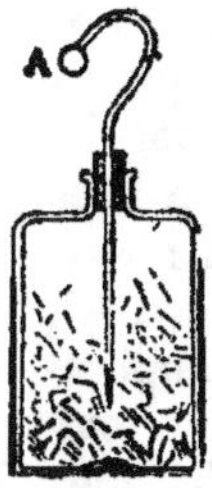

Fig. 300.

La charge que l'on peut communiquer à un condensateur, à
une bouteille de Leyde, dépend de la nature et
de l'épaisseur de la lame isolante et de la
surface des lames conductrices. Aussi, suivant
les cas, emploie-t-on des bouteilles de dimensions différentes ou même réunit-on plusieurs
jarres ou bouteilles pour former une batterie,
en mettant en communication d'une part toutes
les armatures extérieures et d'autre part toutes
les armatures intérieures.

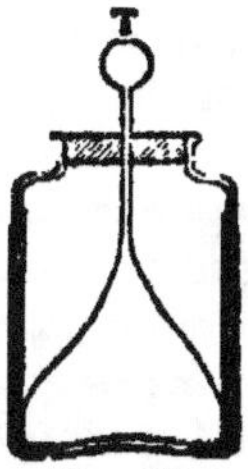

Fig. 301.

502. Électromètre condensateur. — La
capacité de la lame collectrice d'un condensateur varie suivant
que le condensateur est formé ou non ; cette propriété a été
utilisée dans quelques cas, notamment dans l'électromètre
condensateur de Volta. C'est un électromètre à feuilles d'or
dont le bouton supérieur est remplacé par un plateau métallique AB (fig. 302) recouvert sur sa face supérieure d'un ver-
nis isolant. Un autre plateau métallique CD porté par un
manche en verre est verni à sa face inférieure et peut s'appliquer sur le plateau fixé à l'appareil ; on constitue alors un
condensateur. A cause de la faible épaisseur de la couche isolante, les variations de capacité sont grandes suivant que les

plaques sont écartées ou rapprochées ; comme on fait usage de faibles charges, il n'y a pas à craindre une étincelle à travers cette mince couche isolante.

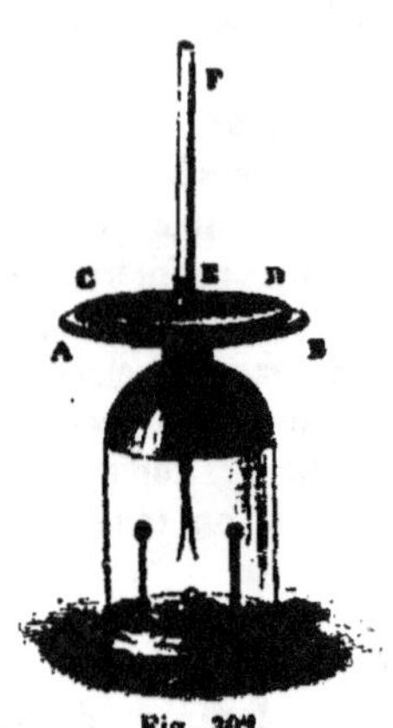

Fig. 302.

Cet appareil est destiné à reconnaître de faibles charges électriques, des charges de faibles potentiels plutôt, comme celles que fournissent les pôles des piles. On met le corps électrisé en communication avec le plateau inférieur, tandis que le plateau supérieur est en communication avec le sol ; le plateau inférieur est amené au même potentiel que la source, ...ais ce potentiel étant faible, les feuilles d'or ne s'écartent pas. Si alors on rompt la communication du plateau supérieur avec le sol, du plateau inférieur avec la source, puis qu'on sépare les plateaux, la capacité de la lame inférieure diminue et le potentiel augmenté : les feuilles d'or divergent.

Cet appareil sert avantageusement lorsque le corps que l'on veut étudier est à un potentiel faible, mais maintenu constant par une production d'électricité ; il serait moins utile pour l'étude des corps contenant une charge invariable, parce que par le contact le potentiel s'abaisserait notablement. Cependant il y aurait encore avantage sur l'emploi de l'électroscope ordinaire, parce que, la répartition de la charge dépendant des capacités des corps en présence, l'électromètre à plateau prendrait une fraction beaucoup plus considérable de la charge totale.

403. Distribution de l'électricité dans les corps mauvais conducteurs. — La distribution de l'électricité ne se produit pas dans les corps mauvais conducteurs comme dans les bons conducteurs ; le point capital, c'est que l'électrisation ne se manifeste pas seulement à la surface, mais qu'elle pénètre dans la masse même des corps. On a mis ce fait en évidence de diverses manières, et notamment à l'aide de l'expérience suivante :

On charge positivement un bâton de résine en le maintenant en contact pendant un certain temps avec une machine électrique ; on le frotte alors avec une peau de chat et le bâton de résine paraît électrisé négativement, comme s'il n'avait subi aucune action préalable. Si on l'abandonne à lui-même, on voit peu à peu sa charge diminuer, et à un certain instant il est à l'état neutre ; mais plus tard il paraît électrisé de nouveau, et cette fois sa charge est positive. Le résultat est donc bien celui qui résulterait de ce que la modification correspondant à l'électrisation positive a pénétré dans la profondeur du corps où elle a subsisté malgré l'électrisation négative superficielle pour ne disparaître que plus tard par le retour général à l'état neutre.

C'est par suite de cette propriété que se produisent les étincelles résiduelles que l'on peut obtenir quelques instants après que l'on a déchargé un condensateur ; ces étincelles, qui peuvent être assez considérables, proviendraient non des charges qui ont été déposées à la surface et qui ont donné lieu à la première étincelle, mais de celles qui ont pénétré dans la lame de verre et qui, après un certain temps, deviennent superficielles lorsque les premières charges superficielles ont disparu.

On comprend par ces remarques que le rôle de la lame isolante dans le condensateur ne doive pas être tout à fait aussi simple que nous l'avons indiqué d'abord, et que cette lame n'ait pas seulement pour effet d'empêcher les étincelles entre le condensateur et le collecteur. On a vérifié, en effet, par des expériences directes, l'existence d'une influence spécifique de la lame isolante : il suffit de prendre un condensateur à plateaux, de le charger et de mesurer le potentiel lorsqu'on met successivement entre les plateaux des lames de même épaisseur, mais de natures différentes ; on reconnaît que le potentiel ne conserve pas la même valeur, que la capacité du condensateur varie avec la nature de la substance interposée. Ce n'est donc pas seulement une action d'influence, où la distance des différents points interviendrait seule ; le phénomène est plus complexe, mais on n'en a pas encore une explication complète.

§ II

ÉTUDE GÉNÉRALE DES COURANTS.

Du courant électrique ; mesures auxquelles il donne lieu. Quantité, intensité, potentiel, capacité, résistance. Électro-moteurs et force électromotrice. Formules diverses. Vitesse de l'électricité.

504. Du courant électrique; de sa mesure. — Considérons un conducteur dont, par un procédé quelconque, on maintienne les deux extrémités à des potentiels différents V_0 et V : il s'établit un courant continu, puisque l'équilibre ne peut être obtenu : on conçoit que, rien ne variant, le courant doive être identique à lui-même à tous les instants, qu'il doive avoir toujours la même intensité. L'expérience prouve en effet que toutes les actions restent les mêmes : on a un *courant constant*.

Nous ne pouvons connaître l'existence de ce courant, dont nous ignorons la nature, que par les effets qu'il produit ; si nous laissons de côté les effets physiologiques, nous pouvons observer des effets chimiques, des effets calorifiques et des effets mécaniques.

Ce n'est que par l'étude de ces effets, ou au moins de l'un d'entre eux, que l'on peut arriver à comparer des courants différents, et que, par suite, on peut être conduit à la mesure des courants. Rien, *a priori*, ne conduit à faire choix de l'un de ces effets plutôt que d'un autre : on est convenu d'utiliser les effets produits par les courants sur les corps aimantés, aussi devons-nous immédiatement donner sur ces effets quelques indications sommaires que nous aurons à compléter par la suite.

Œrsted en 1826 observa qu'une aiguille aimantée *ns* mobile sur un pivot (fig. 303) ou suspendue par un fil fin (fig. 304) et placée

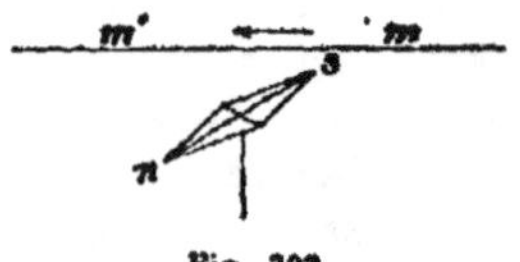

Fig. 303.

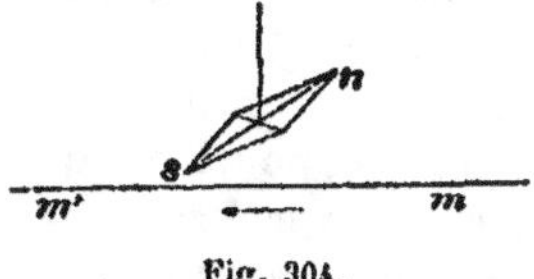

Fig. 304.

dans le voisinage d'un fil conducteur *mm'* traversé par un courant, était déviée de sa position normale, à laquelle tendait à la ramener le couple magnétique. Le sens de la déviation varie suivant les conditions de l'expérience, et Ampère a pu donner une règle générale qui précise ce sens dans tous les cas.

A cet effet, Ampère personnifie le courant pour ainsi dire et considère un personnage couché le long du conducteur de manière que le courant lui entre par les pieds et sorte par la tête (Ampère disait que les Pieds doivent être du côté du pôle Positif et le Nez du côté du pôle Négatif); ce personnage doit se placer de manière à toujours regarder l'aiguille aimantée. La règle qui définit l'action d'un courant sur un aimant est alors la suivante :

Par l'action d'un courant sur un aimant, le pôle nord est toujours dévié à la gauche du courant.

La valeur de la déviation dépend de toutes les conditions de l'expérience. Pour une même aiguille, placée dans un même champ magnétique et à la même distance du courant, cette déviation caractérise la valeur, *l'intensité* du courant. Nous dirons donc que :

Deux courants sont d'égale intensité lorsque, placés dans les mêmes conditions, à la même distance d'une aiguille aimantée, ils produisent la même déviation. Ils sont inégaux lorsque les déviations sont inégales ; le plus fort est celui qui produit la plus grande déviation.

Ces relations d'inégalité ne suffisent pas : il faut aller plus loin et arriver à la comparaison, au rapport des intensités, et par suite à leur mesure.

505. — On ne saurait prendre comme mesure de l'intensité la grandeur de la déviation produite ; c'est ce qui résulte des diverses expériences et notamment de la suivante :

On note la déviation α produite dans des conditions déterminées par un courant constant ; on cherche ensuite à obtenir dans un autre conducteur un courant égal au précédent, c'est-à-dire un courant qui, dans les mêmes conditions, produise la même déviation α, et l'on peut y arriver aisément en faisant varier les circonstances de production du courant. Si alors on place les deux conducteurs à côté l'un de l'autre, on a sur l'aiguille une action *double* de celle qu'exerçait un seul conducteur ; or l'expérience prouve que la déviation β est moindre que le double de la déviation précédemment observée.

On ne saurait donc prendre la déviation comme mesure de l'intensité du courant ; mais l'expérience précédente, complétée, peut conduire à la notion de la mesure. Si, plaçant à la même distance de l'aiguille un conducteur traversé par un courant, on observe une déviation β, on pourra conclure que ce courant produit une action double de celle qu'exerçait séparément chacun des courants primitifs ; on dira alors que l'intensité du 2ᵉ courant est *double* de celle du 1ᵉʳ courant.

On arriverait de la même façon à concevoir des courants dont les intensités seraient dans le rapport de 1 à 3, de 1 à 4..., de 1 à *m*... ; et par suite on arriverait également à déterminer des courants dont les intensités seraient dans le rapport de *m* à *n*. Il suffira donc de faire choix d'une intensité, qui sera adoptée comme unité, pour arriver à l'évaluation numérique, à la mesure des courants.

Disons, avant d'aller plus loin, que les actions produites par un fil conducteur sur une aiguille aimantée seraient très faibles et qu'on les augmente en enroulant un certain nombre de fois le fil autour d'un cadre au milieu duquel se trouve l'aiguille (fig. 305).

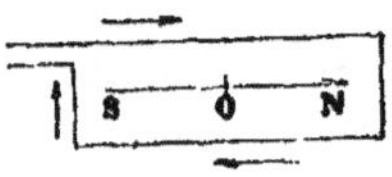

Fig. 305.

On reconnaît aisément que les actions des diverses parties du conducteur sont concourantes ; aussi dans cet appareil appelé *multiplicateur* de Schweigger, les déviations peuvent-elles être assez notables. Les *galvanomètres* que nous décrirons plus loin sont des modifications du multiplicateur et présentent une sensibilité plus grande.

Pour pouvoir faire les expériences de mesure que nous avons signalées précédemment, on enroule sur le cadre MNPO (fig. 306) deux fils identiques recouverts de soie *aa'*, *bb'*, de

manière que les courants soient obligés de traverser toute la
longueur des fils, ce qui n'arriverait pas si les diverses spires
étaient en contact. Cet appareil constitue
un *galvanomètre différentiel*; il a reçu ce
nom parce qu'il peut être utilisé autrement
que nous ne l'avons indiqué : en faisant
passer dans les deux fils des courants en
sens contraire, on obtient une action qui est

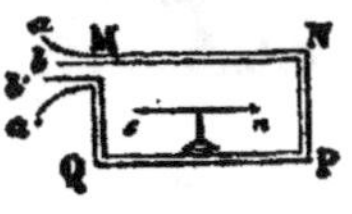

Fig. 306.

la *différence* de celles que produirait séparément chacun des
courants.

306. — Pour indiquer quelle unité a été choisie, nous devons entrer dans quelques détails. Devant y revenir plus tard,
nous allons les exposer sommairement ici.

Par une analyse détaillée d'une série d'expériences diverses, Ampère est arrivé à préciser l'action élémentaire, à trouver
la loi élémentaire qui préside aux phénomènes dont nous venons de faire connaître un exemple et qu'on appelle *phénomènes électro-magnétiques.*

Si l'on considère un élément de courant agissant sur un pôle
nord, il se manifeste au pôle une force qui est perpendiculaire
au plan qui contient cet élément et le pôle, et dirigée vers la
gauche du courant. Cette force varie proportionnellement à
l'intensité du pôle m, à la longueur ds de l'élément, et en raison inverse du carré de la distance r du pôle à l'élément; de
plus elle varie proportionnellement à l'intensité i du courant
définie comme nous l'avons dit plus haut. Si donc f est cette
force, on peut écrire, pour un choix convenable de l'unité[1] :

$$f = \frac{mi\,ds}{r^2}$$

Si au lieu d'un courant de longueur infiniment petite, on
avait un courant fini, plan, et dont le plan passerait par le
pôle, la force serait la *somme* des forces correspondant à chacun des éléments du courant (ce serait la résultante si le cou-

1. Il n'est pas sans intérêt de remarquer que l'on aurait pu partir directement de cette action et convenir de mesurer l'intensité du courant par la
force développée.

rant n'était pas plan ou si le pôle ne se trouvait pas dans son plan). En particulier, si le courant est un arc de cercle *ab* (fig. 307) de longueur *s* de rayon *r* au centre duquel serait le pôle *n*, on a évidemment :

$$F = \frac{m\,i\,s}{r^2}$$

Fig. 307.

Cette équation définit l'unité d'intensité de courant (on dit quelquefois par abréviation unité de courant), car il faut que l'on ait $i = 1$ lorsque l'on a simultanément :

$$F = 1 \qquad m = 1 \qquad s = 1 \qquad \text{et} \qquad r = 1$$

On aura donc la définition suivante de l'unité de courant dans le système des unités C.G.S.

*L'unité de courant est le courant qui, traversant un conducteur de 1*cm *de longueur recourbé suivant un arc de cercle de 1*cm *de rayon exerce une force de 1 dyne sur l'unité de pôle magnétique placé en son centre.*

C'est là l'unité *électro-magnétique* d'intensité de courant ; on en a proposé d'autres ; mais elles ne sont pas utilisées.

Cette unité n'est pas celle qui est employée dans la pratique : celle-ci, à laquelle on a donné le nom d'*Ampère*, est égale à 10^{-1} unité absolue. On peut donc donner la définition suivante :

*L'Ampère c'est l'intensité d'un courant de 1*cm *de longueur qui courbé en arc de cercle de 1*cm *de rayon exerce une action de 1 dyne sur l'unité de pôle magnétique placée en son centre.*

207. — Sans vouloir insister sur une comparaison qu'il serait difficile de justifier absolument, puisqu'on ignore ce que c'est que l'électricité, il n'est pas sans avantage, dans un certain nombre de cas, de se représenter un courant électrique passant à travers un conducteur comme présentant quelque analogie avec l'écoulement d'un liquide dans un tuyau. L'idée de l'intensité serait analogue à celle du *débit* du liquide.

De même que le débit peut être caractérisé par la *quantité* de liquide qui passe dans l'unité de temps à travers une section de la conduite, on est alors conduit à penser que l'intensité du courant doit être caractérisée par la *quantité* d'électricité qui passe dans l'unité de temps à travers une section du conducteur. Il est nécessaire de soumettre cette idée à la vérification de l'expérience, du moins autant qu'il est possible.

Nous supposons que l'on possède une série de galvanomètres ou d'autres appareils permettant de faire des mesures comparatives des intensités des courants. Soit alors M (fig.

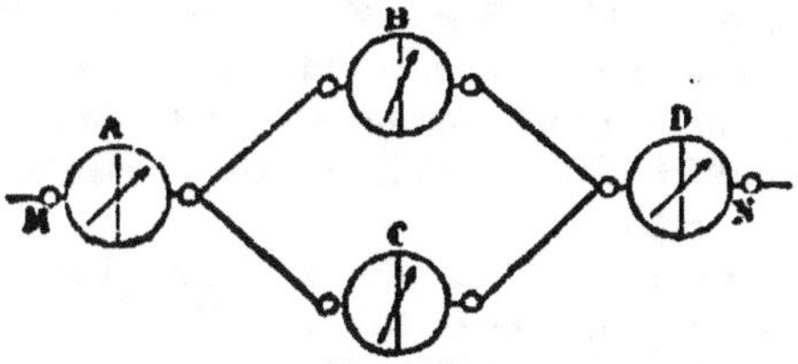

Fig. 308.

308) un conducteur qui amène le courant à un galvanomètre A ; de celui-ci partent deux conducteurs identiques aboutissant à deux galvanomètres identiques B et C, reliés eux-mêmes par deux conducteurs identiques à un galvanomètre D. Il est évident, si le courant est produit par un agent spécial circulant dans les conducteurs que, dans un même temps, il devra passer autant d'électricité en A qu'en D d'une part, et d'autre part autant en B qu'en C ; il est non moins évident qu'il en passera deux fois moins en B ou en C qu'en A ou D. Si donc la comparaison est justifiée dans quelque mesure, l'intensité du courant doit être la même en A et D ; elle doit être la même en B et C ; et dans ces derniers, elle doit être la moitié de ce qu'elle est en A et D.

L'expérience montre que les déviations observées correspondent, d'après la graduation qui a été effectuée à l'avance, aux valeurs des intensités que l'on a prévues.

Le courant étant supposé constant (ce qui correspond au régime permanent pour l'écoulement des liquides dans les tuyaux) la quantité d'électricité Q qui traverse une section doit être proportionnelle au temps : on doit donc avoir en appelant q la quantité d'électricité écoulée en 1 seconde

$$Q = qt.$$

Mais il y a proportionnalité entre l'intensité I et la quantité q écoulée par seconde ; à la condition de choisir convenablement l'unité de quantité on peut écrire :

$$Q = It$$

Cette équation définit l'unité de quantité d'électricité ; car on doit avoir $Q = 1$, lorsque l'on a à la fois $I = 1$ et $t = 1$; donc :

L'unité de quantité d'électricité est la quantité qui passe pendant l'unité de temps dans une section d'un conducteur traversé par un courant dont l'intensité est égale à l'unité.

Il y a une unité CGS d'électricité qui est suffisamment définie par ce qui précède.

Mais, en outre, il existe une unité pratique de quantité d'électricité, elle a reçu le nom de *Coulomb*. Elle se trouve reliée à l'Ampère et l'on peut dès lors en donner la définition suivante :

Le coulomb est la quantité d'électricité qui passe en 1 seconde dans une section d'un conducteur traversé par un courant de 1 ampère.

508. Du potentiel dans un courant. — Si l'on considère un conducteur traversé par un courant, on reconnaît qu'il y a élévation de température : la quantité de chaleur dégagée est déterminée par les lois de Joule que nous étudierons plus tard et dont nous nous bornerons à indiquer un énoncé :

La quantité de chaleur dégagée dans l'unité de temps dans un conducteur est proportionnelle à l'intensité du courant et à la différence de potentiel qui existe entre ces deux extrémités.

Nous pouvons remplacer dans cet énoncé la quantité d'énergie qui y entre sous forme calorifique par une quantité équivalente sous forme mécanique. Si donc E représente la différence de potentiel, I l'intensité du courant, W le travail mécanique (du mot anglais work), on peut écrire, pour un choix convenable d'unités

$$W = EIt$$

Cette équation définit l'unité de potentiel, car il faut que l'on ait $E = 1$ si l'on fait $W = 1$ et $I = 1$. On a, par conséquent pour l'unité CGS de potentiel la définition suivante :

L'unité de potentiel est la différence de potentiel qui, maintenue aux deux extrémités d'un conducteur, y produit un courant ayant une intensité égale à l'unité et susceptible de donner naissance à une action extérieure dont l'énergie en 1 seconde serait égale ou équivalente à 1 erg.

Cette unité CGS n'est pas employée dans la pratique : elle est trop petite ; celle dont on fait usage pour les applications est le *volt*, qui est égale à 10^8 unités CGS.

Le kilogrammètre étant égal à $9,81 \times 10^7$ ergs, ou approximativement à 10^8 ergs, on peut donner du volt la définition suivante (l'ampère étant égal à 0,1 de l'unité CGS d'intensité) :

Le volt est la différence de potentiel qui, maintenue aux extrémités d'un conducteur, y produit un courant ayant une intensité de 1 ampère et capable de donner naissance à une action extérieure dont l'énergie en 1 seconde soit égale ou équivalente à 0.1 de kilogrammètre (ou exactement à 0,098088 de kilogrammètre).

500. — Nous avons défini d'une manière générale (497) la capacité d'un conducteur ou d'un condensateur ; si nous appelons Q la quantité d'électricité dont est chargé le plateau collecteur, E le potentiel auquel il est porté, l'autre plateau étant en communication avec le sol, on a :

$$Q = CE$$

C étant la capacité du condensateur. Cette équation, comme nous l'avons fait remarquer, définit l'unité de capacité.

Il y a une unité CGS de capacité (dans le système électromagnétique) correspondant aux unités de quantité et de potentiel que nous venons de définir.

Mais il y a aussi une unité pratique, le *farad*, définie par la condition que l'équation précédente est applicable aux capacités mesurées à l'aide de cette unité ; c'est-à-dire qu'il faut que l'on ait $C = 1$ farad quand on aura $Q = 1$ coulomb et $E = 1$ volt.

Le volt vaut 10^8 unités absolues, le coulomb 10^{-1} unités CGS; il résulte de là que le farad vaut 10^{-9} unités CGS de capacité. Cette unité est encore beaucoup trop grande, et dans la pratique on emploie seulement le *microfarad*, millionième partie du farad, ou même des subdivisions du microfarad.

308. Conductibilité, résistance d'un conducteur. — Enfin, l'intensité d'un courant qui traverse un conducteur est proportionnelle à la différence de potentiel, et dépend en outre de la longueur, de la section, de la nature du conducteur. Pour un même conducteur, il y a proportionnalité entre l'intensité d'un courant et la différence de potentiel qui lui a donné naissance; on peut donc poser

$$\frac{I}{E} = \Gamma \qquad \text{ou} \qquad I = \Gamma E$$

Le coefficient Γ qui caractérise le conducteur est ce que l'on nomme sa *conductibilité*; on emploie plus fréquemment l'inverse de ce coefficient $R = \dfrac{1}{\Gamma}$ que l'on désigne sous le nom de *résistance* du conducteur. On a alors

$$\frac{E}{I} = R \qquad \text{ou} \qquad I = \frac{E}{R}$$

Cette équation définit l'unité de résistance lorsque les unités de potentiel et d'intensité sont déterminées; car on doit avoir $R = 1$ quand $E = 1$ et $I = 1$.

Il y a une unité CGS de résistance qui est suffisamment indiquée par ce qui précède.

Il y a une unité pratique, l'*ohm*, qui est dès lors définie ainsi qu'il suit :

L'ohm est la résistance d'un conducteur qui est traversé par un courant de 1 ampère quand on maintient une différence de potentiel de 1 volt entre ses deux extrémités.

L'ohm vaut 10^9 unités CGS de résistance [1].

1. En s'appuyant sur les relations qui ont servi à déterminer les unités dans le système électro-magnétique, on trouve les dimensions suivantes :

Intensité :
$$\left[M^{\frac{1}{2}} L^{\frac{1}{2}} T^{-1} \right]$$

311. Étalons de résistance et de capacité. — Des éléments qui définissent les causes et les conditions d'un courant, il y en a deux seulement qui sont caractérisées par l'état matériel des corps, leur forme, leur nature, leur dimension : ce sont la capacité et la résistance. On a pu déterminer les circonstances qui les font varier, les lois auxquelles obéissent ces variations ; on a pu construire des étalons qui représentent les unités adoptées, soit le *microfarad* et l'*ohm*.

La différence de potentiel ne se produit et ne se maintient que par une action qui se manifeste dans un système déterminé ; on a pu, du moins dans certains cas, chercher les lois qui la régissent et nous étudierons cette question en parlant des circonstances dans lesquelles on produit des différences de potentiel. On a pu construire un étalon, une pile dont les pôles présentent une différence de potentiel égale à 1 volt ; mais son action s'épuise par le fonctionnement même, et après un certain temps d'usage, elle cesse de présenter cette différence de potentiel : c'est donc un étalon d'une espèce particulière.

Nous n'avons rien à ajouter à ce que nous avons dit sur les conditions qui font varier la capacité d'un condensateur ; il nous suffira d'indiquer la forme qui a été donnée aux étalons du microfarad.

Un étalon ayant cette capacité est constitué généralement par 300 feuilles d'étain ayant environ 8 cm. de diamètre, séparées par des feuilles de mica et réunies en deux groupes comprenant, l'un les feuilles de rang pair, l'autre les feuilles de rang impair, qui représentent respectivement les deux armatures du condensateur.

L'étalon de résistance est représenté par une colonne de

Quantité :
$$\left[M^{\frac{1}{2}} L^{\frac{1}{2}} \right]$$

Potentiel :
$$\left[M^{\frac{1}{2}} L^{\frac{3}{2}} T^{-1} \right]$$

Capacité :
$$\left[L^{-1} T^{2} \right]$$

Et résistance :
$$\left[L T^{-1} \right]$$

mercure de 1 millimètre carré de section et de 1 m. 06 de longueur à la température de 0°.

512. Lois des résistances. — La résistance d'un conducteur dépend de plusieurs conditions que nous allons indiquer.

La valeur de la résistance peut se déduire de la formule
$I = \frac{E}{R}$; il faut mesurer la différence de potentiel aux extrémités du conducteur considéré ; l'intensité doit être évaluée par
un galvanomètre placé en dehors de ces points, car sans cela
sa résistance propre devrait intervenir. Disons d'ailleurs que,
en réalité, c'est par d'autres méthodes que l'on effectue ces
mesures ; il nous suffit d'indiquer ici la possibilité de ces déterminations numériques.

L'expérience montre que :

La résistance d'un conducteur présentant partout la même
section est proportionnelle à sa longueur, en raison inverse
de sa section, et dépend en outre de sa nature.

Si donc l et s représentent la longueur et la section du conducteur et k un coefficient numérique constant pour une
substance déterminée, on a :

$$R = \frac{kl}{s}$$

Le coefficient k est ce qu'on appelle la *résistance spécifique*
du corps considéré. On voit que l'on a $R = k$ si $l = 1$ et $s = 1$;
la résistance spécifique est donc la résistance d'un cube
de 1^{cm} de côté traversé normalement entre deux faces opposées. En général on donne cette résistance évaluée en *mi-
crohms*, c'est-à-dire en millionièmes d'ohms.

Quelquefois, comme nous l'avons dit, on détermine la conductibilité Γ du conducteur ; on a alors

$$\Gamma = \frac{\gamma s}{l}$$

et γ, coefficient numérique qui caractérise le corps considéré,
est appelé la *conductibilité spécifique* de ce corps : on a d'ailleurs la relation simple $\gamma = \frac{1}{k}$.

Sir William Thomson a proposé de se servir de la conductibilité pour remplacer la résistance dans un certain nombre de formules : il a proposé également de donner à l'unité de conductibilité le nom de *mho* (renversement du mot Ohm). Sous une forme un peu différente cette quantité était d'ailleurs déjà utilisée.

Il résulte de ce qui précède que deux conducteurs sont équivalents au point de vue de l'intensité des courants qu'ils peuvent transmettre si l'on a :

$$\frac{kl}{s} = \frac{k'l'}{s'} \qquad \text{ou} \qquad \frac{\gamma s}{l} = \frac{\gamma' s'}{l'}$$

512. — On peut concevoir une substance qui aurait une résistance (ou une conductibilité) égale à l'unité ; on peut alors imaginer qu'on remplace un conducteur quelconque par un autre équivalent constitué par cette substance et ayant une section ou une longueur égale à l'unité.

Si l'on convient que ce conducteur type aura une section égale à l'unité (1^{cmq}), il faudra en appelant λ la longueur qui remplacera un conducteur donné k, l, s que l'on ait :

$$\frac{kl}{s} = \lambda$$

La valeur λ est appelée souvent la *longueur réduite*. On voit qu'elle ne diffère pas de ce que l'on a appelé la résistance du conducteur.

On peut convenir au contraire que l'on remplace le conducteur considéré par un conducteur équivalent de la substance type ayant une longueur égale à l'unité ; si l'on appelle ω la section de ce conducteur on aura :

$$\frac{kl}{s} = \frac{1}{\omega}$$

La valeur ω est ce qu'on appelle la *section réduite* du conducteur. Elle est égale à l'inverse de la longueur réduite et ne diffère pas dès lors de ce que l'on appelle aussi la conductibilité du conducteur.

214. — La considération des longueurs et des sections réduites permet de résoudre un certain nombre de questions qui trouvent de fréquentes applications : comme type de ces applications, on peut examiner les deux cas suivants.

I. Entre deux points A et B (fig. 309) sont placés à la suite les uns des autres divers conducteurs définis par les quantités

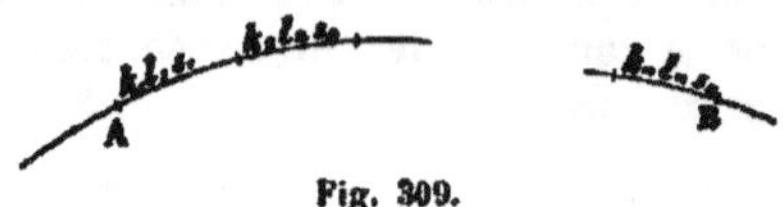

Fig. 309.

k_1, l_1, s_1 ; k_2, l_2, s_2 ;... quelle est la résistance qu'ils opposent au passage du courant ? Nous pouvons, par la pensée, remplacer chaque conducteur par un conducteur équivalent de la substance type ayant la longueur réduite correspondante; si λ_1, λ_2... sont ces longueurs réduites, on a

$$\lambda_1 = \frac{k_1 l_1}{s_1} \qquad \lambda_2 = = \frac{k_2 l_2}{s}, \ldots$$

On a donc à considérer une série de conducteurs de même nature et de même section. La résistance étant proportionnelle à la longueur, si l'on appelle R la résistance de cet ensemble, on aura :

$$R = \lambda_1 + \lambda_2 + \ldots = \frac{k_1 l_1}{s_1} + \frac{k_2 l_2}{s_2} + \ldots$$

c'est cette valeur, résistance du circuit, qui devra entrer dans les formules. La résistance totale est la somme des résistances partielles.

II. Entre deux points A et B (fig. 310) sont placés à côté les uns des autres, et ayant mêmes extrémités, divers conducteurs définis comme ci-dessus, quelle est la résistance qu'ils opposent au passage du courant ? Nous pouvons par la pensée remplacer chaque conducteur par un conducteur équivalent de la substance

Fig. 310.

type ayant la section réduite correspondante ; si ω_1, ω_2... sont ces sections réduites, on a :

$$\omega_1 = \frac{s_1}{k_1 l_1} \qquad \omega_2 = \frac{s_2}{k_2 l_2} \dots$$

On a alors une série de conducteurs de même nature et de même longueur ; on peut admettre qu'ils produiront le même effet, quoique séparés, que s'ils étaient groupés en un conducteur unique ayant même longueur. Ce conducteur unique qui les remplacerait tous aurait une section Ω qui serait donnée par la formule :

$$\Omega = \omega_1 + \omega_2 + \dots = \frac{s_1}{k_1 l_1} + \frac{s_2}{k_2 l_2}$$

c'est-à-dire que la section réduite ou la conductibilité de l'ensemble de ces conducteurs est la somme des sections réduites ou des conductibilités de chacun d'eux.

L'hypothèse que l'on fait pour arriver à cette formule revient à admettre que la quantité d'électricité qui, dans un temps donné, passe à travers une section donnée est la même, que cette section soit celle d'un conducteur unique ou qu'elle soit formée par la réunion de sections distinctes de divers conducteurs de même nature.

Nous verrons plus loin des applications de ces formules.

515. Répartition du potentiel dans un conducteur. — Lorsqu'un conducteur AB est traversé par un courant, nous concluons qu'il existe entre ses deux extrémités une certaine différence de potentiel. Mais on peut étudier en outre le potentiel des divers points du conducteur à l'aide d'un électromètre de Thomson, par exemple : on arrive à des résultats très simples.

S'il existe entre les points A et B un conducteur homogène présentant partout la même section, on reconnaît que la variation de potentiel est proportionnelle à la longueur considérée.

Si donc l est la longueur du fil, E la différence de potentiel entre les points A et B ; e la différence de potentiel entre A et un point C situé à une distance x de A, on a :

$$\frac{e}{E} = \frac{x}{l} \quad \text{ou} \quad e = x\,\frac{E}{l}$$

Cette loi simple n'existe pas pour le cas des conducteurs différents placés à la suite ; mais on la retrouve si, au lieu de tenir compte des longueurs effectives des conducteurs, on introduit leurs résistances, et l'on peut alors donner la loi générale suivante qui, implicitement, comprend le cas précédent :

Les différences de potentiel entre des points d'un conducteur traversé par un courant sont proportionnelles aux résistances (ou aux longueurs réduites) des parties comprises entre ces points.

516. Des électromoteurs et de la force électromotrice. — Nous avons admis dans tout ce qui précède que les deux extrémités d'un conducteur pouvaient être amenés et maintenus à un état tel qu'ils présentassent une différence de potentiel constante. De là résulte dans le conducteur une série d'effets que nous étudierons par la suite, mais qui correspondent à une dépense d'énergie ; cette énergie manifestée dans le conducteur doit être fournie par une action qui se produit en dehors du conducteur considéré.

Pour que la condition supposée soit réalisée, il doit y avoir, en dehors du conducteur entre les points A et B un système continu, très variable dans sa nature, et dans lequel il se produise une action absorbant une certaine quantité d'énergie. Il y a dans ce système une tendance au rétablissement de l'équilibre électrique, tendance qui est précisément contrebalancée par l'action spéciale qui s'y produit. Nous désignerons un semblable système sous le nom d'*électromoteur* ; nous aurons à examiner par la suite les divers électromoteurs et nous indiquerons seulement ici leurs caractères généraux.

L'énergie dépensée dans un électromoteur peut être de nature différente ; c'est elle qui, transformée par un procédé que nous ignorons, est la véritable origine, la véritable cause du courant. Pour simplifier, sinon le fond, au moins la forme de la question, on est convenu d'introduire un intermédiaire, la *force électromotrice* qui, toujours de même nature, serait produite par les diverses actions manifestées dans les électromoteurs, et produirait à son tour le courant dans le conducteur. Nous avons alors d'une part à étudier les relations qui existent entre les phénomènes qui ont lieu dans les électromoteurs et la force électromotrice (et nous ferons cette étude en parlant des divers électromoteurs) ; et d'autre part les relations entre la force électromotrice et le courant observé ; nous allons traiter d'abord cette dernière question.

Dans un électromoteur quelconque, il existe deux points que nous appellerons les *bornes* ou les *pôles* du système, auxquels on fixe les extrémités du conducteur que doit traverser le courant produit. Imaginons d'abord que, l'électromoteur étant en état de fonctionnement, les bornes restent isolées, qu'elles ne soient pas reliées entre elles : l'expérience permet de mesurer la différence de potentiel entre ces bornes. On reconnaît que si l'on interpose avant chaque borne un conducteur isolé, on trouvera toujours, quelle que soit sa longueur, la même différence de potentiel entre les extrémités. Il semble donc que la différence de potentiel dépende uniquement de l'action spéciale qui se produit dans l'électromoteur, de la force électromotrice. Cette force électromotrice, d'ailleurs, ne nous est connue que par cette différence de potentiel et il est tout naturel que cette dernière quantité serve à mesurer la force électromotrice qui, dès lors, sera évaluée en volts.

517. — Réunissons maintenant par un fil de résistance R les bornes de l'électromoteur ; nous observerons deux effets : un courant traversera le fil, d'une part ; et, d'autre part, la différence de potentiel entre les bornes diminuera. L'intensité du courant sera déterminée par la relation $I = \dfrac{e}{R}$, e étant la différence de potentiel qui subsiste aux bornes, et non celle E que l'on observait tant que le circuit était ouvert.

On constate d'ailleurs que pour un même appareil, correspondant à la même valeur de E, la valeur de e quand le courant passe dépend tant de la résistance du fil interposé entre les bornes que de celle des conducteurs que l'on avait préalablement placé avant les bornes.

Ces divers faits s'expliquent aisément si l'on observe que

l'électricité traverse non seulement le circuit extérieur pour y produire le courant observé, mais encore traverse également l'électromoteur lui-même, et que, par suite, la résistance de cet électromoteur doit intervenir.

518. — **La** différence de potentiel observée quand le circuit n'est pas fermé mesure la force électromotrice E ; elle représente ce que peut produire celle-ci au maximum, puisque les bornes sont au même potentiel que les diverses parties avec lesquelles elles communiquent (546), sauf aux points précis où se reproduit l'action qui fait naître la force électromotrice. Si r est la résistance de l'électromoteur, R celle du conducteur extérieur, nous pouvons concevoir que le courant est dû à une différence de potentiel E et qu'il a à traverser une résistance totale $r + R$; l'application de la formule générale donne alors :

$$I = \frac{E}{r + R}$$

On peut se rendre compte de la formule autrement et cela présente un intérêt réel dans certains cas : si nous appelons ε la différence de potentiel aux bornes de l'électromoteur, on a :

$$I = \frac{\varepsilon}{R}$$

Mais on peut calculer ε en appliquant à ce cas la règle générale que nous avons donnée pour les conducteurs (515) et d'où l'on tire :

$$\frac{\varepsilon}{E} = \frac{r + R}{R}$$

On retrouve donc la formule précédente, qui d'ailleurs a été vérifiée expérimentalement dans un grand nombre de cas.

Les effets que l'on observe entre les deux bornes d'un électromoteur peuvent dépendre, suivant les circonstances, soit de la différence ε de potentiel entre les bornes, soit de l'intensité du courant I qui traverse le conducteur, soit de l'énergie $W = \varepsilon I$ qui est disponible dans ce conducteur. Ces quantités sont données respectivement par les formules

$$\imath = \frac{ER}{R + r} \qquad I = \frac{E}{R + r} = \frac{\imath}{R} \qquad W = \frac{E^2 R}{(R + r)^2}$$

formules dont la discussion peut être utile dans divers cas.

519. — Un électromoteur est caractérisé par sa force électromotrice E et par sa résistance R ; mais ces éléments ne font pas connaître le débit d'électricité auquel il peut satisfaire, la quantité qu'il peut fournir par seconde pour traverser le conducteur. Cette donnée dépend notablement de la résistance extérieure, puisque, en somme, elle est mesurée par le même nombre que l'intensité ; si donc q est le débit par seconde, on a :

$$q = \frac{E}{R + r}$$

On voit que cette valeur atteint un maximum $\frac{E}{R}$, quant l'électromoteur est *fermé sur lui-même*, suivant l'expression consacrée, c'est-à-dire lorsque les deux bornes sont reliées l'une à l'autre directement ; d'autre part, on peut rendre cette valeur aussi petite que l'on veut en faisant croître r.

Parmi les électromoteurs, on peut distinguer : 1º ceux que nous avons spécialement indiqués dans ce qui précède, pour lesquels le débit peut atteindre la valeur maxima $\frac{E}{R}$; ils fourniront *a fortiori* les débits moindres ; on pourra observer qu'il existe une différence de potentiel constante aux bornes, on reconnaîtra aisément l'existence d'un courant ; 2° ceux qui, au contraire, par suite de leur mode d'action, ne peuvent à beaucoup près, au moins dans les conditions ordinaires de leur fonctionnement, fournir la quantité d'électricité qui répond au maximum. Pour ces électromoteurs qui comprennent les machines électriques proprement dites, on ne peut observer de courant lorsqu'on réunit leurs bornes par un conducteur; ils ne peuvent en général satisfaire au débit qui devrait s'établir. Cependant, en employant des conducteurs très résistants, en augmentant considérablement la valeur de R, on arrive à réaliser des conditions telles que le débit que ces machines sont susceptibles de fournir y corresponde ; on aura alors réellement des courants, très faibles nécessairement, mais de véritables courants bien caractérisés. Comme ces conditions ne se rencontrent que très exceptionnellement, il y a lieu de faire à part l'étude de ces électromoteurs. Dans ce qui suivra, nous nous occuperons spécialement des électromoteurs où le débit électrique est considérable.

580. — Considérons un électromoteur qui ne fonctionne pas, une pile dont le zinc ne plonge pas dans le liquide, une machine d'induction qui ne tourne pas; les bornes ont été mises en contact avec le sol et sont au potentiel *zéro*. Mettons l'appareil en action, en plongeant le zinc dans le liquide ou en faisant tourner la machine; au bout d'un temps très court, les potentiels des bornes présenteront une différence qui ne variera pas et qui sera caractéristique de la machine. Mais, en réalité, cette différence de potentiel n'a pas été produite instantanément, elle a cru progressivement de zéro à la valeur qu'elle présente finalement; la durée de cette action transitoire a été tellement faible qu'on ne peut l'apprécier, quelle que soit la rapidité de l'opération, si l'on opère directement. Il faudrait pour la mettre en évidence un dispositif spécial analogue à celui que nous décrivons ci-dessous.

De même lorsque l'on réunit par un conducteur les bornes de l'électromoteur, ce n'est pas instantanément que la différence de potentiel descend de E à ε; il faut également un espace de temps très petit, une *période variable* qui précède l'état permanent. Nous dirons ci-après qu'il se produit un effet analogue pour la production du courant.

581. Association des électromoteurs. — Dans tous les électromoteurs, la valeur de la différence de potentiel produite est indépendante de la valeur absolue du potentiel. Il résulte de là que si à la suite d'un électromoteur présentant une différence de potentiel e on en place un autre dirigé dans le même sens et susceptible de produire une différence de potentiel e', de manière à réunir la borne qui a le potentiel le plus élevé du premier à celle qui a le potentiel le moins élevé du second, on aura une différence de potentiel $e + e'$; ce qui revient à dire que le système aura une force électro-motrice égale à la somme des forces électro-motrices des deux appareils, qui sont dits *réunis en série* (ou en *tension*). Le raisonnement s'étendrait au cas d'un nombre quelconque d'électromoteurs, dont l'ensemble aurait une force électro-motrice égale à Σe.

Mais la résistance de ces électromoteurs serait de même Σr; si R est la résistance extérieure, le courant produit aura pour intensité

$$I = \frac{\Sigma e}{R + \Sigma r}$$

En particulier, si tous les électromoteurs sont identiques et qu'il y en ait n, la formule devient :

$$I = \frac{ne}{R + nr}$$

Si l'on a deux électromoteurs de force électro-motrice e et e', on peut les réunir en *opposition*, c'est-à-dire mettre en communication les deux bornes qui sont au plus haut potentiel ou celles qui sont au potentiel le plus faible. La propriété générale que nous avons énoncée au début montre que la différence de potentiel entre les bornes libres sera $e - e'$ ou $e' - e$.

On étendrait aisément le même raisonnement au cas d'un nombre quelconque d'électromoteurs et l'on retrouverait la même formule avec la convention que Σe représente une somme algébrique, les forces électro-motrices étant prises avec le signe $+$ ou avec le signe $-$ suivant le sens du courant auquel elles peuvent donner naissance. Mais il importe de remarquer que, dans tous les cas, la valeur Σr est une somme *arithmétique*, parce que l'action d'une résistance quelconque est toujours la même quel que soit le sens dans lequel elle est traversée par le courant.

522. Détermination de l'intensité d'un courant. — On peut avoir à considérer des réseaux complexes, présentant des conducteurs se rencontrant diversement et sur le trajet desquels peuvent se trouver des électromoteurs ; on arrive à trouver le sens et l'intensité des courants parcourant chaque partie, en se servant de deux formules dues à Kirchhoff et que nous allons indiquer rapidement.

Considérons une série de conducteurs aboutissant en un même point; un certain nombre de courants se dirigent vers lui, d'autres s'en éloignent. Convenons de les distinguer par le signe $+$ ou $-$ donné à leur intensité. Comme en un temps quelconque, en 1 seconde par exemple, il doit arriver au point considéré autant d'électricité qu'il en part, puisque nous supposons le régime établi, il faut que l'on ait :

$$\Sigma i = 0. \tag{1}$$

Pour trouver la seconde formule, il faut établir d'abord une relation pour un conducteur dont λ est la résistance totale, dont les deux extrémités sont à des potentiels V_0 et V_1 et sur le trajet duquel il existe un certain nombre d'électro-moteurs de forces électro-motrices e, e'... et dont les résistances sont comprises dans la valeur de r. Il résulte évidemment des formules précédentes (521) que l'effet d'une force électro-motrice est indépendante de la position qu'elle occupe dans le circuit. Si donc A est le point qui a le potentiel le plus élevé, nous pouvons supposer qu'on y applique toutes les forces électro-motrices dirigées dans un sens tel qu'elles tendent à élever le potentiel; soient e', e'', e'''... leurs valeurs. Le potentiel en A deviendra $V_0 + e' + e'' + e'''$... Opérons de même à l'autre extrémité et réunissons-y les forces électro-motrices ayant pour effet d'abaisser le potentiel et soient e_1, e_2... leurs valeurs numériques, le potentiel en B deviendra $V_1 - e_1 - e_2$.... La différence de potentiel sera donc

$$(V_0 + e' + e'' + ...) - (V_1 - e_1 - e_2...) = V_0 - V_1 + \Sigma e$$

le terme Σe représentant comme précédemment une somme algébrique. Pour ce conducteur, on aura alors :

$$I = \frac{V_0 - V_1 + \Sigma e}{\lambda} \qquad \text{ou} \qquad \lambda I = V_0 - V_1 + \Sigma e$$

Considérons maintenant dans le réseau quelconque un ensemble de conducteurs constituant un circuit fermé. Appelons r_1, r_2......r_n et I_1, I_2...... I_n les résistances des diverses parties et les intensités des courants qui les traversent. Soient encore Σe_1, Σe_2... les sommes algébriques des forces électromotrices qui existent sur chaque côté du circuit. Enfin, appelons V_0 le potentiel à la première extrémité du conducteur et successivement V_1, V_2, V_3... V_n les potentiels aux extrémités des autres conducteurs.

Appliquant à chacun de ces conducteurs la formule précédente, en remarquant que la première extrémité d'un conducteur est la dernière du conducteur précédent, on aura :

$$r_1 I_1 = V_0 - V_1 + \Sigma e_1$$
$$r_2 I_2 = V_1 - V_2 + \Sigma e_2$$
$$r_n I_n = V_n - V_0 + \Sigma e_n$$

et en ajoutant, et écrivant le résultat sous une forme abrégée :

$$\Sigma r I = \Sigma e. \tag{2}$$

On peut reconnaître que l'application de ces deux formules permet dans tous les cas de déterminer la valeur de I pour chacun des conducteurs du réseau complexe.

593. Association d'électromoteurs en batterie. — On peut grouper divers électromoteurs de manière que leurs bornes de même nom soient réunies en un même point et que, en ces points, viennent aboutir les extrémités du circuit extérieur. On calcule sans difficulté par l'emploi des formules de Kirchoff les intensités qui traversent tant chaque électromoteur que le fil extérieur.

Nous étudierons seulement le cas, qui se présente fréquemment, où l'on groupe comme nous venons de le dire, c'est-à-dire *parallèlement* (on dit quelquefois en *batterie* ou en *quantité*) n électromoteurs identiques.

Soient alors e la force électro-motrice de l'un d'eux, r sa résistance, i l'intensité du courant qui le parcourt; R la résistance du fil extérieur et I l'intensité du courant qui le traverse.

En appliquant la première formule à l'une des bornes, on a

$$I - ni = 0$$

Si nous considérons maintenant le circuit fermé constitué

par le conducteur extérieur et par le conducteur contenant un
électromoteur, on a la relation

$$RI - ri = e$$

Résolvant ces deux équations, on a

$$I = \frac{nr}{nR + r} \qquad \text{et} \qquad i = -\frac{e}{nR + r}$$

Il est intéressant de comparer cette valeur avec celle de l'intensité J que les mêmes électromoteurs groupés en série auraient produite dans le même conducteur, valeur donnée par
la relation

$$J = \frac{ne}{R + nr}$$

Dans chaque cas particulier, on verra quel est le groupement
qui est le plus avantageux ; on aura $I > J$ si $nR + r < R + nr$
c'est-à-dire si $R < r$ et inversement. En d'autres termes, il y aura
avantage à monter les éléments en batterie ou en série, suivant
que la résistance du fil extérieur sera plus petite ou plus grande
que celle d'un élément.

On peut d'ailleurs grouper les éléments différemment, en
formant des *séries* de *batteries* ou des *batteries* de *séries* ; ces
combinaisons peuvent être plus avantageuses que les groupements simples.

524. États variables, état permanent d'un courant.
— Dans un très grand nombre de cas les courants agissent d'une
manière continue, c'est-à-dire que pendant un certain temps
les actions se produisent sans interruption et sans variations
brusques. Dès que la durée de l'action dépasse quelques secondes, on peut négliger les particularités qui, pendant un temps
très court, se produisent au début et à la fin des courants ; il
est nécessaire cependant de connaître les conditions de l'établissement et de la fin des courants, car il y a des effets qui dépendent précisément des conditions initiales et finales.

Occupons-nous d'abord de l'établissement des courants. Considérons pour cela un conducteur BC dont l'extrémité C est

maintenue au potentiel V et qui, étant isolé, a le même potentiel en tous ses points, et mettons en contact l'extrémité B avec
un point A maintenu au potentiel V_0. Un courant va prendre
naissance et, si on l'étudie à un instant même très rapproché
du contact, on observe une intensité invariable : il n'en faudrait pas conclure cependant que cette intensité a été obtenue
instantanément, et l'on doit seulement déduire de cette expérience que cette valeur invariable a été atteinte dans un temps
très court. On a pu d'ailleurs observer la croissance progressive de l'intensité ; nous indiquerons seulement le principe des
expériences faites à ce sujet par M. Guillemin.

Un cylindre AB (fig. 311) isolant tourne avec une grande

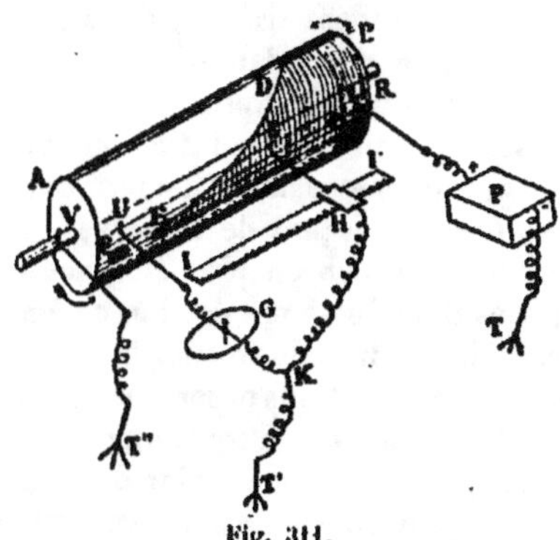

Fig. 311.

rapidité autour de son axe ; il présente à sa surface : une virole
métallique C ; une pièce métallique DE qui, développée, aurait la forme d'un triangle rectangle ; et une pièce métallique
F de peu de largeur et communiquant avec l'axe V du cylindre
également métallique.

Sur la virole passe un ressort R relié à l'un des pôles
d'une pile P dont l'autre pôle est à la terre en T. Sur la pièce
DE presse un ressort S, qui peut se déplacer à volonté le long
du cylindre, et qui communique à la terre en T' ; la pièce métallique DE est au même potentiel que la virole C qu'elle touche et que le pôle de la pile ; le fil SHK sera donc parcouru

par un courant tant que le ressort S rencontrera le métal, le courant n'existera pas lorsque le ressort sera sur la partie non métallique : la durée du courant dépendra de l'étendue de la partie métallique rencontrée par le ressort S et par suite de la position de celui-ci, position qui est donnée par le déplacement du curseur H sur la règle divisée II'.

D'autre part, l'axe V est relié à la terre T″ et un frottoir U est maintenu dans une position telle qu'il rencontre la pièce F à chaque tour. Ce frottoir est en communication avec un galvanomètre G dont le fil vient aboutir en un point K du conducteur HKT'. On voit alors que, à chaque tour, un courant dérivé du courant principal parcourra le galvanomètre, toujours pendant le même temps ; l'aiguille recevra donc des impulsions d'égale durée et se succédant très rapidement ; elle prendra une position d'équilibre dépendant de l'intensité du courant au moment où la dérivation s'est produite.

En approchant le frottoir S du point E, un courant dérivée s'établit dans le galvanomètre en même temps que le courant principal, mais en le déplaçant de E vers D, il prend naissance à des instants de plus en plus éloignés du début du courant. On peut évaluer le temps écoulé, connaissant la vitesse de rotation et la position du frottoir S.

On reconnaît que les déviations observées au galvanomètre, et par conséquent les intensités du courant, croissent à mesure que S s'éloigne de E, jusqu'à une certaine distance à partir de laquelle elles deviennent constantes. Le courant ne s'établit donc pas immédiatement à sa valeur définitive : à partir de l'instant où l'on ferme le circuit et pendant un certain temps, l'intensité, partant de zéro, va en croissant : c'est là ce qui constitue l'état variable du courant, auquel succède l'état permanent pendant lequel l'intensité est invariable.

Si l'on convient de représenter les effets observés par une courbe dans laquelle on prendra les temps comme abscisses et les intensités comme ordonnées (fig. 312), l'état variable de durée OA sera représenté par la portion de courbe Oa ; l'état permanent, par la droite ab parallèle à l'axe Ob.

La durée de l'état variable dépend des conditions du circuit : pour un fil télégraphique de 570 km. et une pile de 60 éléments

Bunsen; elle a été dans une expérience de M. Guillemin de
0ᵐ02. Elle peut être beaucoup plus considérable, par exemple
dans le cas des câbles sous-marins.

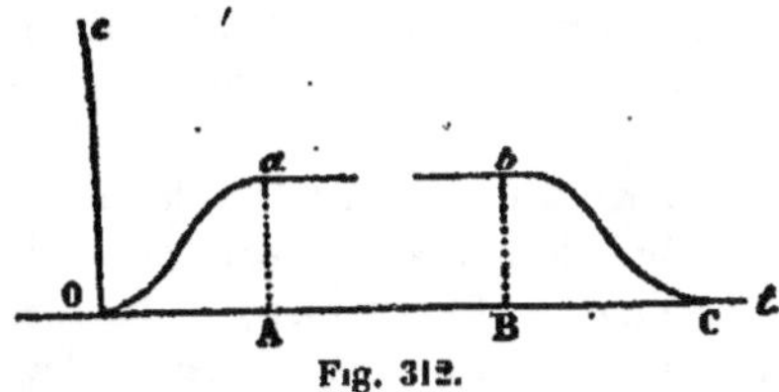

Fig. 312.

Des conditions analogues se produisent lorsque, dans une
circonstance quelconque, l'intensité du courant vient à croître :
ce n'est pas instantanément que se manifeste cet accroissement,
il y a également un état variable, très court en général, qui sépare les deux périodes d'état permanent.

Enfin on observe des effets analogues, mais inverses, lorsqu'un courant diminue d'intensité ou lorsqu'un courant cesse
et là également il y a à considérer des périodes d'état variable. L'état variable de rupture est représenté par la courbe
bC (fig. 312).

La faible durée de ces périodes d'état variable est telle que,
dans la plupart des cas, il n'y a pas à en tenir compte et que
l'on peut raisonner comme si le courant commençait et cessait instantanément ; mais cette approximation n'est pas toujours acceptable.

325. Vitesse de propagation de l'électricité. — La
détermination de la vitesse de propagation de l'électricité est
une question qui, sous cette forme générale, est mal définie :
s'agit-il de rechercher à quelle distance, dans l'unité de temps,
se manifeste la première trace de courant dans un conducteur
dont l'extrémité a été mise au contact avec une source d'électricité ? ou bien à quelle distance, dans l'unité de temps, l'état
permanent est établi ? Dans les recherches faites à ce sujet,
on s'est borné, ordinairement, à chercher à quelle distance,
dans l'unité de temps, se produisait un effet déterminé, sans
que l'on pût affirmer que cet effet correspondît soit à la pre-

mière manifestation électrique, soit à l'établissement de l'état permanent. Cette indétermination explique les discordances très grandes qui ont été signalées.

Bien que des recherches aient été faites par Gaugain sur les corps mauvais conducteurs, nous nous occuperons seulement des bons conducteurs, les seuls pour lesquels la question présente un intérêt pratique.

Nous signalerons sans nous y arrêter les expériences de Wheatstone : il étudiait la vitesse de propagation du flux électrique qui circulait dans un fil réunissant deux corps portés à des potentiels différents et entre lesquels l'équilibre électrique se rétablissait : le passage du flux électrique était annoncé par l'étincelle jaillissant entre des corps voisins. Wheatstone donna le chiffre de 463,000 km. par seconde pour la vitesse déduite de ses expériences.

MM. Fizeau et Gounelle ont étudié la vitesse de propagation d'un courant déterminé, d'après la déviation observée dans un galvanomètre. La méthode qu'ils ont employée rappelle en principe les expériences de M. Fizeau sur la recherche de la vitesse de la lumière (366).

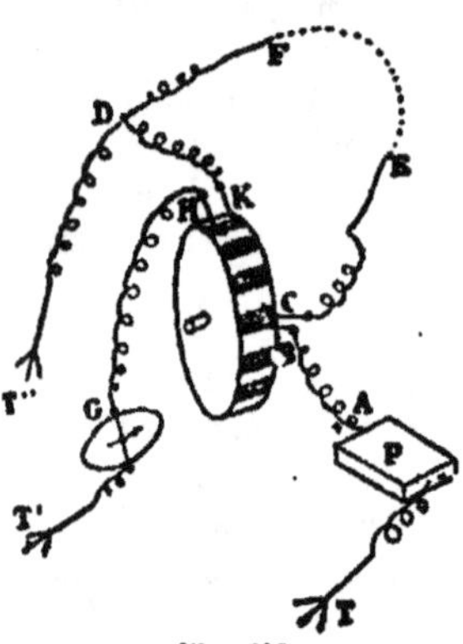

Fig. 313.

Une roue (fig. 313), que l'on peut faire tourner à des vitesses variant à volonté, présente sur sa jante des parties alternativement conductrices et isolantes, d'égales dimensions : d'une part en B et C se trouvent deux ressorts faisant frottoirs, dont l'un B communique en A avec une pile P dont l'autre pôle est à la terre, et dont l'autre C est le point de départ du fil EF sur lequel on expérimente, et qui se termine à la terre en T".

D'autre part se trouvent deux autres frottoirs : l'un K aboutit en D sur un point du fil FT", l'autre A est relié au galvanomètre G, puis à la terre en T'.

Supposons la roue immobile ; rien ne se produira, naturellement, si les frottoirs reposent tous sur des parties isolantes ; s'ils reposent sur des parties conductrices, il s'établira un courant dans le circuit ABCEFD, puis, là, ce courant se bifurquera, une partie suivra directement le conducteur DT", l'autre ira de D en T' en passant par le galvanomètre G dont il déviera l'aiguille.

Si la roue tourne lentement, les deux effets se produiront successivement, et alternativement le courant s'établira, puis sera interrompu.

Mais si le mouvement s'accélère, il se produira une vitesse pour laquelle le courant ne passera absolument pas : le temps nécessaire pour que l'électricité aille de C en K à travers le fil EF est alors tel que, au moment où elle parvient en K, ce ressort frotte contre une partie isolante, et le courant tout entier va à la terre en T". Quand, au contraire, K est sur une partie métallique, il faudrait pour que l'électricité y parvînt, qu'elle fût partie de C à un moment où, ce ressort étant sur une partie isolante, le courant ne pouvait passer.

Il résulte de là que le temps nécessaire au courant pour aller de C en K est égal au temps qu'une partie isolante met à se substituer à la partie conductrice voisine par la rotation de la roue. Connaissant la vitesse de cette rotation on pourra déterminer le temps et, si l'on admet que le mouvement est uniforme, on en déduira la vitesse.

Ainsi que nous l'avons dit, on a obtenu des nombres très variables, parmi lesquels nous citerons celui de 460.000^{km} indiqué par Wheatstone pour un fil de cuivre et celui de 180.000^{km} donné par divers auteurs pour des fils de fer et de cuivre ; d'autres nombres notablement plus faibles ont été signalés aussi.

§ II

EFFETS PRODUITS PAR LES COURANTS

Effets calorifiques ; effets chimiques ; effets mécaniques ; effets magnétiques.

526. Chaleur dégagée par le passage de l'électricité. — Le mouvement de l'électricité paraît toujours s'accompagner d'un dégagement de chaleur : l'étincelle électrique passant à travers une masse d'air, élève sa température, enflamme les liquides combustibles comme l'alcool, l'éther, etc ; une décharge passant à travers un fil métallique fin peut l'amener à l'incandescence, (l'action cesse immédiatement, car la durée de la cause est extrêmement petite) ; le fil peut même être fondu ou volatilisé. Enfin un courant passant à travers un fil élève sa température d'une manière continue, peut l'amener à l'incandescence, le fondre, le volatiliser.

Ce sont surtout ces dernières actions qui sont intéressantes, ce sont d'ailleurs elles qui ont été étudiées le plus complètement.

Joule a déterminé les lois qui régissent les actions caloriques et qui portent son nom ; Favre et Silbermann ont fait de nombreuses vérifications à l'aide du calorimètre à mercure et ont étudié spécialement la chaleur dégagée dans les piles.

La loi de Joule peut s'énoncer ainsi :

La quantité de chaleur dégagée dans un conducteur traversé par un courant est proportionnelle au temps, proportionnelle au carré de l'intensité du courant, proportionnelle à la résistance du conducteur.

En désignant par C la quantité de chaleur dégagée, et en conservant les notations habituelles, ces lois conduisent à la formule

$$C = HtI^2R.$$

H étant un coefficient numérique dont nous déterminerons la signification.

On peut donner à cette formule d'autres formes en utilisant les relations

$$Q = It \qquad \text{et} \qquad I = \frac{E}{R}.$$

C'est ainsi que l'on peut écrire :

$$C = HItE = HQE \qquad \text{et} \qquad C = Ht\frac{E^2}{R}$$

Nous avons dit que l'unité de force électromotrice avait été déterminée de manière à satisfaire à la relation

$$W = EIt$$

dans laquelle W représente l'énergie évaluée en travail mécanique. A la condition de faire usage des mêmes unités, il faut donc que l'on ait :

$$\frac{C}{H} = W \qquad \text{ou} \qquad H = \frac{C}{W}$$

c'est-à-dire que le coefficient H représente l'équivalent calorifique du travail ou l'inverse de l'équivalent mécanique de la chaleur. Ce coefficient doit être pris égal à $\frac{1}{425}$ de calorie environ.

La démonstration des lois de Joule a été faite notamment par Favre et Silbermann à l'aide du calorimètre à mercure, en plaçant dans la moufle le fil conducteur qui est traversé par le courant (77).

Nous verrons plus loin que dans les éléments de pile à action chimique il se produit également un dégagement de chaleur qui obéit à la même loi ; la démonstration expérimentale se fait d'une façon analogue.

587. — Lorsqu'un courant traverse un conducteur, il se produit de la chaleur, la température du conducteur s'élève ; mais en même temps celui-ci perd de la chaleur par rayonnement et d'autant plus que sa température est plus élevée. Il pourra arriver que les pertes deviennent égales au gain, la température deviendra stationnaire.

Cette température stationnaire sera d'autant plus élevée, toutes choses égales d'ailleurs, que la quantité de chaleur dégagée sera plus grande : on pourra donc, au moins dans une certaine mesure, apprécier, comparer les quantités de chaleurs dégagées d'après la température, d'après l'incandescence plus ou moins vive.

Cette remarque et la loi de Joule expliquent diverses expériences, notamment celle de Children : une chaîne formée de plusieurs métaux est traversée par un courant ; bien que l'intensité soit la même dans toute l'étendue de la chaîne, on observe des effets différents, certains métaux sont encore sombres, quoique chauds, d'autres sont incandescents mais plus ou moins éclatants : ce sont les métaux les plus résistants dont la température est la plus élevée.

538. — Lorsque l'on décharge un condensateur à travers un fil métallique fin, il se produit un dégagement de chaleur, comme nous l'avons déjà dit ; ce phénomène a été étudié par Riess qui a trouvé que dans ces circonstances :

La quantité de chaleur est proportionnelle au produit de la quantité d'électricité par la chute de potentiel.

La loi est donc la même que celle qui régit la quantité de chaleur dégagée par les courants.

En étudiant la répartition de la chaleur dans divers conducteurs placés à la suite, Riess a trouvé une relation qui est également en concordance avec celle que Joule a signalée plus tard pour les courants.

En un mot, ces actions dues à ce que l'on appelle des *décharges conductives* obéissent aux mêmes lois que celles qui sont dues aux courants.

Les étincelles ou *décharges disruptives* donnent également lieu à des phénomènes calorifiques ; mais les lois qui les régissent ne sont pas bien déterminées.

539. Arc voltaïque. — Pour qu'une étincelle jaillisse dans l'air entre deux points il faut qu'il y ait entre ces points une très forte différence de potentiel, même si la distance qui les sépare est très petite (5,000 volts pour 1^{mm}) ; aussi ne peut-on, en général, obtenir aucune étincelle en approchant deux conducteurs reliés à un électromoteur destiné à produire un courant continu s'il ne possède pas une force électromotrice correspondant à des différences de potentiel aussi considérables. Mais si l'on a établi le courant en amenant les conducteurs au contact, si la force électromotrice atteint 50 volts, on peut les écarter d'une petite quantité sans que le courant cesse de passer. Si, comme cela arrive en général, les conducteurs sont terminés par des pointes de charbon, il se produit le phénomène de l'*arc voltaïque, arc électrique* (Davy, 1813) ; les charbons sont amenés à une très haute température manifestée par une vive incandescence et sont réunis par une lueur également éclatante quoique moins vive (fig. 314) ; on a évalué les températures aux valeurs suivantes : arc, 4.800° ; charbon positif, 4.000° ; charbon négatif, 3.000°.

Fig. 314.

L'action se manifeste de même avec des conducteurs de nature quelconque.

Si l'on opère avec des charbons, à l'air, ceux-ci, par suite de la haute température, brûlent : leurs extrémités s'éloignent peu à peu et quand la distance est devenue trop grande l'arc s'éteint, le courant cesse de passer. Pour continuer l'action, il faut, par un procédé quelconque, maintenir constante la distance entre les deux pointes.

Si l'on opère dans le vide, il n'y a plus combustion ; on observe cependant que la distance des pointes varie. On s'explique ce résultat en observant les charbons soit directement après l'extinction, soit pendant le phénomène en les regardant avec un verre fumé, ou plus commodément en produisant une image réelle sur un écran.

On reconnaît alors que l'un des charbons s'use en conservant la forme de pointe tandis que l'autre augmente et prend un aspect cratériforme ; on est donc conduit à penser qu'il y a transport matériel du charbon positif au charbon négatif. Ce transport se fait sans doute à l'état gazeux et l'arc serait alors constitué par cette colonne de vapeurs réunissant les deux charbons et dont la grande résistance explique l'élévation considérable de température.

Cette idée d'un transport matériel est d'ailleurs corroborée par l'observation de ce qui se produit lorsque l'arc s'établit entre deux métaux différents ; on observe alors nettement le transport d'un pôle à l'autre, par des taches formées par le dépôt d'un métal sur l'autre.

330. — Lorsque, entre deux points dont le potentiel est maintenu invariable, on ferme le circuit par des conducteurs comprenant des charbons, le courant s'établit ; si l'on écarte les charbons de manière à produire l'arc, on observe que l'intensité du courant s'affaiblit. On pouvoit prévoir ce résultat aisément, car l'arc introduit ainsi présente une grande résistance ; mais l'étude des conditions du phénomène semble prouver que cette action ne suffit pas à expliquer la diminution d'intensité ; il n'y a pas proportionnalité entre la résistance et la longueur de l'arc. On peut rendre compte de cet effet, d'une manière assez satisfaisante, si l'on admet que, outre la résistance qu'il introduit, l'arc agit de la même façon que s'il introduisait une force électromotrice de sens contraire à celle que produit le courant, une *force contre-électromotrice*, suivant l'expression consacrée.

Soient ε la différence de potentiel maintenue entre les extrémités du conducteur considéré, λ la résistance de celui-ci, α la résistance de l'arc, ε' la force contre-électromotrice, I l'intensité du courant, on aura

$$I = \frac{\varepsilon - \varepsilon'}{\lambda + \alpha}$$

Si l'on admet que la résistance de l'arc varie proportionnellement à la distance d des charbons, ce qui est sensiblement vrai, on aura, k étant une constante :

$$I = \frac{\varepsilon - \varepsilon'}{\lambda + kd}$$

qui paraît à peu près d'accord avec les mesures prises.

Le courant ne peut exister que dans le sens indiqué par ε, car ε' ne prend naissance que si le courant existe ; il faut donc pour que l'arc puisse se produire que l'on ait $\varepsilon > \varepsilon'$.

La force contre-électromotrice dépend sans doute d'éléments encore mal déterminés ; on peut admettre cependant qu'elle est comprise, en général, entre 35 et 50 volts.

531. Phénomène Peltier. — Indépendamment des phénomènes calorifiques qui se produisent dans la continuité des conducteurs, le passage d'un courant en fait naître d'autres aux points de rencontre de conducteurs différents. Telle est, par exemple, l'action qui est connue sous le nom de *phénomène Peltier* et qui consiste en ce que, au point de contact ou de soudure de deux métaux (fig. 315) traversés par un courant il se produit une variation de température qui, pour deux mêmes corps, change de sens lorsque l'on change le sens du courant. En général, il y a échauffement en ces points comme dans la continuité du fil, mais suivant le sens du courant il est moindre ou plus grand que dans celle-ci.

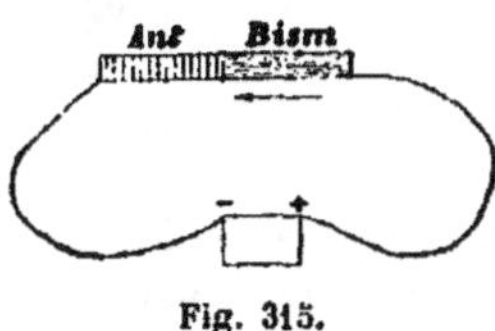

Fig. 315.

On met nettement le fait en évidence en introduisant dans les boules d'un thermomètre différentiel deux soudures, qu'on réunit entre elles et avec un électromoteur de manière qu'elles soient parcourues en sens contraire par le courant. Le déplacement de la colonne liquide permet de vérifier qu'il y a entre ces deux soudures une différence de température.

Il y a quelques autres effets calorifiques dus au passage de l'électricité ; mais ils n'ont pas assez d'importance pour que nous nous y arrêtions.

532. Actions chimiques produites par le passage de l'électricité. — Le passage de l'électricité est susceptible de produire des actions chimiques ; c'est ainsi que l'étincelle électrique peut provoquer des combinaisons (mélange d'oxygène et d'hydrogène) ou des décompositions (ammoniaque) ; il est possible que, dans ces cas, les effets observés soient dus à un dégagement de chaleur agissant directement pour produire une élévation locale de température. Mais dans d'autres cas, notamment dans le cas d'un courant continu traversant un liquide, cette explication ne peut être invoquée et il faut admettre une action spéciale. Il y a alors décomposition du liquide ou des corps qu'il tient en dissolution : cette action a reçu le nom d'*électrolyse* ; le corps décomposé est l'*électrolyte* et les lames métalliques qui mettent le liquide en rapport avec l'électromoteur sont les *électrodes* : la *cathode* est l'électrode négative et l'*anode* l'électrode positive.

Pour qu'un corps puisse être électrolysé, il faut qu'il soit conducteur de l'électricité et qu'il soit fluide, cette fluidité étant le résultat de la fusion ignée ou de la dissolution dans un liquide.

On ne connaît pas encore complètement les lois qui régissent les décompositions électrolytiques dans tous les cas ; aussi nous bornerons nous à étudier celui des sels métalliques et de leurs dissolutions aqueuses.

Dans ce cas, le phénomène principal, la décomposition due au passage du courant, est simple ; mais les résultats observés peuvent être différents, parce qu'il peut se produire des actions chimiques secondaires entre les corps mis en liberté et ceux avec lesquels ils se trouvent en contact.

Lorsqu'une dissolution saline est traversée par un courant dont l'intensité est assez grande, il se manifeste une décomposition de la substance dissoute, décomposition dont les produits apparaissent seulement dans le voisinage des électrodes.

Le résultat de cette décomposition est de porter le métal sur l'électrode négative tandis que sur l'électrode positive se porte soit le corps simple (métalloïde), soit les éléments du radical avec lequel le métal était combiné.

Dans le cas de combinaisons entre deux métalloïdes, on ne sait quels caractères permettent de prévoir celui qui se portera sur l'électrode négative ; et dans le cas des composés organiques, on ne sait même pas *a priori* comment s'effectue la séparation du corps en deux parties.

583. Actions secondaires dans l'électrolyse. — On n'observe pas toujours les résultats tels que nous venons de les indiquer dans le cas de l'étrolyse d'un sel métallique, parce que le métal d'un côté et de l'autre côté le métalloïde ou le radical peuvent agir chimiquement, soit sur le dissolvant au sein duquel ils se trouvent, soit sur les électrodes ; ce sont là des actions secondaires qui se produisent de la même façon que si on portait directement au voisinage des électrodes les corps mis en liberté par l'électrolyse. Les réactions chimiques sont facilitées par ce fait que les corps se trouvent à l'*état naissant*.

Il peut arriver plusieurs circonstances diverses:

1° *Au pôle négatif*. L'électrode est solide, le métal déposé n'attaque pas l'eau à la température ordinaire : on le retrouve en dépôt plus ou moins cohérent sur l'électrode ; c'est, par exemple, le cas d'un sel de cuivre quelconque, le cuivre se dépose sur la plaque solide qui constitue l'électrode négative, sur la cathode.

L'électrode est solide, le métal attaque l'eau ; il se produit un oxyde ou plutôt un hydrate du métal et de l'hydrogène apparaît à la surface du métal ; c'est ce que l'on observe dans l'électolyse des sels alcalins et alcalino-terreux.

Si l'électrode est liquide, le métal dégagé de sa combinaison s'y dissout s'il est soluble et n'apparaît pas à l'état de liberté : on réalise ces conditions en plaçant au fond du vase qui contient l'électrolyte une couche de mercure relié au pôle négatif ; on obtiendra un amalgame avec les sels de tous les métaux solubles dans le mercure ; dans ce cas l'eau de la dissolution ne sera pas décomposée, même s'il s'agit d'un métal alcalin.

2° A l'*électrode positive*. Il se produit à l'anode des résultats analogues ; si c'est un corps simple qui s'y porte il peut être recueilli à l'état de liberté si, à la température de l'expérience, il n'attaque ni l'électrode ni le liquide, et s'il ne se dissout pas dans la liqueur ; ce serait le cas d'un sulfure soluble et d'une électrode en platine sur laquelle on recueillerait du soufre.

Au contraire, ce corps simple n'apparaît pas et il se forme un sel si cet élément attaque l'anode ; on observera ce résultat en électrolysant un chlorure et employant une anode en or, il se produira du chlorure d'or qui se dissoudra dans la liqueur.

Dans le cas d'un sel ternaire tout se passe comme si le radical qui se porte sur l'anode était constitué par un mé-

lange d'oxygène et d'un anhydride : si l'anode n'est pas attaquable, on observera en général formation de l'acide correspondant et dégagement d'oxygène ; c'est ce qui se produit pour
les azotates $MAzO^3$ où le radical AzO^2 réagira sur l'eau en
donnant la réaction $2AzO^3 + H^2O = 2HAzO^3 + O$; il en est
de même pour les sulfates, pour les phosphates. Exceptionnellement lorsque l'acide n'existe pas, on recueille un mélange de l'anhydride et d'oxygène ; c'est ce qui se produit pour
les carbonates $M''CO^3$ où il se dégage non CO^3 mais $CO^2 + O$.

Enfin si l'anode est attaquable par le radical, il se produit
un nouveau sel, du même genre que celui qui existe dans la
dissolution.

On voit que, en faisant varier les conditions, on peut changer considérablement les résultats observés quoique l'action
électrique soit toujours la même.

534. — En général, naturellement, la composition de la
liqueur soumise à l'électrolyse se modifiera ; elle s'appauvrira
seulement s'il ne se forme pas de nouveaux composés ; s'il s'en
forme, au contraire, en même temps qu'elle s'appauvrira par
rapport au sel primitif elle s'enrichira par rapport aux nouveaux composés qui se dissoudront et pourront même ultérieurement subir l'électrolyse.

Mais il est quelques cas particuliers qu'il est intéressant de
signaler dans lesquels la quantité de substance en dissolution
ne varie pas.

C'est, par exemple, le cas où l'on emploie pour anode une
lame du métal qui entre dans la constitution du sel dissous ; le
radical qui se porte à cette électrode attaque le métal et re-
forme une quantité du sel égale à celle qui a été décomposée :
le titre de la liqueur n'est donc pas modifié. L'action se manifeste par le fait qu'un certain poids de métal s'est déposé sur la
cathode et qu'un poids égal a été dissous sur l'anode ; le résultat
final est donc le même que si le sel dissous n'avait subi aucune
action et que l'effet eut consisté simplement en un transport
du métal de l'anode à la cathode. On dit, dans ce cas, que l'on
emploie une *anode soluble*.

Un cas analogue est celui où l'on prend comme électrolyte

de l'eau contenant un acide ; dans le cas de l'acide sulfurique
H^2SO^4, par exemple, H^2 se dégage à la cathode, SO^4 se porte à
l'anode et en présence de l'eau H^2O reproduit H^2SO^4 et laisse
dégager O. Il s'est donc reformé autant d'acide sulfurique qu'il
s'en était décomposé, et le résultat est le même que si l'eau
avait été décomposée directement, sans que l'acide eût subi
une action quelconque. Mais cette explication ne saurait être
admise ; outre qu'il faudrait que l'eau fût également décomposée dans toutes les électrolyses, on sait que l'eau absolument pure ne peut être traversée par les courants et qu'elle
n'est pas électrolysée.

D'autres résultats peuvent être encore obtenus, si l'on prend
pour électrodes non des plaques métalliques, mais des substances diverses, pourvu qu'elles soient conductrices ; il peut
alors se produire des actions secondaires très variées, sur lesquelles il n'y a rien de général à dire.

525. — Il ne faut pas concevoir l'électrolyse comme produisant le transport des éléments matériels d'un pôle à l'autre,
mais on peut admettre l'idée d'une action se propageant de
proche en proche (Hypothèse de Grothus). Le premier effet du
courant sur un électrolyte, de l'eau acidulée d'acide sulfurique
H^2SO^4, par exemple (fig. 316, I) consisterait dans une *polarisa-*

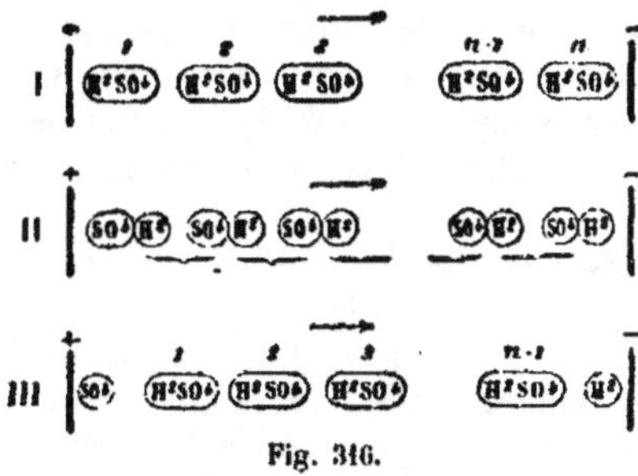

Fig. 316.

tion moléculaire (II) suivie immédiatement d'une décomposition rendant libre les éléments H^2 et SO^4 ; ceux-ci rentreraient
aussitôt en combinaison avec les éléments opposés des molé-

cules voisines, de manière que deux éléments différents seraient seuls mis en liberté (III) à l'extrémité de la chaîne considérée sans qu'il y ait en aucun transport matériel. Cette chaîne
ainsi reconstituée serait le siège d'une action analogue, et ainsi
de suite.

536. Lois de l'électrolyse (Faraday). — Au point de
vue quantitatif, les actions électrolytiques sont régies par les
lois découvertes par Faraday et qui portent son nom.

1re Loi. — *La quantité d'électrolyte décomposée est proportionnelle à la quantité d'électricité qui a passé dans le circuit.*

On peut démontrer cette loi en intercalant dans le circuit l'é-
lectrolyte et un galvanomètre préalablement gradué. On maintient le courant constant, de manière que les quantités d'électricité soient proportionnelles au temps ; on pèse, d'autre part,
la cathode au début et à la fin de l'expérience, l'augmentation
de poids donne la quantité de métal déposée et fait connaître la
quantité d'électrolyte décomposée.

On peut opérer différemment par une vérification directe, en
employant une disposition analogue à celle qui a été déjà décrite (507) et en remplaçant seulement les galvanomètres par
des auges électrolytiques identiques. Les résultats sont les
mêmes et par suite aussi les conséquences à en déduire.

Il résulte de cette loi que l'action d'un courant sur un électrolyte est la même quelle que soit sa position dans le circuit,
puisque l'intensité du courant et par conséquent la quantité
d'électricité est indépendante de l'ordre des parties qui composent le circuit, et ne dépend que de la somme des résistances.

2e Loi. — *La quantité de métal déposée par l'électrolyte est
proportionnelle à son équivalent.*

L'application de cette loi ne présente pas de difficultés pour
la plupart des métaux ; elle soulève quelques hésitations pour
ceux qui peuvent former deux séries de composés, sels au minimum, sels au maximum, et pour lesquels il faut admettre
deux équivalents différents.

Si on désigne par p le poids d'un dépôt d'un métal dont l'é-
quivalent chimique est e pour une quantité Q d'électricité, on
aura, k étant un nombre constant :

$$p = keQ$$

cette équation s'écrit souvent :

$$p = zQ = zIt$$

en posant

$$z = ke.$$

la quantité z est ce qu'on appelle l'*équivalent électro-chimique* du métal considéré. Comme on a $p = z$ pour $Q = 1$, on voit que l'équivalent électro-chimique d'un métal, c'est le poids de ce métal déposé par l'électrolyse sous l'action de 1 coulomb. Cette valeur est donnée généralement en milligr.

Comme pour les divers métaux, on a

$$\frac{z}{e} = \frac{z'}{e'} = \frac{z''}{e''} = \ldots\ldots$$

on pourra trouver les équivalents électro-chimiques de tous les métaux si l'on connaît celui d'un métal déterminé. Des mesures diverses ont donné pour l'hydrogène dont l'équivalent est 1 la valeur 0 milligr. 0105. On aura donc pour un corps quelconque

$$z = 0^{mgr},0105\,e$$

On conçoit que, par l'application de cette loi, on puisse mesurer des quantités d'électricité par le poids d'un dépôt métallique que le courant aura produit : cette méthode est avantageuse dans le cas d'un courant variable où les indications du galvanomètre ne donnent aucune indication précise à moins d'être enregistrées d'une manière absolument continue.

Il existe une autre loi de Faraday ; mais elle a rapport au travail chimique effectué dans les piles et nous aurons à y revenir ultérieurement.

587. — Les lois que nous venons d'indiquer régissent les décompositions électrolytiques lorsque la décomposition a lieu ; mais il est nécessaire d'étudier les conditions de possibilité de cette action.

Lorsqu'un courant décompose un électrolyte, celui-ci intervient, au point de vue de l'intensité, non-seulement par sa résistance mais aussi en faisant naître une force contre-électromotrice. On est conduit à cette notion par des considérations analogues à celles que nous avons indiquées en parlant de l'arc voltaïque. Il faut évidemment que la force électromotrice de l'électromoteur E, qui produit le courant, soit supérieure à la force contre-électromotrice E' de l'électrolyte.

Si I est l'intensité du courant qui prend naissance, EI représente l'énergie fournie par l'électromoteur, E'I, celle absorbée par l'électrolyte ; la différence entre ces deux quantités correspond à la quantité de chaleur dégagée en totalité dans le circuit qui est RI^2 et l'on doit avoir

$$EI - E'I = RI^2$$

La valeur de I est déterminée, au moins à peu près au point de vue des applications, parce que la cohésion du dépôt est insuffisante dès que I est un peu grand ; cette équation donnera donc une limite pour E et fera connaître la puissance de l'électromoteur qu'il convient d'employer.

538. Actions mécaniques produites par les courants. — Les actions calorifiques et chimiques que nous venons d'étudier ont lieu sur le passage même du courant ; les actions dont il nous reste à parler se manifestent à distance ; comme nous l'avons déjà indiqué, nous ne pensons pas que l'action se produise réellement à distance ; on peut concevoir que l'effet consiste dans une modification qui se propage dans le milieu du conducteur traversé par le courant, jusqu'au corps qui subit l'action. Autrement dit nous admettons que l'existence d'un courant fait naître un champ galvanique, comme nous avons admis l'existence d'un champ magnétique : nous dirons même que ces deux phénomènes sont de même ordre probablement. Nous pouvons, dès à présent, mettre en évidence cette analogie : il suffit de répéter avec un conducteur traversé par un courant l'expérience du fantôme magnétique (466). On reconnaît que la limaille de fer se répartit avec une certaine régularité, dessinant des figures analogues à celles qui nous ont servi à caractériser les lignes de force. La forme de ces figures est variable, suivant la disposition du conducteur et suivant la position qu'il occupe par rapport à l'écran. Les cas les plus simples sont ceux où le conducteur est rectiligne et placé perpendiculairement ou parallèlement à l'écran. Dans le premier cas la limaille dessine des circonférences ; dans le second, des lignes perpendiculaires au conducteur. Les lignes de force seraient donc des circonférences dont les plans sont perpendiculaires au conducteur.

Nous nous bornerons à déduire de ces expériences la possibilité d'admettre un champ galvanique ayant au moins quelque analogie avec un champ magnétique.

539. — Dans les expériences que nous avons à signaler, il est nécessaire d'avoir des courants mobiles, c'est-à-dire des conducteurs mobiles qui soient traversés par des courants : comme ces parties mobiles ne doivent pas cesser d'être en communication avec la source du courant, il faut des dispositions spéciales.

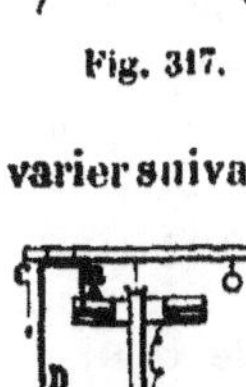

Fig. 317.

La partie mobile est formée par un conducteur ABCD (fig. 317) de forme variée présentant à une extrémité une pointe en acier A servant de pivot et reposant dans une cupule d'acier contenant une gouttelette de mercure et reliée à l'un des pôles de la pile. L'autre extrémité D du conducteur plonge dans une auge remplie d'un liquide conducteur et reliée à l'autre pôle. La forme et les dimensions de cette auge doivent varier suivant la trajectoire décrite par cette extrémité (fig. 318).

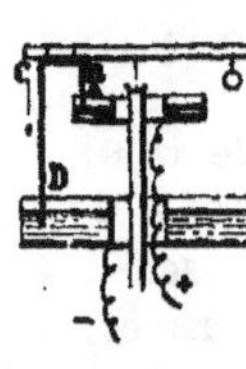

Fig. 318.

Ajoutons que, pour rendre les expériences plus faciles et permettre de faire varier rapidement le sens du courant il convient d'intercaler entre la pile et cet équipage mobile un commutateur (fig. 319).

Cet appareil consiste, par exemple, en un cylindre isolant traversé par deux pièces métalliques dont les extrémités sont placées à 90° les unes des autres ; des frotteurs également distants de 90° appuient contre le cylindre. Le courant est interrompu si ces frotteurs pressent contre les parties isolantes ; il passe au contraire si les frottoirs appuient sur les pièces métalliques comme l'indique la figure 319. On voit aisément qu'une rota-

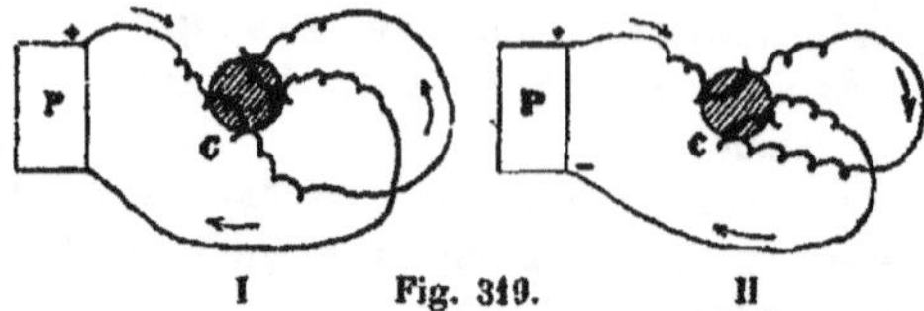

I   Fig. 319.   II

tion d'un quart de tour, de la position I à la position II, change le sens du courant dans le circuit extérieur à la pile.

Il existe un grand nombre de modèles de commutateurs qui, par des procédés différents, produisent les mêmes résultats.

Nous allons indiquer les expériences fondamentales à l'aide desquelles on peut arriver à la formule élémentaire qu'Ampère a donnée pour représenter l'action d'un élément de courant sur un autre courant.

340. Actions entre deux courants parallèles. — Entre deux courants parallèles il existe une force attractive s'ils sont de même sens, répulsive s'ils sont de sens contraire.

Si donc l'un des courants QR (fig. 320) est fixe et que l'autre CD soit mobile, celui-ci sera attiré ou repoussé suivant que les courants auront le même sens ou auront des sens opposés.

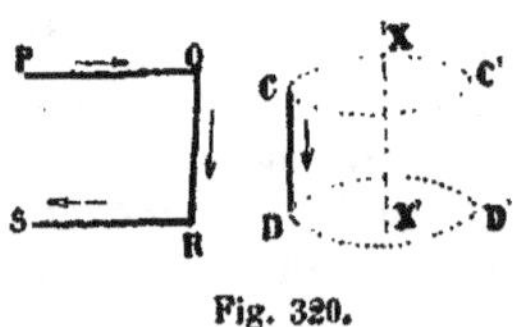

Fig. 320.

Si donc le courant mobile peut tourner autour d'un axe XX' parallèle à sa direction, il se placera en équilibre stable, dans le plan qui contient l'axe et le courant fixe, entre ces deux lignes CD si les courants ont le même sens ; à la position diamétralement opposée C'D' sur la surface cylindrique qu'il décrit si les courants ont des sens contraires.

On reconnaît aisément que les actions varient avec la distance, diminuant quand celle-ci augmente; on peut par exemple écarter le conducteur mobile de sa position d'équilibre et noter la durée des oscillations qu'il effectue pour y revenir; cette durée augmente lorsque la distance croît.

On peut prévoir qu'un ensemble de courants égaux parallèles et de sens contraires sera sans action sur un conducteur voisin ; pour le vérifier on fait agir sur le conducteur mobile un conducteur fixe QRQ' (fig. 321) formé de deux fils parallèles traversés en sens contraire par le courant ; il n'existe pour le courant mobile aucune position d'équilibre stable.

Il est évident, à cause du principe de l'action et de la réaction que, réciproquement, ce système ne subirait aucune action d'un courant voisin.

Fig. 321.

Si, dans l'expérience précédente, on remplace la partie rectiligne RQ' par une partie sinueuse (fig. 322), on observe les mêmes résultats, pourvu que les sinuosités soient très petites et s'écartent très peu du fil rectiligne qui subsiste. Cette partie sinueuse remplace donc au point de vue de l'effet produit le conducteur rectiligne précédent ; d'où cette conséquence :

On peut remplacer un conducteur rectiligne par un conducteur sinueux ayant mêmes extrémités et s'en écartant très peu.

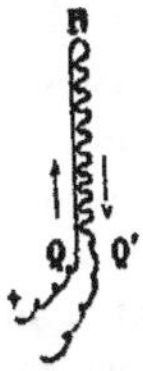

Fig. 322.

541. — Deux courants placés sur le prolongement l'un de l'autre se repoussent s'ils sont de même sens.

On fait généralement l'expérience à l'aide de l'appareil suivant, dû à Ampère.

Une auge en matière isolante ABD (fig. 323) est divisée en deux parties dans sa longueur par une cloison également isolante CD; les deux espaces ainsi limités sont remplis de mercure. Deux bornes placées à une extrémité

Fig. 323.

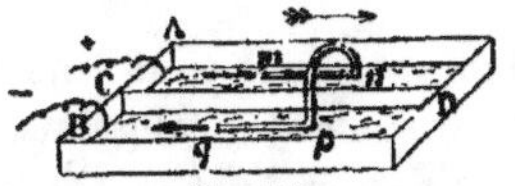

mettent chaque cavité en communication avec les pôles d'une pile ; mais le courant ne passe pas, car le circuit n'est pas fermé. Pour établir le circuit on prend un fil métallique recouvert de soie que l'on contourne de manière que deux parties parallèles *mn*, *pq* terminées à une extrémité par une portion recourbée flottent sur le mercure de l'une et de l'autre cavités, tandis que les autres extrémités sont réunis par une partie courbe *np* qui passe par dessus la cloison. Le courant partant de la borne +traverse le mercure de la cavité correspondante, pénètre le fil *mnpq*, le parcourt en entier, passe dans le mercure et sort à la borne —. Aussitôt que l'action se produit, on voit l'équipage flottant fuir les bornes : c'est-à-dire que chaque partie de l'équipage est repoussée par la partie correspondante du courant fixe qui traverse le mercure [1].

548. Loi élémentaire de l'action des courants. — Comme nous allons le montrer, ces expériences permettent d'obtenir la formule élémentaire qui paraît vérifiée surtout par les conséquences indirectes auxquelles elle a conduit.

Ampère admet que, entre deux éléments ds, ds' traversés par des courants d'intensité i, i', il existe des forces appliquées aux milieux de ces éléments, dirigées suivant la droite qui joint ces milieux, et de sens contraires conformément au principe général de l'égalité de l'action et de la réaction. Il admet que les forces sont proportionnelles aux longueurs des éléments, aux intensités des courants; de plus elles varient en raison d'une puissance inconnue n de la distance r qui sépare ces éléments. Enfin il admet qu'elles varient également avec la direction relative de ces éléments l'un par rapport à l'autre.

Pour certaines positions relatives on peut prévoir que ces forces sont nulles, il n'y a pas d'action. Ainsi :

1° Il n'y a pas de force existant par l'action réciproque de deux éléments de courants dont l'un *ab* est perpendiculaire au milieu de l'autre *cd* (fig. 324).

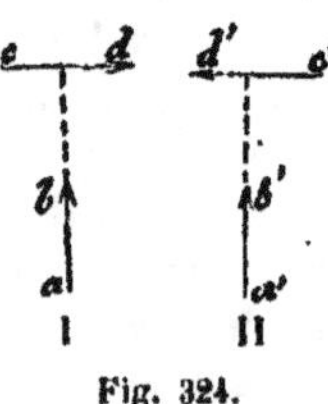

Fig. 324.

En effet supposons qu'il y ait une attraction qui agisse sur *ab*; changeons le sens de *cd* et considérons *c'd'* (II). D'après ce qu'indiquent les premières expériences que nous avons signalées, ce changement devra amener un changement d'action et *ab* devrait subir une répulsion. Mais cela ne se peut, car le nouveau système est iden-

1. Dans les figures qui ont rapport aux actions mécaniques des courants, les flèches simples indiquent le sens du courant, les flèches barbelées le sens du mouvement des parties mobiles.

tique au système proposé, il n'en diffère que parce qu'il a effectué une rotation de 180° autour de la verticale : l'action ne peut donc pas avoir changé, il faut qu'il n'y en ait pas.

2° Il n'y a pas de force prenant naissance par l'action réciproque de deux éléments de courants perpendiculaires entre eux et à la droite qui joint leurs milieux.

Soient ab et cd (fig. 325, I) deux éléments de courants dans les conditions que nous indiquons ; supposons que ab subisse

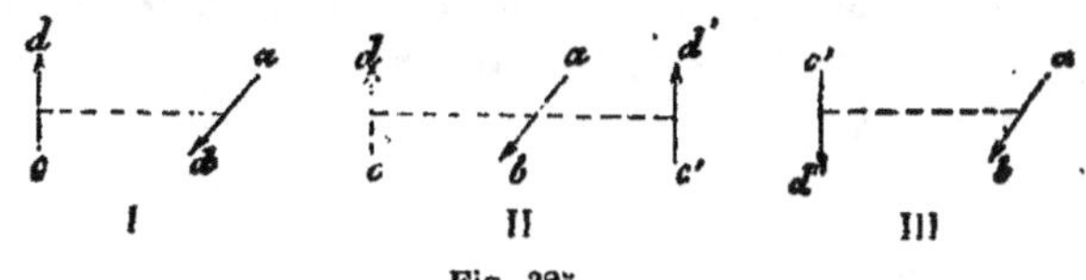

Fig. 325.

une attraction de la part de cd. Ce même élément ab devrait subir une attraction également de la part de $c'd'$ symétrique de cd par rapport à ab (II) : cette attraction ne peut changer de nature si je fais tourner le système de 180° autour de ab de manière à l'amener à la position III ; mais cette position diffère de I seulement parce que le sens du courant cd a été renversé ; il faudrait donc que le sens de la force eut été changé aussi. Comme il n'en est rien, cette action n'existe pas.

Ceci posé, soient ab et mn (fig. 326) deux éléments de courants quelconques de longueurs ds et ds' et d'intensité i et i' ; soit pris pour plan de la figure le plan qui contient l'élément

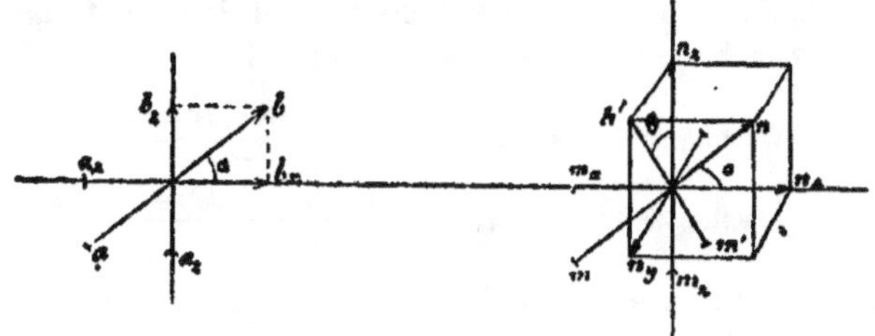

Fig. 326.

ab et la droite qui joint les milieux des éléments dont il faut définir les positions, droite que nous prendrons pour axe des

x. L'élément ab sera défini par l'angle α qu'il fait avec l'axe des x; l'élément mn par l'angle dièdre θ que fait le plan qui contient mn et l'axe des x avec le plan de la figure et par l'angle α' que, dans ce plan, cet élément fait avec le prolongement de l'axe des x.

D'après ce que l'on a dit du courant sinueux, on peut remplacer chacun des courants rectilignes par les côtés d'un parallélipipède ayant ce courant pour diagonale. Si nous effectuons cette sorte de décomposition suivant des directions rectangulaires, on voit qu'on pourra remplacer [1] :

Le courant ab par

$$a_x b_x = ds\cos\alpha \qquad a_z b_z = ds\sin\alpha$$

Le courant mn par

$$m_x n_x = ds'\cos\alpha' \qquad m'n' = ds'\sin\alpha'$$

et ce dernier $m'n'$ par

$$m_y n_y = ds'\sin\alpha'\sin\theta \qquad m_z n_z = ds'\sin\alpha'\cos\theta$$

et nous remplacerons les actions réciproques de ab sur mn par les actions réciproques de ces composantes.

Mais, d'après ce que nous avons dit précédemment parmi ces dernières, il y en a qui sont nulles, savoir :

En vertu de la 1re remarque : $a_x b_x$ sur $m_y n_y$ et sur $m_z n_z$

— $a_z b_z$ sur $m_x n_x$

En vertu de la 2me remarque : $a_z b_z$ sur $m_y n_y$

En appliquant aux deux actions qui subsistent la formule admise par Ampère, on peut représenter

L'action de $a_x b_x$ sur $m_x n_x$ par $\dfrac{A\,ii'\,ds\cos\alpha\,.\,ds'\cos\alpha'}{r^n}$

L'action de $a_z b_z$ sur $m_z n_z$ par $\dfrac{B\,ii'\,ds\sin\alpha\,.\,ds'\sin\alpha'\cos\theta}{r^n}$

La valeur de l'action totale f peut donc s'écrire, puisque les deux composantes ont la même direction :

1. La décomposition est indiquée seulement sur la moitié de chaque élément.

$$f = \frac{i i' \, ds \, ds'}{r^n} \left(A \cos \alpha \cos \alpha' + B \sin \alpha \sin \alpha' \cos \theta \right)$$

543. — Dans cette relation les coefficients A, B et n sont inconnus; ils ont été déterminés par une méthode très élégante appliquée par Ampère. Elle consiste à rechercher des cas dans lesquels, malgré l'indétermination, on puisse à l'aide de cette formule *élémentaire* trouver une relation s'appliquant à des courants *finis*; la comparaison entre cette relation qui contient encore les indéterminées et les résultats de l'expérience fournit une équation entre ces indéterminées, ou permet même de déterminer l'une d'elles. Nous nous bornerons à un exemple.

Cherchons l'action exercée par un courant rectiligne indéfini sur un courant fini parallèle.

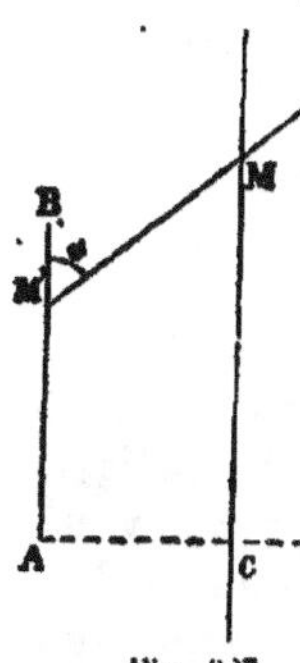

Fig. 327.

Soient AB (fig. 327) un courant de longueur l, d'intensité i' sur lequel nous considérons un élément M′ situé à une distance s' de l'extrémité A; abaissons la perpendiculaire AC de longueur D et soit un élément M situé à la distance s du point C. Soit enfin α l'angle de M′M avec M′B.

La force qui agit en M′ suivant la direction de M′M est

$$f = \frac{A \, i i'' \, ds \, ds'}{r^n} \left(\cos^2 \alpha + \frac{B}{A} \sin^2 \alpha \right)$$

$$f = \frac{A \, i i'' \, ds \, ds'}{r^n} \left(1 + \left(\frac{B}{A} - 1 \right) \sin^2 \alpha \right)$$

Nous devons transformer cette équation à l'aide des relations

$$r = \frac{D}{\sin \alpha}$$

et

$$s = s' + D \cot g \, \alpha$$

d'où

$$ds = \frac{-D}{\sin^2 \alpha} \, d\alpha.$$

D'autre part, ce qu'il faut avoir, c'est la composante normale élémentaire $f \sin \alpha$, car les composantes parallèles à AB se détruisent par symétrie. La résultante ρ de ces forces, c'est-à-dire l'action du courant indéfini sur l'élément ds, sera

$$\rho = \frac{A\,ii'\,ds'}{D^{n-1}} \int_0^\pi \left[1 + \left(\frac{B}{A} - 1\right) \sin^2 \alpha \right] \sin^{n-1} \alpha\, d\alpha$$

Il est inutile de chercher l'intégrale, ce sera une expression qui sera fonction seulement de $\frac{B}{A}$; soit $F\left(\frac{B}{A}\right)$ cette valeur.

Pour avoir la force cherchée, il faut calculer la résultante R de ces résultantes partielles ρ ; on aura donc

$$R = \int_0^l \frac{A\,ii'\,ds'}{D^{(n-1)}} F\left(\frac{B}{A}\right)$$

ce qui donnera

$$R = \frac{A\,ii'\,l}{D^{n-1}} F\left(\frac{B}{A}\right)$$

Si l'on avait un autre conducteur de longueur l' à une distance D' traversé par le même courant i'', on aurait

$$R' = \frac{A\,ii''\,l'}{D'^{n-1}} F\left(\frac{B}{A}\right)$$

Ampère étudia la position d'équilibre que prenait un équipage mobile de la forme ABCDEFG indiquée sur la figure 328, mobile autour d'un axe vertical xx' et placé de manière à ce qu'un conducteur indéfini MN fût placé entre les parties verticales BC et EF ; il trouva que lors de l'équilibre, en appelant l et l' les longueurs des courants mobiles et D et D' leurs distances au courant fixe, on avait

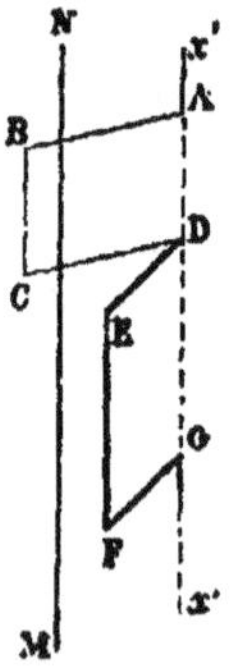

$$\frac{l}{D} = \frac{l'}{D'}$$

Fig. 328.

Mais, puisqu'il y avait équilibre, c'est que les deux forces R et R' étaient égales, ce qui conduisait à

$$\frac{l}{D^{n-1}} = \frac{l'}{D'^{n-1}}$$

La comparaison de ce résultat avec celui donné par l'expérience conduit à la détermination

$$n = 2$$

Dans l'équipage mobile, il y a indépendamment des parties verticales BC, EF des parties horizontales ; mais il est facile de reconnaître qu'elles n'interviennent pas pour produire l'équilibre, parce que leurs actions sont deux à deux égales et de sens contraires. Ajoutons que, en réalité, il faut employer des équipages de forme plus compliquée, des équipages astatiques pour éviter d'avoir à tenir compte de l'action de la terre.

Ampère put encore déterminer *a priori* des conditions d'équilibre pour des courants de forme particulière et il arriva à déterminer le rapport $\frac{B}{A}$; il trouva même des équations de vérification.

L'équation générale est finalement :

$$R = A \frac{ii'\, ds\, ds'}{r^2} \left(\cos\theta \sin\alpha \sin\alpha' - \frac{1}{2} \cos\alpha \cos\alpha' \right)$$

Si l'on appelle φ l'angle que font entre eux les deux éléments, on a la relation

$$\cos\varphi = \cos\alpha \cos\alpha' + \sin\alpha \sin\alpha' \cos\theta$$

et la relation précédente prend la forme suivante qui est quelquefois commode

$$R = A \frac{ii'\, ds\, ds'}{r^2} \left(\cos\varphi - \frac{3}{2} \cos\alpha \cos\alpha' \right)$$

On pourrait faire disparaître le coefficient A si l'on faisait un choix convenable de l'unité d'intensité de courant de telle sorte que, dans des conditions déterminées, deux courants ayant une intensité égale à l'unité donnassent naissance à une force égale à l'unité (dyne).

L'unité d'intensité définie de cette façon en fonction de la dyne est ce que l'on appelle l'unité électro-dynamique d'intensité ; elle n'est pas usitée.

Remarquons que si nous faisons $\alpha = \alpha' = 90°$ et $\varphi = 0$ nous aurons deux éléments parallèles, de même sens ; il vient alors :

$$R = A \frac{ii'\, ds\, ds'}{r^2},$$

ce qui nous apprend que les valeurs positives de R correspondent aux attractions.

On aurait pu arriver à une conséquence qui vérifie cette conclusion en faisant $\varphi = 0$, $\alpha = \alpha' = 0$, ce qui aurait conduit à

$$R = -\frac{1}{2} A \frac{ii'\, ds\, ds'}{r^2};$$

ce cas est celui de deux courants de même sens situés sur le prolongement l'un de l'autre ; il y a répulsion.

544. Application de la formule élémentaire. — Lorsqu'on cherche à déterminer la nature du mouvement que peut produire un courant mobile sous l'influence d'un courant fixe, on peut y arriver en cherchant la résultante de toutes les forces élémentaires ; il s'agit simplement d'effectuer l'intégration.

Nous allons, pour en donner un exemple, chercher la valeur de la force exercée par un courant OX (fig. 329) indéfini dans un sens sur un élément M de courant situé dans son plan et faisant avec le courant indéfini un angle égal à φ.

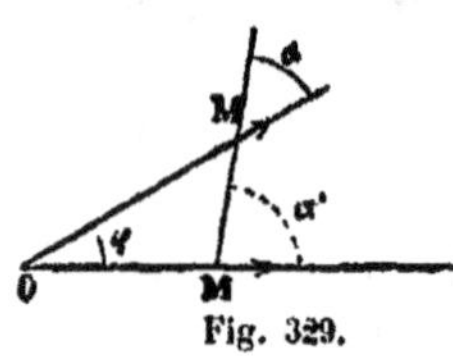

Fig. 329.

Considérons un élément M' du courant OX et cherchons la valeur de la force qu'il exerce sur M situé à la distance r ; comptons les valeurs s et s' à partir du point O et les angles α et α' comme il a été dit précédemment.

On a

$$\alpha' = \alpha + \varphi$$

$$\frac{r}{\sin \varphi} = \frac{s}{\sin \alpha'} = \frac{s'}{\sin \alpha}$$

D'où l'on tire :

$$r = \frac{s \sin \varphi}{\sin (\alpha + \varphi)}$$

et

$$s' = \frac{s \sin \alpha}{\sin (\alpha + \varphi)}$$

et enfin

$$ds' = \frac{s \sin \varphi \, d\alpha}{\sin^2 (\alpha + \varphi)}$$

Introduisons ces relations dans la valeur de R (543), il vient

$$R = A \, ii'' ds . \frac{s \sin \varphi . d\alpha}{\sin^2 (\alpha + \varphi)} . \frac{\sin^2 (\alpha + \varphi)}{s^2 \sin^2 \varphi} \left(\cos \varphi - \frac{3}{2} \cos \alpha \cos (\alpha + \varphi) \right)$$

Cherchons les composantes N et T de R, normales et parallèles à M. On a

$$N = R \sin \alpha \qquad T = R \cos \alpha$$

Il vient alors

$$N = \frac{A \, ii'' ds}{s \sin \varphi} \left(\cos \varphi \sin \alpha \, d\alpha - \frac{3}{2} \cos \alpha \sin \alpha \cos (\alpha + \varphi) \, d\alpha \right)$$

et

$$T = \frac{A \, ii'' ds}{s \sin \varphi} \left(\cos \varphi \cos \alpha . d\alpha - \frac{3}{2} \cos^2 \alpha \cos (\alpha + \varphi) \, d\alpha \right)$$

On aura les valeurs de ces composantes pour l'action du fil indéfini entier, en intégrant ces valeurs élémentaires depuis $\alpha = 0$ jusqu'à $\alpha = 180 - \varphi$.

Etudions d'abord la valeur de N : la parenthèse peut s'écrire

$$\cos \varphi \sin \alpha \, d\alpha - \frac{3}{4} \sin 2\alpha \cos (\alpha + \varphi) \, d\alpha = \cos \varphi \sin \alpha \, d\alpha$$
$$- \frac{3}{8} \left(\sin (3\alpha + \varphi) + \sin (\alpha - \varphi) \right) d\alpha$$

ou encore

$$- \cos \varphi \, d . \cos \alpha + \frac{1}{8} d \cos (3\alpha + \varphi) + \frac{3}{8} d . \cos (\alpha - \varphi)$$

En intégrant alors entre 0 et $180 - \varphi$, il vient finalement

$$\cos^2 \varphi - \frac{1}{2} \cos 2\varphi$$

cette quantité étant égale à $\frac{1}{2}$, on a

$$N = \frac{1}{2} \frac{A \, ii'' ds}{s \sin \varphi}$$

Calculons maintenant la valeur de la parenthèse qui entre dans l'expression de T. Elle peut s'écrire successivement

$$\cos \varphi \cos \alpha \, d\alpha - \frac{3}{4}(1 + \cos 2\alpha) \cos (\alpha + \varphi)\, d\alpha$$

$$= \cos \varphi \, \alpha \, d\alpha - \frac{3}{4} \cos (\alpha + \varphi)\, d\alpha - \frac{3}{8}\Big[\cos (3\alpha + \varphi) + \cos (\alpha - \varphi) \Big]\, d\alpha$$

ce qui devient encore

$$\cos \varphi \, d.\sin \alpha - \frac{3}{4} d.\sin (\alpha + \varphi) - \frac{1}{8} d \sin (3\alpha + \varphi) - \frac{3}{8} d.\sin (\alpha - \varphi)$$

Intégrant entre 0 et 180 — φ, il vient après réduction
faite :

$$\cos \varphi \sin \varphi - \frac{1}{2}\sin 2\varphi - \frac{1}{2}\sin \varphi = -\frac{1}{2}\sin \varphi$$

La valeur de la composante parallèle est donc

$$T = -\frac{A\, ii'\, ds}{2s}$$

On voit que les deux valeurs changent de signe avec i ou
avec i' ; les deux composantes et la résultante changent de
sens lorsqu'on change le sens de l'un des courants.

Considérons en particulier la valeur de N ; d'après la signification des signes que nous avons adoptés, on voit que φ étant
moindre que 180°, N est positif si i et i' sont de même signe,
c'est-à-dire si les courants considérés s'éloignent ou se rapprochent du sommet O de l'angle que forment leur direction,
il y a attraction ; au contraire N est négatif et il y a répulsion
si i et i' étant de signes contraires, l'un des courants s'éloigne
du sommet O tandis que l'autre s'en rapproche.

545. — Nous ne chercherons pas la valeur de ces composantes pour le cas où le courant indéfini QR (fig. 330) agit sur

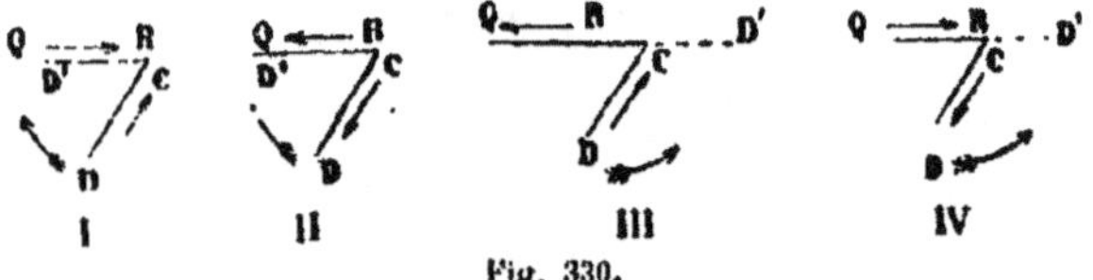

Fig. 330.

un courant fini CD ; il nous suffira de remarquer que tant que
M restera du même côté du sommet de l'angle toutes les ac-

tions conserveraient les mêmes signes et par conséquent il n'y aurait qu'à étendre aux résultantes définitives ce que nous venons de dire sur le sens de l'action.

On peut énoncer alors la règle suivante :

Entre deux courants angulaires CD et QR, il y a attraction si les courants se rapprochent ensemble (I) ou s'éloignent ensemble (II) du sommet de l'angle; il y a répulsion si l'un s'éloigne du sommet tandis que l'autre s'en rapproche (III, IV).

On vérifie expérimentalement ces résultats à l'aide de l'équipage mobile CD (fig. 331) tournant autour d'un axe vertical et au-dessus duquel on place un courant fixe QR dans une direction quelconque.

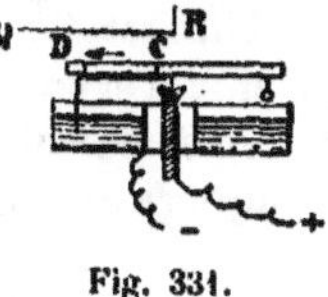

Fig. 331.

Considérons maintenant le cas d'un courant indéfini agissant sur l'élément M; on peut par la pensée diviser ce courant en deux parties, l'une à droite, l'autre à gauche de O. Les deux valeurs de N sont égales et de signes contraires; elles correspondent donc à une attraction par l'une des moitiés et une répulsion par l'autre moitié; donc elles s'ajoutent et l'action est doublée.

Les valeurs de la composante parallèle sont aussi égales et de signes contraires; mais comptées par rapport au point O elles se détruisent.

Dans le cas où il s'agit d'un courant fini CD (fig. 332) qui

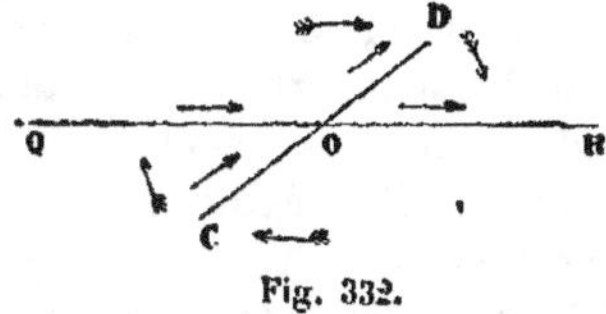

Fig. 332.

dépasse le point O et est soumis à l'action d'un courant indéfini QR, il y a quatre actions; mais on reconnaît aisément par l'application des remarques précédentes qu'il n'y a pas de composante parallèle, et que les quatre composantes normales s'ajoutent.

546. — Les actions réciproques des courants peuvent également donner naissance à des mouvements continus.

Considérons un courant fini CD (fig. 333) perpendiculaire à un courant rectiligne indéfini et pouvant se mouvoir en lui restant perpendiculaire. Un élément *m* de CD est soumis, de la part des éléments *n*, *n'* du fil indéfini pris deux à deux symétriquement par rapport à CD, à deux actions égales et également inclinées P, Q qui ont une résultante F perpendiculaire à CD ; il en serait de même pour l'action du

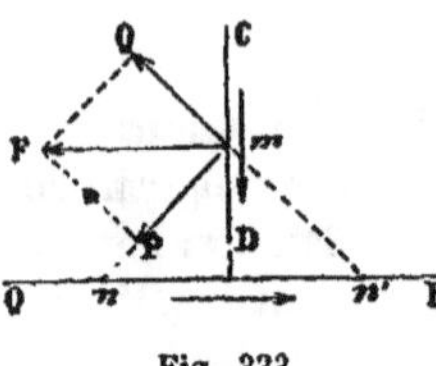

Fig. 333.

fil indéfini entier sur l'élément *m* et aussi pour son action sur le fil CD. Nous voyons donc que le courant mobile est alors soumis seulement à une force normale qui l'entraînera et comme, à chaque instant, les conditions seront les mêmes puisque le courant fixe est indéfini, la force subsistera toujours avec la même valeur et le mouvement se continuera.

On ne peut réaliser l'expérience sous cette forme ; mais les conditions se retrouveront analogues et le résultat est le même, si le courant fixe est circulaire et si le courant mobile peut tourner autour du centre. Il y a d'ailleurs deux dispositions suivant que ce dernier *r* (fig. 334) est parallèle à l'axe de rotation ou qu'il lui est perpendiculaire (fig.

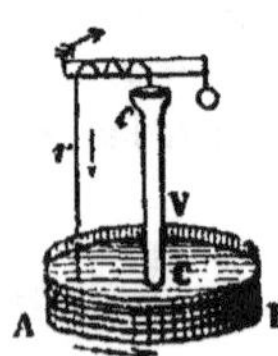

Fig. 334.

335) : dans ce dernier cas, en général, on emploie deux demi-courants *ab*, *ab'* qui, par rapport au centre sont de sens contraire : leurs effets s'ajoutent. On rend en général l'action des fils verticaux *bc*, *b'c'* négligeable en prenant ceux-ci très courts.

Fig. 335.

Le sens des forces qui prennent naissance montre que le courant mobile se meut dans le sens indiqué par le courant fixe lorsque le courant mobile s'éloigne de celui-ci : et qu'il *remonte* le courant fixe dans le cas contraire.

317. — Lorsqu'un courant mobile est soumis à l'action d'un courant fixe, le mouvement dépend tant des forces qui prennent naissance que des liaisons auxquelles est soumis l'équipage. Il en est de même des positions d'équilibre auxquelles le courant mobile s'arrête ; nous allons en indiquer quelques exemples.

Lorsqu'un courant rectiligne fini est soumis à l'influence d'un courant rectiligne fixe et qu'il peut tourner autour du point de croisement ou plus exactement autour de la perpendiculaire commune, les actions que nous venons d'indiquer ont pour effet d'amener le courant mobile à une position d'équilibre stable dans laquelle les courants sont parallèles et de même sens.

On peut considérer l'action d'un courant rectiligne fixe QR (fig. 336) sur un circuit fermé mobile ABCD ; en réalité le circuit ne peut être absolument fermé, mais les extrémités peuvent aboutir en deux points de l'axe autour duquel l'équipage est mobile, de telle sorte que la partie qui fermerait le circuit serait sans action sur le mouvement produit.

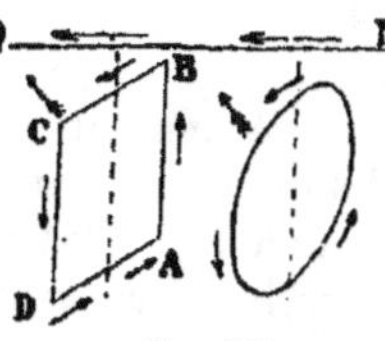

Fig. 336.

Soit un cadre rectangulaire ABCD dont les côtés sont respectivement parallèles et perpendiculaires à l'axe de rotation ; si l'on en approche un courant rectiligne QR parallèle ou perpendiculaire à cet axe, le cadre mobile se déplace et atteint une position d'équilibre stable telle que dans la partie la plus voisine le courant mobile est parallèle au courant fixe et de même sens. On reconnaît, dans chaque cas, que trois actions sont concourantes pour amener ce résultat ; ce sont celles qui s'exercent sur la partie parallèle la plus rapprochée et sur les côtés perpendiculaires ; la quatrième action qui s'exerce sur le côté parallèle le plus éloigné est inverse ; mais, à cause de la plus grande distance cette action est plus faible et ne peut contrebalancer les autres actions.

On arrive à un résultat analogue en employant un circuit fermé de forme quelconque : lors de l'équilibre, le courant mobile dans la partie la plus voisine du courant fixe est parallèle à celui-ci et de même sens. On le comprend aisément en remplaçant les divers éléments inclinés par deux composantes très voisines, l'une parallèle, l'autre perpendiculaire à l'axe de rotation.

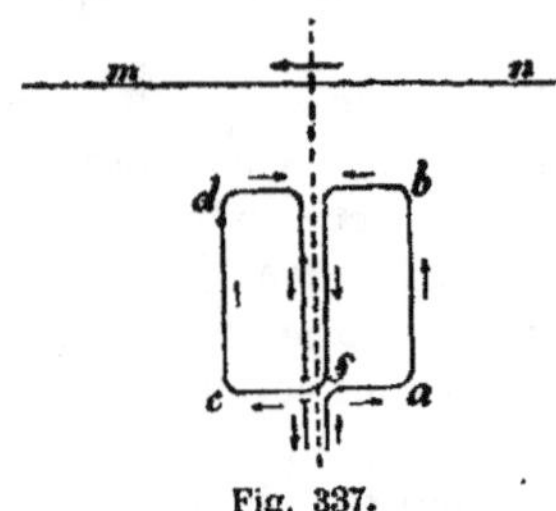

Fig. 337.

D'autre part on peut combiner des cadres mobiles *astatiques* c'est-à-dire indifférents à l'action d'un courant voisin : on y arrive en disposant les courants de telle sorte que chaque action soit contrebalancée par une action égale et inverse, les longueurs et les distances étant les mêmes, mais de sens contraire. La figure 337 représente un système astatique.

546. Des solénoïdes. — Ampère a étudié une intéressante combinaison de courants à laquelle il a donné le nom de *solénoïde*. Un solénoïde (fig. 338) est

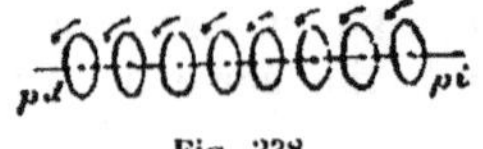

Fig. 338.

constitué par une série de courants circulaires de même sens dont les plans sont parallèles et dont les centres sont sur une même droite qui est l'*axe* du solénoïde.

On réalise dans la pratique les conditions de cette définition par l'emploi de courants circulaires, reliés par des fils rectilignes dont l'effet est annulé par

Fig. 339.

un fil parallèle (fig. 339); ou plus simplement encore par une disposition équivalente à cette définition : on remarque, en effet, que, en vertu de la loi des courants sinueux, on peut considérer une spire d'hélice comme remplaçant un cercle et une droite parallèle à l'axe et égale au pas de l'hélice. On aura

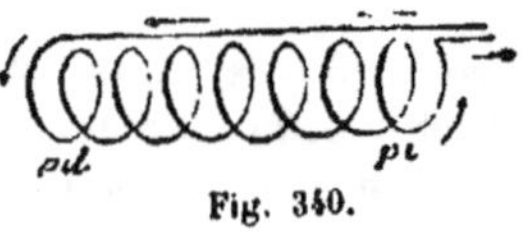

Fig. 340.

donc l'équivalent d'un solénoïde en prenant une hélice (fig. 340) et ramenant un fil parallèlement à l'axe, qui détruira l'action de toutes les composantes rectilignes. Il est d'ailleurs indifférent que l'hélice soit *dextrorsum* ou *sinistrorsum*.

18

Considérons un solénoïde (fig. 341) pouvant tourner autour
d'un axe passant par son centre et plaçons dans le voisinage

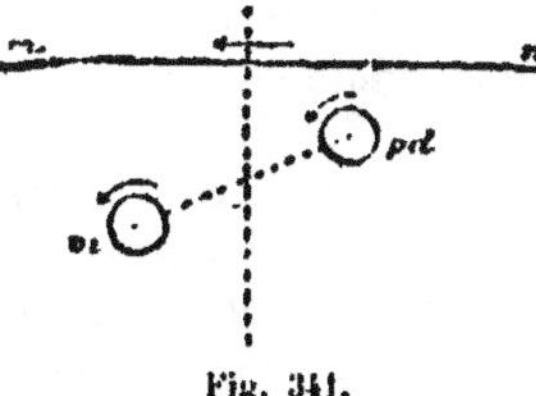

Fig. 341.

un courant rectiligne *mn* : chacun
des éléments circulaires du solénoïde subira une action analogue
à celle que nous avons indiquée
précédemment et le solénoïde
prendra une position d'équilibre
stable, telle que dans la partie la
plus voisine le courant mobile
sera parallèle au courant fixe et de même sens.

En particulier si le courant fixe est parallèle ou perpendiculaire à l'axe de rotation, le solénoïde se placera de telle sorte
que son axe soit perpendiculaire au courant fixe : de plus ce
sera toujours la même extrémité qui se placera à ce que l'on
appelle la gauche du courant (502). Cette remarque montre qu'il
y a une différence entre les extrémités du solénoïde, que l'on
désigne aussi sous le nom de *pôles*.

On pouvait d'ailleurs le prévoir : car en regardant successivement les deux extrémités du solénoïde, on reconnaît que le
sens que l'on attribue au courant n'y est pas le même (fig. 338
à 341); d'un côté, ce sens est celui dans lequel on voit tourner
les aiguilles d'une montre (c'est ce que l'on appelle le sens *direct*), de l'autre, le sens du courant est le sens inverse. Pour
cette raison, nous appelerons provisoirement les pôles *pd* et *pi*
du solénoïde : *pôle direct* et *pôle inverse*.

Le fait que dans la partie la plus voisine le courant du solénoïde marche dans le même sens que dans le courant fixe,
c'est-à-dire des pieds à la tête (502), permet de prévoir que c'est
le pôle inverse qui se porte à la gauche du courant ; c'est ce
que l'expérience vérifie.

547.—Un solénoïde traversé par un courant intense et mobile autour de son centre prend, lorsqu'il est abandonné à lui-
même, une position d'équilibre stable ; dans cette position il
est parallèle à l'aiguille d'inclinaison (466). Il est donc suppo-
sable que l'action est la même pour l'aiguille et pour le solénoïde, et que celui-ci est influencé par le champ magnétique

terrestre ; chacun de ses éléments circulaires se trouve alors perpendiculaire à la direction des lignes de force.

De plus, c'est toujours le pôle inverse qui se dirige vers le nord ; nous l'appellerons donc à l'avenir : pôle nord du solénoïde. Le pôle direct sera le pôle sud.

Cette expérience établit entre les solénoïdes et les aimants une analogie qui, comme nous allons le dire, est très grande.

La propriété que nous venons d'indiquer doit appartenir à chacun des éléments du solénoïde, et l'on peut prévoir qu'un courant circulaire (ou même un courant fermé quelconque) mobile autour de son centre doit prendre dans l'espace une position telle que son plan soit perpendiculaire aux lignes de force.

Arago a vérifié, en effet, qu'un circuit circulaire traversé par un courant, et mobile autour d'un diamètre horizontal perpendiculaire au méridien magnétique, s'incline jusqu'à ce que son plan devienne perpendiculaire à l'aiguille d'inclinaison.

Nous avons indiqué déjà l'expérience d'Œrsted, dans laquelle une aiguille aimantée suspendue prend une position d'équilibre stable sous l'influence d'un courant. La règle qui a été donnée par Ampère pour cette expérience montre que l'aiguille aimantée et le solénoïde se comportent exactement de la même façon, les pôles nord de l'aiguille et du solénoïde jouant le même rôle. Ce fait établit une nouvelle analogie entre l'aiguille aimantée et le solénoïde : il montre également que l'aiguille est sensible à l'action de ce que nous avons appelé le champ galvanique et fait prévoir une curieuse réciprocité.

242. — Cette analogie et cette réciprocité s'étendent même fort loin.

D'une part l'analogie des solénoïdes et des aimants conduit à essayer l'action réciproque des pôles de deux solénoïdes. On observe des attractions et des répulsions : les pôles de nom contraire s'attirent, les pôles de même nom se repoussent.

Nous devons dire que ce résultat pouvait être prévu par l'application à deux solénoïdes de la loi élémentaire des actions des courants.

D'autre part, la réciprocité conduit à essayer l'action d'un aimant sur un solénoïde ou inversement ; là encore il y a des attractions et des répulsions, là encore, la loi est la même que pour deux aimants ou deux solénoïdes.

Ce n'est pas seulement dans ces phénomènes généraux que l'analogie subsiste, mais dans les lois qui les régissent : nous allons insister sur quelques points importants.

Ampère, par l'application de la loi élémentaire, a étudié l'action du pôle d'un solénoïde sur un élément de courant : il a trouvé que la force qui agit est perpendiculaire au plan qui contient l'élément de courant et l'extrémité de l'axe du solénoïde, et que sa direction est telle que le pôle du solénoïde soit entraîné vers la gauche du courant s'il s'agit d'un pôle nord ; enfin si l'on appelle φ cette force, i l'intensité du courant qui traverse l'élément ds, r la distance de celui-ci au pôle de l'élément, ω son angle avec la droite qui joint son milieu au pôle et μ une quantité qui dépend du solénoïde, on a :

$$\varphi = \frac{\mu \, i \, ds \, . \, \sin \omega}{r^2}$$

D'autre part, Biot et Savart ont étudié expérimentalement l'action d'un courant fini sur un aimant, en mesurant la durée des oscillations effectuées par un petit aimant placé en face d'un fil conducteur relié à une pile. En faisant varier les conditions de l'expérience, ils sont arrivés à trouver la valeur de la force exercée par un élément de courant sur un pôle d'un aimant. Sa direction et son sens sont précisément ceux que nous venons d'indiquer pour le solénoïde ; la valeur de la force est donnée par la relation :

$$\varphi = \frac{m \, i \, ds \, . \, \sin \omega}{r^2}$$

où les lettres ont la même signification que précédemment et où m est une quantité qui dépend seulement de l'aimant.

449. — Comme on le voit, l'analogie est très grande ; aussi Ampère a-t-il pensé qu'il y avait entre les aimants et les solénoïdes plus qu'un parallélisme d'action, et émis l'hypothèse qu'il y a identité : les aimants seraient des solénoïdes

ou plutôt des agrégations de solénoïdes de petit rayon et
dont les axes sont parallèles à l'axe de l'aimant, ou à peu près
parallèles (fig. 342). Les extrémités de ces solénoïdes seraient

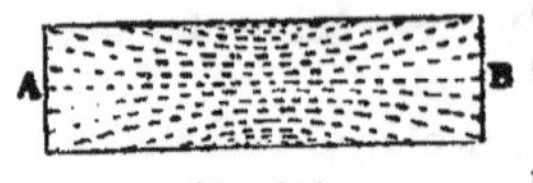
Fig. 342.

divergents et il s'en trouverait jus-
que sur les faces latérales de l'aimant.
On voit aisément que cette assimilation complète explique les actions des aimants entre eux, sur les
solénoïdes ou sur les courants, et les actions réciproques.
Quant à la dernière partie de l'hypothèse, elle est rendue nécessaire par ce que les pôles des solénoïdes sont à l'extrémité
de l'axe, tandis que pour les aimants ils sont seulement à
quelque distance.

Il n'y aurait donc pas à proprement parler de champ magnétique, mais seulement des champs galvaniques qui, suivant les
cas, seraient produits par des courants rectilignes, par des solénoïdes ou même par des courants de forme quelconque.

De plus, cette hypothèse conduit à donner une explication
du magnétisme terrestre. On ne peut conserver l'aimant terrestre, dont l'existence était peu vraisemblable d'ailleurs à
cause de la constitution de notre globe. Les actions qu'il était
supposé exercer peuvent être attribuées à des courants électriques qui existeraient dans les régions équatoriales et qui se
dirigeraient de l'ouest à l'est. L'étude des phénomènes thermo-électriques (554) montre qu'il n'est pas impossible d'indiquer une cause admissible pouvant produire ces courants.

550. — Revenons à la formule de Biot et Savart ; dans le
cas où l'élément de courant est perpendiculaire à la ligne qui
joint son milieu au pôle, la valeur de la force devient :

$$f = \frac{m\,i\,ds}{r^2}$$

Si l'on a un courant fini constituant un arc de cercle ayant le
pôle pour centre, les diverses actions élémentaires s'ajoutent,
et si s est la longueur de l'arc, r son rayon et F la résultante
on a :

$$F = \frac{m\,i\,s}{r^2}$$

C'est la valeur que nous avons posée au début, et de laquelle nous avons déduit l'unité électromagnétique d'intensité de courant.

551. Effets magnétiques produits par les courants. — Parmi les actions des courants, il convient de citer à part celles qui se rapportent à la production d'effets magnétiques, quoique, comme nous allons le dire, on puisse les rattacher aux phénomènes électrodynamiques.

Lorsque l'on entoure un barreau de fer ou d'acier d'un fil métallique recouvert de soie, enroulé en hélice et traversé par un courant, on reconnaît que le barreau devient aimanté : ses pôles sont précisément de même nom que ceux du solénoïde constituant l'hélice qui l'entoure.

On peut faire naître des points conséquents en changeant dans l'étendue du barreau le sens de l'enroulement de l'hélice.

L'aimantation que l'on obtient ainsi est permanente ou temporaire, comme celle que fournissent les aimants. Elle est permanente dans l'acier ; elle disparaît avec la cause qui l'avait produite dans le fer doux, et d'autant plus complètement que le fer est plus doux.

On peut utiliser cette propriété pour aimanter des barreaux ou des aiguilles d'acier ; mais elle est utilisée surtout pour provoquer la formation d'aimants temporaires appelés *électro-aimants*, qui sont formés d'un *noyau* de fer doux de forme variable, sur lequel on enroule un fil isolé en spires d'autant plus nombreuses qu'on veut obtenir une action plus énergique. Si le fer est presque absolument pur, l'aimantation est presque instantanée et la désaimantation aussi ; en réalité, cette dernière n'est cependant pas complète et il y a toujours du magnétisme rémanent.

Les électro-aimants sont très fréquemment employés : dans un grand nombre d'applications ils sont utilisés pour l'instantanéité de leur aimantation et de leur désaimantation ; dans d'autres cas, et ils sont nombreux maintenant, ils sont utilisés pour produire des champs magnétiques très intenses : on a pu produire des champs magnétiques atteignant une intensité de 6.000 unités CGS (   ).

On peut rattacher ces phénomènes aux lois de l'électro-dynamique comme l'a fait Ampère à l'aide de l'hypothèse suivante qui complète ce que nous avons déjà dit :

Dans le fer, l'acier et les métaux magnétiques en général, chaque particule est entourée constamment d'un courant infiniment petit ; c'est ce qu'Ampère appelle un *courant particulaire*. Dans les aimants ces courants sont tous disposés parallèlement, orientés de manière à constituer des solénoïdes ; dans les corps non aimantés ils ont toutes les directions possibles, ce qui s'oppose à ce qu'ils puissent produire un effet parce leurs actions s'entre-détruisent. L'aimantation consiste dans *l'orientation*, la disposition en solénoïdes de ces courants particulaires d'abord non orientés.

On conçoit dès lors ce qui se passe dans un électro-aimant sous l'influence du courant extérieur et conformément aux lois de l'électro-dynamique (545) : les courants particulaires se dirigent parallèlement au circuit extérieur et, par là même, ils se trouvent orientés, constituant des solénoïdes ayant les pôles disposés dans le même sens que dans le solénoïde extérieur.

S'il s'agit d'un morceau d'acier, les courants particulaires orientés conservent leur orientation malgré la cessation du courant extérieur, l'acier reste aimanté. Dans le fer doux au contraire, quand le courant extérieur cesse, l'orientation ne subsiste pas, et les courants particulaires reprennent des positions quelconques.

Cette hypothèse explique bien les effets observés, mais on ne sait à quoi tient la différence d'action sur l'acier et sur le fer doux.

549. — Tous les effets indiqués jusqu'à présent se produisent par le seul fait du passage du courant ; ils dépendent en général de l'intensité, mais existent que ce courant soit constant ou variable. Il est au contraire des actions qui ne se manifestent que pendant les variations d'intensité, pendant les périodes d'état variable (524) : ce sont certains effets *d'induction* que, à la rigueur, nous pourrions étudier maintenant ; mais ils donnent naissance à des forces électromotrices, à des courants, et nous pouvons également les étudier avec les phénomènes de production des courants ; leur étude sera d'ailleurs rattachée à une question qu'on traitera ultérieurement.

§ III

ACTIONS ÉLECTRIQUES PRODUITES PAR LA CHALEUR ET PAR LES ACTIONS CHIMIQUES.

Phénomènes thermo-électriques. Piles thermo-électriques. Actions électriques produites par les actions chimiques. Piles hydro-électriques. Polarisation des électrodes. Piles à courant constant. Piles secondaires.

552. Actions électriques produites par la chaleur. — Nous avons dit qu'entre les phénomènes électriques et les phénomènes d'autre nature, physiques, chimiques ou mécaniques, il y a réversibilité ; aussi devons-nous étudier maintenant les relations qui existent, à un autre point de vue, en cherchant dans quelles circonstances naissent les courants, comment se développent les forces électromotrices. Nous suivrons d'ailleurs un ordre analogue à celui que nous avons précédemment adopté.

Les actions calorifiques peuvent produire des phénomènes électriques dans des conditions variées. Signalons par exemple les effets d'électrisation que subissent certains cristaux pendant qu'ils s'échauffent ou pendant qu'ils se refroidissent ; mais nous n'insisterons pas sur ces phénomènes de *pyro-électricité* et nous nous arrêterons au contraire sur les effets qui se manifestent dans les conducteurs métalliques soumis à l'action de la chaleur dans des conditions convenables.

553. — Il est clair d'abord que si l'on chauffe un point d'un conducteur homogène assez long ou formant un circuit on ne peut développer aucune force électromotrice, aucun courant ; la symétrie du système et de l'action exclut la possibilité d'un phénomène essentiellement dissymétrique.

Il existe une dissymétrie, et l'on ne peut rien prévoir *a priori* pour le cas où on chauffe le point de contact ou de soudure de deux conducteurs de même nature mais de sections différentes: l'expérience montre qu'il n'y a pas d'action électrique.

Considérons maintenant deux fils AB, CD de même nature et de même section; chauffons l'extrémité B et appliquons-la sur l'extrémité C non chauffée. Il y aura, au début, répartition dissymétrique de la chaleur : l'expérience montre que la surface en contact est le siège d'une force électromotrice ; on la met en évidence en reliant les extrémités A et D soit à un électromètre de Thomson permettant de mesurer la différence de potentiel, soit à un galvanomètre où cette différence de potentiel se manifeste par le courant qui prend naissance. L'action est d'ailleurs limitée comme temps, et cesse quand les parties B et C sont parvenues à la même température.

Soient maintenant deux conducteurs de nature différente AB et BC, maintenus au contact ou soudés en B, point que l'on soumet d'une manière continue à une action qui le maintienne à une température inférieure ou supérieure à celle de l'air ambiant, c'est-à-dire à celle des extrémités A et C. Il y a là, par suite de la différence de nature des corps, une différence dans la répartition de la chaleur, différence qui se maintiendra. L'expérience montre que la surface de contact est le siège d'une force électromotrice que l'on mettra en évidence comme précédemment, et qui durera autant que la différence de température entre cette surface et les extrémités. Si les extrémités A et C sont réunies, un courant continu traverse le circuit ainsi formé; c'est ce que l'on reconnaît à l'aide de l'étrier de Seebeck (fig. 343), cadre formé d'une lame de cuivre recourbée et d'un barreau de bismuth et dans lequel une aiguille aimantée *ns* est déviée quand on chauffe une soudure, A par exemple.

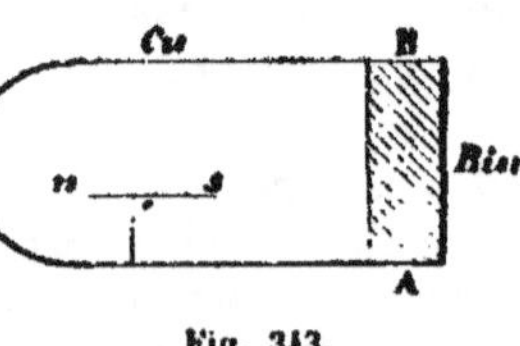

Fig. 343.

On aurait observé un effet identique, si l'on avait refroidi la soudure B. On aurait observé aussi un courant, mais de sens contraire, si l'on avait chauffé la soudure B ou refroidi la soudure A.

Ces phénomènes sont dus au maintien d'une différence de

température entre deux points déterminés, d'où résulte un flux continu de chaleur de l'un à l'autre. On les désigne sous le nom de phénomènes *thermo-électriques*.

355. De la force thermo-électromotrice. — Étudions les conditions dont dépend la force thermo-électromotrice que l'on peut considérer comme la cause directe de ces phénomènes.

L'expérience montre que pour deux conducteurs de nature différente et soudés en un point, la grandeur de cette force est liée aux excès de la température de la soudure sur la température ambiante et sur celle des conducteurs dans leur continuité ; elle dépend d'ailleurs aussi de la valeur absolue de cette dernière.

On utilise peu le cas d'une soudure unique ; on emploie en général un circuit fermé et il y a alors au moins deux soudures.

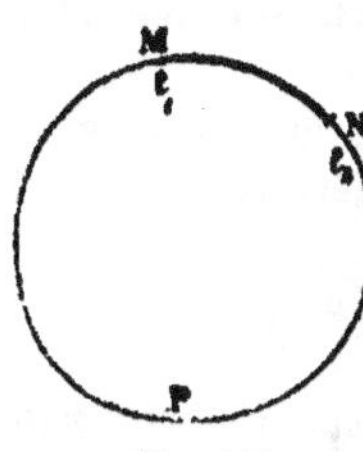
Fig. 344.

Dans ce cas, la température ambiante, n'intervient plus. Si l'on considère l'ensemble de deux soudures consécutives M, N (fig. 344), en appelant E la force électromotrice qui prend naissance quand les soudures sont maintenues à des températures t_1 et t_2 et en désignant par A et B des constantes, spécifiques pour les substances considérées, on a :

$$E = (t_2 - t_1)[A - B(t_2 + t_1)] = A(t_2 - t_1) - B(t_2^2 - t_1^2)$$

Si l'une des soudures est maintenue dans la glace fondante, on a d'une manière générale :

$$e = At - Bt^2$$

Si on porte la soudure chaude successivement à t_1 et à t_2, on aura :

$$e_1 = At_1 - Bt_1^2 \qquad e_2 = At_2 - Bt_2^2$$

d'où il vient :

$$E = e_2 - e_1$$

On déduit de là la règle suivante à laquelle Becquerel était arrivé directement :

Entre deux soudures dont les températures sont t_2 et t_1 la force électromotrice qui prend naissance est égale à la différence entre les forces électromotrices qu'on observerait si l'une des soudures étant maintenue à 0°, l'autre était successivement portée aux températures t_1 et t_2.

La formule qui donne E montre que cette quantité s'annule et change de signe deux fois, lorsque t_2 varie :

1° Pour $t_2 = t_1$; on a $E = 0$; on sait, en effet, que dans ce cas il n'y a pas de force électromotrice. D'autre part, ce que l'on savait aussi, c'est que E a des signes différents pour $t_2 < t_1$ ou pour $t_2 > t_1$;

2° Pour $t_2 = \dfrac{A}{B} - t_1$ on a également $E = 0$. D'autre part E a des signes différents pour $t_2 < \dfrac{A}{B} - t_1$ et pour $t_2 > \dfrac{A}{B} - t_1$. Ce point a reçu pour cette raison le nom de *point d'inversion*. Ce point n'est pas fixe absolument, il en existe un pour chaque valeur de t_1.

Si maintenant t_1 est constant, on aura la valeur de t_2 qui donne le maximum de E en annulant sa dérivée :

$$A - 2Bt = 0 \qquad \text{ou} \qquad t = \frac{A}{2B}$$

Cette valeur est indépendante de t_1 ; on appelle *point neutre* la température correspondante, nous la désignerons par t_0. On a alors pour la formule générale :

$$E = 2B(t_2 - t_1)\left(t_0 - \frac{t_2 - t_1}{2}\right)$$

336. — Pour chaque couple déterminé, deux coefficients spécifiques sont nécessaires pour calculer la force électromotrice, B et t_0 ; il n'est cependant pas nécessaire de connaître ces coefficients pour tous les groupements possibles ; la propriété suivante, vérifiée expérimentalement par Becquerel, montre qu'il suffit d'en connaître un nombre restreint.

Désignons par E_{AB} la force électromotrice qui prend naissance dans un couple formé de deux corps A et B lorsque les

soudures sont maintenues à des températures déterminées;
désignons de même par E_{AC} et E_{BC} les forces électromotrices
qui prennent naissance, pour les mêmes températures, dans
des couples formés respectivement par les corps A et C, d'une
part, B et C d'autre part. Il existe entre ces diverses forces électromotrices la relation très simple

$$E_{BC} = E_{AC} - E_{AB}$$

qui montre que pour calculer les forces électromotrices pour
tous les groupements que l'on peut réaliser entre divers corps
il suffit d'étudier les divers groupements que l'on peut constituer avec un seul et même corps A. Diverses raisons ont conduit à prendre le plomb comme terme de comparaison. Le
tableau suivant donne les résultats pour quelques corps; le
degré centigrade est pris comme unité de température, le
microvolt (millionnième de volt) comme unité de force électromotrice.

Métaux	t_0	$2B$	Métaux	t_0	$2B$
Zinc.......	$- 32$	$2,89.10^{-2}$	Aluminium.	-113	$-2,6 .10^{-3}$
Argent.....	$- 115$	$1,45.10^{-2}$	Etain	$+ 45$	$-6,7 .10^{-3}$
Cuivre	$- 68$	$1.25.10^{-2}$	Maillechort.	-311	$-2,51.10^{-2}$
Laiton	$+ 27$	$5,6 .10^{-3}$	Fer........	$+357$	$-1,2 .10^{-2}$

Les coofficients correspondant aux autres groupes s'obtien-
nent par différence. Le choix des signes est tel que le signe $+$
pour E indique que dans la soudure chaude le courant va du
métal considéré au plomb.

Les diverses opérations s'exécutent rapidement en remplaçant les formules par des tableaux graphiques.

557. — Si le circuit comprend un nombre pair de soudures, on peut les grouper en couples pour chacun desquels
on applique les formules précédentes ; la force électromotrice
totale est la somme algébrique des forces électromotrices
ainsi déterminées.

Il peut arriver qu'il y ait un nombre impair de soudures ;
Examinons le cas particulier qui se présente souvent où

il y a deux soudures consécutives qui sont à la même température. Considérons quatre corps A, B, C, D dont les soudures seraient respectivement aux températures t_1 pour A-B, t_2 pour B, C et pour C-D. M. Becquerel a démontré par l'expérience que, dans ce cas, la force électromotrice totale serait la même que si le corps C n'existait pas et que l'on eût la soudure A-B à la température t_1 et une soudure B — D à la température t_2. On peut alors appliquer les formules précédentes et joindre ce couple complexe aux autres couples de deux soudures constituant le reste du circuit.

558. Piles thermo-électriques. — Les propriétés thermo-électriques ont été utilisées pour construire des piles d'un usage assez commode, mais fournissant des courants d'un prix élevé, ce qui restreint le nombre de leurs applications.

Elles peuvent être utilisées avantageusement comme piles à courants constants, parce que leur force électromotrice reste rigoureusement invariable si les soudures sont maintenues à des températures également invariables. C'est ce qui a été réalisé de diverses manières (Pouillet, Regnauld) en adoptant des éléments cuivre-bismuth, et en maintenant les soudures d'une part dans la glace fondante et, d'autre part, dans l'eau bouillante.

On peut obtenir une force électromotrice plus grande en élevant davantage la température ; mais il se présente une difficulté provenant des détériorations que subissent alors les soudures dont les métaux s'oxydent et se sulfurent, ce qui augmente considérablement la résistance.

Les deux modèles suivants donnent de bons résultats :

Pile de Noé. (fig. 345) — Constituée d'éléments : alliage de zinc et d'antimoine, maillechort. L'alliage d'antimoine est en forme de cylindres horizontaux au nombre de 12 à 20, disposés en général de manière à avoir une direction radiale. Le maillechort se présente sous la forme de 4 fils groupés qui sont soudés à l'extrémité centrale de chaque barreau et à l'extrémité périphérique du barreau voisin. Des lames métalliques de grande surface destinées à produire le refroidissement sont adaptées à ces dernières soudures, pour les maintenir à la température ambiante.

Les soudures centrales ne sont pas chauffées directement, elles portent un prolongement (fig. 346) constitué par un fil de cuivre et c'est ce fil qui est soumis à l'action de la flamme ; les

Fig. 345.   Fig. 346.

soudures reçoivent la chaleur par conduction. On chauffe avec une lampe à alcool ou avec un bec Bunsen.

Pour une température n'atteignant pas le rouge à l'extrémité des goupilles de cuivre, la force électromotrice d'un élément est environ de 0 volt 06.

Pile Clamond. — Cette pile est constituée par des éléments fer (ou nickel), alliage d'antimoine et de zinc (fig. 347). L'alliage a été coulé dans des alvéoles en terre cuite où on avait disposé le métal qui se trouve ainsi fixé par le refroidissement. On dispose 10 alvéoles semblables qui forment une couronne où les éléments sont réunis en série, et l'on superpose un certain nombre de couronnes; à la partie centrale un brûleur à gaz est disposé dans la cavité cylindrique formée par la réunion de ces couronnes. Les couronnes peuvent, à volonté, être montées en série ou parallèlement.

Il existe un modèle de 120 éléments pouvant donner une force électromotrice de 8 volts, la résistance totale est de 3,2 ohms.

559. — Dans un grand nombre de cas, les actions thermo-
électriques sont utilisées non comme source de courant, mais
comme permettant de reconnaître et de mesurer des différences

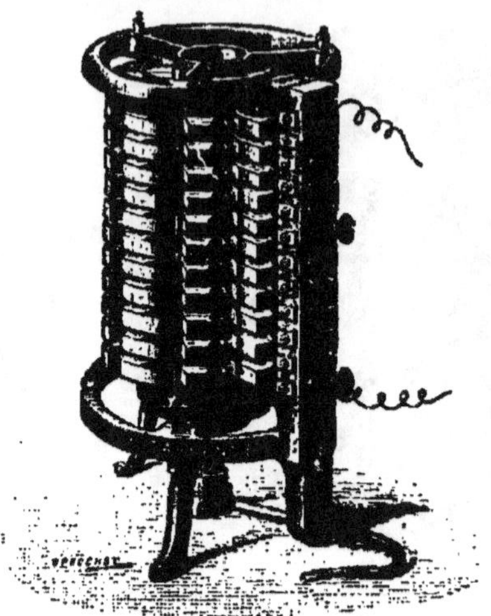

Fig. 347.

de température ; à cet égard, les piles thermoélectriques sont
de véritables thermomètres différentiels.

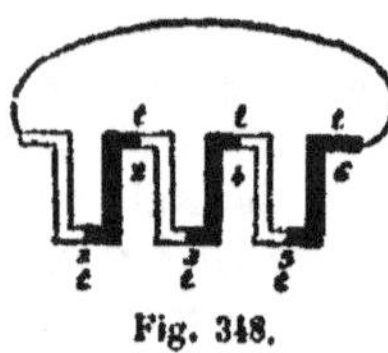

Fig. 348.

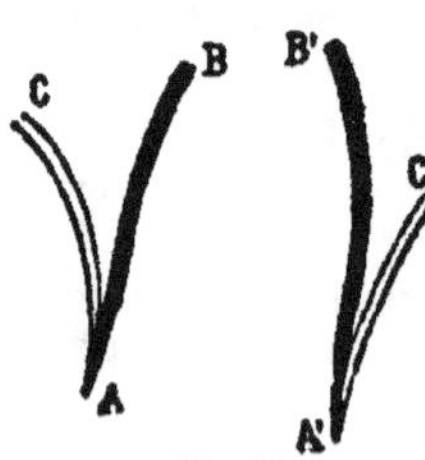

Fig. 349.

On utilise généralement les éléments
antimoine-bismuth ; le métal est obtenu sous forme de petits prismes recour-
bés à leurs extrémités, (fig. 348) où on
les réunit. On emploie également des
fils de fer et de cuivre soudés parallèlement et amincis en pointe à leurs extrémités (fig. 349).

On peut n'utiliser que deux éléments
qu'on établit en opposition ; ce sera,
par exemple, deux aiguilles A, A' réunies par leurs fils de fer B, B' et reliées
d'autre part à un galvanomètre par les
fils de cuivre C, C'.

Tant que les deux pointes resteront

à la même température il n'y aura pas de courant ; il s'en manifestera un s'il y a une différence de température, Si celle-ci est faible, il y aura même proportionnalité entre l'intensité du courant et la différence de température, qui pourra dès lors être mesurée si l'on a préalablement gradué les galvanomètres.

La pice électrique comprend deux couples montés en série et entre les soudures de même ordre desquels on place le corps dont on cherche la température ; celle-ci est déterminée par sa différence avec la température ambiante, à laquelle restent les soudures qui ne sont pas en regard.

On peut réunir plusieurs éléments en les plaçant dans un même plan de manière que toutes les soudures impaires soient d'un côté, toutes les soudures paires de l'autre (fig. 348); on a ainsi la pile linéaire de Melloni qui, reliée à un galvanomètre, a été utilisée pour l'étude de la répartition de la chaleur dans le spectre. On promène la pile dans le spectre, et elle reçoit les radiations d'un côté tandis que l'autre reste à la température ambiante.

Enfin, on peut réunir plusieurs rangées analogues, de manière à former un petit parallélipipède dont les bases présentent un grand nombre de soudures ; c'est la pile dont Melloni fit usage pour l'étude de la chaleur rayonnante (fig. 350). On fait tomber sur une base les faisceaux à étu-

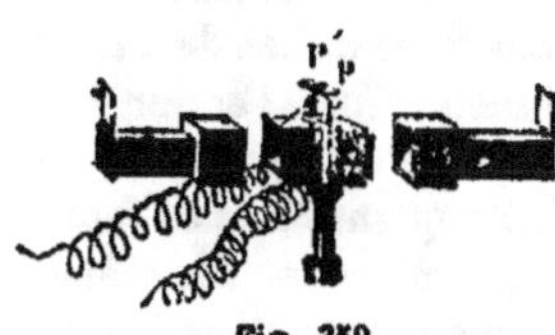

Fig. 350.

dier, tandis que l'autre base reste à la température ambiante ; les indications du galvanomètre relié à la pile font connaître la différence de température des bases, c'est-à-dire l'action propre du faisceau.

557. Actions électriques produites par les actions chimiques. — Les actions chimiques sont accompagnées, en général, non seulement de phénomènes calorifiques, mais aussi de phénomènes électriques. A l'aide de l'électromètre condensateur on reconnaît que par la combustion les corps qui brûlent prennent une charge électrique, tandis que les produits de la combustion prennent une charge opposée ; il suffit pour vérifier le fait de mettre un charbon enflammé sur le plateau supérieur de l'électromètre, tandis que le plateau inférieur est en communication avec le sol ; ou bien de mettre le plateau supérieur en communication avec le sol et de placer le charbon en combustion sous le plateau inférieur, de telle sorte que la fumée vienne frapper ce plateau.

En modifiant légèrement les conditions de l'expérience on reconnaît qu'il existe des effets analogues dans l'action d'un acide sur une base, d'un acide sur un métal, etc.

Nous étudierons d'une manière spéciale les actions qui ont été mises à profit dans les piles et en particulier l'action de l'acide sulfurique sur un métal.

Si dans de l'eau acidulée avec de l'acide sulfurique nous plongeons un métal inattaqué, du platine par exemple, nous observerons que l'état électrique du platine n'a pas changé par son contact avec le liquide. Si, d'une manière quelconque, le liquide possédait à l'avance une charge électrique, le fil serait amené au même potentiel que lui : il agit donc simplement comme conducteur.

Introduisons maintenant un fil de zinc absolument pur, un fil de cadmium ; il se produit quelques fines bulles de gaz qui, généralement restent adhérentes au métal ; mais l'action cesse bientôt. Ces bulles sont constituées par de l'hydrogène ; en même temps, il s'est produit une petite quantité de sulfate de zinc. Si l'on étudie à l'aide d'un électromètre les fils métalliques, on trouve que le zinc présente une charge négative et le platine une charge positive et, d'après ce que nous avons dit précédemment, nous pouvons conclure que le liquide est chargé positivement. Il y a donc eu une action chimique, et il s'est établi en même temps une certaine différence de potentiel entre le zinc et l'eau acidulée. Cette différence de potentiel a été atteinte immédiatement, au moins à ce qu'il semble.

Mettons en communication avec le sol, pendant un instant, les deux fils métalliques, ce qui les ramènera au potentiel zéro : aussitôt on verra l'action chimique se manifester de nouveau et la différence de potentiel se rétablira. On peut répéter cette expérience autant qu'on le veut, et chaque fois il y aura action chimique et la différence de potentiel se rétablira avec la valeur primitive.

Il semble donc que l'action chimique donne naissance à une force électromotrice; mais que cette action chimique, pour une raison inconnue, ne peut produire qu'une différence de potentiel déterminée et qu'elle cesse lorsque cette valeur se trouve atteinte.

363. — Un effet analogue se produira si, au lieu de mettre les fils en contact avec le sol, nous les mettons l'un et l'autre en communication avec une source électrique amenée à un certain potentiel, ce qui tendra à les amener au même potentiel; aussitôt que les communications seront rompues, l'action chimique se produira et la différence de potentiel sera rétablie. De même aussi, on reproduira cette différence de potentiel, toujours avec la même valeur et dans le même sens, si on maintient un des fils seulement en communication avec le sol ou avec un conducteur chargé à un potentiel déterminé.

Nous pouvons donc conclure de ces expériences que cette action chimique produit et maintient entre le liquide et le zinc une différence de potentiel, ou une force électromotrice, dont la valeur est indépendante du potentiel absolu des corps en présence.

Supposons maintenant que nous réunissions le zinc et le platine par un fil conducteur : l'équilibre électrique ne pourra plus subsister et il s'établira un courant électrique. Par le fait que, à chaque instant, l'électricité s'écoulera, l'action chimique deviendra continue ; et les deux phénomènes électriques et chimiques dureront tant que ne seront épuisés ni le métal ni l'acide. Mais on observera alors que le dégagement de gaz, au lieu de se produire sur le zinc, se manifestera sur le platine. Cependant c'est certainement au contact du zinc et de l'acide qu'a lieu l'action chimique ; le fait observé peut s'expliquer par l'hypothèse de Grothus, comme l'électrolyse.

Les fils de zinc et de platine auxquels l'on adapte les extrémités du conducteur intercalaire, sont respectivement le pôle négatif et le pôle positif. En dehors du système étudié, qui constitue ce que l'on nomme un couple voltaïque, un élément de pile, le courant se meut du pôle positif au pôle négatif. Mais il importe de remarquer que, en réalité, le courant part de la tranche de liquide qui est en contact avec le zinc, point où le potentiel est le plus élevé, traverse le liquide, arrive au platine, traverse le fil intercalaire et revient au zinc, dans la partie qui est en contact avec le liquide. Dans le liquide, le courant va donc du zinc au platine et le dégagement de l'hydrogène se fait suivant la même loi que nous avons signalée pour l'électrolyse : le métal (hydrogène) est entraîné dans le sens du courant, le radical (SO^4) remonte le courant, et c'est en effet au contact du zinc qu'on observe la formation de sulfate de ce métal.

522. — Il est très important de remarquer que lorsque le circuit n'est pas fermé la différence de potentiel du zinc et du platine a toujours la même valeur, qui mesure la force électromotrice du couple. Mais lorsque le circuit est fermé par un conducteur intercalaire, la différence de potentiel entre les deux pôles diminue et sa valeur dépend de la résistance du circuit extérieur : c'est que, en effet, la différence de potentiel doit subsister entre les points où se produit l'action, c'est-à-dire entre le zinc et le liquide ; mais, à partir de ces points, le potentiel change de valeur, obéissant à la loi que nous avons donnée (513), de telle sorte que si E est la différence de potentiel qui mesure la force électromotrice et existe entre le zinc et le liquide, si ε est la différence de potentiel entre les pôles, on doit avoir :

$$\frac{\varepsilon}{E} = \frac{r}{r + \pi}$$

r étant la résistance du circuit extérieur et π la résistance du couple considéré.

Ce que nous avons dit de l'accouplement des électromoteurs en général, peut s'appliquer aux couples dont nous venons de parler (519, 521).

523. — Les effets observés seraient différents si l'on employait du zinc du commerce, zinc impur : alors l'action chimique continuerait et l'hydrogène se dégagerait même si le circuit n'était pas fermé, même s'il n'y avait pas de platine dans le liquide. Ce fait peut s'expliquer en remarquant que les impuretés métalliques qui existent dans le zinc forment avec celui-ci de petits couples ayant un circuit complet, circuits traversés par des courants qui ne se manifestent pas extérieurement. Il y a là un inconvénient, car dans ce cas le zinc s'use dans ces actions locales, même lorsqu'il n'y a pas de courant extérieur, tandis que le zinc pur ne s'use que lorsque le courant existe, c'est-à-dire lorsqu'il se produit des effets extérieurs.

Le zinc pur est d'un prix élevé, aussi son emploi est-il peu pratique ; mais il peut être remplacé par du zinc impur préalablement amalgamé, qui, au point de vue que nous étudions, jouit des mêmes propriétés.

On peut dans le liquide remplacer le platine par un autre métal ; si celui-ci est inattaqué par l'acide, il servira seulement de conducteur et l'action sera la même que précédemment. S'il est attaqué, la surface de séparation deviendra le siège d'une force électromotrice. Celle-ci est de sens contraire à la précédente, car le métal est toujours maintenu à un potentiel moindre que le liquide. On formera alors un couple dans lequel la force électromotrice évaluée en déterminant le potentiel des deux pôles sera la différence des deux forces électromotrices qui prennent naissance. Plus commodément, elle en sera la somme algébrique si l'on convient d'affecter les forces électromotrices de signes, suivant le sens de la différence de potentiel observée.

564. Force électromotrice due aux actions chimiques. — L'expérience permet de reconnaître que, pour un couple de nature déterminée, la force électromotrice a toujours la même valeur quelles que soient les dimensions du couple, celles des lames métalliques, la distance qui sépare celles-ci ; elle ne dépend que de la nature des actions chimiques.

Il importe de remarquer que si au point de vue de la force électromotrice la grandeur de l'élément est sans action, il n'en est pas de même pour l'intensité du courant ; car dans ce cas intervient la résistance de l'élément (516) qui dépend des dimensions du couple.

Dans la plupart des piles, comme nous le verrons, il se produit des actions chimiques, indépendamment de l'action principale qui consiste dans la dissolution du métal ; mais le résultat correspond toujours à la production de deux forces électromotrices contraires ; l'action qui s'exerce sur le zinc est la plus considérable. Nous pouvons donner dès à présent quelques indications générales.

305. — Considérons une pile, formée par la réunion de plusieurs éléments associés en série, et intercalons un électrolyte dans le circuit. Il y aura deux actions chimiques opposées : dans la pile, dissolution d'un métal, le zinc ; dans l'électrolyte, mise en liberté du métal. Faraday a énoncé la loi suivante qui régit ces actions :

Loi.—*Il y a autant d'équivalents de zinc dissous dans chaque élément de pile qu'il y a d'équivalents de métal mis en liberté dans l'électrolyte.*

Cette loi fait connaître ce qui se passe lorsque l'électrolyse se produit ; mais à quelles conditions est-elle soumise? C'est ce qu'il faut indiquer.

306. — L'action électrolytique exige une certaine quantité d'énergie qui est égale à celle qui serait mise en liberté par la réaction inverse ; elle peut être représentée par une expression de la forme E'I, I étant l'intensité du courant et E' une quantité analogue à une force électromotrice qu'on a appelée *force contre-électromotrice.*

Dans la pile, où E est la force électromotrice, le produit EI représente l'énergie rendue libre ; cette énergie doit être suffisante pour fournir la quantité d'énergie absorbée dans l'électrolyte et la quantité de chaleur RI^2 dégagée dans le circuit. Si toute cette énergie pouvait être ainsi utilisée, il faudrait que l'on eût :

$$EI = E'I + RI^2$$

ou

$$E = E' + RI ;$$

ce qui donne

$$E > E'.$$

En réalité, l'utilisation n'est pas complète (569) ; il faut donc toujours *a fortiori* que la force électromotrice de la pile soit supérieure à la force contre-électromotrice de l'électrolyte, comme il était d'ailleurs facile de le prévoir. On peut même avoir une limite plus rapprochée de la réalité, si on se donne la valeur de l'intensité du courant qui doit être produit, intensité dont dépend la rapidité du dépôt que l'on veut obtenir.

On sait en effet (535), que 1 Ampère dégage en 1 seconde, $0^{mg},01041$ d'hydrogène : il dégagera donc dans le même temps 0,01041 A du corps dont A est l'équivalent. Si l'on veut déposer un poids p de ce métal par seconde, on devra donc utiliser un courant d'intensité I déterminée par la relation

$$p = 0{,}01041\,A\,I$$

et par suite il faudra que l'on ait :

$$E > E' + \frac{Rp}{0{,}01041\,A}$$

567. La force électromotrice dépend de l'action chimique. — Pour des couples de nature donnée, la quantité d'action chimique est proportionnelle à la quantité d'électricité produite. Comme l'action chimique est proportionnelle à la quantité de zinc dissous, pour vérifier le fait, il suffit de peser le zinc au début et à la fin d'une expérience, d'une part ; et, d'autre part, de mesurer la quantité d'électricité qui a traversé le circuit : mais le plus souvent on opère sur des courants constants et il suffit de vérifier que la quantité de zinc dissous est proportionnelle à l'intensité du courant.

Il suit de là que la quantité de zinc dissous par seconde dans un élément donné n'est pas invariable, mais dépend du circuit extérieur. Cette quantité sera maxima, ainsi que l'intensité, lorsque le circuit extérieur n'existera pas, lorsque la pile sera fermée sur elle-même.

568. — Lorsque l'on considère des éléments de nature différente, la force électromotrice varie ; de quoi dépend-elle alors ?

On peut penser, d'après ce que nous venons de dire, qu'elle

doit être liée à l'action chimique ; mais, dans des réactions différentes, ce qui mesure l'action chimique, c'est la quantité de chaleur correspondant à cette réaction ; en particulier dans le cas des piles, c'est la quantité de chaleur mise définitivement en liberté, lorsque l'on tient compte des actions diverses qui y prennent naissance.

Lorsqu'un élément de pile fonctionne, donnant naissance à un courant, il s'y produit un dégagement de chaleur qui d'après Becquerel serait régi par les lois suivantes :

La quantité de chaleur dégagée dans un élément de pile est la même que celle qui serait dégagée dans une partie du circuit présentant la même résistance.

La quantité de chaleur dégagée dans le circuit entier est égale à la quantité de chaleur que dégagerait, dans le même temps, la réaction chimique dont la pile est le siège si cette réaction ne produisait aucun courant.

Si π est la résistance d'un élément, I l'intensité du courant, R la résistance du circuit extérieur, la quantité de chaleur dégagée dans l'élément sera $H\pi I^2$ par seconde, H représentant l'équivalent calorifique du travail. La quantité totale de chaleur dégagée dans le circuit est alors $H(R + \pi)I^2$ pour une seconde. Si Q représente la quantité de chaleur qu'aurait produite la réaction chimique de la pile dans le même temps, on devrait avoir d'après la deuxième loi

$$Q = H (R + \pi) I^2$$

540.— Favre a étudié ces lois à l'aide du calorimètre à mercure : il plaçait dans les moufles, tantôt un élément de pile et la résistance extérieure, tantôt la pile seule. Il réduisait les quantités de chaleur à ce qu'elles auraient été si l'action s'était prolongée de manière à dégager 1 gr. d'hydrogène ou à dissoudre 33 gr. de zinc.

Il reconnut dans une première série d'expériences que, quelle que fût la résistance extérieure, la quantité de chaleur était constante et sensiblement égale à celle qu'il avait déterminée directement avec Silbermann comme représentant la chaleur résultant de la dissolution de 33 gr. de zinc dans l'eau acidulée. Il reconnut également que la quantité de chaleur produite dans l'élément seul diminuait au fur et à mesure que la résistance extérieure augmentait, ce qui est bien d'accord avec la formule ; mais il ne vérifia pas directement la proportionnalité de ces quantités de chaleur avec la résistance de l'élément.

. Plus tard, Favre et d'autres auteurs s'accordèrent à reconnaître que la quantité de chaleur recueillie dans tout le circuit, *chaleur voltaïque*, n'est pas égale à la quantité de chaleur correspondant à l'action chimique, *chaleur chimique*.

On est d'ailleurs conduit à cette notion par d'autres considérations. Appelons z la quantité de zinc dissous capable de pousser dans l'élément considéré 1 unité d'électricité ; la quantité de zinc dissoute en 1 seconde pour un courant d'intensité I est zI et la quantité de chaleur correspondante sera $q = K z$I, K étant la quantité de chaleur dégagée par la dissolution de 1 gr. de zinc.

Si cette quantité de chaleur se retrouve dans le circuit, on doit avoir

$$q = H (R + r) I^2$$

que l'on peut écrire

$$q = HEI$$

à cause de la relation $I = \dfrac{E}{R + r}$, si E est la force électromotrice. Il faut que l'on ait

$$Kz = HE.$$

On devrait donc avoir pour deux éléments différents

$$\frac{Kz}{K'z'} = \frac{E}{E'}.$$

K et K' sont les quantités de chaleur dégagée, dans chaque élément quand il s'y dissout 1 gr. de zinc ; ce sont donc des quantités connues. Or les expériences montrent que ce n'est qu'exceptionnellement que cette égalité se trouve vérifiée.

Il résulte de là que les lois qui servent de base à ces considérations sont inexactes. Et, en effet, une étude plus rigoureuse de la question a montré qu'il n'y a pas nécessairement égalité entre la chaleur chimique et la chaleur voltaïque. On peut même énoncer la relation importante suivante :

La différence entre la chaleur chimique et la chaleur voltaïque équivaut au *travail compensé* qui accompagne la réaction produite dans la pile.

Ne pouvant entrer dans des détails suffisants pour expliquer cette loi, et notamment l'expression *travail compensé*, nous renvoyons aux travaux spéciaux auxquels cette question a donné naissance [1].

570. Polarisation des électrodes. — Lorsque l'on considère un élément simple tel que nous l'avons indiqué : zinc, — eau acidulée, — platine, et qu'on mesure l'intensité du courant auquel il donne naissance dans un circuit déterminé, on reconnaît que l'intensité décroît rapidement d'abord, puis devient à peu près constante.

Cette variation est liée à la couche de gaz hydrogène qui se fixe sur le platine et qui produit un double effet :

1° L'hydrogène étant peu conducteur, la résistance de l'élément est augmentée.

2° En même temps que l'hydrogène est mis en liberté, il se forme du sulfate de zinc qui reste en dissolution. Or l'hydrogène, métal, réagit sur le sulfate de zinc et constitue un élément qui est orienté en sens contraire de l'élément primitif, de telle sorte que, conformément à ce que nous avons dit, on ne recueille aux pôles que l'effet provenant de la différence des deux forces électromotrices ainsi produites.

Ce phénomène a reçu le nom de *polarisation des électrodes*. Sa nature est nettement mise en évidence dans l'expérience suivante due à L. Foucault.

On construit une pile A (fig. 351) comprenant du zinc E pôle négatif, du mercure C pôle positif, et une dissolution de sulfate de sodium comme liquide actif B. Ce sel est décomposé par le zinc, il se produit du sulfate de zinc, et du sodium se porte vers le mercure où il se dissout formant une couche superficielle d'amalgame de sodium. Lorsque cet amalgame est assez riche, il réagit sur le sulfate de zinc formé

Fig. 351.

---

1. Voir notamment *le potentiel thermodynamique* par Duhem.

et donne lieu à une action inverse qui croît rapidement jusqu'à annuler l'action primordiale, le courant cesse, la polarisation des électrodes est complète. On peut faire naître de nouveau le courant : il suffit d'agiter le mercure avec une baguette de verre, l'amalgame se répand dans toute la masse, la couche superficielle s'appauvrit, son influence diminue et l'action du zinc sur le sulfate de sodium redevient prépondérante. Les mêmes effets se reproduisent et l'on peut à plusieurs reprises recommencer l'expérience, jusqu'à ce que la masse entière du mercure soit assez riche en sodium pour équilibrer l'action du zinc.

On peut même compléter cette expérience de manière à la rendre plus instructive : on fait traverser cette pile, même pendant un temps très court, par un courant qui continue l'action commencée, c'est-à-dire qui, par électrolyse, fait déposer du sodium sur le mercure. Supprimons la pile et rétablissons le circuit primitif ; l'action du sodium sera devenue prépondérante et l'on observera un courant inverse du courant primitif. Mais alors l'amalgame de sodium s'appauvrit superficiellement, le courant s'affaiblit, puis cesse. Mais il se rétablit lorsque l'on agite l'amalgame, ce qui ramène à la surface un excès de sodium. L'action se reproduit plusieurs fois, jusqu'à ce que la masse du sodium soit ramenée à la richesse pour laquelle, comme précédemment, son action fait équilibre à celle du zinc.

571. Piles à courant constant. — Les variations de courant, de force électromotrice d'un élément ne se produiront pas en l'absence de la polarisation des électrodes.

Il est possible d'arriver à ce résultat de diverses façons, d'abord par un choix de substances telles que les résultats de l'action chimique ne soient pas de nature à donner une réaction inverse ; ou bien en engageant l'une de ces substances, l'hydrogène, dans une combinaison telle, que ses affinités étant satisfaites, il ne puisse réagir ultérieurement. Les piles de ce genre sont dites piles à courant constant.

Le premier exemple de pile à courant constant a été indiqué par Becquerel en 1829 ; l'élément qu'il a décrit alors est plus connu sous le nom d'élément Daniell.

Concevons un vase divisé en deux parties A, B (fig. 352) par une cloison poreuse ; d'un côté mettons de l'eau acidulée d'aci-

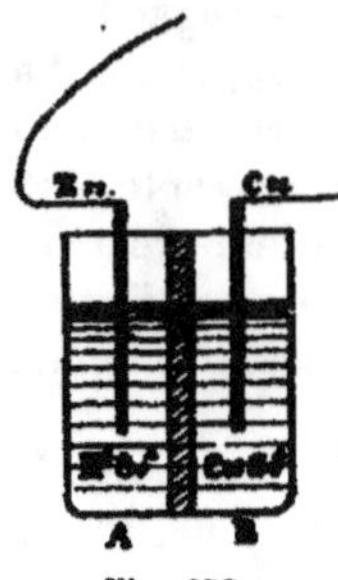

de sulfurique et une lame de zinc qui sera le pôle négatif, de l'autre une dissolution concentrée de sulfate de cuivre et une lame de cuivre qui sera le pôle positif.

Lorsque le circuit sera fermé, l'acide sulfurique agira sur le zinc, il se produira du sulfate de zinc et de l'hydrogène qui, entraîné dans le sens du courant, traversera la paroi poreuse, réduira le sulfate de cuivre en reproduisant de l'acide sulfurique tandis que du cuivre se déposera sur la lame de cuivre. Ces diverses actions se font d'ailleurs de molécule à molécule et on peut leur appliquer l'hypothèse de Grothus. L'hydrogène ne se présente donc pas à l'état libre et, dès le début, la force électromotrice prend la valeur qu'elle conservera ultérieurement.

Il est vrai que cette force électromotrice est moindre que celle provenant de l'action de l'acide sulfurique sur le zinc, car elle est égale à la différence entre celle-ci et celle résultant de l'action de l'hydrogène sur le sulfate de cuivre ; mais cette dernière est faible.

On peut remplacer le sulfate de mercure par d'autres substances dépolarisantes ; il faut naturellement les choisir de manière que l'action réductrice de l'hydrogène ne donne lieu qu'à une faible force contre-électromotrice.

Il va sans dire que tout ce que nous avons indiqué sur la force électromotrice des éléments, dans ses rapports avec les actions chimiques qui s'y produisent, s'applique à ces piles à courant constant.

472. — Nous ne saurions décrire tous les éléments qui ont été proposés ou appliqués et nous nous bornerons aux modèles le plus fréquemment employés.

Pile simple au bisulfate de mercure. — Cette pile dont l'usage est assez répandu donne un courant à peu près constant lorsqu'il ne dure pas trop longtemps : elle comprend comme électrodes du zinc et du charbon, le liquide est de l'eau dans laquelle on introduit un peu de bisulfate de mercure.

Il semble qu'il y ait seulement substitution du zinc au mercure : le mercure mis en liberté maintient l'amalgamation du zinc.

La disposition de l'appareil se comprend sans qu'il soit nécessaire d'insister. Disons seulement que dans cet appareil, comme dans toutes les piles où l'on en emploie, le charbon, qui était primitivement du charbon de cornue à gaz, est toujours actuellement du charbon aggloméré et très conducteur.

Dans une modification de cette pile, on remplace le sulfate de mercure par une dissolution de bichlorure du même métal dans de l'eau salée ; le chlorure de sodium n'agit là que comme dissolvant.

578. — Les autres piles que nous voulons décrire sont moins simples ; elles présentent toujours une substance dépolarisante, mais, suivant les modèles, la disposition change.

C'est ainsi que dans l'élément suivant il n'y a qu'un liquide, et que le dépolarisant est dans le liquide même.

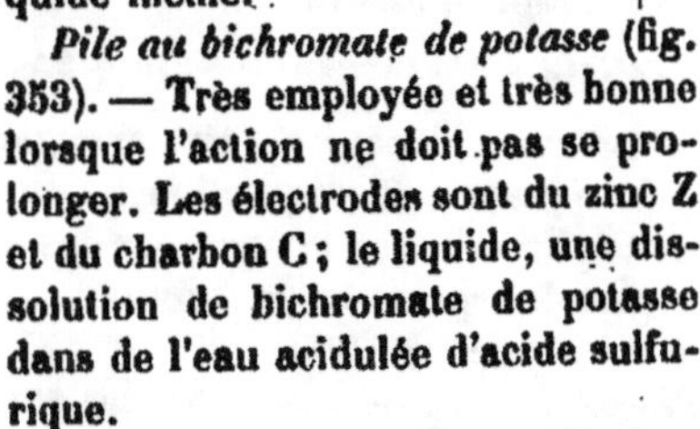

Pile au bichromate de potasse (fig. 353). — Très employée et très bonne lorsque l'action ne doit pas se prolonger. Les électrodes sont du zinc Z et du charbon C ; le liquide, une dissolution de bichromate de potasse dans de l'eau acidulée d'acide sulfurique.

L'acide agit sur le zinc : l'hydrogène dégagé réduit le bichromate de potasse, corps oxydant ; les éléments métalliques de ce sel se substituent à l'hydrogène de l'acide sulfurique et les sulfates ainsi produits s'unissent pour donner de l'alun de chrome.

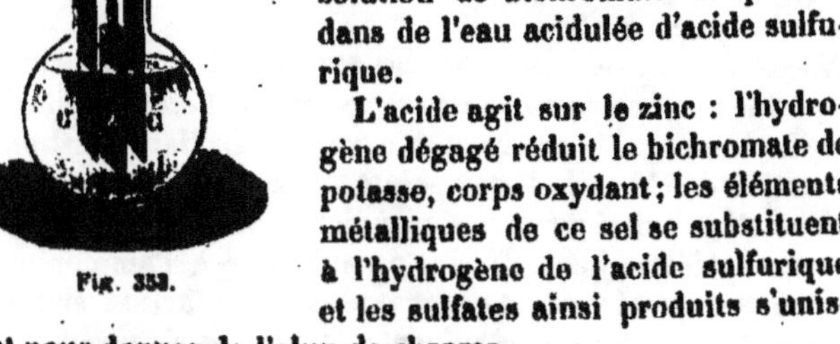

Fig. 353.

On peut se rendre compte de la réaction par les équations suivantes :

$$7 H^2SO^4 + 3 Zn + K^2Cr O^7 = 3 ZnSO^4 + 6 H + 4 H^2O + K^2Cr_2O^7$$
$$= 3 ZnSO^4 + 7 H^2O + [K^2SO^4 + Cr^2 (SO^4)^3]$$

Pour que la pile ne se polarise pas rapidement, il faut que les charbons présentent une grande surface et que la quantité de liquide soit grande. Cela explique la forme sphérique que l'on donne souvent aux vases, ainsi que l'existence de deux plaques de charbon.

Pour éviter qu'il ne se produise d'action chimique quand la pile ne fonctionne pas, il est commode de pouvoir soulever hors du liquide le zinc qui dans ce but est porté par une tige T traversant le couvercle de l'élément.

La force électromotrice est 1^{volt}, 8.

Dans d'autres cas, le dépolarisant est solide et adhérent à l'électrode positive.

Pile Warren de la Rue au chlorure d'argent. — Les électrodes sont du zinc et un fil d'argent, sur lequel est fixé du chlorure d'argent fondu ; le liquide est de l'eau contenant en dissolution un chlorure : acide chlorhydrique, chlorure de sodium, chlorure d'ammonium.

Le zinc se substitue au métal du chlorure en dissolution, et ce métal à son tour réagit sur le chlorure d'argent, mettant ainsi l'argent en liberté.

$$Zn + 2 Na Cl + 2 Ag Cl = Zn Cl^2 + 2 Na + 2 Ag Cl = Zn Cl^2 + 2 Na Cl + 2 Ag$$

L'argent se dépose à l'état spongieux, ce qui facilite les réactions jusqu'à la disparition totale du chlorure d'argent.

Cette pile est très bonne pour des expériences demandant une grande régularité du courant. La force électromotrice d'un élément est 1^{volt},03.

Pile Leclanché. — Les électrodes sont du zinc et du charbon ; celui-ci est placé dans un vase poreux, où l'on a empilé du bioxyde de manganèse, substance oxydante. Le liquide est une dissolution de chlorure d'ammonium (sel ammoniac).

La réaction chimique paraît compliquée et n'est pas encore absolument déterminée ; le zinc se substitue à l'ammonium qui réagit sur le bioxyde de manganèse. La réaction simple indiquée dans les équations suivantes, n'est pas rigoureuse.

$$2 Az H^4 Cl + Zn + 2 MnO^2 = Zn Cl^2 + 2 Az H^3 + 2H + 2 MnO^2$$
$$= Zn Cl^2 + 2 Az H^3 + H^2O + Mn^2O^3$$

Outre qu'il ne semble pas se dégager autant d'ammoniaque, il se forme du chlorure double de zinc et d'ammonium et de l'oxychlorure de zinc.

Cette pile ne possède pas une dépolarisation absolue, aussi convient-il de ne pas la faire fonctionner trop longtemps sans interruption ; mais par le repos elle se dépolarise rapidement.

M. Barbier a simplifié la disposition de cette pile en supprimant le vase poreux et employant pour électrode positive une masse agglomérée contenant le bioxyde de manganèse et sur laquelle s'appliquent les lames de charbon.

La force électromotrice de cet élément est de 1^{volt}, 48.

574. — Dans les piles qui nous restent à décrire la substance dépolarisante constitue un liquide distinct de celui qui produit l'action principale, c'est pourquoi on les appelle souvent *piles à deux liquides*.

Pile de Daniell (fig. 354). — Nous avons donné la description théorique de cet élément. Il nous suffira d'ajouter que le liquide

Fig. 354.

dépolarisant, la dissolution de sulfate de cuivre, est placé dans un vase poreux, contenant la lame ou le fil de cuivre qui est le pôle positif et qui, plongé dans l'eau acidulée (au 10ᵉ ou au 20ᵉ environ), est entouré par la lame de zinc. Le plus souvent, les vases et le zinc sont de forme cylindrique.

La dissolution de sulfate de cuivre s'appauvrit par le fonctionnement de la pile, ce qui augmente la résistance de l'élément et diminue l'intensité du courant ; aussi convient-il de placer dans le liquide des cristaux de sulfate de cuivre A qui maintiennent la saturation.

La force électromotrice est de 1 ^{volt},08.

La pile de Daniell peut fonctionner sans acide dans l'eau ou avec un acide autre que l'acide sulfurique. Sa force électromotrice change alors ainsi que la résistance. Elle fonctionne même avec la disposition : Zinc, sulfate de zinc — sulfate de cuivre, cuivre. Les métaux et les dissolutions en présence ne changent pas de nature et tout se réduit, en somme, à la dissolution d'une certaine quantité de zinc et au dépôt d'une quantité équivalente de cuivre.

La *pile Callaud* (fig. 355) est formée précisément des éléments que nous venons d'indiquer, mais le vase poreux est

Fig. 355.

supprimé ; les liquides sont placés successivement dans un vase et restent superposés par suite de la différence de densité, le sulfate de cuivre étant à la partie inférieure. Le zinc est maintenu par un moyen quelconque à la partie supérieure, le cuivre est posé sur le fond : le fil qui y est relié et qui servira d'électrode positive est recouvert de gutta-percha ou d'émail pour traverser la couche de sulfate de zinc sans qu'il y ait communication électrique.

Par la suppression du vase poreux, la résistance de cet élément est moindre que celle d'un élément Daniell de même dimension ; mais il présente l'inconvénient de ne pouvoir être transporté.

Pile de Bunsen (fig. 356). — Dans cet élément, on trouve d'une part du zinc plongeant dans de l'eau acidulée, et, d'autre part, à l'intérieur du vase poreux, une lame de charbon plongeant dans de l'acide azotique.

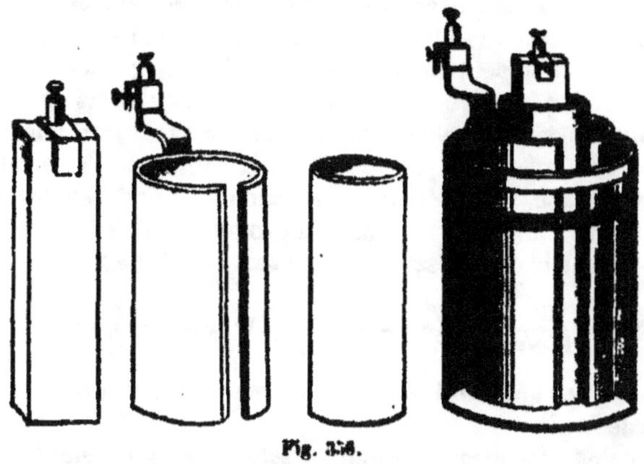

Fig. 356.

L'hydrogène produit dans le vase extérieur traverse le vase poreux et réduit l'acide azotique, en donnant des produits nitreux qui se dégagent en partie. Ce dégagement de vapeurs nitreuses est même un inconvénient qui ne permet d'employer ces éléments qu'en plein air ou dans une salle spécialement ventilée.

La force électromotrice d'un élément Bunsen est de $1^{volt},90$ environ.

Élément de Marié Davy. — Cet élément a la même disposition que celui de Bunsen ; mais le liquide qui entoure le charbon est de l'eau dans laquelle on a mis du sulfate mercureux. Ce sel est réduit par l'hydrogène, et le mercure métallique tombe au fond du vase poreux. Si le sel mercureux passait en petite quantité à travers le vase poreux, le mercure provenant de sa décomposition produirait l'amalgamation du zinc ou l'entretiendrait.

La force électromotrice de cet élément est de 1 ^{volt},52.

275. — Suivant les usages auxquels on les destine, on peut donner aux éléments que nous venons de décrire des dispositions variées ainsi que des dimensions très différentes. La résistance varie naturellement avec les dimensions et les dispositions, et on ne peut donner aucune indication générale.

Disons que, malgré une opinion erronée qui a été émise à plusieurs reprises, il n'y a jamais intérêt à avoir une pile résistante. En effet, si E est la force électromotrice de la pile, π sa résistance, R la résistance extérieure, s la différence de potentiel aux bornes, I l'intensité du courant, W l'énergie disponible dans le circuit extérieur, on sait que l'on a :

$$s = \frac{ER}{R + \pi}, \qquad I = \frac{E}{R + \pi}, \qquad W = sI = \frac{E^2 R}{(R + \pi)^2}$$

et toutes ces quantités varient en sens contraire de π, résistance de la pile.

Ce qu'on peut dire seulement, c'est que, si la résistance extérieure R est très grande, il n'y a pas inconvénient grave à augmenter π ; on peut même avoir avantage à le faire si on ne dispose que de peu d'étendue, parce qu'il sera possible en diminuant les dimensions des éléments d'en avoir un plus grand nombre.

276. — Nous ne pouvons décrire les dispositions différentes qui ont été utilisées et nous ne nous arrêterons même pas à la pile à colonne de Volta, qui a été le point de départ de l'électricité dynamique.

Les piles que nous avons décrites sont peu commodes à transporter ; aussi a-t-on cherché à en construire ne contenant pas de liquide, ou, pour mieux dire, ne contenant pas de liquide libre. On a imaginé divers modèles de *piles humides*.

Dans les unes, les électrodes solides sont appliquées contre

des feuilles de papier à filtre humecté du liquide actif ; dans
d'autres, on a conservé la forme habituelle, mais le liquide
a été remplacé par du sable sur lequel on a versé à refus le liquide actif. Dans d'autres modèles (M. Desruelles) le sable a
été remplacé par de l'amiante. Enfin, et cette disposition paraît très satisfaisante (M. Guérin), le liquide actif est immobilisé
en y introduisant à chaud une petite quantité d'une substance
gélatineuse, l'agar-agar ; par le refroidissement le liquide se
prend en masse et le transport des éléments se fait alors sans
difficulté.

577. Courant de polarisation. Piles secondaires.
— Après avoir fait passer un courant dans un liquide de manière qu'il s'y produise une électrolyse, supprimons la communication avec la pile et fermons le circuit en y introduisant un
galvanomètre. On reconnaît alors l'existence d'un courant qui,
dans l'électrolyte, va en sens contraire de celui qui avait amené la décomposition ; en même temps, il se produit dans le liquide une action chimique inverse de celle qui avait eu lieu
sous l'influence du courant primitif et l'action cesse quand le
liquide est revenu à sa constitution première. On dit alors
qu'il y a *polarisation*, on observe un *courant de polarisation ;*
Ces courants peuvent amener des difficultés, des erreurs d'in-
terprétation dans des expériences ; le fait est fréquent dans les
recherches de physiologie.

On met aisément en évidence ces effets à l'aide d'un voltamètre, vase qui présente à son fond deux fils de platine qu'on
relie aux pôles d'une pile et sur lesquels on place des éprouvettes ; le vase étant rempli d'eau acidulée, l'électrolyse a pour
effet, ainsi que nous l'avons dit, de séparer l'oxygène de l'hydrogène comme si l'eau était directement décomposée (532).
Si l'on supprime la pile et qu'on relie le voltamètre à un galvanomètre, on observe un courant ; en même temps, les gaz
disparaissent peu à peu des éprouvettes et toute action cesse
lorsque les éprouvettes ne renferment plus de gaz.

On peut réunir plusieurs voltamètres et constituer une pile
à gaz à l'aide de laquelle on reproduit toutes les expériences
faites sur les piles en général.

378. — Les phénomènes de polarisation qui se produisent dans les liquides qui ont été soumis à l'électrolyse ont été appliqués par M. Planté à la construction de piles qu'il a désignées sous le nom de *piles secondaires* et qui, à peine modifiées, ont été nommées *accumulateurs*.

Un élément secondaire (fig. 357) est constitué par deux lames de plomb enroulées en spirale et maintenues à distance par des

Fig. 357.

rubans de caoutchouc. A chacune de ses lames est adaptée une languette métallique qui permet d'établir les communications ; cet ensemble est plongé dans de l'eau acidulée par $\frac{1}{10}$ d'acide sulfurique et renfermé dans un vase cylindrique généralement en verre.

Il faut *former* cet élément, qui ne pourrait servir dès qu'il vient d'être construit. A cet effet, on met chacune de ses lames en communication avec le pôle d'une pile ou d'une machine à courant continu à l'aide des bornes G, H ; il y a électrolyse ; de l'hydrogène se porte à la lame négative et de l'oxygène sur la lame positive qu'il oxyde. On renverse le courant et il y a encore oxydation d'une lame ; mais l'hydrogène se portant sur l'autre lame réduit l'oxyde qui s'y était formé. On change le sens du courant et on continue ainsi un grand nombre de fois. On obtient alors quand on arrête l'action, d'une part une lame de plomb métallique ayant pris un état spongieux et de l'autre une lame de plomb recouverte d'oxyde.

L'élément secondaire est inactif par lui-même, mais quand il a été soumis à l'action d'un courant continu de sens convenable, de l'hydrogène s'est condensé sur le plomb spongieux et sur l'autre lame on a du plomb suroxydé. Si on supprime le courant en G, H, toute action cesse et l'élément secondaire est chargé ; il reste même chargé ainsi pendant plusieurs jours. Mais si, formant un circuit complet M'AR BM, on vient à intercaler un conducteur F entre les lames, il s'y développe un courant, en même temps que les lames reviennent peu à peu à leur état primitif.

La force électromotrice de cet élément est de 2 volts.

On n'est pas encore absolument fixé sur les actions chimiques qui se produisent dans cet appareil.

On peut réunir plusieurs éléments de ce genre de manière à former des piles : généralement ils sont disposés de manière à pouvoir être couplés aisément, parallèlement ou en série. Pour les charger on les met parallèlement ; la force électromotrice qu'il suffit de développer est faible. Pour les décharger on les réunit en série et l'on dispose alors d'une différence de potentiel qui est proportionnelle au nombre des éléments, ce qui permet d'obtenir des effets que n'aurait pu fournir la pile qui a servi à charger ces éléments. Il est vrai que, par contre, l'action est plus courte : la décharge est plus rapide que la charge.

470. — Les accumulateurs ne diffèrent pas, au fond, de la pile Planté ; disons même que le nom pourrait induire en erreur, on n'accumule pas l'électricité dans ces appareils. On peut dire seulement qu'on y accumule, sous forme d'actions chimiques, une certaine quantité d'énergie qui sera ultérieurement dépensée sous forme d'actions électriques.

Pour éviter d'avoir à *former* les éléments secondaires, M. *Faure* a eu l'idée d'employer des lames de plomb recouvertes de minium maintenu contre le métal, par du feutre par exemple ; dans la charge l'une des plaques se suroxyde, l'autre se réduit : l'action est la même que dans les éléments Planté.

Dans cette disposition l'appareil se détériore par l'usage ; aussi a-t-on modifié de bien des manières la forme des accumulateurs pour parer aux inconvénients indiqués par la pratique, sans apporter de grands changements au fond.

Dans le modèle Faure-Sellon-Volckmar, les feutres sont supprimés, les plaques de plomb présentent des quadrillages ou des ouvertures dans lesquelles on comprime du plomb réduit, du minium, ou un sel de plomb. Le fonctionnement ne présente rien de particulier.

Malgré les améliorations diverses qui ont été apportées, les accumulateurs ne paraissent pas avoir été amenés à la perfection ; tels qu'ils sont, dans des circonstances déterminées, ils peuvent cependant rendre de réels services.

§ V.

ACTIONS ÉLECTRIQUES
PRODUITES PAR DES ACTIONS MÉCANIQUES.

Machines électriques à frottement et à influence. Induction, ses lois. Machines d'induction : classification générale, description sommaire.

589. Électrisation par frottement : machines électriques. — Nous avons dit qu'un corps électrisé attire ou repousse d'autres corps, c'est-à-dire qu'il développe du travail mécanique par suite de son électrisation même. Un courant électrique peut également développer du travail mécanique, puisqu'il attire ou repousse, fait mouvoir d'autres courants, des aimants.

Réciproquement il est possible, en dépensant du travail mécanique, d'établir entre deux corps ou entre deux points d'un système une différence de potentiel, qui se traduit soit par une tension électrique, soit par la production d'un courant.

En somme la première manifestation électrique signalée est obtenue par le frottement, c'est-à-dire par la dépense d'une certaine quantité de travail. Il existe divers appareils basés sur le même principe, mais disposés de manière à produire des effets beaucoup plus considérables.

Le type classique de ces appareils est la machine de Ramsden (fig. 358). Elle se compose essentiellement d'un disque en

Fig. 358.

verre de grand diamètre tournant autour d'un axe horizontal

passant par son centre ; ce disque glisse entre deux paires de coussins A, B enduits d'or mussif et placés sur le diamètre vertical ; ces coussins sont reliés au sol en K et maintenus par suite au potentiel zéro.

Le disque de verre passe, d'autre part, entre des *peignes* C, D placés à l'extrémité du diamètre horizontal ; ces peignes sont formés de tiges de cuivre recourbées en U et présentent à leur intérieur une série de pointes placées parallèlement. Ces peignes sont fixés à des conducteurs métalliques horizontaux E, F, portés par des pieds de verre M, N, P, Q et réunis métalliquement à l'extrémité opposée où on recueillera la charge. Toutes les pièces doivent être terminées par des parties arrondies.

On peut concevoir comme il suit le fonctionnement de cet appareil : le verre s'électrise positivement en passant entre les coussins, et, ainsi chargé, agit par influence sur le conducteur vers lequel il se dirige : il produit à l'extrémité opposée de ce conducteur une charge positive, et charge négativement les pointes. Mais celles-ci rétablissent l'équilibre électrique et ramènent à l'état neutre le disque qui repasse alors dans la deuxième paire de coussins dans les mêmes conditions où il était au début ; comme les coussins sont maintenus aussi à l'état neutre, le même effet se reproduit.

On utilise la charge positive en amenant au contact des conducteurs E, F le corps sur lequel on veut agir.

La quantité d'électricité que l'on peut obtenir dépend de l'étendue du conducteur et du potentiel auquel il peut être amené ; il y a pour cet élément une limite provenant des pertes qui se produisent par l'air et par les supports, pertes qui augmentent avec le potentiel. Celui-ci ne s'élève plus lorsque les pertes sont égales à la quantité d'électricité fournie par le plateau.

Il est important de remarquer que cette machine n'a qu'un débit électrique faible. Faraday a montré qu'il fallait 28 tours d'un plateau de grand diamètre pour fournir une quantité d'électricité égale à celle qu'on avait obtenu en plongeant de 18^{mm} pendant 0,15 secondes, un fil de zinc de $1^{mm},5$ de diamètre dans de l'eau acidulée. C'est là ce qui explique la difficulté d'obtenir des courants à l'aide de ces machines.

Par contre dans la machine de Ramsden le potentiel peut atteindre une très grande valeur.

Si dans la machine précédente, on reliait les peignes au sol et les coussins aux conducteurs, on recueillerait sur ceux-ci une charge négative. En se basant sur cette remarque on a construit des machines (Nairne, Van Marum) permettant de recueillir à volonté une charge positive ou négative.

331. — Le mouvement d'un conducteur dans un champ électrique, c'est-à-dire dans le voisinage d'un corps électrisé qui l'influence, peut donner lieu à une électrilisation utilisable. C'est ce que nous avons déjà indiqué et ce qui est réalisé dans l'électrophore de Volta.

Cet appareil se compose d'un gâteau de résine rr' (fig. 359) et d'un plateau métallique cc' (ou plus souvent en bois recouvert d'une feuille d'étain) porté par un manche en verre. On

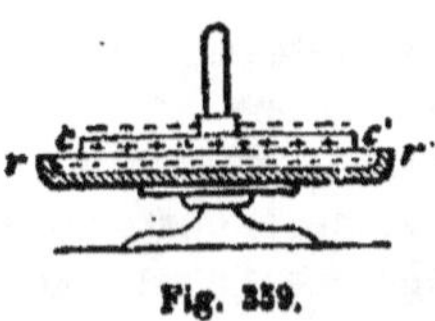

Fig. 359.

électrise le gâteau de résine négativement en le frottant avec une peau de chat ; puis on pose dessus le plateau métallique qui est influencé : le contact n'a lieu que par un très petit nombre de points et, à cause du pouvoir isolant de la résine, l'équilibre électrique ne s'établit pas entre celle-ci et le plateau métallique. On fait communiquer pendant un instant ce plateau avec le sol, ce qui fait disparaître la charge négative. Le plateau reste chargé positivement ; mais sa charge ne peut être encore utilisée : il y a là un véritable condensateur à lame d'air. Si, tenant le plateau par le manche, on le soulève, la charge positive devient alors susceptible d'agir ; le plateau peut servir à charger un corps, à produire une étincelle, etc.

Il importe de remarquer que, dans cette opération, la charge de la résine n'a subi aucune modification, de telle sorte que lorsque le plateau métallique aura été déchargé, on pourra recommencer, et cela autant de fois qu'on le désirera. Si le temps est humide, le gâteau de résine perdra peu à peu sa charge ; mais il la conservera pendant un temps très long si l'air est sec.

Quelle est l'origine des effets que l'on peut produire à l'aide des charges recueillies sur le plateau métallique ? La charge primitive de la résine est une condition, mais ce n'est pas la cause puisqu'elle ne change pas ; la véritable cause réside dans le travail mécanique qu'il faut faire pour écarter le plateau métallique de la résine et qui est nécessité par les charges opposées existant sur les corps (nous ne parlons pas du travail correspondant à l'élévation du poids parce qu'il est compensé par le travail égal correspondant à la descente du plateau ; la compensation a lieu également pour les actions électrique, si le plateau redescend avec sa charge, tandis que, lorsque le plateau est déchargé, il n'y a plus pendant la descente de travail correspondant à l'action de l'électricité).La charge existait bien avant cette dépense de travail, mais ne pouvait produire aucun effet ; c'est bien le travail dépensé qui a permis à l'effet de se manifester.

389. — Un certain nombre de machines, dites machines à influence, reposent sur le principe de l'électroscope. Elles présentent une particularité qui les en distingue cependant ; c'est que par le fonctionnement même de la machine, la charge primitive influençante s'accroît et cet accroissement n'est limité

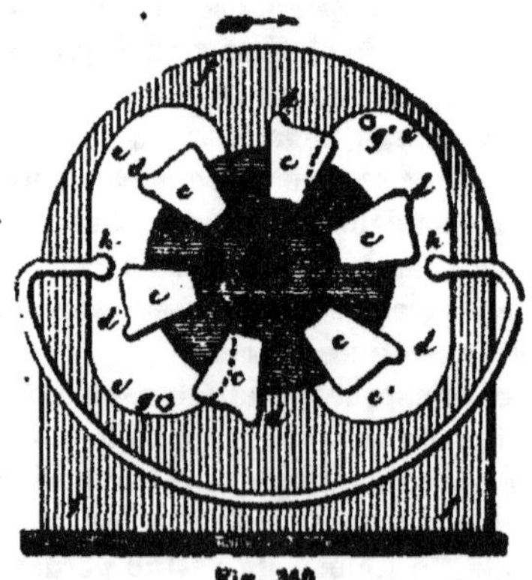

Fig. 360.

que par les pertes qui ont toujours lieu.Nous prendrons comme type de ces appareils la machine de M. Varley (fig. 360).

Des secteurs métalliques c sont fixés à un plateau d'ébonite b que l'on fait tourner autour d'un axe a perpendiculaire à son plan; ils portent des parties saillantes d. Le disque tourne devant deux plateaux métalliques isolés e et e' appelés *inducteurs* et portant en g et g' des contacts que viennent rencontrer les saillies d et d'.

Enfin deux autres contacts h et h', isolés des conducteurs, et que viennent toucher successivement les divers secteurs, sont mis en communication avec la terre.

Supposons le secteur e chargé positivement; il agira par influence sur le secteur c qui, après avoir touché h, restera chargé négativement ; mais, par la rotation, le secteur viendra en contact avec g' et l'équilibre électrique s'établira, l'inducteur e' se trouvant ainsi chargé négativement; il agira alors par influence sur le secteur c et on observera les mêmes effets, au sens près des électrisations; chaque secteur qui touche un contact g, g' augmente donc la charge de l'inducteur correspondant.

Il n'est pas nécessaire que les contacts h et h' soient reliés au sol, il suffit qu'ils soient en communication l'un avec l'autre, parce que, au moment où ils doivent agir, ils sont en contact avec deux secteurs qui leur communiquent des charges contraires.

Le *replenisher* de Sir William Thomson est basé sur un principe analogue.

588. — C'est aussi sur la même idée générale que reposent les machines de Holtz, de Tœpler, de Voss, de Wimshurst; mais les actions y sont moins simples et l'on n'en a pas encore une théorie complètement satisfaisante.

La machine de Holtz (fig. 361) comprend un plateau de verre D tournant rapidement autour d'un axe passant par son centre entre un plateau de verre fixe AB et des peignes; ceux-ci sont au nombre de 4 : deux P,Q sont placés aux extrémités du diamètre horizontal et reliés aux conducteurs p, q entre lesquels éclatera l'étincelle; deux autres R,S reliés par une tige métallique sont placés en face des extrémités des armatures dont nous allons parler.

Le plateau de verre fixe présente sur le diamètre horizontal
des ouvertures ou fenêtres dont la forme est indifférente ; des

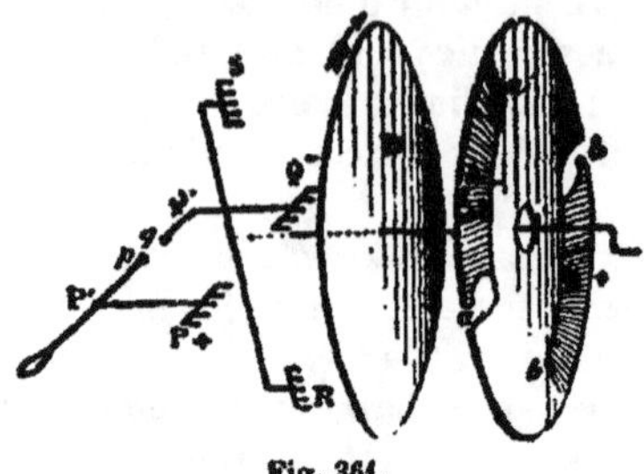

Fig. 361.

feuilles de papier aa',bb' sont collées sur le verre, sur une
étendue de 45° à peu près, affleurant le bord des fenêtres et
terminées par des pointes a,b qui, à travers ces ouvertures,
se dirigent vers le disque mobile en sens contraire de la rotation imprimée à celui-ci.[1]

La machine ayant été soigneusement séchée, ainsi que l'air
qui l'entoure, on charge une des feuilles de papier en y appliquant pendant un instant un corps électrisé, une palette d'é-
bonite frottée, par exemple, et l'on fait tourner rapidement le
plateau. Comme dans la machine de Varley, et quoiqu'il n'y
ait aucun contact, la charge augmente progressivement sur la
feuille préalablement électrisée, et une charge contraire apparaît et croît sur l'autre feuille : pendant cette première partie
de l'opération, il faut maintenir en contact les conducteurs communiquant aux peignes ; après quelques instants, on peut les
écarter peu à peu et un flux d'électricité jaillit entre eux. Ce sont
des aigrettes, de vives lueurs ; si l'on veut des étincelles, on
met les conducteurs en communication avec les armatures intérieures de deux bouteilles de Leyde dont les armatures extérieures sont reliées entre elles ; les charges des conducteurs
se répandent dans ces bouteilles, et quand le potentiel y est
assez grand la décharge a lieu, une étincelle se produit.

1. En réalité ces diverses pièces sont très rapprochées les unes des autres,
et non pas éloignées comme l'indique la figure 361 qui est schématique.

Nous ne donnerons pas de théorie de cette machine ; nous dirons seulement que le travail nécessaire pour faire tourner le plateau à une vitesse déterminée est plus grand quand la machine fonctionne que quand il ne se produit pas de charges électriques. L'excès de travail est l'origine des phénomènes électriques observés.

584. — La machine Carré (fig. 362) présente quelque analogie comme fonctionnement avec la machine de Holtz : il y a

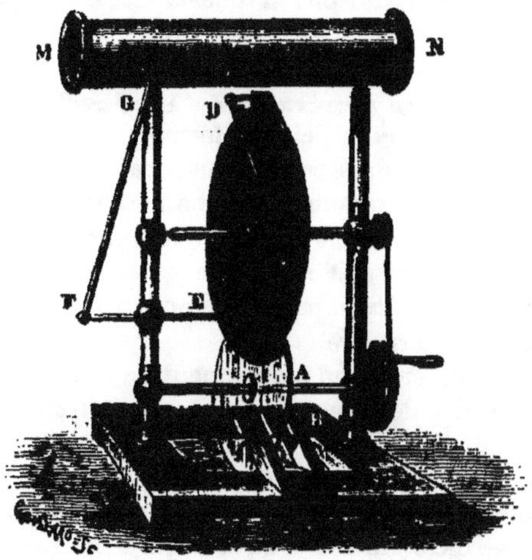

Fig. 362.

un plateau isolant qui tourne devant deux peignes D,E reliés à des conducteurs EFG,MN servant à recueillir les charges électriques ; le plateau fixe et les secteurs de papier sont supprimés et il n'y a qu'un inducteur, plaque de verre A placée en face du peigne inférieur. Mais dans ce cas il n'y a pas réaction d'un inducteur sur l'autre, aussi la charge du plateau de verre diminuerait-elle promptement à cause des pertes. Pour éviter cet inconvénient qui arrêterait le fonctionnement de la machine, le disque de verre tourne constamment en frottant entre deux coussins B, de manière à rétablir la charge.

Les machines de Tœpler, de Voss, de Wimshurst présentent des analogies à la fois avec la machine de Varley et avec celle de Holtz. Elles sont plus compliquées et la théorie est moins simple; aussi, quoiqu'elles donnent de bons résultats, nous n'insistons pas.

Sauf pour quelques applications spéciales, les machines statiques ne sont plus guère usitées. Les appareils réellement intéressants sont ceux qui sont susceptibles de donner des courants, ce sont les machines d'induction dont nous allons parler et dont nous réduirons la théorie aux éléments essentiels.

385. Phénomènes généraux de l'induction. Loi de Lenz. — Concevons qu'un circuit fermé se meuve dans un champ magnétique; si dans son déplacement l'espace compris dans le circuit coupe toujours le même nombre de lignes de forces disposées de la même façon, aucun phénomène ne se manifestera dans le circuit : c'est ce qui a lieu, par exemple, si l'on déplace le circuit parallèlement à lui-même dans le champ magnétique terrestre.

Si, au contraire, dans son mouvement, le circuit rencontre un nombre variable de lignes de force, un courant se manifeste dans le circuit et il faut développer une certaine quantité de travail mécanique pour entretenir le mouvement. C'est ce que l'on observe en faisant tourner le circuit dans le champ magnétique terrestre autour d'un axe qui n'est pas parallèle aux lignes de force, notamment autour d'un axe perpendiculaire à ces lignes.

Comme on peut le prévoir, l'action sera inverse, c'est-à-dire que le courant aura lieu dans un sens ou dans un sens opposé, suivant que, pour un même champ magnétique, il y aura augmentation ou diminution du nombre des lignes de force rencontrées. Donc, pour un mouvement qui ramènera le circuit à sa position primitive, on aura successivement la production de deux courants de sens inverse.

Il va sans dire que l'action sera la même si le circuit étant fixe, c'est le champ magnétique qui se déplace : il s'agit, en réalité, de considérer le déplacement relatif.

Les courants qui prennent naissance dans ce cas sont dits *courants induits* : ils ont été découverts par Faraday en 1832.

Il reste à indiquer le sens des courants qui est donné par la loi suivante, due à Lenz.

Si les courants observés existaient, ils tendraient à donner au circuit une position d'équilibre stable dans le champ magnétique, position dont alternativement, dans un mouvement continu, le circuit s'éloigne ou se rapproche. *A chaque instant, le sens du courant est tel qu'il produit une force dont l'action se manifesterait par un mouvement en sens contraire de celui qui existe en réalité.*

Examinons les principales conséquences de ces données fondamentales.

330. — Le champ magnétique peut être produit par l'action d'un simple courant électrique.

Considérons le cas d'un fil rectiligne CD (fig. 363) traversé par un courant constant et soit un circuit contenant une partie

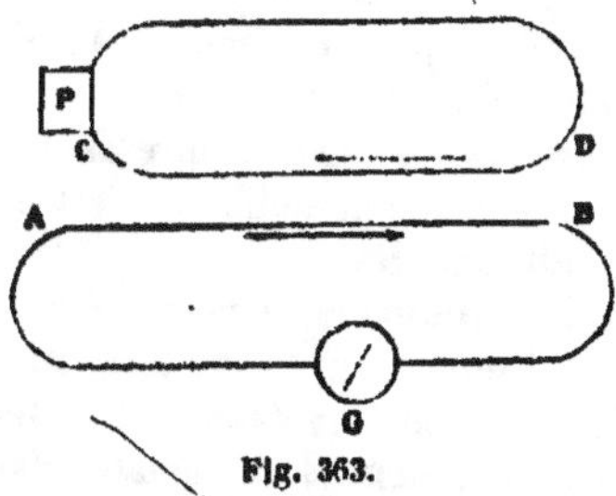

Fig. 363.

rectiligne mobile AB et comprenant un galvanomètre G. Approchons la partie mobile de la partie fixe : il se produit dans le circuit un courant inverse du courant fixe, ce que montre le galvanomètre. Ce résultat est conforme à la loi de Lenz, car le rapprochement des deux fils correspond à une attraction qui se produirait si les courants étaient de même sens.

Si l'on éloigne le courant mobile, on observe un courant de même sens que le courant fixe : on comprend aisément qu'il doit en être ainsi, en vertu de la loi de Lenz. D'ailleurs

si par le rapprochement le nombre des lignes de force coupées
a augmenté, il a diminué par l'éloignement.

L'action dépend uniquement de la variation de distance des
fils, quelle que soit la manière dont cette variation s'est produite ; elle n'existerait pas si la distance restait la même.

Considérons maintenant, pour nous en tenir aux cas importants, le cas d'un champ magnétique produit par un solénoïde

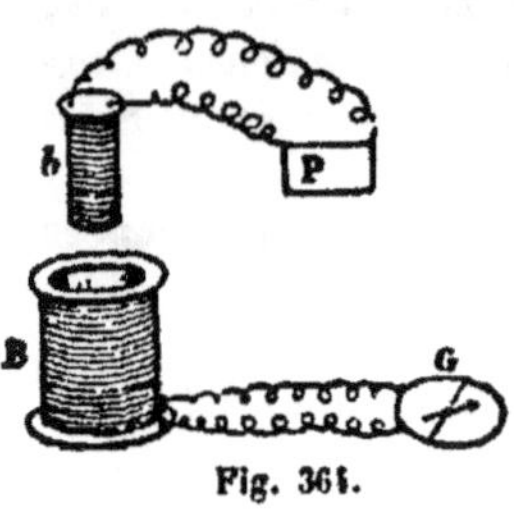

Fig. 364.

b (fig. 364), et déplaçons dans ce
champ un solénoïde B : Si l'on rapproche le solénoïde mobile d'un
pôle du solénoïde fixe, il naîtra
un courant qui correspondrait à
un pôle semblable ; il se produira
un courant qui correspondrait à
un pôle contraire par le rapprochement. Le fait, vérifiable aisément par l'expérience, est d'accord

avec la loi de Lenz.

Enfin, disons que les effets seraient les mêmes si le champ
magnétique était produit par un aimant ; l'assimilation des
aimants aux solénoïdes dispense d'insister.

Ces deux derniers cas sont seuls intéressants dans la pratique ; on fait toujours usage de bobines, c'est-à-dire de solénoïdes, comme circuits induits.

Si le circuit mobile est ouvert, il ne se produit pas de courant, mais l'effet de l'induction est de faire naître une force
électromotrice, d'établir entre les deux extrémités du conducteur une différence de potentiel. Il existe d'ailleurs entre
cette force électromotrice et l'intensité du courant la relation
générale :

$$I = \frac{E}{R}$$

de telle sorte que la connaissance de l'un de ces deux éléments
permet de déterminer l'autre, si l'on a évalué la résistance R du
conducteur.

On remarquera que, d'après la loi de Lenz, il faut développer
du travail mécanique pour produire et entretenir le mouvement

du circuit mobile ; c'est ce travail mécanique qui est vraiment
la cause des courants induits. Le champ dans lequel a lieu le
mouvement n'a subi aucun changement à la fin de l'action ;
son existence est une condition du phénomène, non la cause.

587. — De ces questions il convient de rapprocher des faits
présentant quelque analogie, mais qui se produisent dans
d'autres circonstances, sans déplacement. Ce sont ceux qui
sont produits dans un circuit par un courant voisin, alors qu'il
est dans les périodes d'état variable.

Soient deux circuits voisins AB,CD, placés parallèlement
(fig. 365) ou enroulés en bobines concentriques B,*b* (fig. 366),
par exemple : l'un que nous appellerons *circuit inducteur* con-

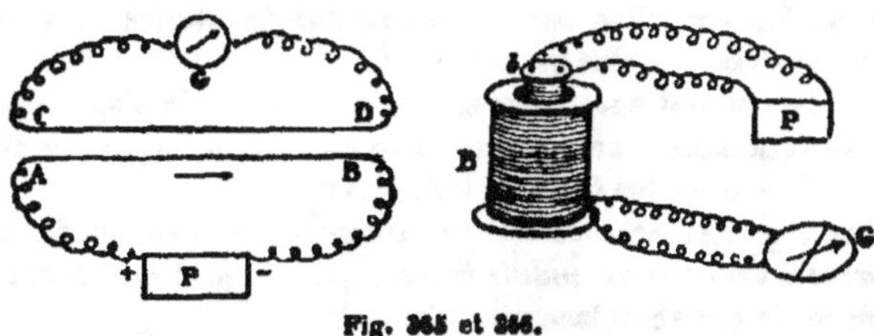

Fig. 365 et 366.

tient une pile P, et est ouvert, mais on peut le fermer ; l'autre qui sera le *circuit induit* est fermé et comprend un galvanomètre G.

Au moment où l'on ferme le circuit inducteur, l'aiguille du
galvanomètre est brusquement déviée, annonçant l'existence
d'un courant *inverse*, c'est-à-dire de sens contraire au courant
inducteur. Mais cette action cesse presque aussitôt et l'aiguille
revient au zéro, pour y rester tant que le courant inducteur ne
subira aucune modification. Si l'on ouvre le circuit inducteur,
on observera également un courant, mais il sera *direct* : il sera
aussi de très courte durée.

On peut rattacher ces actions aux précédentes. En effet, au
début, le circuit était dans le champ magnétique terrestre, il
était coupé par un certain nombre de lignes de force ; l'établissement du courant modifie le champ magnétique par le

champ galvanique qu'il produit. Il y aura un changement dans le nombre des lignes de force coupées par le circuit induit, celui-ci devra donc être parcouru par un courant ; la variation des lignes de force sera d'ailleurs de même sens que si le courant, d'abord placé à l'infini, se rapprochait, pendant le temps correspondant à la période variable, jusqu'à sa position réelle : le courant doit être inverse ;

Un raisonnement analogue s'applique évidemment à la rupture du courant inducteur.

On peut concevoir ainsi qu'une variation du champ magnétique donnera naissance à des courants induits et conclure que :

L'augmentation d'un courant fait naître dans un circuit voisin un courant induit inverse ;

La diminution d'intensité d'un courant fait naître dans un circuit voisin un courant induit direct.

Les effets seront analogues si l'établissement, la disparition ou la variation du champ magnétique sont produits par des aimants et l'on aura les énoncés suivants :

Un pôle qui commence ou qui augmente d'intensité donne naissance à un courant induit inverse (par rapport au courant du solénoïde qui remplacerait l'aimant);

Un pôle qui finit ou qui diminue d'intensité donne naissance à un courant induit direct.

On vérifie ces derniers résultats en prenant une bobine reliée à un galvanomètre G (fig. 367) et au centre de laquelle on

Fig. 367.

place un fer doux ou un aimant dont une extrémité soit en

dehors de la bobine. En approchant ou en éloignant de cette extrémité *s* l'un ou l'autre des pôles d'un aimant NS, on fait naître ou on fait disparaître l'aimantation du fer doux; on augmente ou on diminue l'aimantation de l'aimant. Le galvanomètre est dévié conformément aux lois précédentes. On vérifie d'ailleurs que ce n'est pas l'aimant influençant qui agit directement, en lui communiquant les mêmes déplacements après avoir enlevé le fer doux ou l'aimant; le galvanomètre n'indique rien ou, du moins, les déviations sont beaucoup moindres.

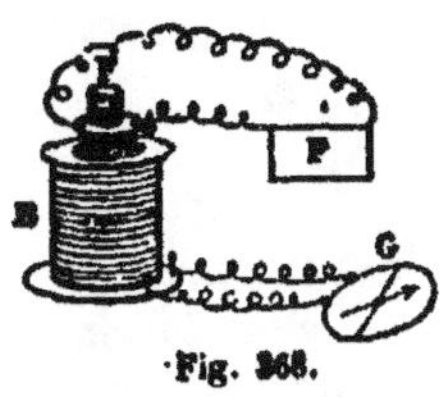

Fig. 368.

Si nous revenons alors aux premières expériences, celles où l'on déplace le circuit dans un champ magnétique, on verra que si dans la bobine mobile *b* on introduit un noyau de fer doux F (fig. 368) les effets observés seront augmentés, parce que l'influence d'un aimant commençant ou finissant se joindra à l'action du déplacement.

555. — Les lois que nous venons d'indiquer donnent l'explication d'un certain nombre de faits: nous mentionnerons les plus importants.

Lorsqu'une pièce métallique continue se meut dans un champ magnétique, il doit s'y produire des effets d'induction qui établissent entre les divers points de la plaque des différences de potentiel susceptibles de donner naissance à des courants.

On a vérifié directement l'existence de ces différences de potentiel en faisant tourner un disque de cuivre rouge CD (fig. 369) au-dessus des pôles *n,s* d'un aimant en U et explorant les divers points avec des contacts métalliques *a,b* reliés à un galvanomètre G. On a pu ainsi déterminer expérimentalement la forme des lignes équipotentielles.

Ces courants, lorsqu'ils prennent naissance, produisent les effets ordinaires des courants et, notamment, donnent lieu à un dégagement de chaleur; c'est là ce qui, dans les machines d'induction, est désigné sous le nom de *courants de Foucault* qu'il convient d'éviter.

Ces courants manifestent également leur existence par les actions mécaniques auxquelles ils sont soumis de la part de l'aimant qui produit le champ magnétique.

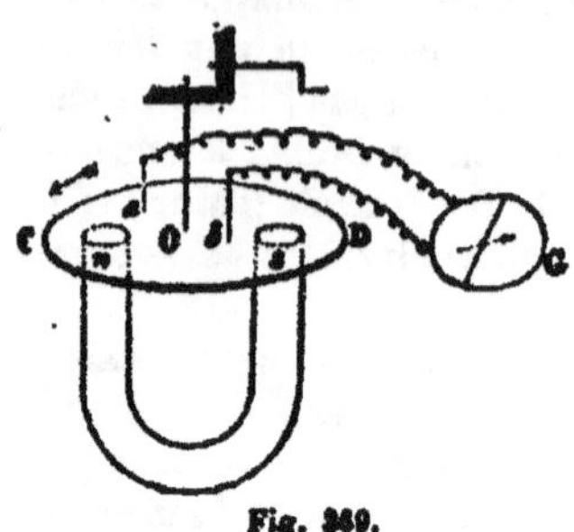

Fig. 369.

En vertu de la loi de Lenz, ces actions doivent être inverses de celles qui donnent naissance aux courants ; elles doivent donc tendre à amener l'équilibre relatif entre les aimants et les courants. C'est ce que l'on vérifie par les expériences suivantes :

Un cube de cuivre suspendu entre les pôles d'un électro-aimant et tournant est arrêté quand l'électro devient actif (Faraday).

Une aiguille aimantée qui oscille s'arrête plus rapidement si elle est au-dessus d'un disque de cuivre rouge que si le disque n'existe pas (Gambey).

Fig. 370.

Un aimant NS (fig. 370) en U qui tourne autour de sa ligne médiane entraîne dans son mouvement un disque de cuivre CD placé au-dessus et suspendu par son centre O.

Un disque de cuivre CD (fig. 371) qui tourne rapidement dans son plan autour de son centre entraîne dans son mouvement une aiguille aimantée *ns* suspendu au-dessus (Arago).

Dans les deux dernières expériences, il convient de tendre une feuille de papier entre la pièce fixe et la pièce mobile pour être assuré que le mouvement n'est pas dû à l'entraînement de l'air.

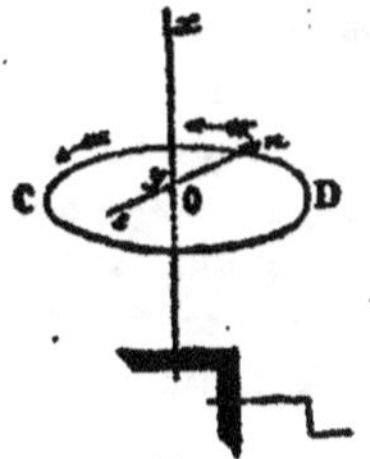

Fig. 371.

Ajoutons que l'on a une preuve indirecte de la cause de ces effets en ce qu'ils ne se produisent plus si on remplace le disque plein par un disque présentant de nombreuses fentes radiales qui s'opposent à l'établissement de courants dans la plaque.

360. Courants induits de divers ordres. Extra-courants. — Lorsqu'un courant induit prend naissance, son intensité, nulle d'abord, croît jusqu'à un certain maximum, puis décroît jusqu'à zéro ; il n'y a à proprement parler que la succession de deux états variables. Si donc, dans le voisinage d'un circuit fermé, on place un circuit traversé par des courants induits, chaque fois qu'un courant induit prend naissance, on doit observer deux courants induits dans l'autre circuit, l'un inverse et l'autre direct qui se succèdent immédiatement. C'est ce que l'on appelle des *courants induits secondaires*. Chacun de ceux-ci donnerait naissance à deux *courants induits tertiaires* se succédant très rapidement, et ainsi de suite ; ces prévisions ont été vérifiées expérimentalement.

Considérons une bobine dans laquelle on fait passer un courant ; l'établissement de celui-ci, au moment de la fermeture du circuit, n'est pas instantané et le courant existe dans une spire avant d'exister dans la spire suivante ; il doit donc y avoir induction de chaque spire sur les spires voisines et, par conséquent, production de forces électromotrices qui si elles existaient seules, produiraient un courant inverse, mais qui, en réalité, ont pour effet d'affaiblir le courant principal pendant la période de l'état variable. On peut mettre en évidence l'existence de cette force électromotrice par l'expérience suivante :

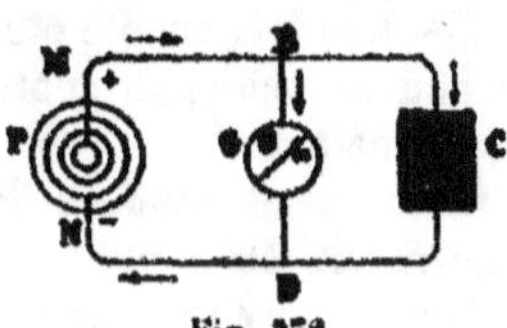

Fig. 372.

Dans un circuit comprenant une pile P (fig. 372) et une bobine C, on introduit une dérivation BD contenant un galvanomètre G. On note la déviation produite par le passage du courant et on arrête l'aiguille à ce point par un taquet *n* qui l'empêche de revenir au zéro, puis on rompt le circuit. Au moment où on le rétablit, l'aiguille est déplacée et indique une plus grande déviation ; donc à la force électromotrice de la pile s'en est ajoutée une autre qui ne peut provenir que de la bobine et qui, ayant dans la dérivation BD une action de même sens que celle de la pile, a nécessairement dans le circuit BCD une action de sens inverse.

Un effet inverse se manifestera nécessairement à la cessation du courant dans une bobine, et il y aura production d'une force électromotrice de même sens que celle qui donne naissance au courant ; les deux actions s'ajouteront et le courant subira une augmentation brusque avant sa cessation : l'effet est le même que si au courant principal s'ajoutait un courant additionnel qu'on appelle *extra-courant de rupture*. Le fait s'observe par les mouvements de l'aiguille d'un galvanomètre placé dans le circuit : on le met plus nettement en évidence à l'aide de la disposition suivante. Le courant passant dans des conducteurs comme dans l'expérience précédente (fig. 373), l'aiguille du galvanomètre est ramenée au zéro directement et y est maintenue à l'aide d'un taquet *n*. Au moment de la rupture du circuit, l'aiguille se trouve déviée en sens contraire de celui où l'entraînait le courant principal ; il y a donc eu production d'une force électromotrice qui ne peut provenir que de la bobine, et qui, ayant dans la dérivation BD une action inverse de celle de la pile, a nécessairement dans la bobine C une action de même sens.

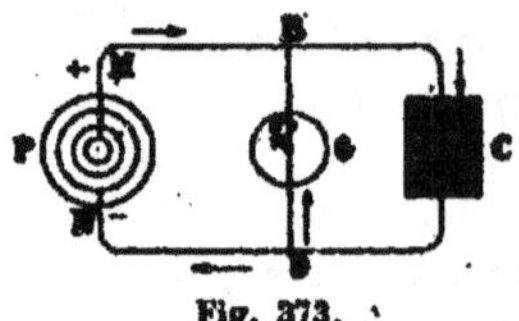

Fig. 373.

590. Lois des courants induits. — Ces lois ont été étudiées par divers procédés que nous ne pouvons indiquer ; nous nous bornerons à signaler les résultats principaux.

La quantité d'électricité mise en mouvement pendant le phénomène de l'induction dépend de divers éléments ; on peut considérer la période qui ramène le système complet à son état initial, dans les diverses conditions élémentaires que nous avons indiquées, comme composée de deux parties dans lesquelles les actions sont inverses l'une de l'autre. On a d'abord reconnu les lois suivantes.

1re Loi. — *Les quantités d'électricité mises en mouvement pendant l'action directe et pendant l'action inverse sont égales entre elles.*

2e Loi. — *La quantité d'électricité mise en mouvement est indépendante de la durée de l'action.*

Les intensités des courants qui prennent naissance peuvent ne pas être égales. Si θ est le temps pendant lequel se produit l'action et si i est l'intensité moyenne, on a, q étant la quantité d'électricité :

$$i = \frac{q}{\theta}$$

quantité variable avec θ.

Cette notion conduit à celle de la force électromotrice moyenne E qui a pris naissance dans le circuit induit ; si la résistance de celui-ci est r, on a

$$E = ir = \frac{qr}{\theta}$$

C'est cette force électromotrice, qui prend naissance même lorsque le circuit n'est pas fermé, qui est la cause des étincelles entre les extrémités du circuit.

Lorsqu'un circuit se meut dans un champ magnétique, la quantité d'électricité mise en mouvement dans le circuit pendant un temps infiniment petit dt est liée à l'intensité du champ magnétique h au point considéré et à la vitesse relative v du circuit par rapport au champ magnétique, par une relation de la forme

$$dq = kvh\,dt$$

k est une constante qui dépend de l'appareil.

On déduit de là

$$i = \frac{dq}{dt} = kvh\,;$$

l'intensité, à chaque instant, est proportionnelle au champ magnétique et à la vitesse relative du circuit par rapport au champ magnétique.

Dans le cas où l'induction est produite par l'action d'un courant, on a trouvé que :

La quantité d'électricité mise en mouvement est proportionnelle à la longueur du circuit inducteur et à la longueur du circuit induit.

Si l'induction est produite par l'action d'un déplacement relatif, on a les lois suivantes :

1 **1re Loi.** — *La quantité d'électricité mise en mouvement est proportionnelle à l'intensité du courant inducteur.*

2e Loi. — *Cette quantité ne dépend que des positions relatives initiale et finale des deux circuits.*

Si donc I est l'intensité du circuit inducteur, l sa longueur, et r la résistance du circuit induit, qui est proportionnelle à sa longueur, on a :

$$q = k l r \, I,$$

k étant une constante pour le mouvement considéré.

On aura donc, en appelant i l'intensité moyenne du courant induit, E la force électromotrice moyenne, et t le temps pendant lequel dure l'action :

$$i = \frac{k l r \, I}{t} \qquad \text{et} \qquad E = \frac{k l r^2 \, I}{t}$$

Lorsque les courants induits sont produits par la variation d'intensité du courant inducteur, on a trouvé la loi suivante :

Loi. — *L'intensité du courant induit à un instant quelconque est proportionnelle à la dérivée du courant inducteur prise par rapport au temps.*

On a comparé l'induction produite dans ces deux cas et l'on a trouvé la loi suivante.

La quantité d'électricité mise en mouvement par l'approche d'un courant depuis l'infini jusqu'à une position déterminée est la même que celle qui se serait manifestée par la fermeture du circuit inducteur dans cette position.

301. Machines d'induction. — Les machines d'induction sont des appareils qui fournissent des courants électriques par l'application des lois que nous avons précédemment indiquées. Elles se divisent naturellement en trois groupes, suivant que l'induction est la conséquence :

D'un mouvement d'un circuit dans un champ magnétique;

D'une variation du champ magnétique;

D'une combinaison des deux premières dispositions.

Au point de vue des applications, le premier groupe est de beaucoup le plus important.

Dans les machines du 1ᵉʳ groupe rentreraient évidemment celles où le champ magnétique se déplace par rapport au circuit fixe; mais ce cas est peu fréquent.

D'une manière absolument générale, on peut dire que les mouvements produits consistent toujours dans une rotation des pièces mobiles autour d'axes fixes. Dans un tour effectué, le circuit est donc parcouru successivement au moins par deux courants qui sont de sens contraire : si à l'aide de dispositions particulières le circuit est relié malgré son mouvement à un circuit fixe que nous appellerons le *circuit extérieur*, celui-ci sera parcouru par des courants alternatifs, qui se succéderont d'autant plus rapidement que la vitesse de rotation sera plus grande. On peut se représenter approximativement la répartition de l'intensité par une courbe sinueuse (fig. 374, I).

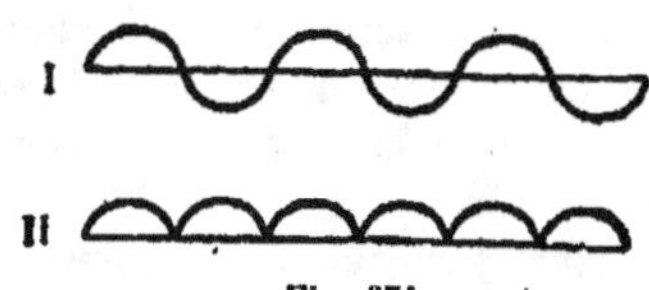

Fig. 374.

Il est certains phénomènes qui peuvent être produits par des courants alternatifs de ce genre comme ils le seraient par des courants continus : ce sont les phénomènes calorifiques; le sens du courant n'y intervient pas, et il importe peu, par conséquent, qu'il change ou non. Mais il n'en serait pas de même pour d'autres actions, comme les actions chimiques, où les effets observés sont absolument modifiés suivant le sens du courant.

On appelle *ligne de commutation*, la ligne que traverse le

circuit mobile au moment où la force électromotrice change de sens : il y a toujours deux lignes de commutation au moins : comme en général, le champ magnétique est symétrique, les deux lignes de commutation sont sur le prolongement l'une de l'autre et constituent un *diamètre de commutation* XY (fig. 375).

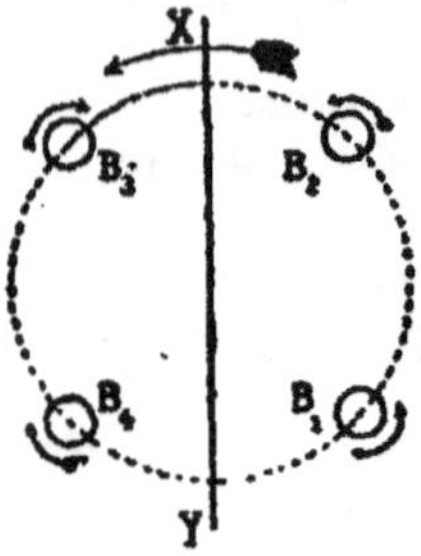

En réalité il y a toujours deux circuits induits diamétralement opposés : à chaque instant ils sont le siège de forces électromotrices inverses, mais de même grandeur si le champ magnétique est symétrique. On les réunit entre eux et au circuit extérieur, comme on ferait pour deux éléments de pile, soit parallèlement, soit en série. Dans le premier cas, la force électromotrice n'est pas changée, la résistance des induits est devenue deux fois moindre ; dans le second cas, la force électromotrice a doublé, et la résistance a doublé également. En tout cas, les variations dans le circuit extérieur sont les mêmes, à l'intensité près, que s'il n'y avait qu'un induit.

On peut, par des dispositions mécaniques variées, relier le circuit extérieur aux induits de telle sorte que lorsque ceux-ci traversent la ligne de commutation le sens de la communication des circuits soit changé ; le courant ne change plus de sens dans le circuit extérieur.

Dans une machine ainsi disposée, les courants sont dits *redressés* ; ils ont d'ailleurs une intensité très variable, puisque pour un tour complet ils s'annulent deux fois et passent par deux maximum (fig. 374, II). Les effets qui ne dépendent que de la quantité se produiront comme si le courant restait constant avec une intensité moyenne ; mais il n'en sera pas de même pour ceux qui sont liés à la force électromotrice, et il y a un intérêt très réel à obtenir des courants où celle-ci reste constante, ou au moins s'éloigne très peu d'une valeur déterminée.

400. — En général, on emploie plusieurs couples de cir-

cuits mobiles (B_1,B_2 fig. 375). Tous les inducteurs situés d'un
même côté du diamètre de commutation produisent des forces
électromotrices de même sens, mais qui sont opposées à celles
qui prennent naissance dans les inducteurs B_3,B_4 situés de
l'autre côté de ce diamètre. On peut concevoir que ces inducteurs soient reliés entre eux de manière que leurs effets s'ajoutent constamment, comme des éléments de pile; généralement
ils sont accouplés en série, de telle sorte que la force électromotrice totale est la somme des forces électromotrices de tous
les induits, à chaque instant. Pour deux bobines, d'ailleurs, la
force électromotrice suit la même loi, et repasse par les mêmes valeurs avec un retard correspondant au temps qui sépare
le passage de ces induits à la ligne de commutation.

Nous pourrons donc avoir une idée de la variation de la
force électromotrice d'un système de deux couples d'induits
placés à angle droit B_1B_2, B_3B_4 (fig. 375) en construisant la
courbe ayant pour ordonnées les sommes des ordonnées de
deux courbes représentant des courants redressés dont l'une
serait en retard d'une demi-période sur l'autre; on voit (fig.
376) que la force électromotrice ne devient jamais nulle et que

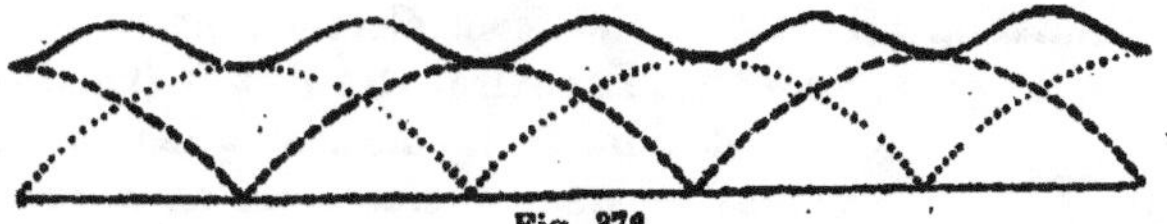

Fig. 376.

ses variations sont assez faibles. Elles le deviendraient d'autant plus que l'on composerait un plus grand nombre de courbes pour déterminer les ordonnées de la courbe résultante,
c'est-à-dire que l'on réunirait un plus grand nombre de couples d'induits. On pourrait arriver ainsi à avoir un courant
presque absolument constant.

Parmi toutes les dispositions que l'on peut employer, il y en
a une qui est souvent employée et qui donne de bons résultats; elle consiste à réunir en série tous les induits d'un même
côté de la ligne de commutation, et à réunir parallèlement ces
deux séries pour les mettre en communication avec le circuit
extérieur. Dans ce cas, à chaque instant, la force électromo-

trice est moitié de ce qu'elle serait si tous les induits étaient réunis en série, mais la résistance de la machine est aussi moitié plus faible.

393. — Indiquons les principaux types de dispositions qui permettent de réaliser les conditions générales que nous venons d'indiquer.

Considérons d'abord le cas où il n'y a que deux induits réunis, ce qui donne deux extrémités libres pour leur fil. Si l'on veut avoir des courants alternatifs, on réunit ces extrémités

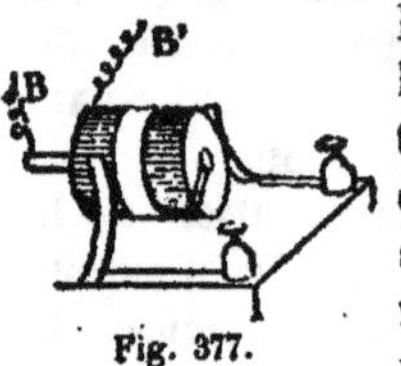

Fig. 377.

B et B' (fig. 377) avec deux bagues métalliques montées sur un cylindre isolant qui tourne en même temps que les induits, deux frottoirs à ressort auxquels aboutissent les extrémités du circuit sont constamment en contact avec ces bagues. La communication des induits et du circuit extérieur se fait toujours de la même façon et le sens du courant change dans le circuit extérieur comme dans les induits.

L'appareil présente une disposition différente si l'on veut avoir des courants redressés dans le cas d'un seul diamètre de commutation : il porte spécialement alors le nom de *commutateur*. Les extrémités B et B' (fig. 378)

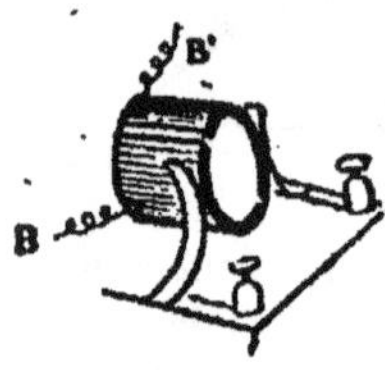

Fig. 378.

du fil de l'induit aboutissent à deux demi-viroles séparées et fixées sur un cylindre isolant qui tourne avec les induits. Il y a également deux frottoirs à ressort où viennent aboutir les extrémités du circuit extérieur ; celles-ci sont donc en relation tantôt avec l'une et tantôt avec l'autre virole. Si le passage de l'une à l'autre a lieu au moment où les induits passent au diamètre de commutation, les deux changements auront lieu simultanément et se contre-balanceront ; le courant aura toujours le même sens dans le circuit extérieur, par conséquent.

Lorsqu'on a plus d'un couple d'induits les connexions sont variables suivant les dispositions adoptées pour le groupement de ces induits.

On pourrait, par exemple, avoir autant de commutateurs à viroles que l'on a de couples d'induits, chacun d'eux ayant la ligne de séparation des viroles dans une direction particulière, celle qui correspond à l'instant où les induits dont les fils aboutissent à cette virole passent au diamètre de commutation ; on réunirait ensuite les frottoirs avec le circuit extérieur, comme on le désirerait, en série ou parallèlement, traitant les divers frottoirs comme les pôles d'autant d'éléments, les frottoirs d'un même côté représentant les pôles de même nom.

Il existe plusieurs machines qui présentent cette disposition ou des dispositions que l'on peut considérer comme s'y rattachant (Machine Brush).

En admettant toujours qu'il n'y ait qu'un diamètre de commutation, on peut réunir tous les induits en un seul circuit par des connexions telles que, à un instant quelconque, les $2n$ induits soient divisés en deux groupes de n bobines consécutives produisant des courants de même sens dans le circuit et tels que les courants de ces groupes soient opposés ; si le circuit extérieur est relié successivement avec les diverses parties du système en un point tel que le passage de l'une à l'autre coïncide avec l'instant où la bobine correspondante passe à la ligne de commutation, les deux groupes constitueront deux séries parallèles agissant concurremment sur le circuit extérieur qui sera parcouru par un courant d'autant plus près d'être constant qu'il y aura un plus grand nombre de bobines, sans qu'il y ait jamais cessation.

Divers modes de liaison sont possibles ; trois particulièrement ont été employés, ceux des systèmes Gramme (fig. 379), von Heffner Alteneck (fig. 380), Edison (fig. 381). Les figures schématiques en donnent une idée ; les induits y sont représentés par des bobines vues par le bout quoiqu'ils puissent avoir des formes variées comme nous le dirons ; les

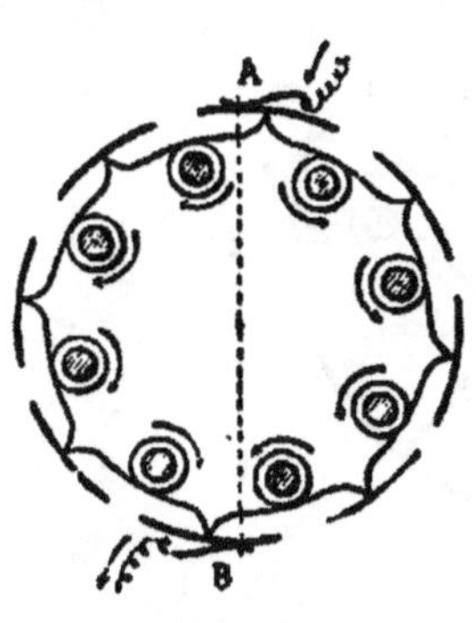

Fig. 379.

arcs de cercle noirs représentent les pièces métalliques sur lesquelles appuient les frottoirs reliés au circuit extérieur; la

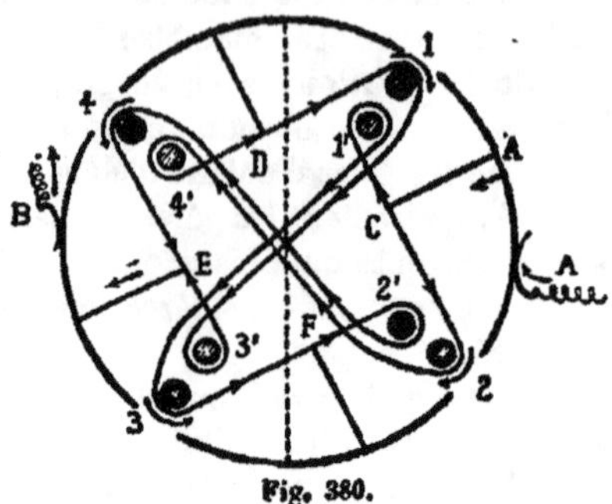

Fig. 380.

ligne pointillée verticale indique le diamètre de commutation et les flèches le sens du courant dans chaque induit. Ces croquis se comprennent sans qu'il soit nécessaire d'insister.

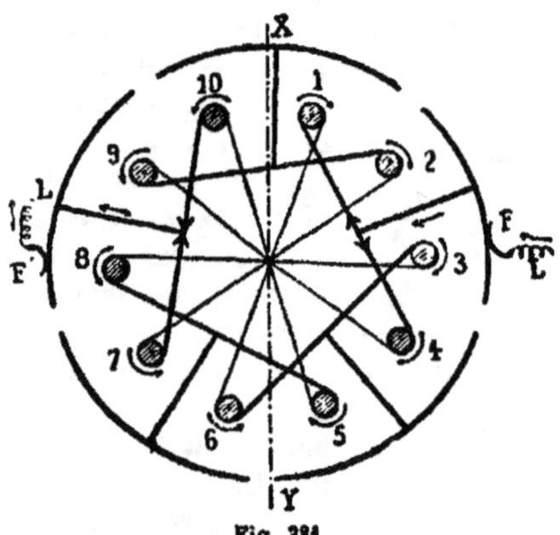

Fig. 381.

394. — Le champ magnétique peut être produit dans des conditions différentes et il peut y avoir plus de deux lignes de commutation. Quand il en est ainsi on a toujours pris le nombre des *lignes* de commutation égal au nombre des induits,

soit *n diamètres* de commutation pour 2*n* induits ; les courants
qui prennent naissance dans deux induits consécutifs ont toujours des sens contraires. Dans ce cas la question se simplifie,
parce que le changement de sens du courant se fait en même
temps, dans tous les induits, 2*n* fois pour un tour de l'appareil. On réunit alors, en série généralement, tous les induits
de manière que leurs actions soient concordantes et l'on fait
aboutir les extrémités des fils du premier et du dernier induits
soit à un collecteur simple (fig. 377), soit à un commutateur
(fig. 378) suivant que l'on veut avoir des courants alternés ou
des courants redressés.

395. Classification des machines d'induction. — Le
champ magnétique peut être produit par des aimants permanents et les machines ainsi constituées sont dites machines
d'induction *magnéto-électriques.*

Le champ magnétique peut être produit par des électro-aimants et la machine est alors dite machine d'induction *dynamo-
électrique.* Mais une distinction peut s'établir suivant la manière dont les électro-aimants sont rendus actifs, suivant la

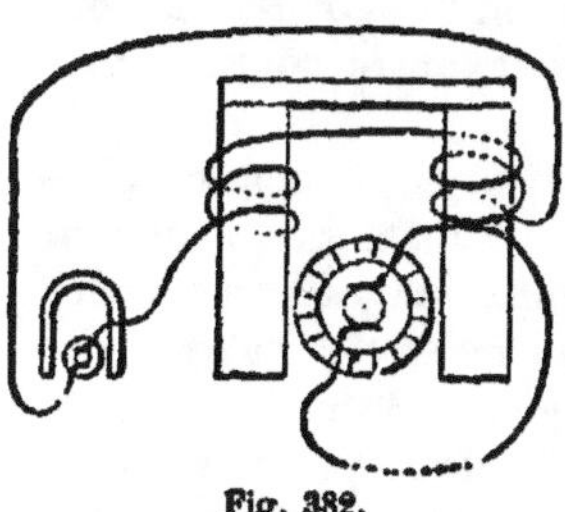

source du courant qui les traverse :
ce courant peut être produit par
une machine spéciale, une machine magnéto par exemple, que
l'on fait mouvoir indépendamment
de la machine principale (fig. 382).
Cette machine auxiliaire est dite
excitatrice et la machine principale est dite *machine dynamo à
excitatrice.*

Fig. 382.

On peut emprunter le courant destiné à exciter l'électro-
aimant au circuit extérieur même, soit (fig. 383) qu'on établisse le circuit de l'électro en série avec le circuit extérieur
(séries-dynamo) soit (fig. 384) que le circuit de l'électro soit
en dérivation sur le circuit extérieur (shunt-dynamo).

Le mode de fonctionnement s'explique aisément lorsque
l'appareil est en train ; mais comment se produit-il au début ?
quand la machine part du repos, il n'y a pas de courant dans

le circuit extérieur, il n'y en aura donc pas dans le circuit de l'électro ; le champ magnétique ne devrait pas se constituer ni l'induction se manifester.

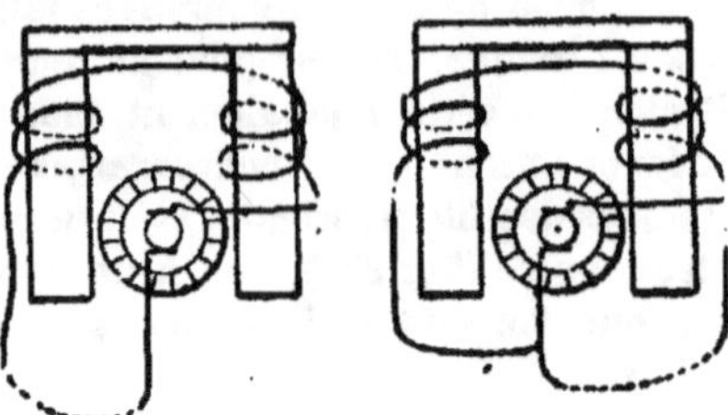

Fig. 383 et 384.

En réalité, les choses ne se passent pas ainsi, parce que les noyaux des électros conservent toujours un peu de magnétisme rémanent ; il y aura donc un faible champ magnétique qui donnera naissance à un courant induit de peu d'intensité ; l'électro sous son influence s'aimantera, rendra plus puissant le champ magnétique, ce qui augmentera l'intensité du courant induit, et ainsi de suite, il y aura action réciproque du courant induit sur l'électro et de celui-ci sur le courant, jusqu'à ce que l'équilibre s'établisse.

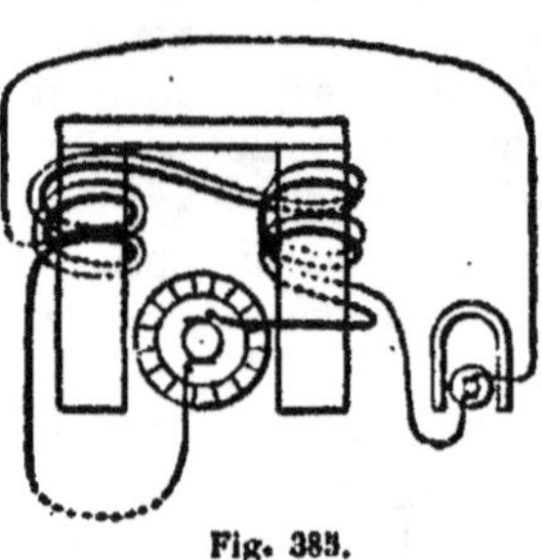

Fig. 385.

On arrive, par l'emploi d'électros pour les machines, à obtenir des champs magnétiques beaucoup plus puissants qu'avec des aimants permanents.

Enfin, dans quelques circonstances, on place sur les électros deux fils, l'un traversé par un courant émanant d'une excitatrice, l'autre par un courant emprunté au circuit extérieur (fig. 385) ; cette disposition qui est utilisée dans un but spécial constitue la *double excitation*.

386. — Considérons une machine magnéto ; soit A l'intensité du champ magnétique, E la force électromotrice ; cette dernière est donnée par une relation de la forme

$$E = nvh$$

n étant une quantité proportionnelle à la longueur du fil induit (le nombre des tours de spires sur une bobine, par exemple) et v la vitesse de celui-ci. On a toujours d'ailleurs, pour déterminer l'intensité I du courant, $I = \dfrac{E}{R}$.

Mais h n'est pas l'intensité H que posséderait le champ magnétique si la machine était au repos ; il y a en effet une réaction du courant induit sur les inducteurs et l'on a $h < H$. On ne connaît pas au juste la valeur de cette réaction, mais on peut poser, au moins comme première approximation :

$$h = H - kI$$

k étant une constante qui dépend de l'appareil. Il vient alors :

$$E = nv (H - kI)$$

La courbe représentée par cette équation (c'est une droite dans ce cas) qui fait connaître la relation entre l'intensité et la force électromotrice pour une vitesse donnée est ce que l'on appelle la *caractéristique* de la machine.

M. Silvanus P. Thompson a vérifié que ce résultat était sensiblement d'accord avec l'expérience.

Pour une machine dynamo, on aurait également la relation $E = nvh$: ici h est également une fonction de l'intensité I. Des considérations diverses résultant tant d'hypothèses simples que d'approximations suggérées par l'expérience ont conduit à admettre que l'on peut écrire

$$h = \frac{I}{a + bI}$$

Il vient alors

$$E = nv \frac{I}{a + bI}$$

ou

$$bEI + aE - nvI = 0$$

Cette équation est celle de la *caractéristique* de la machine ;

elle représente ici une hyperbole ; l'expérience a montré que, dans de certaines limites, cette courbe correspond bien aux résultats fournis par des mesures directes.

Dans le cas d'une double excitation, i étant l'intensité du courant produit par l'excitatrice, on admet que l'on a

$$h = \frac{I + i}{a + b\,(I + i)}$$

Il vient alors

$$bE\,(I + i) + aE - v\,(I + i) = 0$$

Telle est l'équation de la caractéristique dans ce cas : on voit que c'est la même courbe qui se serait déplacée parallèlement à elle-même de la quantité i.

587. Inducteurs et induits. — Avant de décrire sommairement quelques principaux types de machines, nous devons maintenant donner certaines indications générales: nous commencerons par les inducteurs.

Lorsque, dans une machine magnéto le champ magnétique ne présente qu'un diamètre de commutation, l'inducteur peut être constitué par un seul aimant ou par une série d'aimants placés parallèlement ; dans d'autres cas il peut exister deux aimants ou deux séries d'aimants se regardant par les pôles de même nom. Ces aimants sont en forme de U ou de V.

A un autre point de vue, il y a une distinction à signaler. Lorsqu'il n'y a qu'un aimant inducteur, les induits peuvent se déplacer en face des pôles, soit que l'axe soit perpendiculaire aux faces de l'aimant, soit que sa direction coïncide avec la médiane de l'aimant.

Il arrive également que les induits soit mobiles, tournant entre les branches de l'aimant, l'axe de rotation étant perpendiculaire aux faces ; ce cas se présente toujours lorsque l'on emploie une série d'aimants placés parallèlement.

Il arrive fréquemment, alors que l'on adapte aux pôles des *pièces polaires*, pièces de fer doux entre lesquelles tournent les induits ; le champ magnétique est plus rétréci et plus intense.

Dans le cas où il y a plusieurs diamètres de commutation, il faut que sur une circonférence on rencontre une série de pôles alternés ; ces $2n$ pôles peuvent être fournis par n aimants placés à la suite et orientés dans le même sens. Il arrive aussi que l'on utilise deux champs magnétiques parallèles, entre lesquels se meuvent les induits qui doivent être soumis à un même instant à deux actions opposées à leurs extrémités; les pôles opposés d'aimants qui produisent cet effet appartiennent généralement à un même aimant, rectiligne ou en U.

Lorsque le champ magnétique est produit par des électro-aimants, on peut trouver diverses dispositions analogues à ce que nous venons d'indiquer pour les aimants naturels.

508. — Les induits peuvent se présenter sous la forme de bobines sur lesquelles est enroulé un fil de cuivre recouvert de soie : ce sont généralement des cylindres à base circulaire ; contenant un noyau de même forme ; quelquefois la base est ovale. Dans quelques machines les noyaux et les bobines elles-mêmes ont une forme tronconique.

Ces bobines peuvent avoir leurs axes parallèles et se mouvoir autour d'un axe de rotation parallèle à cette même direction ; ou bien elles peuvent être dirigées radialement et tourner autour d'un axe perpendiculaire à la direction de leur plan.

Il y a d'autre part, bien entendu, des dispositions analogues pour les cas où les induits étant fixes ce sont les inducteurs qui se meuvent.

Mais les induits, les éléments dans lesquels se produisent des courants d'induction, n'ont pas toujours cette forme; ce peuvent être de simples fils, des barres plus ou moins contour-

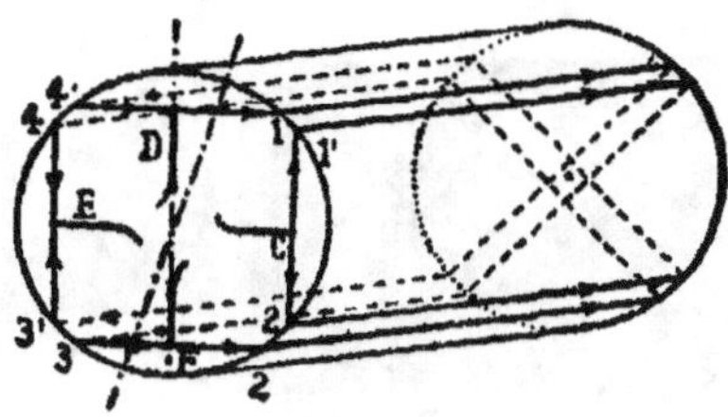

Fig. 386.

nées. C'est ainsi que dans la machine Ferranti-Thomson, c'est une barre de cuivre sinueuse et tellement disposée que deux parties voisines sont toujours en face de deux pôles opposés. Mais le cas le plus intéressant est celui dans lequel on peut regarder comme élément induit un conducteur rectiligne parallèle à l'axe de rotation. Il n'y a alors qu'un diamètre de com-

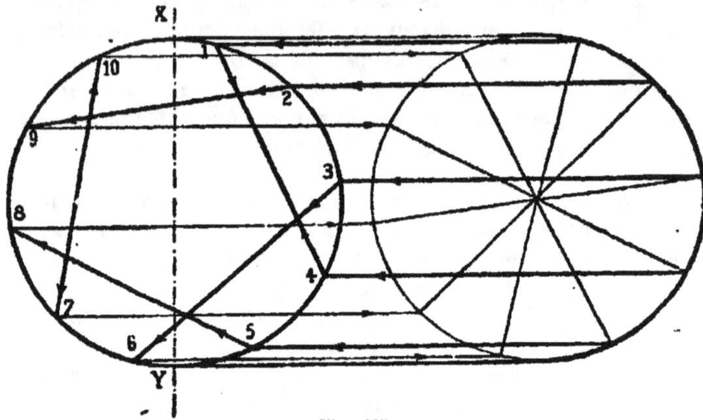

Fig. 387.

mutation, tous les fils placés d'un même côté sont traversés par des courants de même sens, et le sens est opposé pour deux fils situés de part et d'autre de ce diamètre ; on réunit ces fils entre eux par des conducteurs perpendiculaires à l'axe de rotation, et qui sont sans influence, leurs actions se détruisant réciproquement : on constitue ainsi un circuit continu que l'on relie en divers points au collecteur comme nous le dirons plus loin.

Fig. 388.

Les éléments rectilignes peuvent être réunis sur deux parties diamétralement opposés de la bobine : ils sont alors constitués par un fil continu enroulé parallèlement à l'axe de celle-ci et dont les extrémités aboutissent à un commotateur simple ou à un collecteur suivant la nature des courants que l'on veut recueillir ; c'est la bobine *Siemens.*

Mais ces éléments, génératrices du cylindre qui constitue la bobine, peuvent être répartis régulièrement sur, toute la périphérie de celle-ci ; ils sont alors reliés deux à deux sur l'une des bases, tandis que, à l'autre base, ils aboutissent aux lames d'un collecteur. Les liaisons sont établies soit (fig. 386) suivant la position indiquée par von Hefner Alteneck, soit (fig. 387) suivant celle adoptée par Edison.

En général, ces éléments rectilignes sont constitués par un fil de cuivre recouvert de soie ; dans quelques machines (Edison) ce sont des barres de cuivres placés parallèlement à quelque distance les unes des autres (fig. 388).

589. Des collecteurs. — Lorsque l'on doit mettre le circuit extérieur en communication successivement avec les diverses parties du conducteur continu formé par l'ensemble des induits, afin d'avoir un courant continu, on utilise un collecteur qui présente la disposition générale suivante :

Dans un cylindre isolant qui tourne autour de son axe (fig.

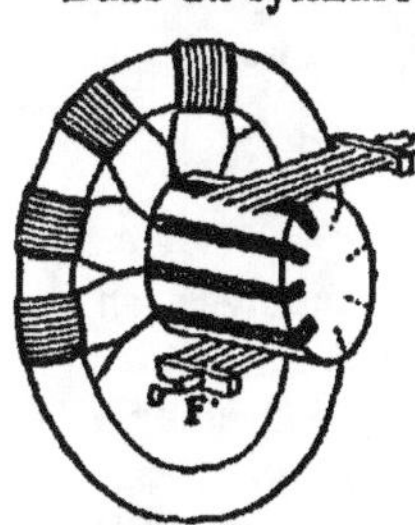
Fig. 389.

389) avec les inducteurs, on enchasse une série de lames métalliques en nombre égal à celui des induits, de telle sorte que ces lames sont isolées les unes des autres ; chacune d'elle est reliée métalliquement au conducteur qui unit deux induits ; en deux points diamétralement opposés appuient deux frottoirs F constitués par des balais en fil métallique auxquels aboutissent les extrémités du circuit extérieur. Ces frottoirs, ces balais, théoriquement doivent être placés en un point tel qu'ils appuient sur les lames du collecteur correspondant aux induits consécutifs (dans l'ordre de liaison) pour lesquels l'action est de sens contraire, c'est à dire qui sont séparés par la ligne de commuta-

tion. En réalité, pour éviter toute interruption au moment du passage d'une lame isolante, les balais appuient au moins sur deux lames consécutives.

La position des balais ne doit pas être en réalité celle que nous venons d'indiquer. Cela tient aux réactions entre les inducteurs et les induits; il faut, suivant l'expression usitée, *décaler* les balais, sans que la théorie permette de prévoir exactement quelle est la meilleure position à donner à ces balais.

600. Types généraux des machines d'induction. — Parmi les principales machines magnéto nous décrirons sommairement les suivantes :

Machine de Clarke (fig. 390). — Aimant en fer à cheval fixe ; deux bobines parallèles à l'axe de rotation et perpendi-

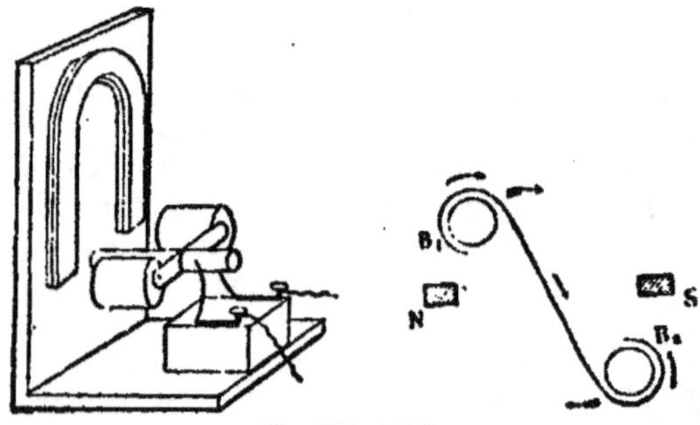

Fig. 390 et 391.

culaires aux faces de l'aimant, généralement montées en série (fig. 391) ; bobines à fils fins ou à gros fils suivant les effets que l'on recherche ; collecteur à bagues (fig. 377) ou commutateur (fig. 378), suivant que l'on veut recueillir des courants alternés ou des courants redressés.

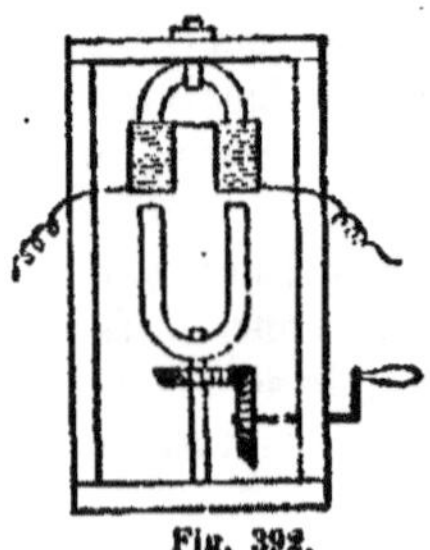

Fig. 392.

Machine de Pixii (fig. 392). — Inducteur, aimant en fer à cheval tournant autour de sa ligne médiane ; induits, deux bobines montées en série, à axes parallèles à l'axe de rotation : pas de collecteur si on recueille les courants alternés ; commutateur monté sur l'axe de l'aimant si l'on veut les courants redressés.

Machines de l'Alliance. — Les induits sont des bobines à axes parallèles à l'axe de rotation ; elles se meuvent entre deux rangées d'aimants en U, ayant leurs faces perpendiculaires à cet axe ; il y a $2n$ bobines pour n aimants orientés dans le même sens, et tels que les distances des pôles soient égales. Il y a généralement plusieurs séries de bobines, formant autant de disques tournant autour du même axe ; pour k séries de bobines, il y a $k+1$ séries d'aimants. Les courants sont reçus par l'intermédiaire d'un collecteur simple à bagues : les courants sont alternés dans le circuit extérieur.

Machine Meritens. — Les induits, mobiles, sont des bobines rangées tangentiellement à une même circonférence. Lorsqu'il y a deux séries de bobines les inducteurs sont des aimants rectilignes alternés ; s'il y a plus de deux séries de bobines, les inducteurs sont des aimants en U placés radialement. Courants alternatifs.

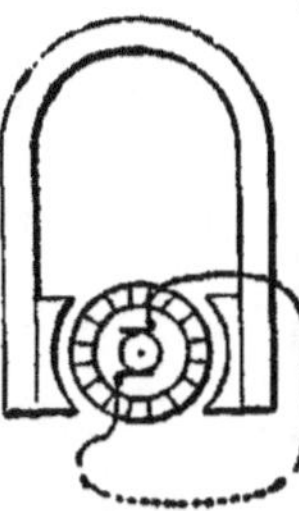
Fig. 393.

Machine Gramme (fig. 393). — Inducteur, aimant en U avec pièces polaires : induits, bobines tangentielles formant un tore (fig. 389), le fil est relié de distance en distance aux lames du collecteur. Ce fil recouvert de soie est enroulé autour d'un anneau de fer doux, ou mieux de fil de fer qui a pour effet de rétrécir le champ magnétique et d'accroître son intensité. L'anneau tourne autour d'un axe perpendiculaire au plan de l'aimant. Courant continu.

Machine Siemens. — Bobine tournant entre les pôles d'une série d'aimants en U placés parallèlement ; ou entre les pôles de deux séries d'aimants en V parallèles, les deux séries étant opposées ; axe de rotation perpendiculaire aux faces des aimants.

Dans le premier cas, bobine Siemens simple et commutateur simple ; dans le deuxième cas, bobine von Hefner Alteneck, collecteur à lames. Courant continu.

Machine Marcel-Deprez. — Bobine Siemens tournant entre les branches d'un aimant en U, l'axe de rotation coïncidant avec la médiane. Commutateur simple : courant continu.

601. Machines dynamo-électriques. — Nous ne décrirons que quelques-uns des types les plus importants.

Machine Gramme (fig. 394 et 395). — Un seul diamètre de

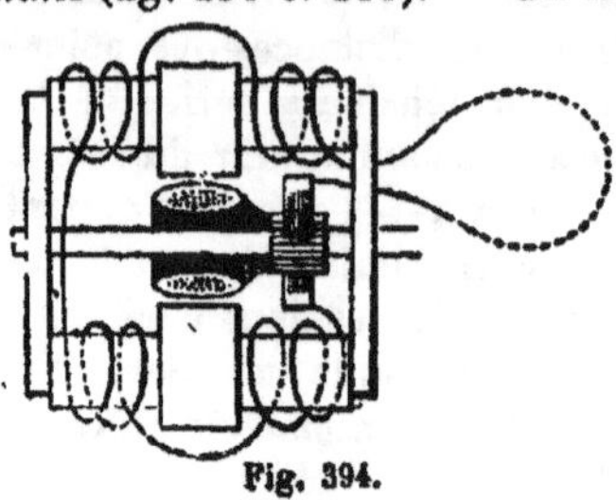

Fig. 394.

commutation, champ magnétique produit par deux électros parallèles, avec points conséquents au milieu, munis de piè-

Fig. 395.

ces polaires entre lesquelles tourne l'anneau Gramme ; collecteur à lame, courant continu.

Dans d'autres modèles, les électro-aimants fixés à un cadre métallique ont une position radiale ; dans la machine octogonale, il y a huit électro-aimant et quatre lignes de commutation, ce qui entraîne la présence de quatre balais.

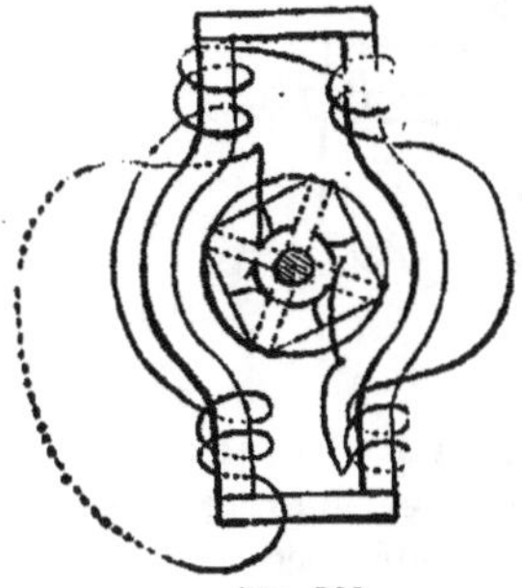

Fig. 396.

Il existe encore d'autres modèles ; mais ce qui les caractérise tous, c'est la présence de l'anneau et du collecteur.

Machine Siemens (fig. 396 et 397). — Champ magnétique produit par deux séries parallèles d'électros à points conséquents ; un seul diamètre de commutation ; bobine von Hefner Alteneck ; collecteurs à lames.

Machine Edison. — Inducteur,

Fig. 397.

électro à branches parallèles munies de pièces polaires ; bobine Edison, collecteur à lames.

Dans ces diverses machines on peut à volonté mettre l'électro en série ou en dérivation ; dans chaque cas il convient d'étudier la meilleure disposition, en rapport avec les conditions de la machine et celles du circuit extérieur.

Machine Brush (fig. 398). — Le champ magnétique est produit par deux électros mis en regard par leurs pôles opposés

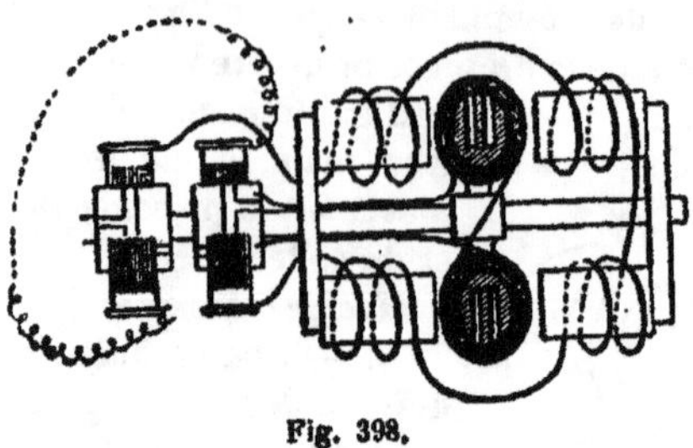

Fig. 398.

entre lesquels tournent les induits. Ceux-ci sont des bobines
au nombre de 8 ou 12 ; mais il suffit d'étudier un groupe de 4
bobines (fig, 399) réparties sur la circonférence à égales
distances : elles sont reliées entre elles et constituent l'élé-

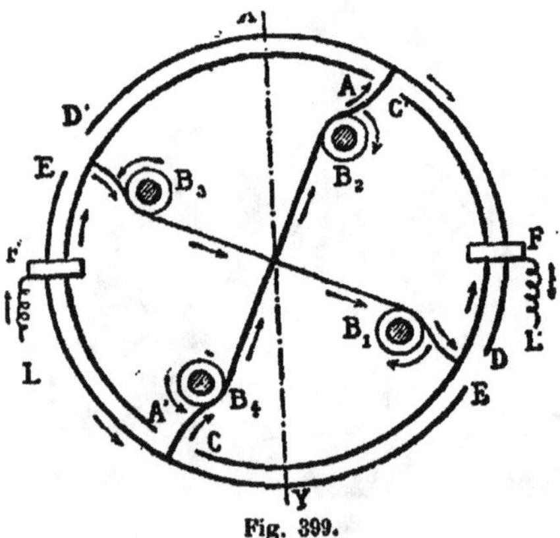

Fig. 399.

ment de la machine. On peut considérer cet ensemble comme
constitué par deux machines Clarke calées à l'angle droit ; il y
a deux paires de bobines B_1B_3,B_2B_4, deux commutateurs simples AA'CC',DD'EE' calés à angle droit, mais il n'y a que
deux frottoirs FF' qui touchent à la fois ces deux commutateurs ; il n'y a jamais interruption dans le courant, puis-

que les frottoirs touchent toujours au moins un conducteur. S'il y a 8 bobines, il y a deux doubles commutateurs et l'appareil peut être regardé comme formant de 2 machines élémentaires (fig. 400); il y a trois machines simples s'il y a 12 bobines

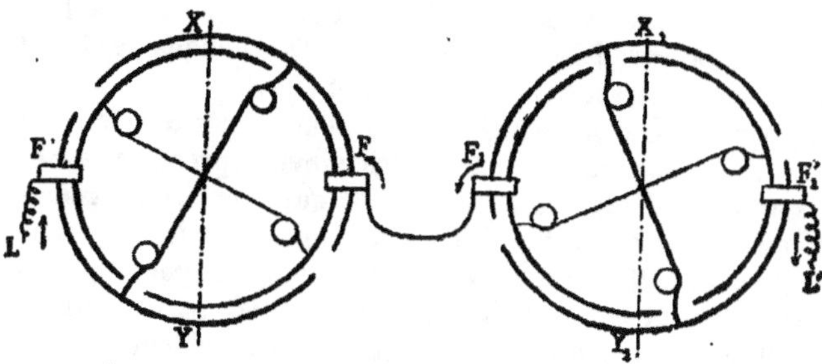

Fig. 400.

et 3 couples de commutateurs. L'avantage qu'il y a à multiplier les bobines, c'est qu'il y a moins de variation de la force électromotrice quand un frottoir passe sur une interruption.

603. Bobine d'induction de Ruhmkorf. — Parmi les appareils dans lesquel l'induction est produite par une variation dans la constitution du champ magnétique il faut placer en première ligne les bobines d'induction dont le type est la bobine de Ruhmkorf.

Cet appareil (fig. 401) comprend un noyau de fer doux II'

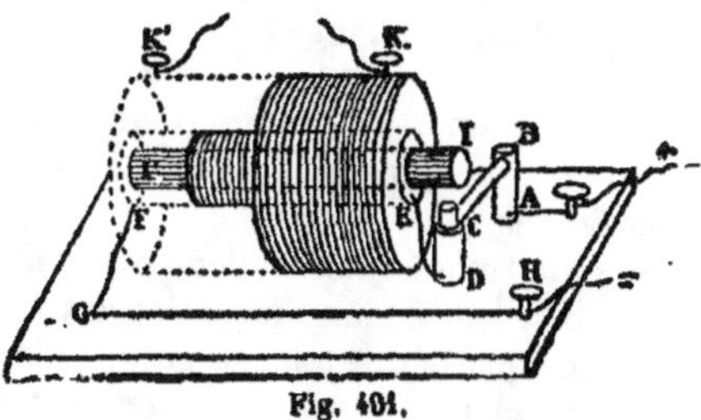

Fig. 401.

constituant un cylindre sur lequel est enroulé un fil de cuivre recouvert de soie EF qui est le fil inducteur; il communique par une extrémité H avec un pôle d'une pile et par l'autre avec un interrupteur BC que nous décrirons plus loin. Autour du cylindre ainsi formé est enroulé un autre fil de cuivre recouvert de soie KK', fil induit, d'une faible section et d'une grande longueur.

Concevons que le second pôle de la pile arrive en A à l'interrupteur, appareil de forme variable à l'aide duquel le circuit inducteur est alternativement ouvert et fermé.

Lorsque l'on ferme le circuit, et pendant la période de l'état variable (522), une force électromotrice inverse prend naissance dans le fil induit, force électromotrice qui donnera naissance à un courant inverse si ce fil constitue un circuit fermé ; si le circuit est ouvert, et que les extrémités ne soient pas trop éloignées, une étincelle pourra jaillir. Mais l'état permanent du courant inducteur s'est établi, toute action d'induction cesse. Si on l'ouvre alors le circuit inducteur, la période variable de rupture donnera lieu dans le fil induit à une force électromotrice directe qui, comme précédemment, suivant les circonstances, donnera lieu à un courant direct ou à une étincelle. Puis tout cessera quand le courant inducteur aura pris fin. Les mêmes actions se reproduiront lorsqu'on établira de nouveau, puis qu'on interrompra le courant inducteur.

Il importe de remarquer que pendant les variations du courant inducteur, le noyau de fer doux s'aimante ou se désaimante et que cette action s'ajoute à celle du courant pour augmenter l'effet d'induction. Pendant l'état permanent du courant le fer doux reste aimanté, mais ne produit pas d'induction parce que son aimantation ne change pas.

603. — Les interruptions du courant inducteur qui sont nécessaires à la production du courant induit peuvent être produites de diverses façons :

On peut employer la roue à interruptions ou roue de Masson (fig. 402) : elle consiste en un disque isolant A, en verre généralement, que l'on peut faire tourner autour d'un axe BC perpendiculaire à son plan et passant par son centre. Sur la jante est adapté un conducteur en laiton, continu sur la moitié de sa largeur et découpé sur l'autre moitié. Deux frotteurs GD,HE que l'on relie au pôle de la pile et au fil inducteur appuient, l'un D sur la partie continue, l'autre E sur la partie découpée. Le courant passera quand ce dernier appuiera sur une partie pleine, il sera interrompu quand celui-ci sera sur une partie isolante. On change le nombre des interruptions en un temps donné, en modifiant la vitesse de rotation ; on change la durée relative des passages et des interruptions en employant des roues où le rapport des pleins aux vides a des valeurs différentes.

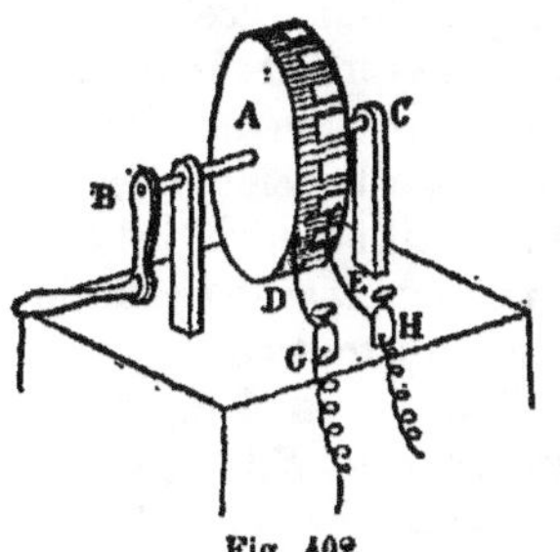
Fig. 402.

Cet appareil est commode pour l'étude des courants d'induction ; mais la nécessité d'entretenir son mouvement est un inconvénient pour les applications.

On a employé des dispositions se rapprochant de celles de la roue de Masson, mais avec un cylindre tournant sous l'influence d'un mouvement d'horlogerie. (Appareil Trouvé et Onimus).

On peut également utiliser les battements d'un pendule ou d'un métronome dont l'axe de rotation est relié à un pôle de la pile, et sur lequel est fixée une traverse métallique qui à chaque oscillation pénètre dans un godet de mercure relié au fil inducteur.

Mais on emploie le plus souvent des interrupteurs à mouvement vibratoire produit par le fonctionnement même de l'appareil, et qui ont reçu des formes et des noms divers. La disposition que l'on rencontre le plus souvent actuellement est la suivante :

En face de l'extrémité I (fig. 401) du noyau de fer doux se trouve une lame de ressort fixée à une extrémité et portant à l'extrémité opposée un morceau de fer doux, ou un marteau BC, mobile autour de B, et terminé en C par un fer doux; ce marteau est relié en BA à l'un des pôles de la pile ; au repos, il s'appuie sur une enclume CD reliée avec le fil inducteur en E ; dans le cas du ressort, celui-ci s'applique contre la pointe d'une vis qui limite son écart et qui est en communication avec le fil inducteur.

Quand on ferme le circuit inducteur pour faire fonctionner l'appareil le courant passe, aimante le fer doux I ; celui-ci attire le marteau C qui entraîne la lame et l'écarte de l'enclume. Le courant est alors interrompu, le fer doux se désaimante et l'attraction cesse, le marteau retombe sur l'enclume, les diverses pièces sont alors ramenées à la position primitive et le même effet se reproduit tant que l'on n'ouvre pas le circuit inducteur en un autre point, ce qui supprime tout effet.

On fait varier la rapidité des oscillations en changeant la distance du marteau au noyau de fer doux, ou s'il s'agit d'un ressort en changeant la tension de la lame élastique, la longueur de la partie vibrante. On peut obtenir ainsi des interruptions se succédant très rapidement.

Le trembleur de L. Foucault est basé sur un principe analogue, mais il est distinct de la bobine d'induction et mis en mouvement par une pile locale fonctionnant dans un circuit spécial; à chaque oscillation deux pointes de fer pénètrent dans deux godets de mercure ; l'une fait partie du circuit spécial, et son mouvement assure la continuité des oscillations, l'autre est dans le circuit principal et produit les interruptions du courant inducteur.

Malgré la présence de condensateurs, il y a des étincelles assez vives à chaque rupture ; aussi pour éviter l'oxydation qui produirait une couche isolante et empêcherait le passage du courant, est-il nécessaire d'établir des contacts en platine lorsque les pièces sont solides, et de recouvrir le mercure d'alcool dans les contacts où l'on emploie cette substance.

604. — Pour faire varier l'intensité des courants induits, on dispose de plusieurs procédés :

On peut faire varier l'intensité du courant inducteur ;

On peut disjoindre la partie inductrice de la bobine induite rendue mobile. En changeant la distance entre les deux bobines, on modifie l'intensité de l'action ;

On interpose entre la bobine induite et la bobine inductrice une feuille métallique formant un cylindre continu que l'on peut entrer plus ou moins profondément. Lorsque l'appareil fonctionne, ce cylindre étant introduit complètement, il se produit des courants induits dans cette enveloppe métallique en même temps que dans la bobine induite ; mais dans celle-ci ils sont bien moindres que si, seule, elle subissait l'action inductrice. En sortant plus ou moins cette partie métallique, on soumettra donc une partie plus ou moins étendue de la bobine inductrice à l'action totale et l'on aura une action plus ou moins énergique.

605. Machines de Page, de Breton. — La machine de Page, quoique différant absolument de la bobine de Ruhmkorff, produit cependant, comme celle-ci, des courants induits par variation du champ magnétique.

Autour des parties polaires d'un aimant en U est enroulé un fil constituant deux bobines de sens contraire réunies en série. Devant les pôles tourne une traverse de fer doux ; celle-ci s'aimante et se désaimante et produit des modifications du champ magnétique, tant par ses variations d'aimantation que par celles que, par réaction, elle fait subir à l'aimant. Il se produit donc des courants induits, inverses dans les deux bobines, mais dont les effets s'ajoutent puisque ces bobines sont orientées en sens contraire.

Les deux extrémités de la traverse, en passant devant un pôle, produisent le même effet ; pour un tour complet de la traverse, il y aura donc quatre changements dans le sens du courant. Si l'on veut recueillir des courants redressés, il faudra donc un commutateur spécial.

Enfin dans une machine construite par Breton pour l'usage médical, on trouve la combinaison de l'effet d'un déplacement dans le champ magnétique et d'une variation de celui-ci. L'appareil consiste en une machine analogue à celle de Page, mais devant l'aimant on fait tourner un électro à deux branches ; le fer doux de celui-ci agit comme la traverse de la machine de Page, les bobines sont dans des conditions analogues à celles de la machine de Clarke. Lorsqu'on veut réunir les actions produites dans les deux couples de bobines, il faut employer un commutateur spécial, puisque, pour un tour, les

courants produits changent quatre fois de sens pour un couple
et seulement deux fois pour l'autre.

§ V

MESURES ÉLECTRIQUES.

Mesure des intensités, des quantités, des forces électromotrices, des résistances. Galvanomètres; boussoles des tangentes et des sinus; rhéostat, boîtes de résistance; pont de Wheatstone.

**606. Galvanomètres. Boussole des tangentes et des
sinus.** — Nous nous bornerons à indiquer rapidement les
procédés employés pour effectuer les mesures d'intensité, de
force électromotrice et de résistance; la quantité peut se déduire de l'intensité, et la capacité ne présente d'intérêt que
dans des cas très spéciaux.

Le galvanomètre peut être employé pour toutes les mesures; nous le décrirons donc d'abord sous ses formes principales.

Nous avons donné précédemment le principe sur lequel repose cet appareil : l'expérience d'Œrsted et le multiplicateur
de Schweigger. Comme nous l'avons dit, il n'existe pas de relation simple entre la déviation de l'aiguille et l'intensité dans

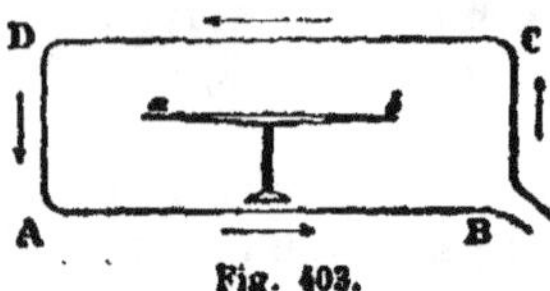

le cas d'un cadre rectangulaire
ABCD (fig. 403); l'appareil doit
alors être gradué empiriquement.
Mais on peut modifier les dispositions de cet appareil de manière
à ce que ces deux quantités soient
liées entre elles par une formule facile à déterminer; l'appareil constitue alors la boussole des tangentes ou la boussole
des sinus.

Cet appareil (fig. 404) consiste essentiellement en un cadre
circulaire vertical GH d'un assez grand diamètre sur lequel est
enroulé un fil isolé, en général assez gros. Au centre, une aiguille horizontale, mobile sur un pivot, se déplace sur un

cadran divisé DE ; cette aiguille NS est très courte pour la
boussole des tangentes, elle peut être plus longue pour la
boussole des sinus.

Lorsqu'un courant passe dans le fil, il exerce sur un pôle

Fig. 405.

situé au centre du cercle une force dont on peut calculer la
valeur (550) ; si f est sa valeur, R le rayon du cercle, n le
nombre de tours du fil, i l'intensité du courant, m l'intensité
magnétique du pôle, on a d'après la formule générale :

$$f = \frac{m.i.2n\pi R}{R^2} = \frac{2n\pi m i}{R}$$

On peut admettre que, sensiblement, le pôle soit soumis à
l'action de cette force qui est perpendiculaire au plan du cercle, même s'il n'est pas exactement au centre.

Boussole des tangentes. — Le courant ne passant pas, on
dispose le cadre circulaire dans le méridien magnétique MS
(fig. 405), l'aiguille étant alors ab au zéro ; on fait passer le
courant, l'aiguille est déviée en $a'b'$ d'un angle α. Elle est en
équilibre sous l'influence de la force aF exercée par le circuit

et de la force a'M correspondante au magnétisme terrestre ; représentons par f et φ les valeurs de ces forces. Écrivons que les moments de ces forces par rapport au centre sont égaux,

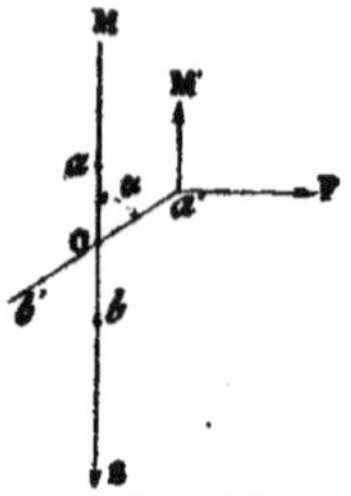

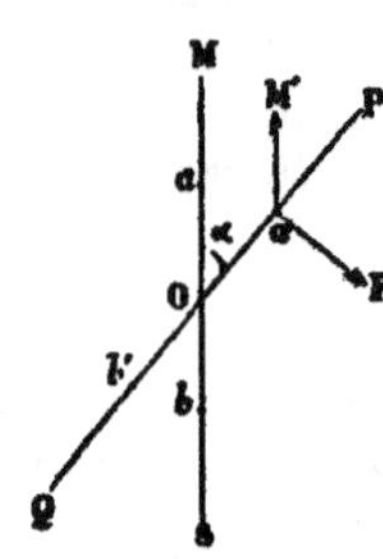

Fig. 405.

on a :

$$f l \cos \alpha = \varphi l \sin \alpha$$

Mais si H est l'intensité magnétique terrestre, on a

$$\varphi = m H$$

ce qui conduit à

$$\frac{2 \pi n m i}{R} \cos \alpha = m H \sin \alpha$$

D'où

$$\operatorname{tg} \alpha = \frac{2 \pi n}{HR} i$$

Équation de laquelle on déduit i si l'on connaît $\dfrac{2\pi n}{R}$, qui est une constante de l'appareil, et H.

Boussole des sinus. — L'appareil est placé comme précédemment au début : quand le courant passe l'aiguille est déviée, on tourne alors le cadre autour de l'axe vertical jusqu'à ce que l'aiguille soit dans le plan du cadre PQ (fig. 406) ce qui n'est pas toujours possible. Soit alors α l'angle dont a tourné le cadre et que l'on mesure à l'aide du vernier O se déplaçant sur le cercle horizontal AB (fig. 404) ; l'équation d'équilibre donne :

$$f l = \varphi l \sin \alpha$$

D'où

$$\sin \alpha = \frac{2 \pi}{RH} i$$

équation qui donne i, comme précédemment.

Fig. 406.

La forme des relations permettant de déterminer l'intensité explique le nom donné à l'appareil.

Pour une même erreur sur la lecture de l'arc, la 2ᵉ formule donne une moindre erreur que la 1ʳᵉ ; mais la méthode correspondante ne peut pas toujours être employée ; elle ne peut servir que pour des courants tels que l'on ait $i < \dfrac{HR}{2\pi n}$.

607. Systèmes astatiques. — Les divers appareils dont nous avons déjà parlé ne sont pas très sensibles ; l'angle d'écart est inappréciable dès que le courant est faible. Pour obvier à cet inconvénient on a employé des systèmes astatiques d'aiguilles aimantées : un semblable sys-

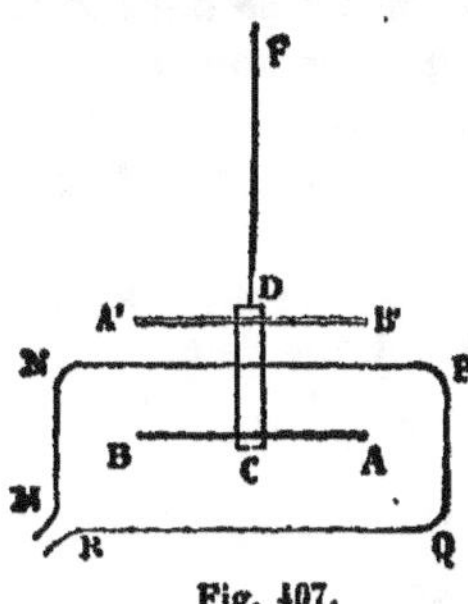

Fig. 407.

tème (fig. 407) est constitué par deux aiguilles aimantées AB, A'B' placées parallèlement, mais en sens contraire, et réunies par une tige rigide DC, suspendues à un fil DF ou posées sur un pivot. Ce système s'oriente sous l'influence d'une force égale à la différence des forces des deux aiguilles ; la force qui tend à le ramener dans le plan du méridien magnétique est donc aussi faible qu'on le veut, et serait même nulle si l'on prenait deux aiguilles rigoureusement égales.

Si l'on place un semblable système de telle sorte que l'une des aiguilles soit à l'intérieur d'un circuit traversé par un courant alors que l'autre est à l'extérieur, on voit que toutes les actions du circuit sur l'aiguille intérieure sont concourantes d'après la règle d'Ampère ; que, sur l'aiguille extérieure, des quatre actions, une agit dans le même sens que les précédentes, celle de la partie comprise entre les deux aiguilles, tandis que les trois autres sont discordantes ; mais l'action de celles-ci est assez faible, à cause de la plus grande distance. Aussi peut-on considérer que l'action totale du circuit sur le système est sensiblement la même que celle que subirait une seule aiguille placée intérieurement.

Si donc, au début, le circuit est placé dans le plan du méridien magnétique, la force qui tend à éloigner le système de cette position est la même que s'il n'y avait qu'une aiguille ; mais la force antagoniste qui tend à ramener le système est moindre dans le cas du système astatique que dans le cas d'une seule aiguille ; aussi, pour une même intensité de courant, la déviation au moment de l'équilibre est plus grande et l'appareil plus sensible ; il l'est d'autant plus que les deux aiguilles sont plus près d'avoir la même intensité magnétique.

On augmente l'action du galvanomètre, pour une intensité donnée, en augmentant le nombre de spires que décrit le fil conducteur sur le cadre ; mais il n'y a pas proportionnalité, parce que l'action d'une spire décroît lorsque sa distance à l'aiguille augmente ; les spires les plus extérieures ont donc de moins en moins d'influence à mesure que leur nombre devient plus considérable. L'introduction du galvanomètre dans un circuit a pour effet de diminuer l'intensité du courant d'autant plus que ce nombre est plus grand.

Un galvanomètre destiné à des mesures précises présente d'une manière générale : un cadre (fig. 408) entouré de fils con-

Fig. 408.

ducteurs, un système astatique librement suspendu, une disposition propre à mesurer les déviations de l'aiguille.

Le cadre C est de forme rectangulaire ou elliptique ; il est fait de bois, d'ivoire, quelquefois de cuivre ; il convient de réduire au minimum l'espace central dans lequel se meut l'aiguille, pour que l'action des spires soit plus énergique.

Le fil est un fil de cuivre recouvert d'une matière propre à isoler les différentes spires les unes des autres : ce fil a un diamètre qui dépend des usages auxquels on destine l'appareil, et il fait un plus ou moins grand nombre de tours depuis 20 jusqu'à 40,000. Lorsque l'appareil doit pouvoir servir comme galvanomètre différentiel, il doit y avoir deux fils distincts, enroulés ensemble. Les extrémités des fils ou du fil viennent aboutir à des bornes AA' BB'.

Le système astatique, rendu aussi léger que possible, est soutenu par un fil sans torsion F, attaché par sa partie supérieure à un crochet R fixé à une potence P qui repose sur le pied de l'appareil. Il est constitué tantôt par deux aiguilles orientées en sens inverse et reliées invariablement l'une à l'autre ; tantôt par deux séries de barreaux très légers constituant deux systèmes orientés en sens contraire (Fig. 409).

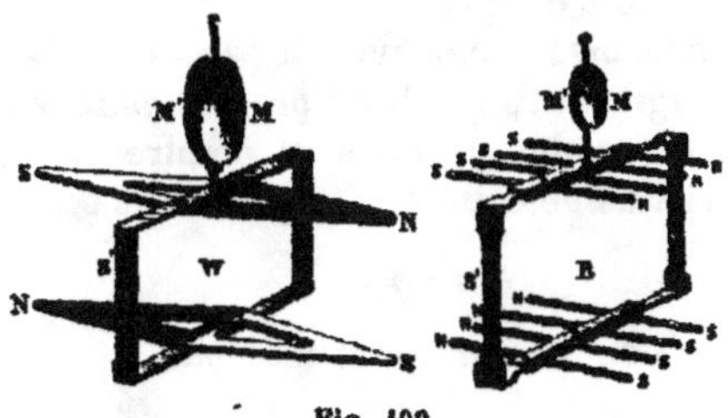

Fig. 409.

L'appareil est porté par un trépied A à vis calantes pour l'amener à l'horizontalité : le cadre n'est pas fixé à demeure sur ce trépied et peut tourner autour de son axe vertical ; un cercle divisé mesure, au besoin, les déplacements qu'il subit.

L'une des aiguilles se déplace sur un cadran divisé, ce qui permet de mesurer ses déviations. Ce cadran est en général en cuivre rouge, pour amortir les oscillations. Souvent la tige qui soutient le système astatique porte un miroir vertical M, sur lequel on vise à l'aide d'une lunette les divisions d'une échelle placée au-dessous de celle-ci ; le nombre des divisions qui passent dans la lunette permet de calculer la déviation (233).

608. Mesure de l'intensité d'un courant. — Les boussoles des tangentes et des sinus donnent en unités CGS la valeur de l'intensité du courant qui les traverse, quand on connaît la valeur exacte du coefficient $\frac{2\pi n}{HR}$. Très souvent, on les utilise seulement pour avoir des valeurs comparatives ; on a, en effet, immédiatement :

$$\frac{i}{i'} = \frac{\operatorname{tg}\alpha}{\operatorname{tg}\alpha'} \qquad \text{ou} \qquad \frac{i}{i'} = \frac{\sin\alpha}{\sin\alpha'}$$

Pour les galvanomètres, la déviation n'est pas liée par une relation simple à l'intensité du courant ; aussi en général servent-ils soit à avoir le rapport entre les intensités, ce qui exige que le galvanomètre ait été gradué expérimentalement (505), soit simplement à reconnaître si le courant existe ou non.

Lorsqu'un circuit comprend un galvanomètre, il n'est pas indifférent de prendre un appareil présentant un grand nombre ou un petit nombre de spires.

Nous admettrons, bien que ce ne soit pas tout-à-fait exact, que la force f qui agit sur l'aiguille est proportionnelle au nombre n des spires du conducteur ; elle est d'autre part proportionnelle à l'intensité i du courant. On peut donc écrire :

$$f = A\, n i.$$

Mais l'intensité i du courant est donnée par

$$i = \frac{E}{R + nr}$$

dans laquelle E est la force électromotrice qui agit dans le circuit, R la résistance autre que celle du galvanomètre et r la résistance d'une spire du galvanomètre. Il vient :

$$f = A\,\frac{n E}{R + nr} = A\,\frac{E}{\dfrac{R}{n} + r}$$

Il est clair que, absolument, f croît avec n ; mais l'importance de cet accroissement est variable suivant les cas. On peut écrire, en effet :

$$f = A \frac{nE}{R\left(1 + \frac{nr}{R}\right)} = A \frac{E}{r\left(1 + \frac{R}{nr}\right)}$$

La première forme montre que si nr est petit par rapport à R, si par conséquent la résistance extérieure est grande, f est sensiblement proportionnel à n : il y a intérêt à augmenter le nombre des fils. Si, au contraire, $\frac{R}{nr}$ est très petit, si la résistance extérieure est très faible, f est sensiblement indépendant de n : il n'y a aucun intérêt à augmenter le nombre des spires.

Il peut arriver que les courants qui ont à traverser le galvanomètre aient de grandes valeurs, et l'aiguille serait alors déviée de 90° ou à peu près ; aucune mesure n'est alors possible. Pour obvier à cet inconvénient on établit entre les bornes du galvanomètre un conducteur plus ou moins résistant, un *shunt;* une partie seulement du courant passe dans l'appareil et on peut la réduire à volonté.

Soient en effet ρ la valeur de ce shunt, I l'intensité du courant, i l'intensité du courant qui traverse le galvanomètre ; de la formule 2 (522), on déduit :

$$\frac{i}{I} = \frac{\frac{1}{nr}}{\frac{1}{nr} + \frac{1}{\rho}} = \frac{\rho}{\rho + nr} = \frac{1}{1 + \frac{nr}{\rho}}$$

On donne généralement au shunt une résistance telle que $\frac{nr}{\rho}$ soit égal à 9, à 99 ou à 999, et alors i est égal à $\frac{I}{10}$, $\frac{I}{100}$, $\frac{I}{1000}$

608. — On emploie depuis quelques années des galvanomètres étalonnés ; la graduation est obtenue par comparaison directe avec un galvanomètre dont les indications ont été vérifiées à l'aide de mesures électrolytiques (536), et les divisions représentent suivant les cas des ampères ou des milliampères. Pour s'en servir, il suffit de les intercaler sur le circuit traversé par le courant, et de lire le degré auquel s'arrête l'aiguille.

Mais l'introduction de l'appareil change un peu le circuit, et par suite l'intensité observée est moindre qu'elle n'était précédemment.

L'intensité primitive i est devenue i'' et l'on a :

$$i = \frac{E}{R} \qquad \text{et} \qquad i'' = \frac{E}{R + \gamma}$$

Il vient donc :

$$\frac{i}{i''} = \frac{R + \gamma}{R} = 1 + \frac{\gamma}{R}$$

valeur d'autant plus voisine de l'unité que γ est plus petit ; ce que d'ailleurs on pouvait prévoir.

Il existe de nombreuses formes de galvanomètres qui reposent sur le même principe ; mais on en a construit d'autres un peu différents. Nous citerons, par exemple, le galvanomètre de M. Marcel Deprez (fig. 440) dans lequel l'action magnétique de la terre n'intervient pas. Un aimant en U est couché horizonta-

Fig. 440.

lement A et renferme un cadre B sur lequel est enroulé un fil isolé ; à l'intérieur de ce cadre est une légère pièce de fer doux, découpée en *arête de poisson* et pouvant tourner autour d'un axe horizontal ; le fer est aimanté par suite de sa présence dans le champ magnétique constitué par l'aimant et est dirigé par cette même action. Quand un courant traverse le cadre, cette pièce est déviée ; le mouvement qu'elle reçoit est transmis par l'intermédiaire d'une poulie amplificatrice à une longue aiguille FG dont l'extrémité se déplace sur un arc gradué ; les déviations sont sensiblement proportionnelles aux intensités des courants.

610. — Il arrive fréquemment, et nous en verrons des exemples, qu'il s'agisse dans une expérience de reconnaître seulement s'il existe ou non un courant. On peut dans ce cas employer le téléphone ; on introduit cet appareil dans le circuit en même temps qu'un interrupteur quelconque de courant. Si le courant existe effectivement, quelque faible qu'il soit, il se produira dans le téléphone un bruit à chaque rupture ou fermeture du circuit.

Dans le cas où l'on ne veut pas interrompre le courant, on introduit un microphone dans le circuit en même temps que le téléphone et on place un compteur quelconque, un rouage d'horlogerie, ou même une montre sur le microphone ; l'action est la même que précédemment.

611. Mesure des quantités d'électricité. — Si le courant est constant, on a la relation :

$$Q = It$$

dans laquelle Q est la quantité d'électricité exprimée en coulombs, I l'intensité mesurée en ampères et t le temps mesuré en secondes. On peut appliquer cette équation si l'intensité s'écarte peu d'une valeur moyenne. Dans le cas contraire il faudrait prendre la relation :

$$Q = \int i\,dt.$$

On a construit des appareils qui donnent directement la valeur de Q ; ils ne sont pas encore sérieusement entrés dans la pratique.

La mesure des quantités peut se faire à l'aide des actions chimiques, puisque la quantité d'électrolyte est proportionnelle à la quantité d'électricité. Dans ce cas on fait traverser une dissolution métallique, sulfate de cuivre, azotate d'argent, par le courant ; la variation de poids des électrodes donne le poids du métal déposé ; on en déduit immédiatement la quantité, car on sait que 1 coulomb met en liberté $0^{mgr},336$ de cuivre ou $1^{mgr},125$ d'argent.

Cette méthode présente un inconvénient, en ce qu'une partie de l'énergie dont on pourrait disposer est ainsi employée sans effet utile. Pour parer à cet inconvénient on établit l'électrolyte dans une dérivation ; on s'est arrangé pour que la résistance de cette dérivation soit 9 fois, ou 99 fois plus grande que celle du circuit principal ; il n'y passe donc que 0,1 ou 0,01 de l'électricité totale. On perd ainsi moins d'énergie, et l'on peut calculer immédiatement la quantité totale, connaissant celle qui a passé dans la dérivation.

612. Mesure des différences de potentiel, des forces électromotrices. — Indépendamment de l'électromètre que nous avons décrit (496), Thomson en a construit un autre dit *électromètre absolu* qui permet de mesurer en valeur absolue les différences de potentiel, mais son emploi est peu commode dans la pratique.

Lorsqu'il s'agit d'éléments de piles, on peut évaluer les forces électromotrices par comparaison directe ; mettons en opposition (521) n éléments. de force électromotrice e et de résistance r, et n' éléments de force électromotrice e' et de résistance r' ; si R est la résistance extérieure et i l'intensité du courant, on a :

$$i = \frac{ne - n'e'}{Rn + r + n'r'} \cdot$$

Si l'on arrive à $i = 0$, c'est que $ne = n'e'$, ce qui permet de calculer e' si l'on connaît e. Il suffit donc de connaître la force électromotrice d'un élément de nature déterminée.

M. J. Regnault a opéré avec des éléments thermo-électriques dont la force électromotrice e est très petite, et il a cherché le nombre de ces éléments nécessaire pour annuler l'action de 1 élément de force électromotrice e'. On avait alors $ne = e'$.

Il existe beaucoup d'autres méthodes d'effectuer cette comparaison ; nous indiquerons celle de Wiedemann. Étant donnés deux éléments définis comme précédemment on les installe en série, puis en opposition : si i et i' sont les intensités obtenues, on a immédiatement :

$$i = \frac{e + e'}{R + r + r'} \qquad \text{et} \qquad i' = \frac{e - e'}{R + r + r'}$$

d'où l'on déduit :

$$\frac{i'}{i} = \frac{e + e'}{e - e'}$$

et enfin

$$\frac{e}{e'} = \frac{i + i'}{i - i'}$$

613. — En général, c'est par l'emploi de galvanomètres étalonnés que l'on mesure dans la pratique la différence de potentiel ε entre deux points ; si l'on intercale entre deux points un galvanomètre de résistance connue γ, le courant qui le traverse a une intensité i donnée par la formule

$$i = \frac{\varepsilon}{\gamma}$$

d'où l'on déduira ε en volts, si i et γ sont donnés respectivement en ampères et en ohms.

Mais lorsqu'on établit une semblable communication entre deux points d'un circuit traversé par un courant, on change la distribution du potentiel, et la valeur observée n'est pas celle qui existe lorsque la communication n'est pas établie. Cherchons l'influence de cette modification.

Soient e la force électromotrice, R la résistance de la partie qui comprend l'électromoteur jusqu'aux points A et B qu'on étudie, et r la résistance du reste du circuit ; on sait que l'on a :

$$\frac{\varepsilon}{e} = \frac{r}{R + r}$$

Si l'on établit la communication, la résistance entre les points A et B sera représentée (512, II) par

$$\frac{1}{\frac{1}{r} + \frac{1}{\gamma}} = \frac{r\gamma}{r + \gamma}$$

et la différence de potentiel ε' que l'on observera entre A et B sera donnée par

$$\frac{\varepsilon'}{e} = \frac{r\gamma}{(r+\gamma)\left(R+\dfrac{r\gamma}{r+\gamma}\right)} = \frac{r\gamma}{Rr + R\gamma + r\gamma}$$

On déduit de là

$$\frac{\varepsilon'}{\varepsilon} = \frac{Rr + R\gamma + r\gamma}{\gamma(R+r)} = 1 + \frac{1}{\gamma\left(\dfrac{1}{R}+\dfrac{1}{r}\right)}$$

On voit que la valeur réelle ε sera toujours plus grande que la valeur ε' déduite de l'observation du galvanomètre. Mais la différence est petite si γ est très grand par rapport aux résistances R et r et dans ce cas on peut admettre que la valeur ε' déduite de l'observation du galvanomètre donne précisément ε.

On peut employer pour effectuer cette mesure un galvanomètre étalonné quelconque ; il faut seulement que le fil qu'il comprend soit fin et long pour offrir une grande résistance. Les appareils ainsi construits sont des *voltmètres* ; ils sont gradués par comparaison.

Dans un certain nombre de modèles, les appareils sont disposés pour servir à volonté de voltmètres ou d'ampèremètres ; ils comprennent alors deux circuits distincts, l'un très résistant, l'autre très peu résistant, que l'on emploie suivant les cas. Les divisions tracées sur l'appareil sont arbitraires en général, mais des expériences directes ont permis d'indiquer une fois pour toutes quelle relation existe entre le nombre de divisions et la valeur de la force électromotrice en volts ou de l'intensité en ampères.

314. Mesure des résistances. — Les mesures de résistance exigent toujours la comparaison avec des résistances connues, avec des étalons qui sont des bobines de résistance ; une bobine de résistance est constituée par un fil entouré d'une couche isolante et enroulé sur un cylindre de manière que ses extrémités, libres à une des bases de la bobine, soient reliées à deux bornes. Les dimensions doivent être telles que, à une température déterminée, le fil ait bien la résistance que doit

représenter la bobine : on emploie généralement du maillechort, qui est plus résistant que le cuivre et dont la résistance
varie moins avec la température.

Une boîte de résistance est constituée par la réunion d'une
série de bobines de valeurs différentes présentant généralement
la même disposition que celle des séries de poids :

$$1^{ohm}, 2, 2, 5, 10, 20, 20, 50, 100, \text{etc.}$$

Les bobines sont fixées au couvercle d'une sorte de caisse
qui les renferme ; sur la planchette sont des blocs rectangulaires en laiton, placés à la suite, séparés les uns des autres par
un petit intervalle et portant une entaille courbe à chaque extrémité. Chaque bloc reçoit une des extrémités des fils de chacune des bobines voisines, à l'exception des blocs extrêmes
qui ne reçoivent qu'un fil, mais qui portent des bornes par
lesquelles la caisse est reliée à un circuit.

D'autre part, on a des chevilles métalliques qui pénètrent
entre deux blocs et les font communiquer. Lorsque toutes ces
chevilles sont en place, le courant passe d'une borne à l'autre
par la série des blocs et des chevilles dont la résistance est
très faible et peut être négligée ; si l'on enlève une cheville
ou plusieurs, le courant passe à travers la ou les bobines correspondantes, ce qui introduit une résistance connue, indiquée
par les chiffres qui sur la boîte sont placés en face de chaque
bobine.

615. — On peut utiliser aussi le rhéostat pour la mesure

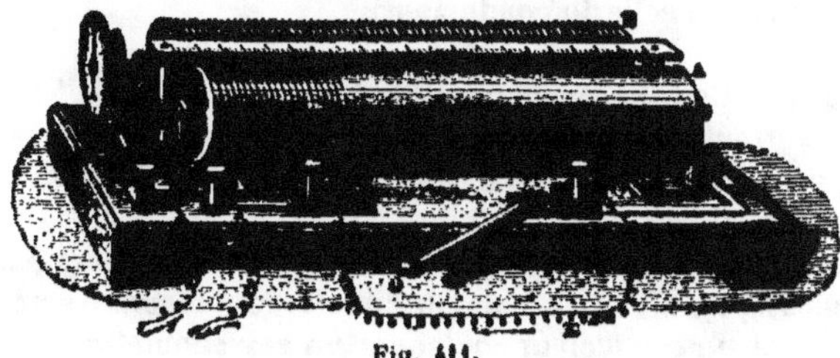

Fig. 411.

des résistances : l'appareil consiste essentiellement en deux
cylindres A, B (fig. 411) de même rayon placés parallèlement

et pouvant tourner de la même quantité dans le même sens ; l'un des cylindres A est en laiton, l'autre B est en buis et est creusé d'une rainure en hélice. Un fil fin de laiton ou de maillechort est soudé à une extrémité à l'axe métallique du cylindre de buis, s'enroule sur ce cylindre en suivant la rainure et est soudé au cylindre métallique à l'autre extrémité. Dans ce cas, si, par l'intermédiaire de deux bornes a, c reliées respectivement aux axes des deux cylindres, l'appareil est introduit dans un circuit, le courant aura à traverser le fil dans toute sa longueur. Mais si l'on fait tourner les cylindres une partie du fil s'enroule sur le cylindre métallique ; le courant arrivant à cette partie cesse de suivre le fil et traverse le cylindre dont la résistance est négligeable. Dans chaque cas, la résistance opposée par l'appareil est donc seulement celle des spires de fil enroulé sur le cylindre de buis. Si donc on connaît la résistance d'une spire, et si à l'aide d'un compteur on détermine le nombre de ces spires, on aura aisément la résistance offerte par l'appareil.

La méthode la plus directe pour mesurer la résistance d'un conducteur donné est la méthode de substitution. Le conducteur est placé dans un circuit qui contient en outre une pile et un galvanomètre et l'on détermine l'intensité du courant produit ; on retire le conducteur et l'on introduit à la place une boîte de résistance ou un rhéostat, et on fait varier la valeur des bobines ou le nombre des tours jusqu'à ce que l'on reproduise l'intensité primitive ; la résistance cherchée est égale évidemment à celle du conducteur.

616. — Cette méthode n'est pas toujours commode à appliquer, surtout si la valeur cherchée est très grande ou très petite ; on utilise généralement alors un procédé dit du *pont de Wheatstone.*

Soient AC, CB, BD, DA (fig. 412) quatre conducteurs de résistance λ_1, λ_2, λ_3 et λ_4 formant un circuit ; réunissons les points C et D par un conducteur contenant un galvanomètre G et les points A et B par un conducteur contenant une pile. On peut, en faisant varier une des résistances, rendre nul le courant dans le galvanomètre. Pour que cette condition soit remplie, il

faut et il suffit que les potentiels en C et en D soient égaux :
soient V le potentiel de A, V_0 celui de B, v celui de C, v' celui

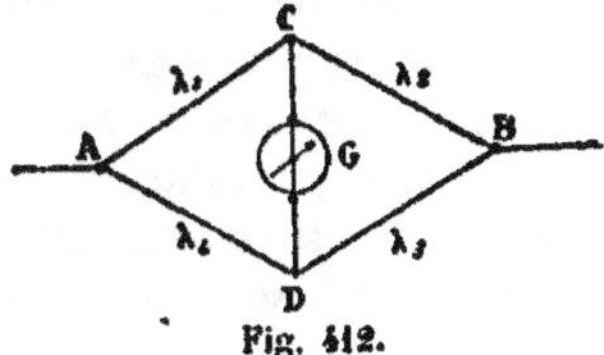

Fig. 412.

de B. On a les relations

$$\frac{V_0 - v}{\lambda_1} = \frac{v - V}{\lambda_2} \qquad \text{et} \qquad \frac{V_0 - v'}{\lambda_3} = \frac{v' - V}{\lambda_4}$$

Puisque l'on a $v = v'$ quand le galvanomètre est ramené au
zéro, c'est que l'on a :

$$\frac{\lambda_1}{\lambda_3} = \frac{\lambda_2}{\lambda_4}$$

Si donc on a en λ_2 et λ_4 des résistances fixes dont le rapport soit connu ; si λ_1 est la résistance cherchée et λ_3 une boîte
de résistance ou un rhéostat, on fera varier la résistance de
l'appareil jusqu'à ce que le galvanomètre revienne au zéro ; on
pourra alors calculer λ_1.

§ VII.

APPLICATIONS INDUSTRIELLES DE L'ÉLECTRICITÉ.

**617. Application des effets calorifiques des courants.
Éclairage électrique.** — Les phénomènes calorifiques produits par le passage d'un courant ont été utilisés, à cause de
la haute température à laquelle ils peuvent correspondre, soit
comme source de chaleur, soit surtout comme source de radiation lumineuse.

On a proposé d'appliquer ces actions pour obtenir la soudure directe des métaux ou pour produire d'énergiques réac-

tions chimiques ; mais ces applications ne sont pas encore entrées dans la pratique industrielle. Par contre on utilise fréquemment en chirurgie le galvanocautère, appareil dans lequel un fil ou une lame de platine est portée au rouge et sert à détruire des tissus, à les sectionner ; pour cette application le courant est toujours fourni par une pile. Dans les autres applications dont il nous reste à parler, le courant provient de machines dont le fonctionnement est beaucoup moins coûteux.

618. — Un mince filament de charbon traversé par un courant s'échauffe et peut devenir assez incandescent pour servir de source de lumière ; mais si l'on opère à l'air il brûle et disparaît en quelques instants. Pour s'opposer à cette destruction et le transformer en une source permanente de lumière il faut empêcher la combustion ; on y est arrivé par deux procédés différents qui, avec la nature de la substance qui a fourni le filament de charbon et avec sa forme, différencient les divers systèmes de *lampes à incandescence*.

Dans tous les cas, le filament (fig. 413) est fixé par ses extrémités à deux fils de platine qui traversent les parois d'une ampoule en verre entièrement close ; c'est par ces fils de platine que le charbon est relié aux extrémités du circuit traversé par le courant. Tantôt un vide aussi parfait que possible a été fait dans ces ampoules à l'aide de pompes à mercure (lampes Edison, Swan), tantôt ces ampoules sont remplies de gaz ou de vapeurs non comburantes, notamment de vapeurs de carbures d'hydrogène (Système Maxim).

La couleur de la lumière et sa composition dépendent de l'intensité du courant, ou plutôt de l'énergie qui est dépensée dans la lampe ; jaune pour de faibles courants, elle se rapproche du blanc pour des intensités croissantes, la variation étant en rapport avec la température développée.

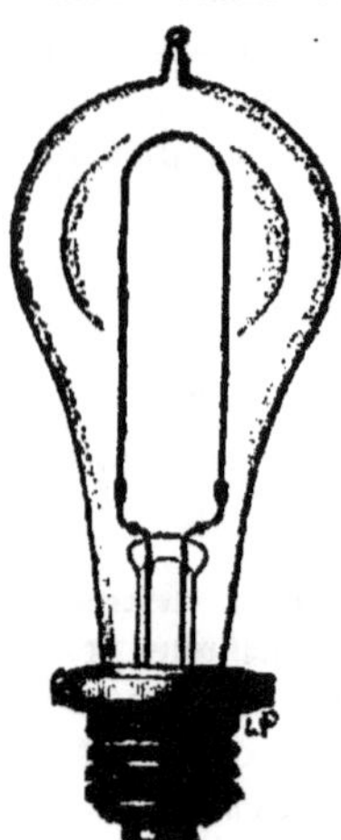

Fig. 413.

L'intensité lumineuse varie considérablement avec les dimensions du filament de charbon ; elle va, par exemple, de 4 à 200 bougies.

Ce mode d'éclairage ne présente aucun inconvénient pour la vue, la lumière émise ne contenant que peu de radiations très réfrangibles ; à tous les points de vue, il est bien supérieur aux autres modes d'éclairage. Les lampes à incandescence dégagent très peu de chaleur et ne peuvent aucunement vicier l'atmosphère.

Bien qu'il n'y ait pas combustion, les filaments de charbon s'usent, probablement par volatilisation, désagrégation de la substance ; après un certain temps, le filament se rompt, la lampe s'éteint. On peut compter actuellement, en moyenne, qu'une lampe peut résister au moins à 800 heures d'éclairage ; beaucoup vont à 1000 et même davantage.

Dans l'installation d'un système d'éclairage de ce genre, il ne faut pas placer toutes les lampes en série, parce que la rupture d'un seul filament entraînerait l'extinction de toutes les lampes ; elles doivent être placées en dérivation, résultat qui peut être obtenu par des dispositions diverses.

519. — L'arc électrique est également employé comme moyen d'éclairage ; mais cet emploi présente des difficultés spéciales

Pendant la production de l'arc, les charbons portés à une haute température brûlent et s'usent, l'écart entre les pointes va en augmentant, il en est de même de la résistance ; lorsque celle-ci a atteint une certaine valeur, l'arc s'éteint, le courant cesse de passer : il faut ramener les charbons au contact, puis les séparer, pour reproduire l'arc.

On ne peut obvier à cet inconvénient en produisant l'arc dans le vide ; les charbons s'usent plus lentement il est vrai, mais l'usure se produit cependant par suite du transport moléculaire que nous avons signalé (529).

Sans parler du procédé qui consiste à rapprocher les charbons à la main de temps à autre, procédé qui n'est applicable que dans des expériences de laboratoire, deux systèmes principaux ont été proposés et appliqués pour maintenir les pointes des charbons à une distance invariable.

Le premier système consiste dans l'emploi de régulateurs, mécanisme produisant automatiquement le rapprochement des charbons. Mais il se présente une difficulté : si l'usure des charbons était régulière, il suffirait d'avoir un appareil que les fît avancer uniformément avec une vitesse calculée d'avance ; il n'en est rien et le déplacement des charbons doit varier d'un instant à l'autre. Pour obtenir, à chaque instant, l'avancement convenable, Foucault eut l'idée de soumettre l'action du mécanisme à l'influence du courant. L'intensité du courant, qui a une valeur déterminée lorsque l'arc a la longueur convenable, diminue lorsque, les charbons s'éloignant, la résistance devient plus grande. Imaginons donc que le mécanisme employé ait pour effet de faire constamment rapprocher les charbons, mais qu'un déclic puisse empêcher le mouvement. Ce déclic placé en face d'un électro est soumis à l'action d'un ressort qui tend à l'en éloigner et laisse défiler le rouage. Lorsque le courant a l'intensité adoptée, l'attraction est suffi-

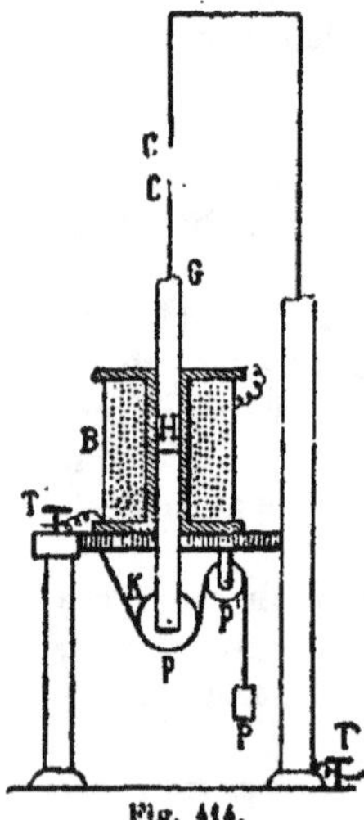

Fig. 414.

sante pour vaincre l'action du ressort, le déclic arrête le mouvement. Mais les charbons s'usent, la distance augmente, l'électro devient moins puissant, le ressort l'emporte, entraîne le déclic ; le mécanisme agit, rapproche les charbons, le courant croît et l'électro devient plus puissant. Lorsque le courant a atteint l'intensité normale, le déclic est attiré et le mouvement s'arrête.

De nombreux systèmes basés sur la même idée générale ont été imaginés et diffèrent par les moyens propres à l'appliquer.

Un autre mode de régulateur supprime l'électro et utilise l'action d'un solénoïde B (fig. 414) sur un morceau de fer doux GH placé en partie à l'intérieur et qui est en équilibre sous les influences opposées de l'attraction du solénoïde et de l'action d'un ressort ou d'un poids P. L'électro est placé dans le cir-

24

cuit TBGCT' qui contient l'arc ; quand celui-ci augmente de
longueur, l'électro s'affaiblit, l'action du ressort ou du poids
devient prépondérante et entraîne le fer doux. C'est ce mouvement qui par divers moyens produit ou permet le mouvement
des charbons C, C, ce qui ramène l'arc à la longueur normale.

820. — Les régulateurs ne constituent pas la seule solution du problème de l'éclairage électrique et l'on a imaginé
d'autres moyens de maintenir constant l'écartement entre les
charbons.

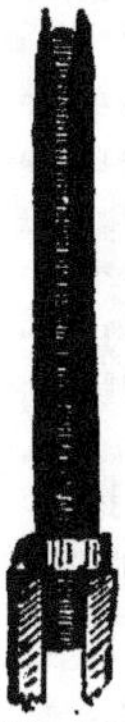

M. Jablochkoff a eu l'idée de placer les charbons
parallèlement (fig. 415), de manière que les pointes
entre lesquelles jaillit l'arc fussent toujours à la même
distance ; pour éviter que, par suite d'une irrégularité
qui changerait les distances, l'arc ne jaillisse en d'autre points qu'aux extrémités, on sépare les deux charbons par une matière isolante qui, disparaissant par
l'action de la chaleur, laisse seulement les extrémités
libres et se maintient un peu au-dessous des pointes.
C'est là ce qui constitue la *bougie électrique.*

Dans la *lampe soleil,* les charbons A, B (fig. 416)
inclinés l'un par rapport à l'autre passent dans des
ouvertures pratiquées dans un bloc de calcaire C ;
des ressorts les maintiennent constamment appuyés
contre ces ouvertures que leurs extrémités pointues peuvent
seules franchir. L'arc est établi par un filament de carbone

Fig. 415.

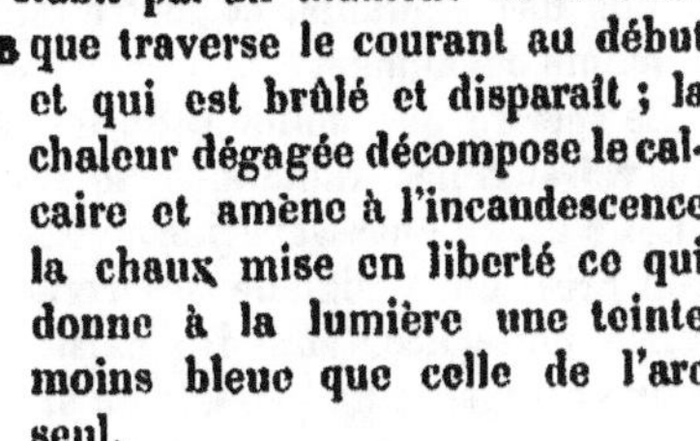

Fig. 416.

que traverse le courant au début
et qui est brûlé et disparaît ; la
chaleur dégagée décompose le calcaire et amène à l'incandescence
la chaux mise en liberté ce qui
donne à la lumière une teinte
moins bleue que celle de l'arc
seul.

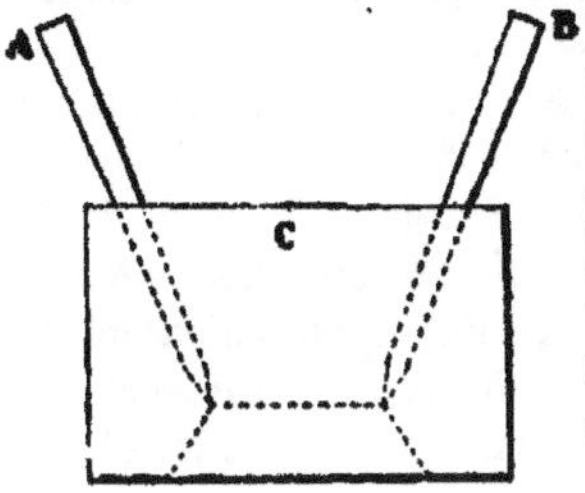

821. — Au début des essais
sur la lumière électrique on faisait usage du charbon compact
et conducteur qui se dépose sur les parois des cornues à gaz.

Actuellement on se sert exclusivement de charbons artificiels agglomérés.

Lorsque le courant passe toujours dans le même sens à travers les charbons, ceux-ci s'usent inégalement, le charbon positif s'usant à peu près deux fois plus vite que le charbon négatif; aussi convient-il de tenir compte de cette différence dans les lampes à régulateurs où les deux charbons sont mobiles. L'usure est égale, naturellement, si les courants sont alternatifs : il est à peine besoin de dire que les courants doivent être alternatifs dans le cas où l'on emploie des bougies Jablochkoff.

Les lampes peuvent être toutes mises en dérivation sur le circuit principal, de manière qu'un accident arrivé à l'une d'elles n'amène pas l'extinction de toutes les lampes par cessation du courant, ce qui se produirait si les lampes étaient mises en série; on peut cependant employer cette disposition à la condition d'employer un mécanisme qui remplace par un conducteur, ordinairement placé hors du circuit, la lampe qui s'éteint. L'introduction de ce conducteur peut se produire automatiquement, sous l'influence même des variations de courant qui se manifestent dans la lampe au moment où elle s'éteint.

522. — La lumière de l'arc voltaïque est très vive et l'intensité d'une lampe à arc n'est jamais moindre que 40 carcels environ : elle varie avec la dimension des charbons et les conditions des courants, et peut atteindre jusqu'à 5,000 carcels et même davantage.

Le spectre que donne cette lumière est riche en radiations très réfrangibles, radiations violettes et même ultrà-violettes; aussi n'est-elle pas sans inconvénient lorsqu'on la regarde de trop près, on a signalé des conjonctivites auxquelles elle a donné naissance. Mais il n'existe aucun inconvénient si la lampe est placée un peu loin ou si, même à petite distance, on regarde non la source de lumière, mais seulement les objets qu'elle éclaire.

Ajoutons que l'étendue de la partie lumineuse est petite : l'éclat intrinsèque est donc grand si l'intensité est notable, aussi l'effet n'est-il pas agréable. Il y a avantage, à cause de cela, à entourer l'arc d'un globe de verre dépoli, malgré l'absorption qui en résulte; mais la source de lumière est plus étendue et l'effet est moins déplaisant.

623. — Un des inconvénients qui se sont opposés au début à l'extension de l'éclairage électrique, c'est la crainte que, par une cause quelconque, notamment un accident arrivé à la machine, il ne se produise une extinction complète de toutes les lumières. Dans les grandes installations on pare à cet inconvénient par l'emploi d'une machine de rechange que l'on peut introduire dans le circuit presque instantanément à la place d'une machine détériorée.

Une autre solution consiste à joindre aux machines une batterie d'accumulateurs; on se sert de machines pour charger la batterie à un moment où l'éclairage ne fonctionne pas ; elle est ensuite mise hors circuit et n'intervient en rien, de telle sorte que sa charge reste à peu près constante. En cas d'arrêt d'une machine ou même de toutes les machines, on introduit dans le circuit la batterie dont le débit est calculé pour suffire pendant un certain temps à la dépense de l'éclairage.

624. Dépôt électro-chimique des métaux. Galvanoplastie. — Indépendamment de quelques applications spéciales sur lesquelles il est inutile d'insister, les propriétés chimiques des courants sont utilisées dans l'industrie pour produire à bas prix des dépôts métalliques.

Le principe général consiste à décomposer un sel du métal que l'on veut déposer, par le passage d'un courant assez énergique; on met au pôle négatif le corps sur lequel le dépôt doit se faire et au pôle positif une plaque de même métal, anode soluble (534) qui a pour effet de maintenir constante la composition du liquide.

Le métal qui se dépose peut rester adhérent au corps qu'il recouvre; on obtient alors la dorure galvanique, l'argenture, le cuivrage ou le nickelage. On peut déposer d'autres métaux, mais ceux-là surtout sont très fréquemment utilisés. On est même parvenu à déposer des alliages, surtout dans le but de produire des effets décoratifs.

Souvent, au contraire, le métal déposé doit être en couches assez épaisses pour être séparé du corps qu'il a recouvert, de manière à en obtenir une contre-épreuve; cette opération pour laquelle on emploie surtout le cuivre constitue la *galvanoplastie*. La surface du corps qui sert de moule doit être conductrice; on lui donne cette qualité en l'enduisant de plombagine ou quelquefois en y déposant préalablement une couche métallique d'une très petite épaisseur.

Diverses précautions sont nécessaires pour produire un dépôt convenable, surtout cohérent. Il y a à tenir compte de la constitution du bain, de sa température et de l'intensité du courant : celle-ci ne doit pas être trop grande, sans quoi l'on obtiendrait un dépôt pulvérulent.

625. Transport électrique de l'énergie mécanique. — Une machine dynamo ou magnéto dans les conducteurs de laquelle on fait passer un courant se met en mouvement; elle est ainsi réversible, produisant un courant quand on lui applique du travail mécanique, et produisant du travail mécanique quand on la fait actionner par un courant.

On peut donc utiliser une source quelconque de courant, une pile par exemple, pour produire du travail mécanique par l'intermédiaire d'une machine d'induction : c'est une remarque qui a reçu quelques applications, peu étendues d'ailleurs.

On peut également utiliser des accumulateurs dans le même but et des essais ont été faits au point de vue industriel pour mettre en mouvement des véhicules divers, voitures, tramways, bateaux, etc.

Enfin, et c'est là une question capitale, on peut utiliser une machine d'induction pour actionner une autre machine d'induction. Comme le conducteur qui relie les machines peut avoir une longueur quelconque, il résulte de cette disposition que produisant du travail mécanique en un point on peut le recueillir à une autre distance quelconque : on peut donc par l'emploi du courant électrique obtenir le transport à distance du travail mécanique. Il va sans dire que les diverses transformations qui ont lieu dans ce système ne se produisent pas sans perte ; mais si le travail coûte peu au départ, il pourra y avoir avantage à le transporter, malgré ces pertes, en un autre point où sa production directe serait d'un prix plus élevé.

636. — Étudions sommairement les conditions de ce transport du travail mécanique, en négligeant, de parti pris, les pertes qui ne sont pas inhérentes au fonctionnement théorique du système.

Soit T_m le travail communiqué en 1 seconde à la machine génératrice qui le transforme en un courant d'intensité I ; si E est la force électromotrice correspondante, on a :

$$T_m = EI$$

Considérons d'autre part la machine réceptrice et faisons-la traverser par un courant ; l'intensité de ce courant variera suivant que la machine sera au repos ou en mouvement, suivant qu'elle effectuera un travail ou qu'elle n'en effectuera pas. La production de travail correspondra à une diminution d'intensité, l'effet étant le même que si, par exemple, une force électromotrice opposée, une force contre-électromotrice prenait naissance ; soit E' sa valeur, soit T_u le travail recueilli quand la machine est traversée par le courant I, on a :

$$T_u = E'I$$

et le rendement k de la machine est

$$k = \frac{T_u}{T_m} = \frac{E'}{E}$$

Mais, d'autre part, les conducteurs traversés par le courant s'échauffent ; si R est la résistance totale du circuit, la quantité de chaleur produite est RI^2 correspondante à une quantité de travail ARI^2, A étant l'équivalent calorifique du travail. Négligeant toutes les autres causes de perte d'énergie, c'est-à-dire se plaçant dans les conditions les plus favorables, on doit donc avoir :

$$T_m = T_u + ARI^2$$

Éliminons I entre les équations qui précèdent, on a :

$$ART^2_m - E'T_m + E'T_u = 0$$

d'où l'on tire :

$$T_u = T_m \left(1 - \frac{AR}{E^2} T_m \right)$$

et

$$k = 1 - \frac{AR}{E^2} T_m$$

On voit donc que le rendement est toujours plus petit que 1 ; qu'il diminue, toutes choses égales d'ailleurs bien entendu, quand R (et par suite la distance) augmente et quand T_m augmente ; que, d'autre part, le rendement croît avec la force électromotrice.

On voit également que T_m restant constant le rendement conserve la même valeur si la résistance varie comme le carré de la force motrice : c'est ce que M. Marcel Deprez a exprimé d'une manière concise en disant qu'on peut se placer dans des conditions telles que le *rendement soit indépendant de la distance*. Cela ne veut pas dire que, au point de vue pratique, la distance soit indifférente ; car lorsque l'on fera croître la distance il faudra que E croisse, c'est-à-dire qu'il faudra employer une machine plus puissante et coûtant plus cher d'achat et d'entretien, ou, autrement dit, une machine qui à une plus petite distance aurait donné un meilleur rendement.

Cette même question de prix intervient pour faire que, même si l'on avait au départ une source de travail gratuite, il n'en faudrait pas moins chercher à obtenir un fort rendement ; car l'installation des m nes diverses et des conducteurs représente un certain prix, et il faut joindre les dépenses correspondantes d'amortissement et d'intérêt aux dépenses d'entretien, réparation, surveillance. Le travail obtenu coûtera donc toujours, et pour en réduire le prix il faut augmenter le rendement le plus possible.

Le fait de la transmission du travail à distance a été signalé par M. Fontaine en 1873 ; cette question a été étudiée à diverses reprises, notamment par MM. Marcel Deprez et Siemens.

Des applications intéressantes ont déjà été faites dans un certain nombre de circonstances, surtout à de petites distances ; des expériences ont été faites à grande distance (57^{km}) mais on n'est pas encore parfaitement renseigné sur les résultats pratiques que l'on en peut déduire.

On a appliqué cette idée à la traction des tramways et des trains de chemins de fer : la machine génératrice est à une station, la machine réceptrice est sur la voiture unique ou sur l'un des wagons, et actionne les roues motrices; le courant est amené de la génératrice à la réceptrice soit par les rails convenablement isolés, soit par des conducteurs spéciaux.

687. Distribution de l'électricité. — Un grand nombre d'applications de l'électricité ne sont pas encore entrées dans la pratique, à cause du prix élevé auxquels reviennent les courants lorsqu'on les produit en quantité restreinte. Elles deviendraient usuelles si l'on pouvait dans des conditions favorables transmettre à grande distance le courant produit en un point où l'on disposerait d'une puissance mécanique d'un prix peu élevé, ce qui revient à la question précédente. Il suffirait même, dans nombre de cas, de pouvoir produire à la fois de très grandes quantités d'électricité pour que, comme il arrive très souvent dans l'industrie, le prix des courants fût notablement abaissé ; mais alors il faut que les courants puissent être distribués, pour être utilisés partout où ils sont nécessaires pour produire une action quelconque et surtout pour produire de la lumière ou du travail mécanique, qui constituent les deux applications les plus usuelles de l'électricité. De semblables conditions ont été réalisées à l'étranger et en province.

Mais, dans une distribution d'électricité de ce genre, il se présente une difficulté particulière : la génératrice de courants doit être suffisante pour satisfaire à l'ensemble des récepteurs, lampes ou moteurs qu'elle actionne ; il peut arriver qu'un certain nombre de ceux-ci soient arrêtés, retirés du circuit; il en résultera une modification dans le régime du courant, modification qui pourra être de nature à troubler le fonctionnement des autres récepteurs. Il faut prendre des dispositions spéciales pour parer à cet inconvénient.

688. — Dans le cas d'une distribution d'électricité, il peut arriver que le courant principal soit caractérisé par des éléments, force électromotrice et intensité, qui ne soient pas convenables pour une application déterminée ; il est nécessaire dès lors de transformer ces éléments, fût-ce au prix d'une certaine perte d'énergie. C'est là le problème auquel on a appliqué les appareils que MM. Gaulard et Gibbs ont appelé générateurs secondaires. Ce sont, au fond, de puissantes bobines d'induction : le courant principal de la distribution, qui doit toujours être alternatif, pénètre dans le circuit inducteur, tandis que le circuit induit est relié au récepteur. En choisissant convenablement les dimensions, longueur et section, de chacun de ces circuits, on peut obtenir des courants induits présentant les caractères reconnus nécessaires.

Les transformateurs de MM. Zipernowsky, Déri et Blathy sont basés sur le même principe général ; la différence essentielle consiste dans le noyau de fer doux qui, dans ces transformateurs, est formé par des fils de fer réunis en faisceau constituant un cadre fermé.

629. Téléphones et microphones. — Les téléphones sont des appareils qui permettent de reproduire à distance, avec tous leurs caractères, les sons et même la parole; en réalité, un système téléphonique est analogue à un système de transmission à distance du travail mécanique : au départ, on produit un son devant un transmetteur qui transforme en courants la force vive correspondant aux vibrations transmises, et à l'arrivée un récepteur transforme les courants qu'il reçoit en vibrations qui parvenant à l'oreille produisent un son. Le système est d'ailleurs absolument réversible et le même appareil peut servir alternativement de transmetteur et de récepteur.

Fig. 417.

Un téléphone consiste essentiellement en un aimant B (fig. 417) de forme quelconque d'ailleurs : autour d'un pôle se trouve enroulé un fil recouvert de soie et constituant une bobine C. Les divers systèmes se distinguent, outre les détails de construction, par la forme de l'aimant et par l'adjonction de fer doux dans le but d'accroître l'intensité du champ magnétique. En face du pôle se trouve un diaphragme de fer doux A.

Considérons deux appareils semblables dont les bobines sont reliées par deux fils conducteurs.

Lorsqu'on parle devant un téléphone, le diaphragme entre en vibration ; ces déplacements rapides devant l'aimant produisent des variations dans le champ magnétique ; ces variations à leur tour font naître des courants induits dont la période est naturellement la même que celle des vibrations du diaphragme.

Fig. 418.

Ces courants induits intermittents parcourent le conducteur et arrivent à la bobine du récepteur ; là, par une action dont la nature est encore mal connue, ces courants produisent dans l'aimant autour desquels ils passent des vibrations moléculaires qui se transmettent à l'air et de là à l'oreille de l'auditeur ; ces vibrations ont la même période que celle des courants et par suite que celle des vibrations produites au départ. Le son entendu a donc la même hauteur que le son produit au départ. On comprend moins aisément, mais le fait est vérifié par l'observation, que la loi de vibration se transmette de telle sorte que le timbre soit conservé.

On pourrait transmettre les sons, ou plus exactement les vibrations, à l'aide d'un seul conducteur, les autres extrémités des bobines étant reliées à la terre. Mais lorsqu'on a plusieurs fils voisins servant aux transmissions téléphoniques, les courants produits dans l'un d'eux agissent par induction sur les fils voisins ; cela trouble les communications existant dans ceux-ci, et permettrait d'entendre la conversation échangée dans un autre circuit. Aussi convient-il d'employer deux fils ; l'induction se produisant de la même façon dans les deux fils donne naissance à des actions qui s'entre-détruisent dans les bobines.

430. — Un téléphone relié à une pile produisant un courant constant ne fait entendre aucun son, puisqu'il n'y a pas de variation du champ magnétique. Mais toute interruption du courant, toute variation d'intensité, modifie le champ magnétique et produit un bruit ou un son ; aussi le téléphone peut-il être employé très avantageusement pour dénoter la production de courants, même très minimes, pour reconnaître de faibles variations d'intensité.

Cette propriété a été utilisée dans la construction du microphone dû à Hughes ; lorsque deux corps conducteurs sont en contact, posés l'un sur l'autre, le moindre déplacement de l'un d'eux change les conditions du contact et s'il fait partie d'un circuit traversé par un courant, celui-ci changera d'intensité à chaque mouvement qui amènera une variation de résistance. Si donc un téléphone est intercalé dans le circuit, chaque mouvement sera la cause d'un bruit qui sera entendu dans le téléphone.

Le microphone tel qu'il était construit primitivement consiste en un charbon C (fig. 449) placé verticalement et terminé

par deux pointes A, B entrant dans deux cavités creusées dans
des dés de charbon fixés à une planchette élastique DE ; les
dés sont reliés à un circuit comprenant une pile PP′, un télé-

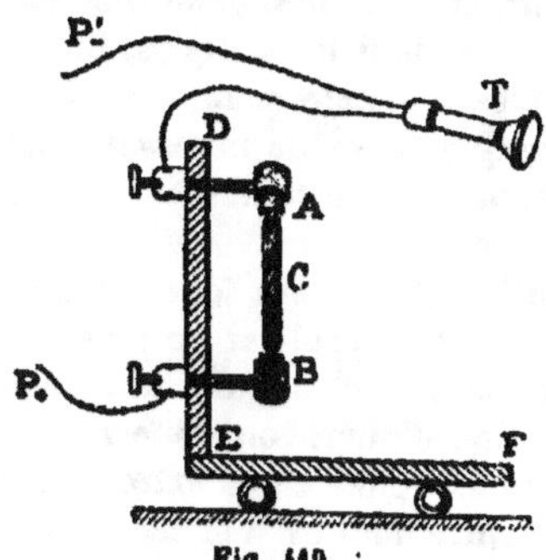

Fig. 419.

phone T, et qui contient ainsi le charbon. Tout mouvement
communiqué à la planchette fait résonner le téléphone ; il suffit même de produire un son, de parler devant cette planchette
pour que le téléphone entre en jeu et pour qu'il reproduise les
sons qui ont été émis avec tous leurs caractères, de manière à
permettre de distinguer les paroles prononcées.

Les systèmes téléphoniques en usage dans la pratique sont
constitués comme nous venons de le dire ; les actions induc-
trices varient avec l'intensité du courant et sont beaucoup plus
fortes que lorsqu'elles sont produites par un téléphone transmetteur. Aussi entend-on beaucoup plus loin et beaucoup plus
distinctement.

Il est vrai que le système n'est plus réversible et que chaque
station doit posséder un microphone et un téléphone dans le
circuit. On parle devant le microphone et on écoute dans le
téléphone.

En réalité un système téléphonique où la distance est assez
grande renferme une bobine d'induction dont le circuit inducteur et le circuit induit contiennent respectivement le microphone et le téléphone et qui joue en quelque sorte le rôle d'un
transformateur.

Ajoutons que chaque station doit posséder une sonnerie destinée à produire les appels.

681. Applications de l'instantanéité d'action des courants. Enregistreurs, sonneries. — Les applications dont nous avons parlé jusqu'à présent utilisent l'énergie que possèdent les courants pour la transformer en chaleur, en actions chimiques, en actions mécaniques. Dans celles qu'il nous reste à indiquer très sommairement, les courants sont utilisés non pour leur énergie, quoique nécessairement celle-ci entre en jeu, mais surtout par l'instantanéité de leur action à une distance quelconque.

Le principe général de presque tous ces appareils est le suivant : une pile est reliée au sol par un pôle et par l'autre pôle à un fil d'une longueur quelconque ; une disposition variable permet à cette station d'ouvrir ou de fermer le circuit ; à l'autre station la ligne est reliée à une extrémité du fil d'un électro-aimant dont l'autre bout est à la terre ; devant cet électro est un contact de fer doux mobile qu'un ressort applique contre un arrêt, à quelque distance de l'électro ; quand le courant passe l'attraction l'emporte sur l'action du ressort, le contact s'approche de l'électro. Quand le courant cesse, le ressort ramène le contact contre l'arrêt. Ces actions, ces mouvements du contact se trouveront donc commandés par l'ouverture et la fermeture du circuit au départ. Tantôt ce seront ces mouvements qui constitueront l'action que l'on veut produire ; tantôt, le plus souvent même, ils produiront l'enclanchement ou le déclanchement d'un système quelconque soumis à l'action d'un moteur, rouage d'horlogerie, poids, etc.

Les enregistreurs correspondent à la première disposition : le contact placé devant l'électro porte un léger stylet qui s'appuie sur la surface recouverte de noir de fumée d'un cylindre qui tourne ; le corps qui produit l'action que l'on veut enregistrer est relié à une pièce qui produit l'ouverture ou la fermeture du circuit. Tant que l'action ne se produit pas, le courant ne passe pas, le stylet décrit une ligne continue ; au moment où l'action a lieu, le courant passe, le stylet est dévié et décrit une petite ligne transversale ; si l'action est brusque, le stylet revient rapidement à sa position primitive et l'on observe un crochet ; si l'action dure un certain temps, on observe une ligne parallèle à la direction primitive, qui en est

écartée d'une certaine quantité et qui y revient quand l'action
cesse. Les positions et les longueurs de ces divers accidents
permettent non-seulement de reconnaître l'existence de ces
actions, mais même d'évaluer leur durée, si l'on peut connaître la loi de rotation du cylindre (ce qui se fait notamment en
enregistrant simultanément les vibrations d'un diapason).

On a construit des enregistreurs de ce genre (Marcel Deprez)
qui peuvent inscrire 1000 signaux par seconde.

Remplaçons le fin stylet par une pointe mousse Q (fig. 420)
et le cylindre par une bande de papier HK qui se déroule pa-

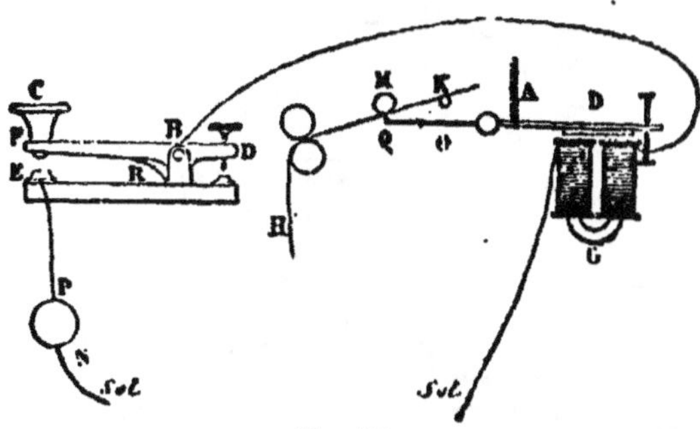

Fig. 420.

rallèlement à sa longueur ; quand le courant passe l'électro G
attire le contact D malgré l'action du ressort A ; la pointe
appuie sur la bande de papier et produit une gaufrure d'autant
plus longue que, à la station de départ, le circuit sera resté
fermé plus longtemps. En adoptant par convention des combinaisons de traits longs et courts on peut représenter des lettres, puis des mots et des phrases. Tel est le principe du télégraphe Morse.

Au départ, les passages et les interruptions du courant sont
produits à l'aide d'un *manipulateur*, levier métallique oscillant
autour de l'axe B qui est relié par un fil métallique, la *ligne*, au
récepteur de l'autre station ; en appuyant sur le bouton C, on
met en contact deux pièces métalliques l'une F appartenant au
levier, l'autre E reliée au pôle P d'une pile dont l'autre pôle N
est en communication avec la terre : le courant passe alors. Si

on abandonne le bouton C, le levier se relève sous l'action du ressort R jusqu'à être arrêté par la vis de butée D, et le courant est interrompu.

682. — Le passage continu d'un courant peut produire des actions intermittantes, comme il arrive dans les sonneries électriques. A cet effet, à la station d'arrivée, le fil de ligne L (fig. 421) est relié à l'électro par l'intermédiaire d'un trembleur NME analogue entièrement à celui des bobines d'induction ;

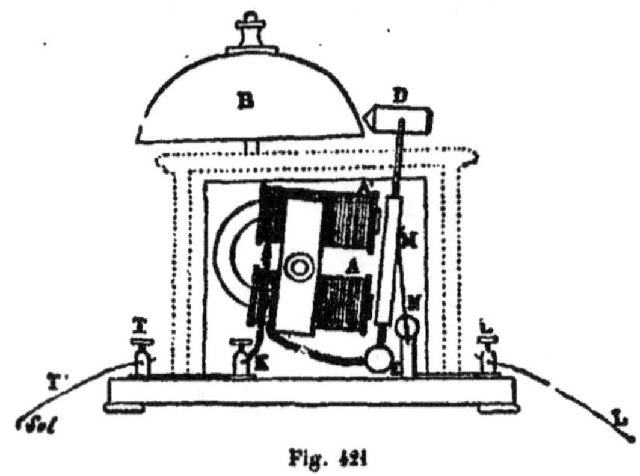

Fig. 421

le même effet se produit et le trembleur fonctionne tant que le courant passe. Si un marteau D est fixé à ce trembleur à quelque distance d'un timbre B, on a une série de coups rapide, un tintement, tant que le circuit reste fermé à la station de départ.

Ces sonneries sont fort employées pour faire des appels, des signaux à distance. On peut également les utiliser comme indicateurs d'actions se produisant à distance ; on peut ainsi être averti que, en un point déterminé, la température, la pression d'un gaz ou d'une vapeur ont atteint une valeur fixée d'avance, qu'un liquide dans un réservoir est arrivé à un niveau donné, etc. Il suffit d'établir une sonnerie avec un circuit normalement ouvert, mais qui sera fermé par l'action d'un thermomètre métallique, d'un manomètre, d'un flotteur, etc., qui feront mouvoir un contact fermant le circuit pour la position choisie d'avance.

On peut, dans ces divers cas, être averti lorsque la température ou le niveau du liquide atteint l'une des deux limites, inférieure ou supérieure, qu'on leur a assignée.

S'il s'agit du niveau HH' (fig. 422) d'un liquide, on dispose un flotteur AB dont la tige passant dans une glissière D, porte

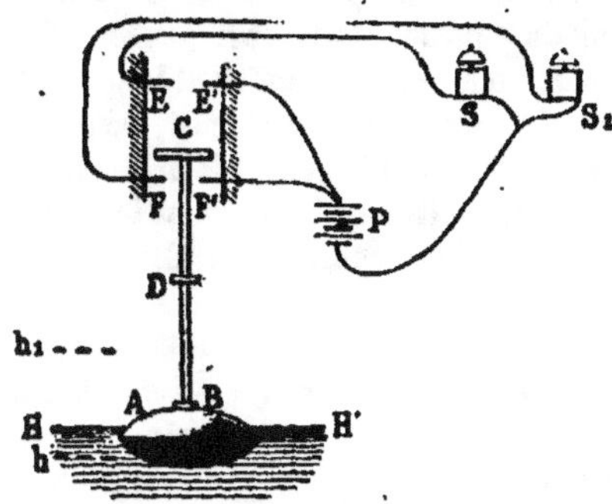

Fig. 422.

une traverse métallique C ; lorsque le niveau arrive en h ou en h', la traverse touche les contacts FF' ou EE' et ferme un circuit contenant la sonnerie S_1 ou la sonnerie S_2 ; le courant de la pile met en mouvement la sonnerie correspondante.

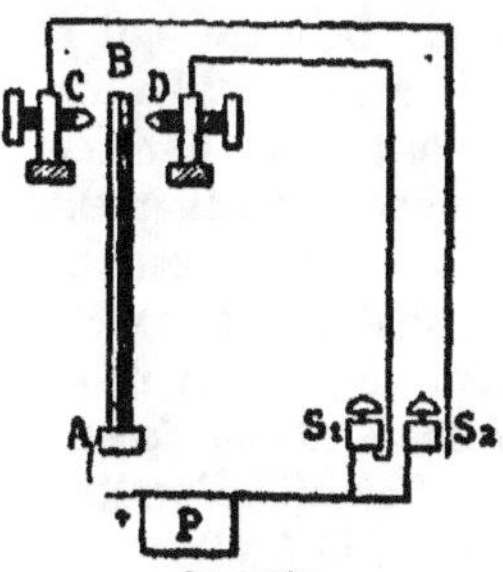

Fig. 423.

Une disposition analogue est employée pour la température ; une lame bi-métallique AB (fig. 423), fixée en A s'incurve dans un sens ou dans l'autre suivant que la température s'abaisse ou s'élève. Pour une variation déterminée à l'avance, elle rencontre l'une des vis C ou D et, fermant ainsi l'un ou l'autre circuit, met en action la sonnerie S_1 ou la sonnerie S_2.

633. Horloges électriques. — Dans de nombreux appa-

reils, l'électro de la station d'arrivée ne fait que produire l'en-
clenchement ou le déclenchement d'un rouage moteur.

Tel serait par exemple le cas d'une horloge ordinaire qui ne
contiendrait pas de pendule, mais dont la roue d'échappement
serait soumise à l'action d'un déclic qui l'arrêterait normalement, mais qui, se soulevant par l'action de l'électro au moment du passage du courant, laisserait passer une dent. Si à
la station de départ on a une horloge dont le pendule à chaque
oscillation établit la fermeture du circuit, les deux horloges
marcheront synchroniquement. Tel est le principe des horloges
électriques ; dans la pratique, la disposition est beaucoup
moins simple, à cause des conditions multiples auxquelles il
faut satisfaire.

681. Télégraphie électrique. — Le télégraphe à cadran est basé également sur le même principe ; à la station
d'arrivée, le récepteur présente une disposition analogue à
celle que nous venons d'indiquer pour l'horloge ; l'aiguille se
meut sur un cadran divisé en 26 cases portant les lettres de
l'alphabet.

A la station de départ, on trouve un *transmetteur* ou *manipulateur,* consistant essentiellement en une manette qui se
meut sur un cadran divisé comme celui du récepteur. La manette en passant d'une case à l'autre produit alternativement
le passage et l'interruption du courant. A chaque changement,
l'électro du récepteur agit sur le déclic et laisse passer une
dent, l'aiguille avance d'une case. Si donc, au début, la manette
du manipulateur et l'aiguille du récepteur sont sur la même
lettre, elles continueront à se mouvoir de la même façon ;
quand la manette s'arrêtera sur une case, l'aiguille s'arrêtera
sur la même case. On pourra donc d'une extrémité à l'autre de
la ligne appeler l'attention sur une lettre déterminée, on aura
transmis cette lettre. En transmettant successivement diverses
lettres, on formera des mots, puis des phrases.

Il nous suffit d'avoir indiqué quelques exemples de l'application de la quasi-instantanéité de l'action des courants à distance ; nous ne saurions donner même le principe d'appareils
fort intéressants, mais qui ne pourraient être compris qu'à

l'aide d'une description détaillée. Nous nous bornerons à signaler :

Les télégraphes imprimeurs de Hughes, de Baudot, qui
fournissent la dépêche en caractères imprimés et qui permettent de transmettre un très grand nombre de dépêches par
heure ;

Les télégraphes autographiques de Caselli, de Meyer, de
Lenoir qui donnent à distance un *fac-simile* presque rigoureusement identique à l'original, écrit ou dessiné, remis à la
station de départ.

Indiquons encore de très ingénieuses dispositions qui permettent d'utiliser un même fil pour envoyer dans le même sens
ou dans des sens opposés des dépêches expédiées simultanément par deux, quatre, six appareils (télégraphes multiples).

Terminons en disant que M. Van Rysselberghe est parvenu
à transmettre en même temps, par le même fil, une dépêche
télégraphique et une conversation téléphonique sans que l'une
des transmissions soit gênée par l'autre. Ce résultat est extraordinaire et clôt dignement la liste sommaire de quelques-
unes des principales applications de l'électricité.

CHAPITRE VII

NOTIONS DE MÉTÉOROLOGIE

§ 1. Étude locale des données météorologiques. — § 2. Mouvements généraux de l'atmosphère ; prévision du temps. — § 3. Météores lumineux.

§ I

ÉTUDE LOCALE DES PHÉNOMÈNES MÉTÉOROLOGIQUES

635. But, objet de la météorologie. — La *météorologie*, comme son nom l'indique, comprend l'étude des météores.

Nous préciserons l'idée qu'il faut attribuer à cette définition en disant que, dans ce chapitre, nous nous proposons d'étudier les phénomènes dont notre atmosphère est le théâtre.

Ces phénomènes sont très variés ; nous les classerons d'après l'ordre même des chapitres qui précèdent. Nous étudierons successivement ceux qui correspondent :

Aux propriétés des gaz et notamment de l'atmosphère ;

A des phénomènes calorifiques ;

A des phénomènes lumineux (ou plus généralement aux radiations ;

A des phénomènes électriques.

Aux propriétés des gaz se rattachent les variations barométriques, les vents, etc.

Aux phénomènes calorifiques se rattachent les vents, la

pluie, la rosée. L'importante question de la prévision du temps, ainsi que la climatologie peuvent être considérées comme des dépendances de ces deux premières parties de la météorologie.

Aux phénomènes lumineux se rattachent l'arc-en-ciel, les halos, etc.

Aux phénomènes électriques, l'électricité atmosphérique, en général, et plus spécialement ses manifestations sous la forme de la foudre. A l'occasion de cette dernière question nous dirons quelques mots de l'éclair et du tonnerre que l'on pourrait rattacher respectivement aux phénomènes lumineux et aux phénomènes acoustiques s'il n'était plus naturel de ne pas les séparer du phénomène électrique dont elles sont les conséquences immédiates.

Les météores lumineux sont sous la dépendance de conditions déterminées de l'atmosphère, mais ils n'ont aucune influence sur les autres éléments que nous avons à étudier ; aussi les traiterons-nous en dernier lieu, et d'une manière indépendante, ce qu'il n'est pas possible de faire pour les autres questions.

Indépendamment de la recherche des causes des météores et des lois qui les régissent, la météorologie a un but pratique d'intérêt immédiat : c'est la *prévision du temps*. On est parvenu dans cette voie à des résultats très importants au point de vue de la prévision à courte échéance ; peut-être sera-t-il possible plus tard d'arriver à prévoir le temps plusieurs semaines, plusieurs mois à l'avance.

626. Généralités sur les observations météorologiques. — Les observations météorologiques complètes correspondent à des phénomènes divers : les uns caractérisent l'état de l'atmosphère et on peut les étudier à tout instant, comme la pression barométrique, la température, l'état hygrométrique, etc. Il conviendrait d'y joindre l'état électrique et les données caractérisant le magnétisme terrestre ; mais, outre que ces dernières observations exigent une installation compliquée et des mesures délicates, elles ne peuvent pas encore être utilisées d'une manière directe, et doivent surtout être recueillies comme des matériaux pouvant servir ultérieurement à établir ou à contrôler les théories générales posées comme hypothèses.

Il est d'autres phénomènes dont le caractère est d'être intermittents : la pluie, la grêle, la foudre, les météores lumineux, etc. Ils doivent être signalés, lorsqu'ils sont observés, avec détails et avec l'indication de l'heure à laquelle ils se sont produits. En général, sauf la pluie, la neige, la grêle, ils ne sont pas susceptibles d'être l'objet de mesures. Aussi nous suffira-t-il de les indiquer rapidement en indiquant ce que l'on sait de leur origine, tandis que pour les autres phénomènes nous devrons signaler les moyens de mesure, au moins ceux qui sont le plus souvent employés.

687. — Ces diverses données recueillies en un lieu déterminé, pendant un certain nombre d'années et en suivant certaines règles, fournissent des renseignements sur les conditions climatologiques de la station considérée et présentent à cet égard un intérêt réel. Mais on ne peut en déduire aucune loi générale ; elles sont insuffisantes pour établir une théorie des phénomènes et ne constituent qu'un élément pour arriver à la *prévision du temps* qui est au point de vue pratique le but de la météorologie.

Il faut étudier ces données et leurs variations dans leurs rapports avec la position géographique des divers points du globe ; cette nouvelle étude résulte de la première, si celle-ci a été faite en un nombre suffisant de stations. Les comparaisons doivent d'ailleurs se faire à très brève échéance, si on veut les utiliser pour la prévision du temps.

Nous nous occuperons d'abord des observations à faire à une station ; mais, avant de les étudier successivement, nous croyons nécessaire de présenter quelques remarques générales sur certaines conditions de ces observations et sur leur mode de représentation. Nous prendrons la température, par exemple, mais il serait facile de suivre la même marche pour d'autres phénomènes.

L'observation d'un thermomètre, placé invariablement en un point quelconque, montre que la température en ce point varie continuellement, les variations étant plus ou moins rapides suivant le point choisi, l'heure de la journée, l'époque de l'année.

Concevons que, à la station où l'on observe, on ait pris un thermomètre enregistreur (650), c'est-à-dire un appareil donnant une courbe continue ayant pour abscisses des longueurs proportionnelles aux temps et pour ordonnées des longueurs proportionnelles aux températures. La considération de cette courbe PQ (fig. 424) permet de se rendre compte des variations

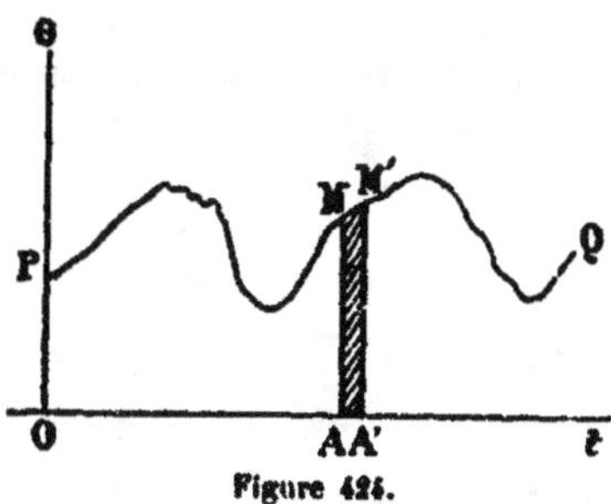

Figure 424.

qui se sont produites, et de rapporter chacune d'elles à l'instant où elle a eu lieu : cette simple constatation montre que le phénomène présente une certaine périodicité, la température passant chaque jour par un maximum dans l'après-midi et un minimum dans la nuit.

Si, pour un autre phénomène, on a obtenu une courbe analogue RS (fig. 425), la comparaison de ces courbes permet sou-

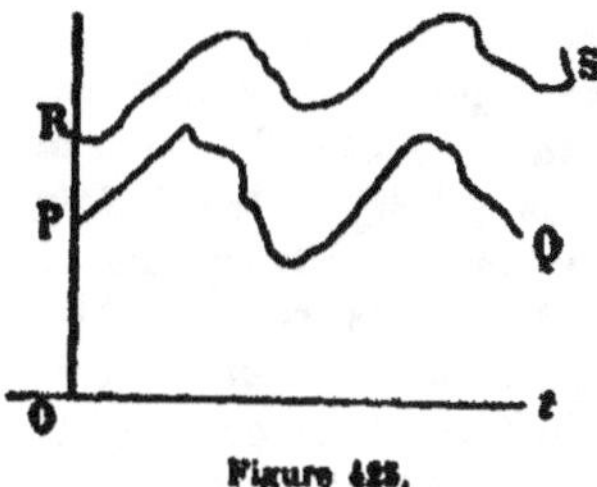

Figure 425.

Figure 426.

vent de reconnaître un parallélisme plus ou moins complet, ou au contraire une opposition plus ou moins nettement accentuée (fig. 426), ce qui conduit à supposer qu'il existe une relation entre cet effet et la température ; tandis que, au contraire, il faudra conclure à l'indépendance si les courbes ont des allures n'ayant aucun rapport entre elles.

688. — Imaginons maintenant un effet déterminé dont la valeur serait proportionnelle à la température ; à l'instant correspondant à l'abscisse OA (fig. 424), pendant un temps dt représenté par AA', la valeur de l'effet est proportionnelle au rectangle infiniment petit AMM'A', et pour un temps quelconque AB (fig. 427) l'effet est proportionnel à l'aire AMNB.

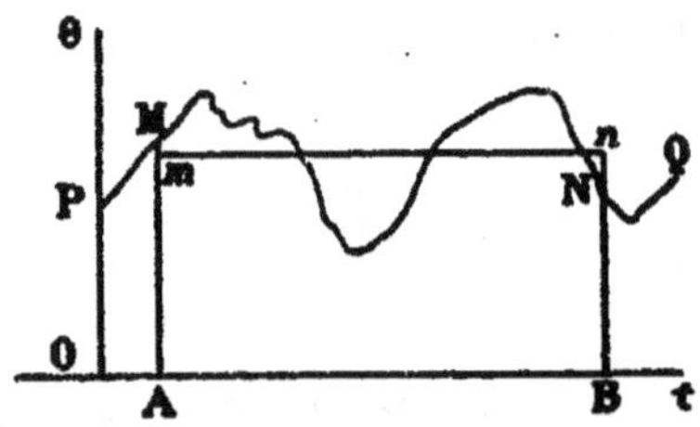

Figure 427.

On peut déterminer une température constante, telle que pendant le même temps AB l'effet produit soit le même : la question revient à déterminer la hauteur d'un rectangle de base AB et dont l'aire serait égale à l'aire AmnB. La valeur de cette température est ce que l'on appelle la *température moyenne* pendant le temps considéré.

La valeur de cette température moyenne se déduit aisément de celle de la surface de la courbe, en divisant celle-ci par la longueur AB correspondant au temps qui sépare le début de la fin de l'observation. La détermination de cette surface ne peut se faire à l'aide de formules exactes, car les courbes obtenues ne sont pas définies géométriquement ; on peut l'obtenir à l'aide d'appareils spéciaux : les intégromètres ou intégrateurs, les intégraphes par exemple. On peut encore employer des formules approximatives ou tout autre moyen de quadrature.

439. Observations isolées : moyennes. — Le procédé d'enregistrement direct et continu permet d'être renseigné sur toutes les variations qui se manifestent dans un temps quelconque ; aussi doit-il être employé toutes les fois qu'il est possible. Des observations isolées, quelque rapprochées qu'elles soient, ne peuvent le remplacer complètement, car on ne peut jamais être assuré que, entre deux observations consécutives, il ne s'est pas produit une variation accidentelle dont ces observations ne signalent aucune trace.

En réalité des observations isolées ne donnent pas la courbe, mais seulement un certain nombre de ses points ; celle-ci n'est donc pas absolument déterminée (18), l'indétermination étant d'autant moindre que les observations sont plus rapprochées.

Dans le cas des observations isolées, la valeur de la température moyenne ne peut pas être exactement déterminée ; on peut avoir une valeur approchée de cette température moyenne en évaluant l'aire de la courbe correspondante à l'aide de l'une des formules donnant les quadratures approximatives (formules de Simpson, de Poncelet, etc).

En général, on choisit pour époques des observations des instants équidistants : on prend pour température moyenne applicable à un temps déterminé, la moyenne arithmétique des températures observées ; il est aisé de reconnaître que l'erreur que l'on commet est d'autant moindre que les observations sont plus rapprochées. La température moyenne ainsi déterminée ne correspond pas à la définition que nous en avons donnée.

Lorsqu'il s'agit d'un phénomène périodique, comme la variation de température, il existe au moins deux instants où la température observée a précisément la valeur de la température moyenne. L'étude des données recueillies pendant un long temps peut montrer que l'une de ces valeurs se produit chaque jour à une heure invariable ou à peu près ; on se borne quelquefois alors à faire des observations quotidiennes à cette heure. Les valeurs ainsi déterminées ne présentent aucune certitude, car il peut arriver que l'instant de l'observation corresponde à une perturbation, ou bien que la régularité de la variation ait été modifiée par une cause quelconque.

On peut déterminer la température moyenne correspondant à un mois, à une saison, à une année : généralement, on ne fait pas directement cette détermination ; mais on utilise les températures quotidiennes moyennes. On reconnaît aisément que la température moyenne vraie correspondant à n jours est la moyenne arithmétique des n températures moyennes vraies de ces jours : la valeur est exacte si les températures quotidiennes le sont également.

On détermine quelquefois la température moyenne annuelle en prenant la moyenne arithmétique des 12 températures mensuelles. Mais la valeur que l'or obtient ainsi n'est pas exacte ; il faut, en réalité, tenir compte du nombre de jours de chaque mois. [1]

On peut concevoir également qu'on prenne des moyennes séculaires, ou au moins des moyennes correspondant à un très grand nombre d'années : on les obtient en prenant la moyenne arithmétique des moyennes annuelles. En général, pour les phénomènes météorologiques, cette moyenne varie peu dès que le nombre des années est un peu considérable ; elle représente alors la moyenne absolue pour le lieu considéré.

640. — Lorsque les phénomènes sont étudiés à l'aide d'observations isolées, dont les résultats sont *généralement* fournis sous forme de tableaux numériques, il peut être commode de traduire graphiquement ces tableaux, soit en traçant une courbe continue qui passe par les points correspondant aux diverses observations, soit en réunissant deux à deux ces points par des lignes droites, de manière à obtenir une ligne brisée.

Il peut arriver que l'appareil enregistreur donne la courbe rapportée à un autre système de coordonnées que celui des axes rectangulaires ; par exemple, à un système de coordonnées po-

---

1. Si t_1, t_2 .. t_{12} sont les températures moyennes des différents mois, la température moyenne annuelle t_a est effectivement :

$$t_a = \frac{31t_1 + 28t_2 + \dots 31t_{12}}{365}.$$

laires. Dans quelques cas également, il est intéressant de traduire dans ce système les données fournies par un tableau numérique.

641. Observations barométriques. — Les observations
barométriques dans les observatoires météorologiques sont faites souvent à l'aide d'un baromètre dè Fortin. On emploie fréquemment aussi un baromètre à large cuvette dit *baromètre
Tonnelot* : la cuvette a une section 100 fois plus grande que le
tube. Les variations de niveau sont, sinon absolument nulles,
au moins négligeables comme première approximation; on
peut d'ailleurs aisément faire une correction qui en tienne
compte.

Il est commode de dresser à l'avance une table numérique qui
indique la correction à faire, dans le voisinage de la pression
moyenne.

On peut aussi employer des baromètres anéroïdes, mais les
indications sont moins précises.

Dans tous les cas, et quel que soit l'appareil employé, il
convient de l'avoir comparé avant de le mettre en service avec
un baromètre étalon Regnault. On reconnaît ainsi si les chiffres donnés par ces appareils sont bons et, dans le cas contraire, on détermine les corrections à faire. Le Bureau central
météorologique se charge de faire ces vérifications.

642. — Les indications fournies par le baromètre doivent
être ramenées à 0° (137) pour pouvoir être comparables. On a
d'ailleurs réduit la formule en tableaux numériques qui font
connaître la correction à simple vue; cette correction est additive pour les températures inférieures à 0° et soustractive pour
les températures supérieures.

Lorsque les observations barométriques sont destinées à
être comparées avec celles des autres stations, comme il
arrive pour la prévision du temps, il faut de plus réduire la
hauteur observée *au niveau de la mer*, c'est-à-dire chercher
quelle serait la hauteur barométrique qui existerait sur la
même verticale au niveau de la mer. La question est l'inverse
de celle qui est résolue par la formule barométrique (50); on
connaît $z — z_0$ et H, et l'on cherche à déterminer H_0.

En général, on a calculé à l'aide de cette formule[1] une table de correction à double entrée, où les arguments sont la pression et la température, et qui indique immédiatement la correction à faire, correction toujours additive.

613. Baromètres enregistreurs. — Des procédés très divers ont été employés pour enregistrer d'une manière continue les variations de la pression barométrique : nous en indiquerons seulement quelques-uns.

Considérons un baromètre à mercure dont le tube est suspendu à l'extrémité du fléau d'une balance, la cuvette reposant au-dessous sur un appui fixe. La force qu'il exercera sur ce fléau dépendra de la valeur de la pression atmosphérique[2] ; les poids qu'il faudrait placer dans l'autre plateau pour maintenir l'équilibre permettraient donc de mesurer cette pression. Mais si ces poids conservent une valeur invariable, la force appliquée à l'autre extrémité variant avec la pression, le fléau s'inclinera et prendra une position déterminée pour chaque valeur de la pression. Si donc on a fixé au fléau un style dont l'extrémité libre se meuve sur un cylindre enregistreur tournant d'un mouvement uniforme, la courbe tracée permettra de déterminer la valeur de la pression à un instant quelconque.

On a proposé l'emploi de la photographie : Un baromètre à tube de verre est placé de manière à fermer une fente pratiquée dans la paroi d'une chambre noire ; derrière cette fente se déroule uniformément un papier sensible, tandis que de l'autre côté on projette un faisceau lumineux. Celui-ci est intercepté dans la partie occupée par le mercure, mais passe au-dessus du ménisque et va impressionner le papier sensible sur

---

1. En réalité on emploie une formule plus complète dans laquelle intervient la latitude de la station.

2. Si a^2 et b^2 sont les sections extérieure et intérieure du tube, H la hauteur barométrique, h la quantité dont le tube plonge dans le mercure de la cuvette, δ le poids spécifique du mercure, P le poids du tube et F la force appliquée au fléau, cette force étant comptée positivement de bas en haut, on a :

$$F = P + a^2 H\delta - (a^2 - b^2)(H + h)\delta = P + b^2 H\delta - (a^2 - b^2) h\delta.$$

La force F varie donc proportionnellement à H.

lequel on fixe ultérieurement l'image obtenue ; la ligne de séparation de la partie impressionnée et de la partie non impressionnée indique à chaque instant la position du ménisque, et
l'on en peut déduire la valeur de la pression si l'on a tracé des
repères convenables sur le papier.

Mais on emploie plus souvent maintenant des enregistreurs

Figure 428.

basés sur l'emploi des baromètres anéroïdes : nous décrirons
l'appareil construit par MM. Richard (fig. 428).

L'organe élémentaire est une chambre anéroïde ou coquille
formée de deux valves métalliques minces, soudées par leurs
bords et dans laquelle on fait le vide ; le rapprochement de ces
deux valves est réglé par l'action d'un léger ressort placé
intérieurement. La coquille, sous l'influence des variations de
la pression barométrique, s'aplatit plus ou moins.

On superpose plusieurs coquilles analogues en les fixant invariablement l'une à l'autre : la coquille inférieure reposant
sur un plan fixe, les déplacements de la coquille supérieure
seront la somme des déplacements individuels de chacune
d'elles ; le nombre des coquilles dépend de la sensibilité que
l'on désire atteindre.

Par l'intermédiaire d'un système de leviers amplificateurs, le déplacement de la coquille supérieure est transmis à un style dont l'extrémité libre, constituant une sorte de plume remplie d'encre, vient appuyer sur une feuille de papier fixée sur un cylindre tournant uniformément. L'amplification usuelle est environ de 1 à 40.

Par suite de ses déplacements, le style trace sur le cylindre non une génératrice mais une courbe qui s'écarte très peu d'un arc de cercle. Le papier sur lequel se fait le tracé est recouvert d'arcs sur lesquels doit se compter la coordonnée qui mesure la hauteur barométrique aux divers instants.

On peut faire varier un peu le rapport d'amplification, ce qui permet de régler les indications de l'appareil, en opérant par comparaison avec un baromètre étalon à mercure sous la cloche d'une machine pneumatique.

Il convient en outre de comparer souvent les indications de l'enregistreur avec celles données par un baromètre à mercure, afin de s'assurer s'il n'est pas survenu quelque dérangement.

644. Variations barométriques locales. — Les observations barométriques faites en un point donné montrent qu'il existe deux sortes de variations :

1° *Variations périodiques ou diurnes:* ces variations qui paraissent liées aux variations de températures comportent journellement deux minimums et deux maximums : les premiers ont lieu, dans nos climats vers 3 ou 4 heures du matin et du soir, les seconds à 10 heures du matin et à 10 heures du soir. L'écart entre le minimum et le maximum est très faible dans les régions tempérées; mais il atteint jusqu'à 3^{mm},5 au Pérou.

2° *Variations accidentelles :* ces variations sont plus consirables que celles dont nous venons de parler ; elles ont atteint à Paris, exceptionnellement il est vrai, jusqu'à 13^{mm} au dessous de la moyenne et 18 au-dessus. Les causes de ces variations ne sont pas locales, elles sont liées à un phénomène qui règne sur une très grande étendue ; nous y reviendrons. Il n'existe aucune règle générale pour leur succession, leur durée : on peut dire cependant que c'est en janvier que ces variations ont la plus grande valeur et en juillet qu'elles ont la plus petite.

645. Vents. Détermination de la direction et de l'intensité. — Le vent est constitué par de l'air en mouvement et ce mouvement est déterminé d'une manière générale par une différence de pression barométrique ; il se produit du point où la pression est la plus élevée au point où elle est la plus basse : l'action n'est pas toujours aussi simple, comme nous le dirons, mais telle est bien l'origine du courant.

Le mouvement qui se produit est caractérisé par sa direction et par sa vitesse ; ce sont ces deux éléments qu'il faut déterminer.

La direction du vent est rapportée aux points cardinaux ; on indique le point d'*où vient le courant* d'air en le désignant par les lettres N (nord), E (est), S (sud) et W (ouest) [1] ou par des groupes de deux ou trois lettres pour caractériser les directions intermédiaires.

La direction du vent à la surface du sol où à une faible hauteur est donnée par l'observation d'une *girouette*, qui est constituée par un corps plat asymétrique et tournant autour d'un axe vertical : la partie la plus large se dirige du côté *où va le vent*. Il est difficile d'avoir des girouettes tournant sous l'influence de vents faibles, à cause des frottements qui se produisent sur l'axe.

On a utilisé l'électricité pour enregistrer la direction du vent (anémographe d'Hervé-Mangon, de Van Rysselberghe, par exemple) ; mais les appareils sont compliqués. On a des indications très suffisantes, en montant sur l'axe de la girouette à sa partie inférieure, dans l'intérieur du bâtiment un cylindre sur lequel on a enroulé une feuille de papier. Un style descend uniformément sous l'influence d'un mouvement d'horlogerie et appuie sur le cylindre qu'il touche suivant des génératrices différentes suivant la direction qu'aura prise la girouette. Si on a tracé des génératrices correspondant aux points cardinaux, on aura aisément la direction à chaque instant (anémoscope enregistreur).

Il n'est pas indispensable que le cylindre soit sur l'axe même

---

1. La lettre W a été adoptée uniformément par les météorologistes des diverses nations pour représenter l'ouest, parce que l'O présentait une ambiguité, l'est se disant *ost* en allemand, par exemple.

de la girouette : il suffit qu'il y soit relié de manière à tourner du même angle que celle-ci dans chacun de ses déplacements.

Malgré ses inconvénients, il faudrait avoir recours à un appareil électrique, si la girouette devait être placée à une station très élevée, au sommet d'un mât par exemple.

616. — L'observation montre que les nuages ont souvent une direction qui ne concorde pas avec celle donnée par la girouette, ce qui prouve qu'il règne dans les régions supérieures de l'atmosphère des courants dont le mouvement des nuages montre l'existence et détermine la direction. Quelquefois même on reconnaît qu'il existe plusieurs courants différents à diverses hauteurs, car les couches successives de nuages ne se déplacent pas parallallèment. Les ascensions aérostatiques ont fréquemment donné la preuve de l'existence de ces courants multiples.

Pour apprécier la direction du mouvement des nuages, on les observe dans un miroir sur lequel est tracée la rose des vents ; on se place de telle façon que l'image du nuage considéré soit au centre du miroir et on dispose une pointe, le sommet d'un cône qu'on place sur le miroir, de manière qu'elle se projette également au centre, pour assurer la direction de la ligne de visée. Lorsque, après un temps plus ou moins long, le nuage se sera déplacé, on donnera à l'œil la même position en projetant de nouveau la pointe sur le centre du miroir et on verra suivant quelle direction de la rose des vents a eu lieu le mouvement.

617. Anémomètre. — La vitesse du vent est déterminée à l'aide des *anémomètres* : le plus employé est le moulinet de Robinson, constitué par une armature formée de quatre tiges à angle droit pouvant tourner autour d'un axe vertical et terminées à leurs extrémités par des hémisphères à bases verticales et qui, par rapport à l'axe de rotation, sont tous orientés dans le même sens : un pareil système tourne, quelle que soit la direction du vent. Il est relié à un compteur que l'on peut embrayer ou débrayer à volonté ; quand on veut faire une observation, on pousse l'embrayage

en notant l'heure et on débraye après un temps déterminé ;
le compteur indique le nombre des tours effectués pendant
ce temps. Une table construite à l'avance donne immédiatement la vitesse moyenne du vent pendant la durée de l'observation.

On a imaginé de nombreuses dispositions pour enregistrer
les indications de l'anémomètre, de manière à avoir des observations continues ; elles reposent toutes sur l'emploi de
l'électricité et consistent en somme à faire marquer un point
ou un trait à un style sur une bande de papier se déplaçant
uniformément chaque fois que le moulinet a exécuté un nombre déterminé de tours, c'est-à-dire chaque fois que le vent a
parcouru une longueur déterminée. Les traits sont d'autant
plus rapprochés que la vitesse est plus grande.

Les indications de l'anémomètre doivent être données en
mètres par seconde ; on indique quelquefois cependant la vitesse en kilomètres à l'heure, notion abstraite, car la vitesse
ne reste pas constante pendant un temps aussi long.

Il serait intéressant de pouvoir déduire exactement de la
vitesse du vent la pression que celui-ci exerce sur une surface
déterminée ; mais les évaluations qu'on a données ne sont
qu'approximatives : la pression n'est pas proportionnelle à la
surface et l'on ignore la relation exacte qu'elle a avec la
direction de la vitesse [1].

On a construit des anémomètres de pression dans lesquels
on évaluait la pression exercée sur une surface connue
placée normalement à la direction du vent ; mais leurs indications ne sont pas satisfaisantes.

Lorsque l'on ne possède pas d'anémomètre, on se contente
d'estimer la force du vent approximativement et on la note de
0 à 6 ; ces chiffres correspondent aux dénominations et aux
indications suivantes :

1. Voici quelques indications qui ont été données pour des pressions normales :

Vitesse par seconde	Pression par mètre carré	Vitesse par seconde	Pression par mètre carré
1^m	$0^{kg},14$	12^m	$19^{kg},50$
4	2 17	20	54 16
8	8 67	35	178 00

Chiffre	Désignation	Force du vent
0	Calme.	La fumée s'élève verticalement ou à peu près, les feuilles des arbres sont immobiles.
1	Faible	Sensible aux mains ou à la figure, fait remuer un drapeau, agite les petites feuilles.
2	Modéré	Fait flotter un drapeau, agite les feuilles et les petites branches des arbres.
3	Frais	Agite les grosses branches.
4	Fort	Agite les plus grosses branches et les troncs de petit diamètre.
5	Violent	Secoue tous les arbres, brise les branches et les troncs de petites dimensions.
6	Ouragan	Renverse les cheminées, enlève les toits des maisons, déracine les arbres.

Il importe de remarquer que les vents n'ont pas toujours une direction horizontale et que le plus souvent ils présentent une certaine inclinaison ascendante ou descendante.

648. Variations locales et caractères des vents — Comme nous l'avons dit, la direction et même la force des vents dépendent de la répartition de la pression barométrique sur une grande étendue ; elles peuvent d'ailleurs être influencées dans une certaine mesure par des circonstances locales. C'est ainsi que, au bord de la mer, et indépendamment des variations accidentelles qui peuvent se manifester, il y a d'une manière générale deux vents réguliers : brise de mer dans la journée, brise de terre dans la nuit. Ces effets s'expliquent de la manière suivante : dans la journée, sous l'influence des rayons solaires, la terre s'échauffe plus rapidement et plus que la mer ; l'air qui se trouve en contact avec le sol devient plus chaud, plus léger et tend à s'élever, produisant un appel auquel obéit l'air de la mer. Pendant la nuit, le sol se refroidit plus et plus rapidement que la mer, l'action est inverse, d'où brise de terre.

Indépendamment de ces vents réguliers et des vents constants ou périodiques dont nous parlerons plus loin, on constate des vents accidentels donc la direction change. Dove a énoncé une règle qui est vérifiée dans un certain nombre de cas, mais qui n'a pas le caractère de généralité qu'on lui avait d'abord attribué.

D'après cette règle, le changement du vent se ferait dans le sens du W à l'E par le S, pour notre hémisphère : le sens serait inverse pour l'autre hémisphère.

Nous donnerons plus loin les raisons de cette règle et l'indication des conditions où elle est applicable.

Les vents accidentels ont des durées variables suivant les lieux considérés, ils ont en outre des caractères particuliers provenant surtout des pays qu'ils ont traversés. C'est ainsi que le vent de SW en France, qui a passé sur l'Océan Atlantique au-dessus du Gulf-Stream, est chaud et humide, tandis que le vent d'E, qui a traversé une étendue considérable du continent, est sec et froid. La brise de mer amène de la fraîcheur parce que l'air qui la constitue était en contact avec la mer, dont la température est inférieure à celle du point où il se rend.

L'étude détaillée des vents rend compte des caractères particuliers que présentent certains d'entre eux, le *mistral*, le *sirocco*, etc.

Nous reviendrons sur la question des vents en parlant de la circulation générale dans l'atmosphère.

649. Observations thermométriques. — La mesure des températures qui est un élément important des observations météorologiques présente quelques difficultés. Ce que l'on veut déterminer, c'est la température de l'air ; or un thermomètre placé dans une enceinte subit l'influence du rayonnement des corps voisins, corps qui ne sont pas toujours à la température de l'air, car ils ne se mettent pas immédiatement en équilibre de température avec l'atmosphère. D'autre part, le thermomètre lui-même n'indique pas immédiatement les variations de température du milieu ambiant ; il les suit avec un certain retard.

Pour éviter le premier inconvénient que nous venons de signaler, on dispose les thermomètres dans des conditions que l'on peut réaliser de diverses façons, mais dont les principales sont les suivantes :

Il faut évidemment garantir les thermomètres non seulement de l'action des rayons du soleil, mais de l'action des corps chauffés par le soleil : on les recouvre d'un toit à double paroi, le toit supérieur et la couche d'air évitant l'échauffement du toit inférieur. Latéralement des écrans pleins ou en forme de persiennes évitent le rayonnement des corps voisins. Des arbres plantés dans le voisinage, excepté du côté du nord, garantissent d'ailleurs l'abri et le sol des rayons du soleil. Enfin il est bon que le sol qui entoure l'abri soit gazonné. En général, les thermomètres sont fixés assez haut pour qu'il faille monter quelques marches pour faire les lectures.

On dispose sous cet abri : un thermomètre donnant la température actuelle, un thermomètre à maximum et un à minimum, et un thermomètre à réservoir humide pour les observations psychrométriques.

Pour obtenir plus exactement la température de l'air au moment de l'observation, on emploie un thermomètre fixé à une ficelle que l'on fait tourner rapidement comme une fronde ; l'appareil est alors mis en contact avec une masse d'air rapidement renouvelée. C'est à l'aide de ce thermomètre-fronde que l'on peut contrôler les indications des thermomètres placés sous les abris : c'est le seul qu'il faille employer dans les observations faites en dehors des stations fixes.

Il peut être intéressant de déterminer la température dans le sol ; on peut employer des thermomètres à longue tige dont le réservoir est à la profondeur demandée, et dont la tige dépasse le sol, le niveau du mercure étant au-dessus du sol, ce qui permet de faire les lectures. On peut encore enfoncer un tube métallique jusqu'à la profondeur demandée et dans lequel on descend un thermomètre ordinaire dont le réservoir est entouré de flanelle ou d'autres corps mauvais conducteurs de la chaleur ; on remonte le thermomètre lorsqu'on veut faire une observation, et dans ces conditions la température ne change pas sensiblement pendant la durée de la lecture.

650. Thermomètres enregistreurs. — On peut enregistrer photographiquement les variations de température en opérant comme nous l'avons dit pour le baromètre, remplaçant seulement celui-ci par un thermomètre à mercure.

On a proposé diverses dispositions pour enregistrer les allongements d'une lame métallique ou les déformations d'une lame bimétallique droite ou courbe. Mais on a obtenu de meilleurs résultats en utilisant les déformations d'une capacité métallique remplie d'un liquide. On prend par exemple un tube rectiligne à section elliptique aplatie et on lui communique une torsion permanente autour de son axe ; puis on le remplit de liquide et on le ferme hermétiquement. Une des extrémités est maintenue fixe : la dilatation du liquide étant plus grande que celle de l'enveloppe, toute variation de température doit correspondre à un changement de capacité du tube, ce qui se produit par une variation dans la torsion ; c'est ce changement de torsion que l'on inscrit sur un cylindre enregistreur.

Dans le thermomètre Richard (fig. 429), le réservoir est un tube à section elliptique très aplatie que l'on a courbé dans un

Figure 429.

plan perpendiculaire au grand axe de cette section. Les variations de capacité qui se produisent lors des changements de température amènent des variations de courbure. L'une des extrémités est fixée invariablement ; l'autre est reliée par l'intermédiaire de leviers amplificateurs à un style, comme nous l'avons dit pour le baromètre.

Le liquide employé dans ces thermomètres est l'alcool qui ne se congèle pas.

L'appareil est gradué par comparaison.

Bréguet a employé une autre disposition qui a été installée à l'observatoire de Montsouris. Le réservoir est un tube en cuivre mince de 3 mètres dé longueur et de 8 millimètres de diamètre intérieur : il communique par un tube capillaire très fin avec une capsule, analogue à celle que nous avons décrite pour le baromètre, qui est reliée à un levier enregistreur. L'appareil est entièrement rempli d'alcool ; les changements de volume de ce *liquide dans le réservoir sous l'influence des variations* de température modifient la quantité de liquide qui est dans la capsule ; le levier est donc déplacé dans un sens ou dans l'autre suivant qu'il y a élévation ou abaissement de température. Cet appareil est gradué par comparaison. Le réservoir peut être placé à quelque distance de l'enregistreur, ce qui est un avantage dans certains cas.

551. — Si l'on veut étudier la température à de grandes profondeurs ou à de grandes hauteurs dans l'atmosphère, on emploie des soudures thermo-électriques. Une soudure fer-cuivre, par exemple, est placée au point considéré et fait partie d'un circuit qui comprend un galvanomètre et une autre soudure analogue montée en opposition avec la première. La dernière soudure est placée dans un vase contenant un liquide.

On peut observer au galvanomètre l'intensité du courant produit en même temps qu'on note la température du liquide. A l'aide d'une table ou d'une formule on en déduit la température de la soudure en observation (555).

Une *méthode plus précise consiste à faire varier la température du liquide jusqu'à annuler le courant* ; à ce moment les deux soudures ont la même température qui est donnée par un thermomètre placé dans le liquide. Pour faire varier la température de celui-ci, on place le vase qui le renferme dans un autre vase contenant de l'éther que l'on échauffe au bain-marie et que l'on refroidit en y insufflant de l'air pour provoquer l'évaporation.

552. Actinomètre. — Tandis que, à l'aide du thermomètre, on cherche à déterminer la température de l'air, on emploie l'*actinomètre* pour évaluer l'action directe du soleil.

L'appareil que l'on emploie le plus souvent maintenant consiste en deux thermomètres enfermés chacun dans une enveloppe en verre dans laquelle on a fait le vide. Un des réservoirs est enduit de noir de fumée pour que son pouvoir absorbant soit considérable, l'autre est nu ou même métallisé pour que son pouvoir absorbant soit le plus faible possible.

Dans l'obscurité les deux thermomètres indiquent la même température ; mais dans la journée il n'en est plus de même, le thermomètre noirci marquant toujours une température plus élevée. De la différence de température observée, on peut déduire quelques renseignements intéressants.

En reliant ces thermomètres à des enregistreurs comme nous l'avons indiqué (650), on peut avoir l'enregistrement continu des données actinométriques.

On a imaginé un procédé ingénieux d'enregistrer la durée de la présence du soleil sur l'horizon : une sphère de verre est mise en contact sur une partie de sa surface avec une feuille de papier teinté. Elle agit comme une lentille, et son foyer est sur la feuille de papier quelle que soit la position du soleil. Quand le soleil brille, il se produit une carbonisation locale du papier qui s'étend au fur et à mesure que le soleil se déplace et qui cesse lorsque le soleil est obscurci, caché par des nuages.

652. Variations thermométriques locales. — Si l'on étudie en un lieu les moyennes thermométriques, moyennes s'étendant sur un temps assez long pour éviter les circonstances accidentelles, on trouve que la température suit une marche périodique assez régulière. Chaque jour, il se produit un minimum dans la nuit vers l'heure du lever du soleil, et un maximum vers deux ou trois heures du soir ; de plus la moyenne diurne varie d'un jour à l'autre, ayant un minimum vers le commencement de janvier et un maximum vers le 15 juillet.

Ces résultats montrent évidemment que la température est liée directement à l'action du soleil : en effet, la variation de la température d'un lieu dépend essentiellement de la quantité de chaleur reçue et de la quantité de chaleur perdue. Cette dernière est celle qui provient du rayonnement vers les espaces interplanétaires, elle est à peu près constante.

La première est fournie par le soleil.

La chaleur fournie par le soleil à notre globe est considérable ; bien qu'une partie de cette chaleur soit absorbée par l'atmosphère.

Pouillet a évalué à 1 cal. 76 la quantité de chaleur reçue à la limite de l'atmosphère par centimètre carré ; en une année cette quantité serait suffisante pour faire fondre une couche de glace de 31 mètres d'épaisseur. Les recherches de M. Violle ont conduit à porter à 2 cal. 54 le chiffre trouvé par Pouillet. Mais cette quantité de chaleur n'arrive pas uniformément ; il n'en parvient en un point que lorsque le soleil est au-dessus de l'horizon de ce point et, pour une même surface, elle dépend de l'obliquité des rayons incidents. La terre ne reçoit qu'une partie de cette chaleur, le reste étant absorbé par l'atmosphère ; l'absorption varie avec l'épaisseur de la couche d'air traversée ; la quantité reçue par le sol varie donc avec l'heure : elle est maxima à midi : elle est environ alors les 0,7 de la valeur indiquée précédemment. Ce n'est cependant pas à cette heure qu'a lieu le maximum de température : car la quantité de chaleur conservée par la terre s'accroît (et par conséquent la température s'élève) tant que la quantité fournie par le soleil dans un temps donné est supérieure à la quantité perdue par rayonnement. A partir de cet instant la température s'abaisse ; la rapidité de la variation croît, puis devient à peu près constante pendant la nuit où le refroidissement continue jusqu'au moment où le soleil, à son lever, fournit une nouvelle quantité de chaleur.

Ce sont là les conditions générales, théoriques, qui expliquent les variations de température en un point donné ; mais en réalité il existe diverses conditions locales qui amènent des modifications. De plus le vent intervient pour changer la température dans un sens ou dans l'autre suivant qu'il est froid ou chaud ; l'atmosphère agit plus ou moins énergiquement pour absorber les radiations calorifiques suivant qu'elle est plus ou moins chargée de vapeur d'eau ; enfin il faut citer spécialement l'action des nuages dont la présence arrête en grande partie les radiations.

654. — Les températures des points situés dans le sol au voisinage de la surface suivent, avec un certain retard, les variations de température de l'atmosphère ; les variations sont d'ailleurs d'autant moindres qu'on considère des points situés plus profondément, de telle sorte qu'à une certaine profondeur la température devient constante pendant toute l'année ; elle est égale à la température moyenne annuelle du lieu considéré.

Si l'on descend plus profondément, la température s'élève progressivement ; cet accroissement est assez rapide, mais non régulier ; on a signalé des différences de profondeur de 18ᵐ et de 30ᵐ pour 1°.

La quantité de chaleur ainsi emmagasinée que possède la terre joue un rôle dans la valeur absolue de la température des divers points du globe. Il ne semble pas qu'elle ait changé depuis les temps historiques, car autant qu'on peut en juger par des preuves indirectes, les climats n'ont pas changé notablement.

Lorsqu'on s'élève dans l'atmosphère la température s'abaisse de 1° pour 150 à 180ᵐ. Cet abaissement tient d'une part à ce que l'action de la température propre du globe ne se fait plus sentir et, d'autre part, à ce que l'air n'absorbe qu'une faible partie des radiations envoyées par le soleil pour la plus grande partie desquelles il est diathermane.

Cette diminution de la température se fait sentir également sur les montagnes, ce qui explique les différences qu'on observe dans la végétation avec l'altitude, ainsi que les neiges éternelles qui subsistent au-dessus d'un certain niveau.

Lorsqu'on s'élève en ballon ou sur une montagne, s'il fait du soleil, on est soumis à deux actions opposées : celle de l'air qui est froid, très froid même, et celle des rayons du soleil qui sont très intenses et qui, étant absorbés en partie, provoquent un échauffement notable.

655. Hygrométrie. Évaporation. — Il existe à la surface du globe de vastes étendues d'eau, les mers, et des masses d'une moindre étendue, les lacs, les étangs, les fleuves, les ruisseaux ; de plus, certains sols peuvent être humides soit par l'action de pluies antérieures, soit parce que le sous-sol contient des nappes liquides. Une partie de cette eau s'évapore, se diffuse plus ou moins rapidement dans l'atmosphère sous l'influence de l'élévation de température, de la diminution de pression, de l'action du vent : suivant les circonstances, l'air présente des états hygrométriques variables.

Deux éléments sont à déterminer dans cet ordre d'idées : l'état hygrométrique à un moment donné, et la rapidité de l'évaporation. Les valeurs que prend l'état hygrométrique, la rapidité de ses variations jouent certainement un rôle dans la caractéristique de ce que l'on appelle le climat d'un lieu ; jusqu'ici on ne s'est pas occupé de cette question d'une manière aussi complète qu'il serait nécessaire.

La rapidité d'évaporation, qui dépend d'ailleurs de l'état hygrométrique, présente un intérêt particulier, par exemple pour évaluer la perte de liquide qu'éprouvera un réservoir rempli d'eau dans un temps donné : cette perte est loin d'être négligeable.

646. — Nous avons indiqué les moyens de déterminer l'état hygrométrique de l'air ; l'appareil le plus généralement employé dans les observatoires est le psychromètre. On en déduit en général la valeur cherchée par l'emploi de tables à double entrée, qui ont pour arguments : 1° la température du thermomètre sec ; 2° la différence entre les indications des deux thermomètres.

Si la pression s'écarte notablement de la pression moyenne, si par exemple elle est inférieure à 740ᵐᵐ, il convient d'employer une table un peu différente.

Ces tables peuvent être remplacées par des tableaux graphiques qui en sont la traduction.

On peut étudier les variations continues de l'état hygrométrique en employant des thermomètres métalliques enregistreurs dont les styles sont placés de manière à inscrire à chaque instant leurs indications sur la même verticale, le réservoir de l'un de ces thermomètres étant maintenu constamment humide.

MM. Richard ont construit un appareil enregistreur (fig. 430) basé sur les variations de longueur de bandes de 0ᵐᵐ,05

d'épaisseur coupées dans de la corne brute de bœuf. Une bande
de ce genre est fixée invariablement à une extrémité ; l'autre

Figure 130.

extrémité est reliée à un style enregistreur analogue à ceux
des appareils précedents. L'appareil est gradué par comparaison.

657. Évaporomètres. — Les évaporomètres sont destinés à mesurer la quantité d'eau évaporée : il en existe de divers modèles.

Le plus simple consiste dans un bassin contenant de l'eau et
placé en plein air : il est recouvert d'un toit qui déborde de
toutes parts, de manière à éviter qu'il ne reçoive la pluie ou la
neige. La quantité d'eau évaporée est mesurée par l'abaissement du niveau du liquide ; cet abaissement peut être évalué
par un flotteur relié à une aiguille qui se meut sur un cadran
et dont les déplacements indiquent en les amplifiant les abais-
sements du liquide. Dans d'autres cas, le bassin est placé sur
une balance et la quantité d'eau évaporée est mesurée par la
perte de poids ; celle-ci amène une inclinaison du fléau. En

général, on emploie une bascule de Roberval; on peut fixer au fléau un style, qui s'appuie sur un cylindre enregistreur et qui permet d'avoir des indications continues sur le phénomène.

La question n'est pas aussi simple qu'elle le paraît au premier abord ; car, dans un vase la quantité d'eau évaporée n'est pas proportionnelle à la surface. Elle dépend de la forme et de la longueur du périmètre mouillé. Aussi ne peut-on étendre à de vastes étendues, sans restrictions, les résultats obtenus dans un évaporomètre où la surface est restreinte.

L'évaporomètre Piche est constitué par un tube étroit en verre placé verticalement et dont la partie inférieure est bouchée par une petite rondelle de papier non collée On remplit d'eau ce tube qui est divisé en parties d'égale capacité : le liquide imbibe le papier et le maintient imbibé malgré les pertes qu'il éprouve par évaporation. La perte est évaluée par la diminution de la quantité d'eau renfermée dans le tube. La rondelle de papier doit être changée chaque jour.

Il importe de remarquer que les résultats fournis par les appareils précédents ne peuvent servir à évaluer les quantités d'eau perdues par le sol nu ou couvert de végétation. L'évaporation qui se produit à la surface d'un sol humide n'est pas dans les mêmes conditions absolument que dans le cas d'une surface liquide. D'un autre côté la végétation, arbres, arbustes, herbes, a pour résultat de changer la température du sol, de modifier les conditions d'agitation de l'air ; ajoutons encore que les plantes constituent un puissant moyen d'évaporation.

653. — La présence de la vapeur d'eau dans l'atmosphère influe sur la transparence de l'air sans que l'on ait à cet égard de données bien précises : cette transparence est troublée bien davantage par les poussières fines qui peuvent s'y trouver en suspension, et s'y maintenir à cause de leurs petites dimensions.

Mais la vapeur d'eau a aussi pour effet de faire varier la réfringence de l'air et surtout de produire une absorption de certaines radiations, notamment des radiations qui constituent la partie la moins réfrangible du spectre. Pour cette raison l'atmosphère, surtout par la vapeur d'eau qu'elle contient, arrête une partie de la chaleur envoyée par le soleil et s'oppose partiellement à l'échauffement de notre globe ; mais elle s'oppose bien plus efficacement encore à son refroidissement. Le sol, en effet, lorsqu'il s'est échauffé par l'action des rayons du soleil n'émet plus que des radiations obscures qui ne peuvent traverser l'atmosphère humide ; celle-ci s'oppose au rayonnement vers les espaces interplanétaires et, surtout pendant la nuit, diminue le refroidissement qui ne manquerait pas de se manifester énergiquement.

Cette considération explique des différences qui se manifestent dans des climats de pays situés à la même latitude, mais dont les uns sont secs et les autres humides : en un mot, les climats secs présentent plus de différence de température entre le jour et la nuit que les climats humides.

459. Rosée. — Lorsqu'un corps placé dans une atmosphère humide se refroidit plus que le milieu ambiant, il peut arriver que sa température devienne assez basse pour qu'il y ait condensation de la vapeur existant dans la couche gazeuse qui l'entoure ; c'est là ce qui constitue la *rosée*.

Indépendamment des moyens artificiels que l'on peut employer, un corps se refroidit plus que l'air qui l'entoure lorsqu'il rayonne vers les espaces célestes et qu'il ne reçoit pas de chaleur pour compenser les pertes qu'il éprouve. Ce refroidissement et, par suite, le dépôt de rosée se produiront donc pendant la nuit, alors que l'atmosphère étant pure, le rayonnement se produira sans obstacle ; ils seront d'autant plus marqués que le corps aura un plus grand pouvoir émissif. Il suffira d'un abri placé au-dessus du corps, d'un nuage, pour empêcher le rayonnement et le dépôt de rosée.

L'existence du vent s'oppose, non au dépôt de rosée, mais à sa manifestation, l'eau s'évaporant au fur et à mesure qu'elle se condense.

Le refroidissement peut même être tel que l'eau qui se dépose se solidifie et passe à l'état de glace constituant alors le *givre* ou *gelée blanche*.

460. Brouillards. Nuages. — Lorsque, par une cause

quelconque, une masse d'air contenant de la vapeur d'eau vient à se refroidir, une partie de la vapeur se condense et passe à l'état liquide : on a alors les *brouillards* et les *nuages* qui ne diffèrent pas au fond, un brouillard étant un nuage dans lequel se trouve l'observateur. Cet effet se caractérise par la perte de la transparence de l'air, par son opacité même ; de plus, les corps qui se trouvent plongés dans le brouillard deviennent quelquefois humides.

Le refroidissement d'une masse d'air peut tenir à plusieurs causes ; par exemple à la dilatation qu'elle éprouve.

Il se produit également une condensation par le mélange de deux couches d'air, saturées toutes deux et à des températures différentes. Lorsque deux masses d'air se mélangent, la température finale est la moyenne des températures, et la quantité de vapeur d'eau par unité de volume est aussi la moyenne des quantités de vapeur contenues dans les deux masses d'air. Mais la courbe de tension des vapeurs tournant sa convexité vers l'axe des températures, la quantité de vapeur d'eau que peut contenir l'air saturé à la température moyenne est moindre que la quantité d'eau moyenne résultant du mélange : il y a donc nécessairement condensation d'une partie de la vapeur.

Il peut arriver que le nuage ou brouillard subsiste pendant un certain temps à cet état, en changeant de forme le plus souvent sous l'influence des vents ; il arrive aussi qu'il se résout en *pluie* après un temps plus ou moins long. Quelquefois même la condensation amène directement la pluie sans formation préalable de nuages ; mais le fait n'est pas fréquent.

Les brouillards sont des nuages, mais tous les nuages ne sont pas des brouillards, car il en est qui sont formés par des aiguilles de glace ou par des cristaux neigeux, comme nous le dirons.

661. — Comment sont constitués les nuages et les brouillards ? A quel état est l'eau provenant de la condensation ?

Il ne paraît pas douteux que l'eau n'existe à l'état de globules, de particules distinctes ; l'action sur la lumière dans quelques cas semble au moins l'indiquer. Mais certains auteurs ont pensé que ces globules étaient constitués par de petites sphères liquides pleines, tandis que d'autres, pour expliquer leur maintien dans l'air, ont admis qu'ils étaient formés de sphères creuses formées par une mince couche d'eau et dans lesquelles existerait le vide. Disons enfin que M. Ritter considère ces éléments constitutifs des nuages et des brouillards, qu'il appelle *nébules*, comme consistant en trois couches sphériques concentriques : un noyau central d'eau liquide, une épiderme infiniment mince jouissant de propriétés particulières dues aux causes qui produisent les actions capillaires, et une atmosphère gazeuse qui demeure adhérente.

Le noyau central aurait un diamètre variable, très petit dans le cas des nébules qui ne mouillent pas, plus grand dans les nébules qui mouillent ; le passage de la première formé à la seconde serait la première phase de la production de la pluie.

L'épiderme aurait une épaisseur constante, quel que fût le diamètre du nébule ; son influence serait d'autant plus sensible que ce diamètre serait plus petit.

662. — En somme, la question de la constitution intime des diverses espèces de nuages n'est pas résolue. On n'est pas non plus absolument d'accord sur la classification que l'on doit employer. On adopte généralement la suivante, qui a été indiquée d'abord par Havard

Les *cirrus* ou *queues de chat* des marins ; nuages élevés formés probablement de cristaux de glace ; ils ont l'aspect général de filaments déliés.

Les *cumulus* ou *balles de coton* des marins ; ce dernier nom explique suffisamment leur forme.

Les *stratus*, nuages limités par des lignes horizontales ; ce sont des nuages vus par la tranche.

Les *nimbus*, nuages peu élevés, de couleur sombre, se résolvant souvent en neige ou en pluie par la partie inférieure.

On exprime les formes intermédiaires par des mots composés à l'aide des termes précédents, tels que cirro-cumulus, etc.

Il peut être utile de préciser la forme des nuages, surtout des cirrus et des cumulus dont l'apparition précède souvent un changement de temps. Mais en général on se borne à indiquer l'état du ciel ou *nébulosité* par un chiffre, de 0 à 10 ; le zéro correspond à un ciel sans un nuage, le 10 à un ciel entièrement couvert. Cette indication n'est qu'approximative.

662. Pluie. Neige. Grêle. Verglas. — Sous l'influence de circonstances que l'on n'a pas encore pu préciser, les nuages, à certains instants, cessent de subsister à cet état ; ils se résolvent, leurs parties constituantes tombent sur le sol sous forme de pluie, de neige ou de grêle.

Il n'est pas seulement intéressant au point de vue météorologique de signaler ces phénomènes ; il est important en outre d'évaluer la quantité d'eau qui a été ainsi projetée sur le sol.

Les *pluviomètres* sont destinés à mesurer la quantité d'eau tombée. Ils consistent en un entonnoir à bord tranchant de manière à limiter une surface bien déterminée et connue. L'eau est recueillie dans un vase placé au-dessous ; on la mesure à l'aide d'une éprouvette cylindrique graduée. Connaissant le rapport des sections de l'entonnoir et de l'éprouvette, on déduit aisément l'épaisseur de la couche qui représente la quantité d'eau recueillie.

Dans quelques appareils, l'eau est dirigée directement de l'entonnoir dans un tube gradué où, par une lecture, on évalue la quantité de liquide recueilli.

On peut obtenir un pluviomètre enregistreur en disposant un flotteur dans le récipient qui reçoit l'eau et reliant ce flotteur à un style qui se déplace devant un cylindre tournant. Un siphon, disposé en vase de Tantale, vide l'appareil lorsque la quantité d'eau tombée correspond, par exemple, à une épaisseur de 10^{mm} ; le style revient alors à sa position primitive.

On peut encore recevoir l'eau dans un récepteur à deux augets dont l'un se trouve toujours sous l'entonnoir et qui bascule lorsque la quantité d'eau qui y est parvenue correspond à une couche de 10^{mm} ; l'eau se déverse alors dans un réservoir où on peut la mesurer, pour contrôle. Le récepteur à augets est placé d'un côté d'une balance de Roberval équilibrée dont les mouvements sont enregistrés sur un cylindre comme nous l'avons dit. Les quantités d'eau tombée s'inscrivent donc par l'augmentation de poids de l'auget ; il y a une brusque variation et la courbe revient à son niveau primitif lorsque l'auget se vide.

Les pluviomètres doivent être placés à $1^m,50$ au dessus du sol dans un lieu bien découvert, loin des bâtiments élevés, mais cependant sans être trop exposés au vent.

[illegible]. — Comme nous l'avons dit, les nuages qui se forment à de grandes hauteurs sont constitués par de l'eau congelée, parce que la température de l'air s'abaisse à mesure que l'altitude augmente. Lorsque la condensation de la vapeur a lieu à une température inférieure à 0°, il y a une véritable sublimation, et l'eau se présente sous forme cristalline ; c'est là ce qui constitue la *neige*.

Les cristaux ainsi produits ont des formes très variées, mais dérivant toutes du prisme hexagonal : ce sont des tablettes hexagonales, des étoiles à six branches, etc.

Lorsqu'un nuage neigeux se résout dans les couches élevées de l'atmosphère, la neige ne parvient pas toujours jusqu'au sol : elle peut en effet fondre sous l'influence de couches relativement chaudes qu'elle traverse et c'est alors de la pluie qui tombe.

[illegible]. — Dans des circonstances encore mal déterminées, mais qui se manifestent dans les temps orageux, la pluie est accompagnée ou remplacée par la *grêle*; des grêlons, petits blocs de glace de forme arrondie, tombent avec violence ; leur poids est très variable, généralement inférieur à 1 gr., mais on a vu des grêlons du poids de 190 gr. Même avant d'atteindre ces dimensions, les grêlons causent des ravages sérieux, déchirant, hachant les feuilles, les plantes, brisant les vitres, etc.

On ignore la véritable origine de ces grêlons ; on peut concevoir que des gouttes de pluie tombant d'une certaine hauteur se congèlent en traversant des couches d'air très froides. Mais cette hypothèse ne rend pas raison de tout et, par exemple, n'explique pas pourquoi la grêle est liée aux orages, aux manifestations électriques.

On a signalé à plusieurs reprises un bruit particulier dans les nuages quelque temps avant la chute de la grêle, comme si les grêlons s'entre-choquaient. On a imaginé que ces grêlons allaient et venaient entre deux nuages électrisés contrairement, et que dans ces mouvements, ils subissaient un accroissement de volume ; mais cette hypothèse ne repose pas sur des preuves bien décisives.

666. — Il arrive quelquefois que la pluie venant à tomber sur un sol très refroidi s'y congèle immédiatement. La couche de glace qui en résulte et qui est très glissante forme ce qu'on appelle le *verglas*.

On a observé des verglas présentant des particularités singulières et telles que l'explication précédente ne paraît pas suffire ; par exemple, la formation presque instantanée de couches de glaces extrêmement épaisses autour de branches, de fils télégraphiques. On pourrait se rendre compte de ces faits en admettant que les gouttes d'eau qui tombaient alors étaient à l'état de surfusion (175) et qu'elles se solidifiaient instantanément au contact des corps qu'elles rencontraient.

La neige qui recouvre le sol et qui a commencé à fondre peut se congeler de nouveau si la température s'abaisse au-dessous de 0° ; il se forme ce qu'on appelle le verglas de neige ; en général il est moins gênant pour la marche, moins dangereux que le précédent.

667. — La pluie qui tombe en un lieu donné peut être considérée au point de vue de la quantité moyenne qui tombe par année ou par mois. Outre que c'est là un élément intéressant du climat, cette quantité a une importance au point de vue de la végétation : elle détermine aussi la quantité d'eau que, dans un périmètre donné, on peut recueillir et conserver si le sous-sol est imperméable, elle explique le régime des rivières, etc.

Cette quantité dépend surtout des conditions locales, de la situation géographique, des vents régnants, etc. Il en est de

27

même de la répartition de cette quantité entre les divers mois ou les diverses saisons. Il est possible de donner des explications des différences observées dans la plupart des cas particuliers.

La moyenne annuelle de la pluie tombée à Paris est un peu supérieure à 50 centimètres.

A d'autres points de vue, notamment à celui de l'écoulement qu'il est nécessaire de lui fournir dans les villes, il est utile de savoir la plus grande quantité d'eau qui puisse tomber en une seule ondée. On a cité des chiffres curieux : à Bombay, on a observé en un jour $10^{cm},8$ de pluie ; $27^{cm},7$ à Cayenne en dix heures. Dans nos climats, il est très rare que la quantité d'eau tombée en 24 heures dépasse 5^{cm} ; on a cependant signalé quelques exceptions.

663. État électrique de l'atmosphère par un ciel serein. — D'une manière normale, il existe des différences d'électrisation entre les diverses couches de l'atmosphère ; sauf dans des cas exceptionnels, les couches supérieures sont positives par rapport aux couches inférieures et d'autant plus qu'on s'élève davantage.

On peut le reconnaître et même effectuer des mesures qui permettraient si elles étaient suffisamment nombreuses de déterminer à un moment donné la forme des surfaces équipotentielles ; à cet effet on se sert d'un électroscope. Mais cet appareil ne donne directement aucune indication sur l'état électrique de la couche où il se trouve : il faut, par exemple, remplacer la boule qui le surmonte ordinairement (492) par une longue tige terminée en pointe. Cette tige et les feuilles d'or seront amenées au même potentiel que la couche supérieure, différent du potentiel de la couche où se trouvent les feuilles d'or qui divergent alors.

On remplace avantageusement maintenant l'électroscope par un électromètre à quadrant. D'autre part, pour obtenir plus exactement l'équilibre électrique à la partie supérieure, on adapte au conducteur un corps en combustion, une mèche qui brûle ; on peut également arriver au même résultat en y reliant un réservoir rempli d'eau et dont le liquide s'écoule goutte à goutte.

On peut arriver à enregistrer les variations de l'électricité atmosphérique, en recevant sur un papier photographique se déroulant uniformément un rayon lumineux réfléchi par le miroir de l'électromètre.

La cause de l'état électrique de l'atmosphère n'est pas encore exactement connue : on paraît disposé à admettre qu'il est dû à un phénomène d'influence, la terre étant électrisée négativement.

Cet état électrique serait modifié d'une manière continuelle par les vapeurs qui s'élevant du sol sont électrisées comme lui, tandis que les pluies en tombant rétablissent l'équilibre électrique : mais la question mérite d'être étudiée plus complètement.

L'électricité atmosphérique agit vraisemblablement sur les êtres vivants ; on éprouve une sensation spéciale mal définie dans les journées où l'atmosphère est le siège de manifestations électriques intenses. On a signalé, d'autre part, l'influence de l'électricité atmosphérique sur la végétation.

449. État électrique de l'atmosphère pendant les orages. Foudre. Éclairs. Tonnerre. — Mais en dehors de ces manifestations continuelles de l'état électrique de l'atmosphère, il se produit d'autres effets lors des *orages*. Certains nuages, surtout en été, sans que l'on en connaisse exactement les causes, sont chargés d'une grande quantité d'électricité. Ils agissent alors par influence sur les corps voisins, les autres nuages et le sol et lorsque, par le rapprochement, la tension est devenue assez forte, une étincelle éclate ; il se produirait également une étincelle dans le cas où, ce qui paraît pouvoir se présenter, deux nuages voisins auraient des charges contraires. Cette étincelle, c'est l'*éclair*, le bruit qui l'accompagne est le *tonnerre*. On dit alors que la *foudre* a éclaté, ou qu'elle est tombée, si l'étincelle s'est produite entre les nuages et la terre.

Lorsque la foudre tombe, elle produit avec une intensité extrême tous les effets auxquels peut donner lieu l'étincelle électrique.

Effets calorifiques : elle enflamme les corps combustibles, produit la fusion, la volatilisation de certains corps.

Effets chimiques : elle provoque, par exemple, la combinaison de l'oxygène et de l'azote de l'air, ce qui explique que l'on observe quelquefois des traces d'acide azotique dans les pluies d'orage ; elle produit de l'ozone.

Effets électriques : elle désaimante les aiguilles aimantées ou change leur aimantation, provoque des phénomènes d'induction dans les longs conducteurs.

Effets mécaniques : elle brise les corps qu'elle traverse, les réduisant quelquefois en un nombre infini de petits fragments : elle transporte à distance des corps de masse considérable.

Effets physiologiques : elle agit sur l'organisme, peut provoquer des lésions graves et même la mort.

Dès longtemps on avait été frappé de l'analogie des effets de la foudre et de l'électricité ; mais ce n'est qu'en 1752 que Franklin prouva absolument leur identité.

670. — L'étincelle qui se produit a rarement la forme rectiligne ; elle est plus ou moins sinueuse, ce qui dépend de la répartition irrégulière des parties de l'atmosphère qui sont les plus conductrices. Comme le montrent les photographies qu'on a pu en obtenir, et comme il arrive aussi pour les étincelles des machines, les éclairs sont généralement multiples, suivant des directions à peu près parallèles ; à l'œil nu nous sommes impressionnés par l'ensemble seulement.

Les éclairs ont quelquefois des longueurs considérables ; leur durée a été étudiée par Wheatstone. Il observait au moment où un éclair éclatait un disque tournant avec une grande rapidité et qui paraissait immobile : il a évalué à 0,000001 de seconde la durée des éclairs.

Le bruit du tonnerre n'est pas continu, uniforme, il présente des renforcements, des roulements. Ces effets peuvent dépendre de réflexions sur les nuages ; ils sont liés aussi à la forme même de l'étincelle dont les divers points ne sont pas à la même distance de l'observateur et ne présentent même pas de régularité dans les variations de leur éloignement. Le temps qui s'écoule entre l'éclair et le commencement du tonnerre permet de déterminer la distance où la foudre a éclaté ; la durée du tonnerre est liée (en dehors des effets d'échos) à la différence des distances des deux extrémités de l'éclair à l'observateur.

671. — On a signalé des secousses éprouvées par des observateurs au moment où un éclair éclatait à une assez grande distance ; des cas de mort ont même été observés quoiqu'il ne pût y avoir aucune action directe. C'est là le *choc en retour*.

On se rend compte de cette action de la manière suivante : concevons un nuage électrisé A d'une grande étendue : il agira par influence sur le sol et les objets ou les êtres qui s'y trouvent. Si, à une extrémité, la foudre éclate entre ce nuage et un nuage voisin B, le nuage A se trouve brusquement ramené à l'état neutre. L'influence qu'il exerçait sur le sol cesse également et les corps qui subissaient cette influence sont aussi brusquement ramenés à l'état neutre : c'est ce brusque changement d'état électrique qui est ressenti par les êtres vivants et qui produit le choc en retour.

672. Paratonnerre. — Les paratonnerres dont l'invention est due à Franklin ont pour but d'éviter la chute de la foudre et les effets graves qui peuvent en résulter, en substituant au brusque retour à l'équilibre électrique, par une étincelle, un retour progressif et lent sans manifestation dangereuse.

Imaginons un conducteur métallique élevé, terminé par une pointe à sa partie supérieure et relié métalliquement par son extrémité inférieure à une nappe d'eau ou au moins à une partie humide du sol, conductrice de l'électricité. Lorsqu'un nuage orageux, fortement électrisé, passera au-dessus de cette pointe, il se produira une tension infinie à la pointe (487) ; l'écoulement électrique se produira sans que la charge accumulée soit suffisante pour donner naissance à une étincelle. On reconnaît en effet, pendant la nuit, que des aigrettes surmontent les pointes de paratonnerre en temps d'orage. L'équilibre électrique se rétablit donc ainsi sans donner lieu à aucun effet fâcheux, parce que, à aucun instant, il n'y a accumulation de l'électricité.

Lorsqu'un paratonnerre est destiné à garantir un édifice, il doit être placé à la partie la plus élevée et atteindre une certaine hauteur au-dessus. Un paratonnerre garantit non seulement les points qui sont situés au-dessous de lui, mais encore ceux qui sont placés latéralement jusqu'à une certaine distance qui n'est pas absolument connue : on admet généralement que la partie protégée est à l'intérieur d'un cône dont le paratonnerre serait l'axe et dont la base serait égale à 1 1/2 ou 2 fois la hauteur Si donc le bâtiment est étendu, il est nécessaire de placer plusieurs paratonnerres ; généralement, il conviendra de les relier entre eux métalliquement par la base des tiges placées aux sommets de l'édifice.

672. — La tige du paratonnerre doit être pointue : pour éviter qu'elle ne fonde par les décharges qui la traversent on la fait quelquefois en platine ; le plus souvent maintenant on la fait en cuivre, mais on ne lui donne pas une forme très aiguë. On a proposé récemment, pour en augmenter l'effet, d'employer à sa partie supérieure une tige en cuivre ayant une section polygonale à côtés courbes, concaves en dehors, de manière à avoir des arêtes tranchantes, pour faciliter le rétablissement de l'équilibre électrique en augmentant l'étendue des parties où la tension prend une valeur infinie.

La tige du paratonnerre et le conducteur, en fer généralement, qui relie celle-ci au sol doivent avoir une section suffisante pour ne pas s'échauffer d'une manière notable lors du passage de l'électricité qui les traverse en temps d'orage. Il est nécessaire qu'il n'y ait aucune solution de continuité dans le conducteur, car s'il y avait interruption il se produirait des étincelles qui pourraient amener des effets fâcheux. Les soudures devront donc être faites avec un soin extrême, et il serait bon de temps à autre de faire la vérification de la conductibilité du conducteur en le faisant traverser par un courant électrique.

Si, à une petite distance du conducteur il se trouve des pièces métalliques, combles ou plancher en fer, il est nécessaire de les relier au conducteur. Sans cette précaution le conducteur traversé par l'électricité pourrait agir par influence sur des pièces et il pourrait en résulter une étincelle.

Enfin, et c'est là un point qui n'est pas toujours facile à réaliser, il faut que, par son extrémité inférieure, le conducteur soit en communication avec une *bonne terre*, c'est-à-dire avec une partie conductrice qui laisse diffuser l'électricité à de grandes distances. C'est une condition essentielle sans laquelle le paratonnerre perdrait de son efficacité ou même pourrait devenir dangereux.

L'Académie des sciences a publié à diverses reprises des instructions pour l'installation des paratonnerres ; nous ne pouvons qu'y renvoyer pour les détails.

Au lieu d'une tige unique ou d'un petit nombre de tiges élevées, M. Melsens a proposé d'employer un grand nombre de pointes métalliques réparties en aigrettes formées de tiges effilées et de direction différente. Ces aigrettes sont placées à tous les points saillants de l'édifice et sont toutes reliées entre elles par une série de conducteurs métalliques formant une sorte de réseau autour de l'édifice ; un ou plusieurs conducteurs de plus grande section mettent ce réseau en communication avec une bonne terre.

Ce système, qui est quelquefois moins coûteux et d'une application plus facile que le paratonnerre à tige, a donné de bons résultats : il paraît recommandable.

674. Aurores polaires. — Les *aurores boréales*, ou plutôt *aurores polaires*, car elles se manifestent également dans les deux régions polaires, sont caractérisées par de vives lueurs colorées qui, dans notre hémisphère, apparaissent du côté du nord. La coloration est rosée, rouge, en général. Mais sur le fond se détachent des lignes rayonnantes, des arcs d'une coloration plus vive ou même d'une autre couleur. On ne peut d'ailleurs donner une description complète du phénomène, car les apparences sont très variables.

Il ne paraît pas douteux que ces aurores polaires ne correspondent à des manifestations électriques : avant leur apparition et pendant leur durée, les aiguilles aimantées présentent des mouvements irréguliers, les fils et les appareils télégraphiques sont le siège de perturbations.

M. Lenström opérant en Laponie a obtenu artificiellement

des effets analogues à ceux des aurores polaires, et a vérifié qu'il s'agissait bien de phénomènes électriques, d'un écoulement électrique entre le sol et l'atmosphère. Un fil porté sur des supports isolants et présentant des pointes nombreuses constituait un réseau horizontal d'une vaste étendue ; il était relié à un galvanomètre qui d'autre part était en communication avec une plaque de platine enfoncée dans le sol. On observait au-dessus de l'espace occupé par le réseau de fils une lueur caractéristique, en même temps que le galvanomètre indiquait un courant allant des pointes à la terre.

675. Orages. Trombes. — Un orage est constitué essentiellement par un grand trouble atmosphérique accompagné de pluie, de grêle quelquefois, mais toujours de phénomènes électriques tels que l'éclair.

Les orages ne sont pas des phénomènes locaux, comme on le croyait autrefois ; nous étudierons plus loin leur développement, leur marche. Au point de vue local, les indications à recueillir et qui, comparées à d'autres, permettent ultérieurement de faire l'historique de l'orage, se bornent à fournir, outre les indications de pression et de température : les heures du début et de la fin de l'orage ; le point de l'horizon d'où il vient, celui où il disparaît en s'éloignant, la vitesse et la direction du vent, celles des nuages ; on y joint des renseignements sur l'intensité des éclairs, du tonnerre, sur la pluie, sur la grêle et sur toutes les particularités qui ont pu être observées.

Il se produit quelquefois, aux approches des orages et exceptionnellement en temps calme, des *trombes* : ce sont des colonnes nébuleuses ayant la forme générale d'un cône évasé à la partie supérieure et dont l'axe serait plus ou moins courbe. Les trombes se déplacent en même temps qu'elles sont animées d'un rapide mouvement de rotation. Quelquefois le sommet du cône, le *pied* de la trombe, reste suspendu en l'air, le plus souvent il vient rencontrer le sol ou la surface de la mer. Dans ce dernier cas, l'eau bouillonne fortement ; dans le premier cas, la trombe dévaste les parties qu'elle traverse, renversant les arbres, détruisant les maisons et projetant les débris à de grandes distances.

On n'est pas d'accord sur les conditions du phénomène ; la plupart des auteurs admettaient autrefois qu'il se produisait une aspiration dans la partie centrale. M. Faye croit au contraire que la trombe est constituée essentiellement par un tourbillon descendant. Enfin, on a émis l'opinion que les deux effets pouvaient coexister : le mouvement tourbillonnaire serait d'abord descendant, puis se réfléchirait pour ainsi dire sur le sol et donnerait lieu à un courant intérieur ascendant.

On a cherché à expliquer les trombes par la rencontre de deux vents ayant des directions opposées. M. Faye pense qu'elles se forment par suite de la différence de vitesse entre les filets d'une même masse dans une même direction. Enfin quelques auteurs, Peltier notamment, les attribuent à l'électricité. Il ne paraît pas douteux que, en général, les trombes ne soient accompagnées de manifestations électriques ; mais il n'est pas probable que celles-ci soient la cause de celles-là.

En somme, la question n'est pas encore connue d'une manière complète.

§ II

MOUVEMENTS GÉNÉRAUX DE L'ATMOSPHÈRE
PRÉVISION DU TEMPS

676. Comparaison des observations météorologiques locales. — Les phénomènes météorologiques observés en un lieu, qui sont quelquefois influencés par des conditions locales, dépendent le plus souvent d'une cause générale. On est arrivé à cette notion en réunissant et comparant des séries d'observations faites en des points différents. Ces observations sont représentées soit par des tableaux numériques, soit par des courbes ; dès que leur nombre est un peu grand, la comparaison en est malaisée et leur étude est difficile.

On simplifie cette étude en traçant une carte sur laquelle on indique d'une manière conventionnelle la condition du phénomène que l'on étudie, à un instant déterminé ; la série des cartes correspondant à des jours successifs ou même à des périodes plus rapprochées rend la comparaison facile. C'est ainsi qu'on a pu arriver à découvrir des lois, des règles générales.

Ce même mode de représentation permet ensuite l'application de ces règles, pour la prévision du temps par exemple.

Les données numériques, qui servent à établir ces cartes qui représentent l'état de l'atmosphère à un moment donné, devraient, en réalité, correspondre à des observations faites au même instant. Tant qu'il ne s'agit que des observations prises dans un pays qui n'est pas trop étendu, comme la France, on peut se contenter des observations prises aux mêmes heures, parce que les phénomènes principaux que l'on étudie ne varient pas avec une grande rapidité et parce que la différence des heures n'est pas considérable. Mais il n'en est pas de même si l'on s'occupe de stations réparties sur une très grande étendue, si l'on a à comparer les observations de Russie, de France et d'Amérique, par exemple : dans ce cas, il est nécessaire de tenir compte de la différence des heures. Les météorologistes se sont entendus pour faire, dans les grands observatoires, des observations au même instant physique : on a adopté d'abord une observation à 7ʰ 35ᵐ du matin, heure de Washington, ce qui correspond à midi 53ᵐ, heure de Paris ; puis on a proposé ultérieurement une seconde observation simultanée à 1ʰ 35ᵐ s. (h. de W.), soit à 6ʰ 53ᵐ s. (h. de P.).

877. Cartes du temps. — Les résultats des observations sont représentés sur une carte imprimée en couleur pâle et où les stations sont indiquées. Les phénomènes accidentels, pluie, neige, orage, sont représentés par des signes conventionnels. Les observations relatives au vent comprennent deux indications : la direction et l'intensité (caractérisée de 0 à 6) qui doivent figurer sur la carte : la direction est indiquée par une petite flèche dont l'extrémité qui s'appuie sur le cercle figurant la station est dirigée du côté *où va* le vent ; cette flèche, à l'autre extrémité, présente des barbelures dont le nombre correspond au numéro qui caractérise l'intensité.

Pour les observations qui sont déterminées par un nombre seulement, comme la pression barométrique et la température, on représente les résultats obtenus de la manière suivante :

Imaginons que, aux divers points d'une sphère figurant le globe terrestre, on élève des normales dont les longueurs soient proportionnelles aux valeurs correspondantes de la quantité étudiée. Les extrémités de ces normales seront sur une surface dont la forme caractérisera la répartition du phénomène considéré.

Pour représenter cette surface sur la carte, on emploie la méthode des plans cotés, c'est-à-dire qu'on projette sur la sphère des lignes de niveau équidistantes de la surface, c'est-à-dire ses intersections avec des surfaces sphériques dont les rayons croissent en progression arithmétique. Chaque projection est accompagnée d'une cote indiquant la valeur numérique qui reste constante tout le long de cette ligne.

Pour les pressions barométriques, les nombres que l'on doit utiliser sont les pressions réduites au niveau de la mer; les lignes de niveau que l'on obtient sont dites des lignes *isobares;* on trace généralement les isobares de 5 en 5 millimètres.

Les lignes de niveau correspondant à la température sont dites *isothermes*.

En réalité, on ne connaît qu'un certain nombre de points où la pression barométrique, par exemple, soit donnée, ce sont ceux qui correspondent à des observatoires météorologiques; la surface et les lignes isobares ne sont donc pas complètement déterminées. Pour pouvoir tracer ces dernières, on reporte sur une carte, à côté de la position de chaque station, un chiffre indiquant la pression barométrique correspondante. Comme entre deux stations la pression varie d'une manière continue, on peut savoir s'il existe ou non une ligne isobare entre ces points, ou s'il en existe plusieurs; en considérant les stations deux à deux, il est possible de tracer les lignes isobares, au moins d'une manière approximative. Nécessairement, elles s'enveloppent sans se couper. Leur détermination est d'autant plus précise que le nombre des stations est plus grand, que ces stations sont plus rapprochées.

678. Etude des lignes isobares. — Lorsque l'on examine une carte étendue sur laquelle sont tracées les lignes isobares on reconnaît que l'isobare de la pression moyenne 760^{mm} divise la carte en deux régions, une région où la pression est inférieure à cette moyenne, une région où elle est supérieure. De plus, il arrive fréquemment que les courbes sont fermées, ayant une forme générale elliptique : tantôt la pression décroît de la périphérie au centre, tantôt elle croît. Dans le premier cas, on a une *aire de basse pression*, une *dépression* (on dit aussi quelquefois un *cyclone*); dans le second cas on a une *aire de haute pression* (on dit aussi un *anticyclone*).

Il arrive quelquefois qu'il y a plusieurs dépressions voisines : les moins importantes ou celles qui apparaissent tardivement sont dites *dépressions secondaires*.

En examinant des lignes isobares consécutives, on reconnaît en général que leur distance comptée sur la normale commune n'a pas la même valeur ; ce qui revient à dire que, pour observer une même variation de la pression barométrique, la plus petite distance à parcourir à la surface de la terre n'est pas la même en tous les points.

On désigne sous le nom de *gradient* (pente) en un point le quotient de la différence de pression entre deux lignes isobares voisines par la distance de ces lignes : c'est la quantité dont varie la pression barométrique pour une distance comptée sur la normale aux isobares et égale à l'unité. Le gradient est évalué en millimètres pour 111^{km} (60 mille marins, représentant 1° sur le méridien).

679. Déplacement des aires de basse pression. — Si l'on compare des cartes représentant les isobares pour plusieurs journées consécutives, on observe qu'il existe une certaine relation entre les dispositions générales. S'il y avait un centre de basse pression, il subsiste ; mais il s'est déplacé progressivement d'un jour à l'autre (fig. 431 à 434), non sans que les courbes aient quelque peu changé de forme [1].

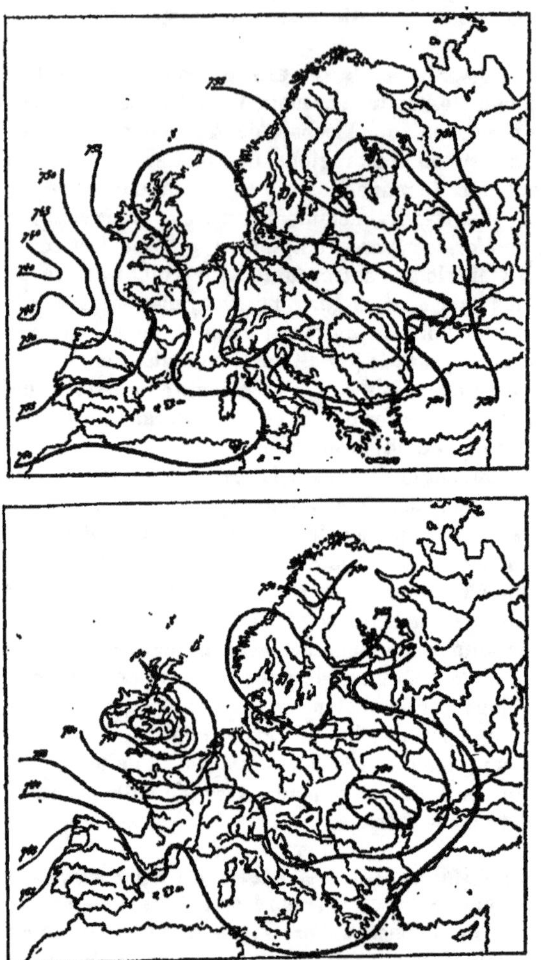

Fig. 431 et 432.

1. Les figures ci-contre représentent les dispositions des isobares les 1er, 3e, 5e et 8e jours d'une bourrasque; la figure 434 indique la trajectoire du centre de dépression et les positions successives de celui-ci.

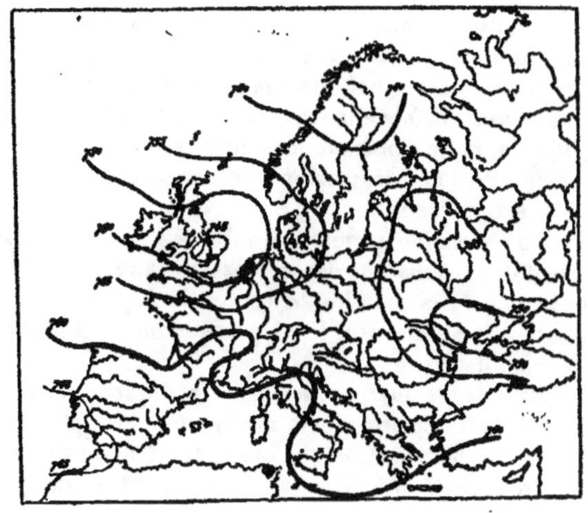

Fig. 433 et 434.

La trajectoire de ce centre n'est pas régulière ; le plus souvent, celui-ci se meut de l'ouest à l'est avec une tendance à gagner le nord ; la direction ordinaire est de WSW à ENE. Cette trajectoire passe habituellement au N. des Iles Britanniques, mais quelquefois elle traverse le midi de la France.

On ignore, faute d'observations suivies sur l'Océan Atlantique, l'origine de ces dépressions ; on ignore également leur mode de terminaison.

La même direction générale du W. à l'E. a été observée également dans la marche des dépressions aux États-Unis.

La rapidité de la marche du centre de dépression est très variable ; elle peut être très lente, presque nulle, et peut atteindre 90 ^{km} à l'heure.

La régularité de marche que nous indiquons n'existe pas toujours et la trajectoire dévie quelquefois brusquement, décrit même une boucle. Quelquefois aussi il apparaît des centres secondaires : des dépressions se forment, dues à des causes locales.

Les aires de hautes pressions ou anticyclones se déplacent quelquefois d'une manière analogue, mais plus lentement ; leur vitesse de déplacement peut même être nulle pendant longtemps.

680. Vents réguliers, périodiques. — Les vents, courants qui se manifestent dans l'atmosphère, prennent naissance toutes les fois que l'équilibre est rompu entre deux points, toutes les fois qu'il y a appel d'air, toutes les fois qu'il y a une différence de pression entre deux points La direction et la force du vent ne dépendent pas seulement de ces éléments ; elles sont influencées par d'autres causes, dont nous indiquerons seulement les principales.

Les régions équatoriales étant fortement échauffées par l'action du soleil, il doit s'y produire un courant d'air ascendant, il y a donc appel de l'air des régions tempérées et polaires à la surface de la terre ; mais, la circulation continuant, l'air de la partie supérieure de l'atmosphère retourne des régions équatoriales aux régions tempérées et polaires. Cette action produirait des vents inférieurs soufflant du N. au S. et des vents supérieurs soufflant du S. au N. si le phénomène n'était modifié par la rotation de la terre. L'air arrivant des latitudes élevées rencontre des points dont la vitesse dirigée de W à E croît de plus en plus ; la direction qu'il paraît avoir est donc celle du mouvement relatif correspondant à son mouvement absolu N.-S. et au mouvement d'entraînement de la terre W.-E. Cette direction sera donc à peu près de NE à SW pour notre hémisphère ; elle serait de SE à NW pour l'hémisphère austral. .

Ces vents existent en effet et sont très caractérisés dans la région équatoriale, où ils constituent les *vents alizés*. Dans les régions tempérées, les phénomènes sont grandement modifiés, par l'existence des dépressions barométriques notamment.

Les courants supérieurs sont naturellement influencés également par la rotation de la terre et ont une direction qui est à peu près de SW à NE ; ils ne subsistent pas jusqu'au pôle ; il semble qu'ils s'abaissent vers les latitudes moyennes et deviennent superficiels : ce seraient ces vents qui expliqueraient dans nos régions la prédominance des vents de SW.

Une action analogue à l'action locale qui produit les brises de terre et de mer explique les *moussons* de l'Océan Indien. Dans notre hémisphère, pour les régions tropicales, d'avril à octobre, les parties terrestres s'échauffent plus que la mer ; elles se refroidissent plus que celle-ci d'octobre à avril ; le vent doit donc souffler vers la terre dans le premier cas, vers la mer dans le second.

Une action du même genre, due à l'influence du continent africain, peut expliquer la prédominance des vents du N. pour la région méditerranéenne.

681. Vents accidentels. Tourbillons. Bourrasques. Cyclones. — En dehors de ces vents dus à des causes périodiques ou régulières, il existe des vents accidentels qui sont liés aux variations de pression.

Considérons une aire de basse pression : si elle était immobile le vent devrait être partout centripète, se dirigeant des points où la pression est élevée aux points où elle est basse. L'étude des cartes montre qu'il n'en est pas ainsi et que d'une manière générale le vent, autour d'un centre de dépression (fig. 435), a une direction oblique de dehors en dedans et de

Figure 435.

droite à gauche. Ce fait s'explique en admettant que la partie de l'atmosphère qui constitue une aire de basse pression est animée d'un mouvement de rotation autour du centre, que cette aire correspond à un tourbillon qui, dans notre hémisphère, tourne en sens contraire des aiguilles d'une montre (fig. 436) ; dans l'hémisphère austral le mouvement serait de sns inverse.

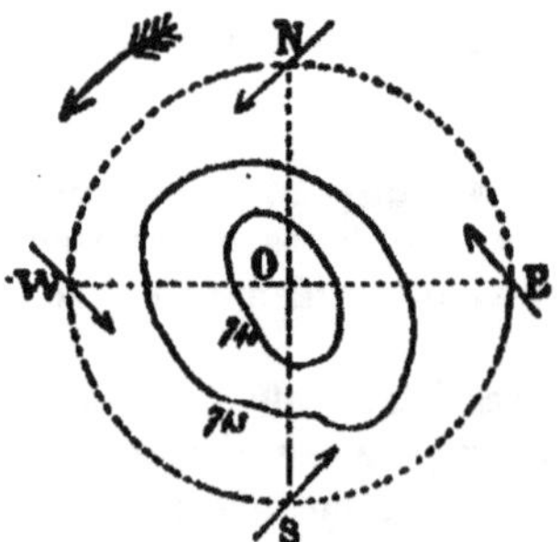

Figure 436.

C'est l'existence de ce mouvement giratoire qui donne

l'explication de la règle de Buys-Ballot : *Tournez le dos au vent, la pression sera plus faible à votre gauche qu'à votre droite.*

C'est à ces mouvements tourbillonnaires que sont dus les orages ; pourquoi ? quelle est leur cause, leur origine ? nous l'ignorons, mais le fait n'est pas douteux. Il est assez aisé de comprendre la violence du vent, comme nous allons le voir ; il est moins facile d'expliquer les phénomènes électriques, la grêle, qui les accompagnent.

La force du vent en un point paraît dépendre du gradient : la valeur de celui-ci étant de 1,8 il y a probabilité d'une forte brise ; elle atteint rarement 4, même pour les tempêtes, dans nos régions.

Si l'aire de dépression était immobile, le vent devrait avoir la même vitesse en tous les points également éloignés du centre. Mais il n'en est pas ainsi, parce que le tourbillon se déplace et parce que la direction réellement observée est celle qui dépend de la composition de la vitesse précédemment indiquée avec la vitesse de translation du tourbillon (fig. 437). Il y aura donc des points où les vitesse s'ajouteront : le vent sera très violent ; d'autres où elles se retrancheront : le vent sera beaucoup moins fort. Presque partout, d'ailleurs, la direction primitivement indiquée sera modifiée.

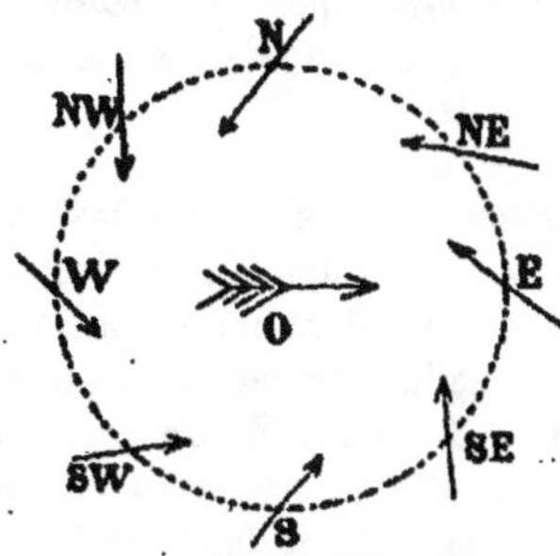

Figure 437.

L'existence de tourbillons de ce genre était connue des marins ; ils avaient reçu le nom de cyclones et leur étude avait permis d'en reconnaître les caractères et d'indiquer les règles à suivre pour éviter le *bord dangereux* où le vent souffle en tempête, et se rapprocher du *bord maniable* où l'intensité est beaucoup moindre. Mais on ne pensait pas que l'on pût rattacher au même ordre d'idées les tempêtes ordinaires, et ce n'est que dans ces dernières années que cette notion a été introduite dans la science ; tous les faits observés ensuite ont été d'accord avec cette idée, qui est maintenant généralement acceptée.

682. — Si, à un moment quelconque, un observateur traversait en ligne droite une aire de basse pression, il rencontrerait des vents de direction variable, et l'ordre de succession des vents varierait suivant la position de sa trajectoire par rapport au centre.

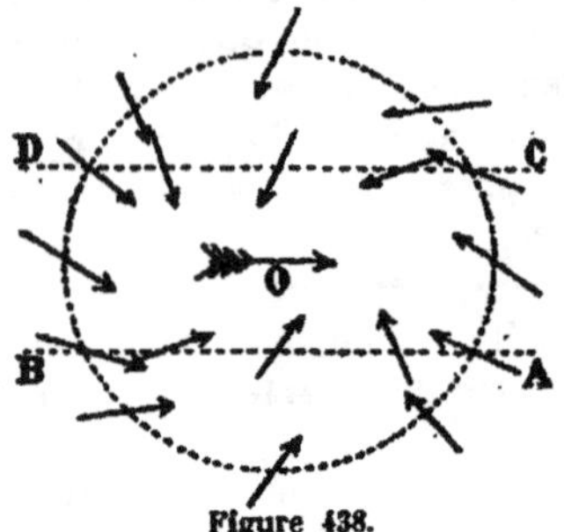

Figure 438.

Si, dans notre hémisphère, il suivait la ligne AB (fig. 438), le vent, venant d'abord environ de E, passerait à S et arriverait à W. Le résultat serait le même si l'observateur étant immobile l'aire se déplaçait de W à E comme cela est en réalité ; ce résultat est celui donné par la loi de Dove (648).

Mais les résultats seraient autres, et la règle de Dove ne serait pas applicable si l'observateur se trouvant au N. du centre de la dépression suivait la ligne CD. Cette règle n'est donc pas générale ; elle sera le plus souvent vraie pour les contrées méridionales de l'Europe, elle ne le sera jamais ou presque jamais pour les régions septentrionales.

683. — Les aires de haute pression correspondent à des gradients plus faibles, les déplacements sont lents ou nuls : les vents qui résultent de leur existence sont donc d'intensité faible. L'observation montre que la direction de ceux-ci est à peu près opposée à celle qu'elle aurait dans une dépression qui occuperait la même place (fig. 439). Certains auteurs en ont conclu que ces aires de haute pression étaient des tourbillons tournant en sens contraire de ceux qui constituent les dépressions, d'où leur nom d'anti-cyclones. Peut-être les vents observés sont-ils dus à la combinaison du mouvement centrifuge dû à la différence de pression et du mouvement de rotation de la terre ?

684. Étude des lignes isothermes. — Comme nous l'avons dit pour les observations barométriques (677), on peut représenter la distribution des températures à l'aide d'une surface, *surface thermique*, enveloppant le globe terrestre et

Figure 439.

dont les ordonnées sont proportionnelles à la température aux points où elles rencontrent le sol.

Les résultats des observations thermométriques s'enregistrent et se représentent sur les cartes par le même procédé que les observations barométriques ; on obtient ainsi une série de *lignes isothermes* présentant des formes variées et dans lesquelles on rencontre quelquefois des centres de température minima ou *pôles de froid*, moins souvent des centres de température maxima.

La comparaison de ces courbes avec les isobares montre que, en général, lorsqu'une dépression survient, la température se rapproche de la moyenne, s'élevant en hiver et s'abaissant en été. Après son passage, l'écart diurne augmente, la température s'abaisse pendant la nuit.

D'autre part la température est relativement basse, d'une manière générale, dans les régions correspondant à des zônes de haute pression.

Parmi les éléments qui caractérisent un *climat*, la température est un des plus importants : on aura donc une idée générale de la répartition des climats en traçant les lignes isothermes correspondant, non plus à la température à un moment donné, mais à la température moyenne annuelle. L'étude de ces cartes permet d'étudier les causes principales de différence des climats.

Il peut être intéressant d'étudier autrement la surface thermique, et par exemple comme l'a proposé M. Millot, de considérer les sections par les divers méridiens. Il serait non moins utile de considérer les sections par les divers parallèles pour mettre en évidence les causes locales détruisant l'uniformité de température moyenne qui existerait sur chaque parallèle si les causes extra-terrestres, l'action du soleil et le rayonnement vers les espaces célestes, intervenaient seules.

Mais la température moyenne annuelle ne donne qu'une idée incomplète du climat d'un point qui dépend beaucoup de la température de l'hiver comparée à celle de l'été. Aussi convient-il de considérer une surface thermique correspondant à la température moyenne de l'été et une autre correspondant à la température moyenne de l'hiver. On a alors à tracer sur le globe ou sur une carte des lignes d'égale température d'été ou d'hiver, lignes auxquelles on a donné respectivement les noms d'*isothères* et d'*isochimènes*.

Il va sans dire que les surfaces thermiques d'été et d'hiver peuvent être étudiées avec avantage par des sections méridiennes et par des sections faites suivant des parallèles.

685. Prévision du temps. — Les indications qui précèdent montrent que si l'on ne connaît pas encore la cause de tous les phénomènes dont notre atmosphère est le théâtre, ni les lois qui les régissent, on est arrivé par la discussion de très nombreuses observations à se rendre compte de certaines actions et à découvrir certaines règles qui, si elles ne sont pas toujours applicables, à cause de la complexité des actions, le sont au moins très fréquemment. De là, la possibilité de prévoir, dans une certaine mesure, les modifications d'état de l'atmosphère; de là, la possibilité de la prévision du temps.

Mais, sauf quelques cas particuliers, cette prévision ne peut se déduire d'observations locales : c'est en s'appuyant sur les variations des données météorologiques sur une vaste étendue qu'on peut arriver à quelques résultats précis. La prévision du temps exige que l'on soit informé avec une très grande rapidité des modifications qui se sont produites dans l'atmosphère à diverses stations; aussi, malgré les progrès de la météorologie, n'aurait-on pu arriver à aucun résultat dans ce sens sans la découverte et la généralisation du télégraphe électrique.

688. — Indiquons rapidement comment, à Paris par exemple, le Bureau central météorologique de France établit les probabilités de changement dans le temps, de vent, de pluie, d'orages, etc.

Les stations météorologiques, qui sont au nombre de 50 environ en France, font trois observations par jour : 7 heures du matin (8 heures en hiver), 2 heures et 6 heures du soir. Elles envoient par télégramme les résultats de leurs observations qui sont enregistrées immédiatement au Bureau central. Le matin, le télégramme est formé de 6 groupes de 5 chiffres qui, par suite de combinaisons et de conventions fort ingénieuses, suffisent pour contenir les observations de la veille au soir à 6 heures et celles du matin ; dans l'après-midi, un autre télégramme de 3 groupes de 5 chiffres donne de même les résultats des observations de 2 heures.

Le Bureau central reçoit d'une façon analogue les résultats des observations de 75 stations situées à l'étranger, en Europe, et irrégulièrement des dépêches d'Amérique.

Les résultats de toutes ces observations sont immédiatement inscrits sur deux cartes. Sur l'une, à l'aide de signes conventionnels [1], on indique :

1° L'état du ciel : Beau, — nuageux, — couvert, — pluie, — brumeux, — brouillard, — neige ;

[1]. Voir les cartes publiées journellement par le Bureau central météorologique.

2° Le vent : la direction et l'intensité : faible, — assez fort, — très fort, — tempête ;

3° L'état de la mer : houleuse, — grosse ;

4° La hauteur barométrique (réduite au niveau de la mer). Les chiffres qui indiquent cette donnée à chaque station permettent de tracer les isobares, ainsi que les courbes d'égale variation de pression depuis la veille.

Sur une seconde carte, on note :

1° La pluie : la quantité est indiquée de 0 à 5^{mm}, — de 5 à 10^{mm}, — au-dessus de 10^{mm} ;

2° Les orages ;

3° La température. Les chiffres qui indiquent cette donnée permettent de tracer les isothermes, ainsi que les courbes d'égale variation de température depuis la veille.

L'étude de ces cartes et leur comparaison avec celles des jours précédents sont la base des prévisions.

Si la répartition des isobares indique sur l'Europe une aire de hautes pressions, généralement avec faibles gradients, il y a probabilité que le temps ne variera pas, il restera au beau avec vent faible. En hiver la température sera basse.

Mais si sur les côtes occidentales, à la station de Valentia (Irlande) en général, la pression diminue pendant plusieurs jours, on peut penser qu'une dépression arrive de l'Atlantique. D'après la forme et le rapprochement des isobares on peut avoir une idée approximative de la position du centre de basse pression et de la force des vents qui l'accompagnent : la comparaison de cartes successives donne une idée de la direction de la trajectoire suivie par le centre et de la vitesse de ce centre. On pourra donc tracer approximativement la trajectoire future, sauf à la rectifier à la suite de nouveaux renseignements.

D'après les règles que nous avons indiquées pour la répartition du vent dans les dépressions, on saura dans quelle direction le vent soufflera aux diverses stations et même, en tenant compte des mouvements de rotation et de translation et des gradients, on aura une idée de son intensité probable.

Les orages ont lieu généralement sur le *bord dangereux* de la dépression : en hiver il faut de très fortes dépressions pour les déterminer ; en été ils se produisent bien plus facilement. Les variations de la température, de l'état hygrométrique doivent également entrer en ligne de compte, ainsi que la quantité et la nature des nuages.

Quelquefois, généralement dans le bord dangereux de la dépression, les isobares subissent des déformations notables et deviennent très irrégulières : ces variations indiquent souvent la production d'une dépression secondaire qui prend quelquefois beaucoup d'importance, et qui est susceptible de produire les mêmes effets que la dépression principale.

687. — Les phénomènes que l'on peut prévoir ainsi, vent, orages, pluies étant liés à l'existence de la dépression, progressent avec elle. Comme la vitesse de celle-ci ne dépasse pas 50 kilomètres à l'heure en moyenne, on comprend que, à l'aide de dépêches télégraphiques, on puisse prévenir plusieurs heures d'avance les lieux menacés.

Le Bureau central expédie dans les ports des télégrammes indiquant par région (Manche, Bretagne, Océan, Provence, Algérie) la direction et l'intensité probables du vent, et signalant les orages lorsqu'il paraît y en avoir à craindre. D'autre part, dans les régions centrales, en vue de l'agriculture, il envoie des avis analogues par région : ces régions sont au nombre de huit, correspondant aux points cardinaux et aux rumbs intermédiaires.

De plus, une note résumant la situation générale est insérée, avec tous les documents recueillis, dans une feuille périodique distribuée aussi rapidement que possible et contenant les cartes avec les isobares et les isothermes. Ces avis sont reproduits par un grand nombre de journaux : quelques-uns donnent le même jour un croquis représentant les isobares, le vent aux principales stations, l'état du ciel et l'état de la mer.

688. — Les prévisions ne dépendent pas de règles absolument certaines et présentent quelque indétermination : cependant elles ont une probabilité d'autant plus grande qu'elles dépendent d'un plus grand nombre de conditions concordantes. Mais même dans ce cas, elles peuvent se trouver en défaut.

Il peut arriver, par exemple, qu'une dépression dont on

avait indiqué la marche probable disparaisse, se comble sur place : les effets annoncés ne peuvent alors se manifester. La direction de la trajectoire a été insuffisamment déterminée et la dépression ne suit pas absolument le chemin prévu : les effets annoncés ne se produisent pas dans les régions précédemment indiquées, mais à de petites distances. Enfin, il peut arriver que la trajectoire du centre de basse pression, sans cause connue, change brusquement de direction, formant un angle, décrivant même quelquefois une boucle. Dans ce cas les orages, les coups de vent surviennent inopinément dans des régions qui n'étaient pas averties et ne se croyaient pas menacées.

Les résultats de la prévision du temps ont une importance incontestable et d'autant plus grande que la probabilité est plus voisine de l'unité. On aura une idée de cette probabilité par les chiffres suivants :

En 1880 les avertissements maritimes portant principalement sur la direction et la force du vent ont été justifiés 83 fois sur 100. Les avertissements agricoles qui se rapportent plus spécialement au beau temps et à la pluie ont été justifiés 78 fois sur 100. En 1886 la moyenne générale des avertissements justifiés s'élève à 87 pour 100.

680. — Sera-t-il possible d'arriver à une prévision à plus longue échéance que celle que l'on a atteinte maintenant, soit que l'on puisse prévoir les orages plusieurs jours à l'avance, soit que dans un autre ordre d'idées on puisse déterminer à l'avance sinon le détail, au moins le caractère général d'une année, d'une saison.

En ce qui concerne cette dernière question, les phénomènes de l'atmosphère sont trop complexes, dépendent de trop de causes diverses pour qu'on puisse espérer en avoir la solution ; il n'est pas impossible cependant que l'étude, que la discussion de nombreuses observations continuées pendant un long espace de temps conduisent à des résultats qui ne sont point encore soupçonnés.

Il paraît plus aisé d'augmenter la portée de la prévision journalière. Les bourrasques abordent l'Europe par l'Océan

Atlantique et la discussion des observations recueillies en mer a permis de suivre la marche de plusieurs d'entre elles jusqu'à une grande distance. Il y aurait intérêt à cet égard à avoir des observations régulières de certains points, comme les Açores et l'Islande, qui fourniraient des indications utiles. Il resterait encore une vaste étendue de mer sur laquelle on n'aurait aucun renseignement, car on ne saurait songer à avoir une station météorologique flottante reliée au continent par un fil télégraphique, et les observations recueillies par les navires en marche ne peuvent être utilisées que lors de leur retour.

Mais s'il est un certain nombre de dépressions qui prennent naissance dans l'Océan, il eu est qui ont leur point de départ en Amérique. L'indication des bourrasques observées aux États-Unis n'est donc pas sans intérêt; mais il est difficile, jusqu'à présent du moins, de les utiliser pour la prévision du temps : de ces bourrasques qui partent d'Amérique, il en est, en effet, dont la trajectoire se modifie considérablement et qui malgré leur direction initiale n'abordent pas l'Europe; d'autres changent notablement de caractère dans la traversée, d'autres même disparaissent complètement. Comme on ignore encore la cause de ces différences, on ne peut tirer qu'un parti incertain des indications des bourrasques d'Amérique.

Si l'on considère les progrès qu'a faits la météorologie dans ces dernières années, surtout par suite de l'entente entre les météorologistes des divers pays, on peut espérer que l'avenir verra résoudre des problèmes que l'on commence seulement à se poser d'une manière précise.

§ III

MÉTÉORES LUMINEUX

690. Réfraction atmosphérique. — La lumière du soleil et des autres astres ne parvient jusqu'à nous qu'après avoir traversé l'atmosphère ; le passage dans les couches d'air successives, l'action des corps qui y sont en suspension, produisent des effets divers ; nous signalerons seulement les principaux.

La densité de l'air varie d'une manière continue, décroissant de la surface du sol jusqu'aux limites de l'atmosphère ; il en est de même de l'indice de réfraction qui dépend en outre de l'état hygrométrique et de la température, données également variables avec l'altitude du point considéré. On peut admettre, au moins comme approximation, que l'indice de réfraction est fonction de cette altitude seulement : les surfaces d'égale réfrangibilité sont alors sphériques.

Nous pouvons dès lors considérer l'atmosphère comme constituée par des couches sphériques de faible épaisseur à réfringence constante dans chaque couche, mais variable d'une couche à la suivante. On se rapprochera d'autant plus de la réalité qu'on supposera ces couches plus minces et la variation de réfringence plus faible.

Lorsqu'un faisceau lumineux se propage dans l'atmosphère, il traverse donc des couches d'inégale réfringence ; les conditions de cette propagation sont différentes de celles que nous avons étudiées (213) et donnent naissance à des effets particuliers.

Si un faisceau lumineux se propage suivant une verticale MZ (fig. 440), il rencontre normalement les surfaces de sépa-

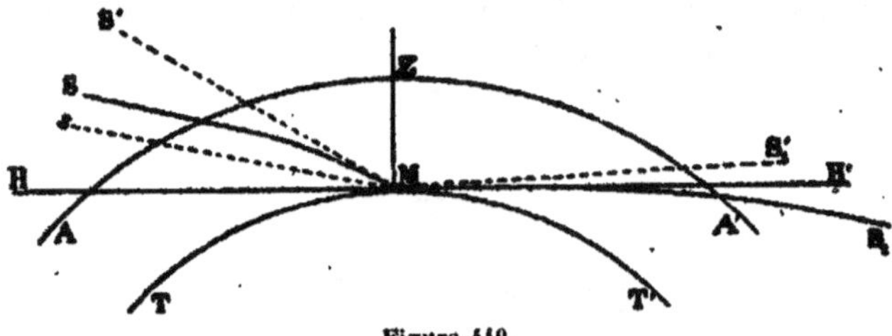

Figure 440.

ration des diverses couches et ne subit aucune déviation ; la propagation est rectiligne. Mais il n'en est plus ainsi si le rayon rencontre obliquement ces couches, comme c'est le cas, le plus souvent, pour les faisceaux qui viennent du soleil par exemple. Le faisceau à chaque surface de séparation se rapproche de la normale et, en réalité, il suit une trajectoire courbe SM tournant sa concavité du côté de l'horizon du point M où il aboutit,

Comme l'impression produite dépend de la direction du faisceau au moment où il pénètre dans l'œil (214), l'observateur juge que le point de départ du faisceau, l'astre observé, est sur la direction de la tangente AS' à la trajectoire du faisceau lumineux. L'astre paraît relevé par rapport à l'horizon; l'angle S'As mesure l'erreur commise sur la position de l'astre. C'est ce phénomène que l'on appelle la *réfraction astronomique* ou *réfraction atmosphérique*.

La déviation varie avec la position de l'astre; nulle quand celui-ci est au zénith, elle croît à mesure qu'il s'approche de l'horizon.

Par suite de l'existence de cette réfraction, l'astre est visible en S,' alors même qu'il est en réalité en S, au-dessous de l'horizon MH'; par suite de cet effet, le soleil paraît se lever plus tôt et se coucher plus tard qu'il ne fait en réalité, et la durée du jour est augmentée.

691. Mirage. — Des effets du même genre se produisent naturellement lorsque la source lumineuse est dans l'atmosphère; mais en général l'effet est peu marqué, parce que le faisceau ne traverse que des couches de peu d'épaisseur verticale et qui présentent de très faibles variations de réfringence.

Dans quelques circonstances cependant ces variations de la réfringence doivent être invoquées pour expliquer certains effets; c'est ainsi qu'on a signalé en mer qu'un observateur placé sur un navire apercevait un autre navire ou une côte qui par leur distance étaient certainement au-dessous de l'horizon. L'explication est la même que précédemment; l'effet était rendu appréciable, malgré que la distance fût assez faible, parce que les couches d'air inférieures étant maintenues froides par leur contact avec la mer, tandis que les couches supérieures étaient échauffées par l'action du soleil, la réfringence variait très rapidement.

C'est à une explication du même genre qu'il faut avoir recours pour certains phénomènes locaux, tels que la *Fata Morgana*, etc.

Mais quelquefois les effets sont autres et consistent en ce que l'on voit une image renversée des objets ; c'est là ce qui constitue le *mirage* à proprement parler. Ce phénomène se produit par suite d'un état anormal de l'atmosphère : dans les pays chauds, les couches d'air s'échauffent fortement au contact du sol ; la température diminuant rapidement lorsqu'on s'élève la réfringence croît alors rapidement aussi à partir du sol.

Un faisceau AM (fig. 441) se propageant obliquement dans un semblable milieu va donc suivre une trajectoire à concavité

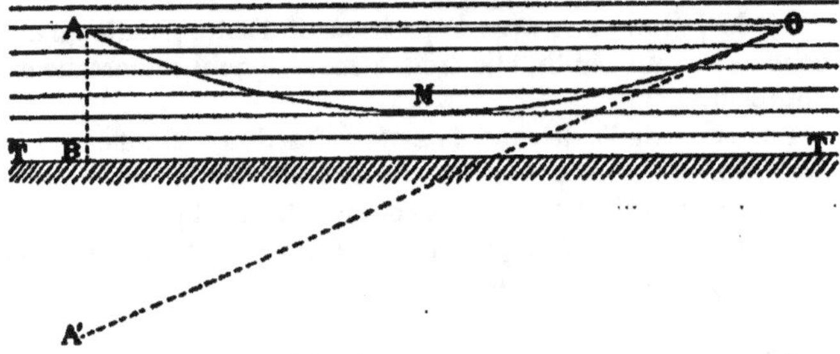

Figure 441.

supérieure. Si l'obliquité est assez grande, il pourra y avoir réflexion totale en M sur une certaine couche et le faisceau suivra alors une trajectoire courbe MO symétrique de la première. Ce faisceau impressionnera l'observateur O comme s'il venait d'un point A', placé au-dessous de l'objet ; mais en même temps l'observateur recevra un faisceau venant directement de A sans déviation, si les points A et O sont à la même hauteur, ou avec une faible déviation si la hauteur diffère peu.

Comme il en sera de même pour d'autres points de l'objet que l'observateur verra en même temps qu'il apercevra une image renversée, il croira qu'il existe une surface réfléchissante ; généralement il sera porté à penser qu'il s'agit d'une nappe d'eau.

Le phénomène du mirage peut être produit artificiellement en chauffant assez fortement une longue plaque de tôle de manière à reproduire la distribution de température que nous avons indiquée ; un observateur placé à une extrémité et regardant un objet placé à l'autre extrémité en voit une image renversée.

On a observé quelquefois des mirages *latéraux* pour ainsi dire, l'image étant symétrique de l'objet par rapport à un plan vertical : l'explication est la même que précédemment. Dans les cas dont il s'agit, il existait un mur vertical qui avait été fortement chauffé par le soleil et dont l'action avait produit une série de couches verticales dont la densité augmentait en même temps que la distance au mur.

692. Transparence, couleur de l'atmosphère. — Lorsque l'atmosphère est parfaitement transparente, qu'il n'y a ni nuages, ni brouillards, ni poussières, la voûte céleste nous paraît éclairée dans toute sa partie visible et présente une coloration bleue caractéristique.

On a expliqué cette coloration en la considérant comme le résultat de la réflexion de la lumière sur les molécules des gaz de l'air ; lors de cette réflexion les radiations les plus réfrangibles pénétreraient dans les molécules en proportion un peu moindre que les radiations les moins réfrangibles. Cette différence rend compte de la couleur bleue de la voûte céleste et aussi de ce fait que lorsque le soleil est près de l'horizon, alors que la lumière a à traverser une épaisse couche d'air, il cesse de présenter la couleur blanche et prend une coloration jaune, orangée, rouge dans laquelle prédominent les radiations les moins réfrangibles.

L'idée que la lumière qui émane de tous les points de la voûte céleste a subi le phénomène de la réflexion est corroborée par le fait que cette lumière, d'une manière générale, est polarisée ; les variations de cette polarisation, l'existence de points où elle est maxima ou nulle sont en concordance avec les indications que fournit la théorie, en partant de l'hypothèse de la réflexion.

693. Crépuscule ; aurore. — Lorsque le soleil a disparu au-dessous de l'horizon, l'obscurité ne se produit cependant pas brusquement : l'intensité lumineuse diminue peu à peu, la voûte céleste se teint de diverses couleurs, puis se décolore en devenant moins éclairante; les étoiles apparaissent alors. Cette période constitue le *crépuscule*, dont la durée n'a pas une valeur précise.

Des phénomènes analogues se présentent le matin avant le lever du soleil, et constituent l'*aurore*, dont le début n'est pas complètement défini.

Il n'y a donc pas de séparation tranchée entre le jour et la nuit. On a donné diverses définitions permettant de caractériser l'instant du passage de l'un à l'autre ; aucune n'a subsisté.

L'éclairement de la voûte céleste pendant le crépuscule et l'aurore est dû à la réflexion de la lumière émanée du soleil sur l'atmosphère, réflexion qui envoie une quantité appréciable de radiations tant que le soleil n'est pas trop au-dessous de l'horizon. On admet, mais c'est une donnée qui n'a rien d'absolu, que cette quantité peut être négligée lorsque le soleil est à 18° au-dessous de l'horizon ; c'est là ce qui limite la durée conventionnelle du crépuscule astronomique.

La durée du crépuscule varie avec la latitude du lieu considéré et avec la date à laquelle se fait l'observation. A la latitude de Paris, lors des plus longs jours, le crépuscule se prolonge jusqu'au moment où commence l'aurore, de telle sorte qu'il n'y a pas de nuit à proprement parler.

Pendant l'aurore et le crépuscule, ainsi que pendant les instants qui suivent le lever du soleil, ou qui précèdent son coucher, les faisceaux de lumière traversent des couches voisines du sol, des couches relativement humides. Il s'y produit une absorption de certaines radiations ; cela explique les colorations variées et intenses que l'on observe alors.

694. Arcs-en-ciel. — Indépendamment des poussières et des germes que l'atmosphère peut tenir en suspension, il s'y rencontre des gouttelettes d'eau à l'état de brouillards, de nuages ou de pluie, et des cristaux de glace présentant des formes variées se rattachant au prisme hexagonal ou à une étoile à six branches. La présence de ces corpuscules, qui sont à la fois réfléchissants et réfringents, est la cause de phéno-

mènes divers lorsqu'ils sont rencontrés par les rayons du soleil. Etudions d'abord les arcs-en-ciel qui sont dus à l'action
des gouttes d'eau, que nous supposerons sphériques.

Considérons la marche d'un rayon lumineux SI_1 (fig. 442)
dans une sphère réfringente dont la figure représente le plan

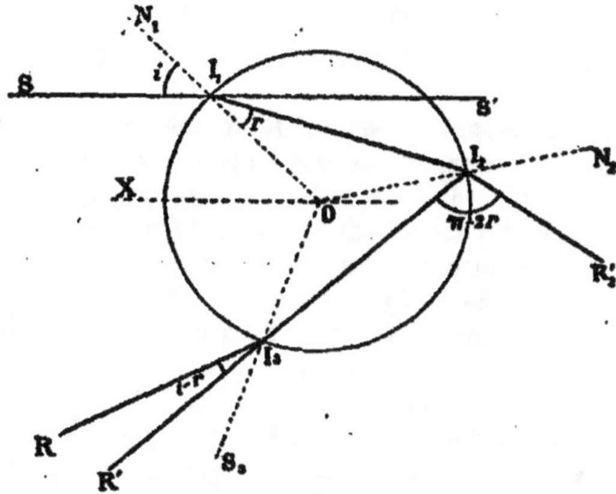

Figure 442.

du grand cercle correspondant au plan d'incidence; soit XO
le diamètre parallèle au rayon considéré. Au point d'incidence
I_1 le rayon pénètre dans la sphère en se réfractant suivant
I_1I_2 et l'on a entre l'angle d'incidence i et l'angle de réfraction r
la relation :

$$\frac{\sin i}{\sin r} = m,$$

m étant l'indice de réfraction pour la radiation considérée.

En I_2, le rayon se divisera en deux parties, une partie se
réfléchira suivant I_2I_3, une autre se réfractera suivant I_2R_2. Les
angles OI_1I_2, OI_2I_1 sont égaux car le triangle OI_1I_2 est isocèle;
l'angle OI_2I_3 a la même valeur d'après la loi de la réflexion;
enfin l'angle de réfraction $N_2I_2R_2$ est égal à l'angle d'incidence
à cause de la réversibilité.

Les mêmes faits se produiront en I_3 et l'on aura les mêmes
relations entre les angles.

Cherchons les valeurs de la déviation du rayon émergent après un nombre k de réflexions intérieures.

A l'incidence en I_1 le rayon subit une déviation $i - r$, et à l'émergence une déviation $R'IR$ égale et dans le même sens; de plus à chaque réflexion intérieure, la déviation, évaluée toujours dans le même sens, est $\pi - 2r$; après k réflexions intérieures, la déviation δ_k sera donc :

$$\delta_k = 2(i - r) + k(\pi - 2r) = 2i + k\pi - 2(k+1)r.$$

695. — Si nous considérons une infinité de rayons tombant parallèlement sur la sphère suivant un petit cercle défini par le rayon polaire XI_1; tous les rayons émergeant après k réflexions intérieures formeront un cône de révolution ayant XO pour axe et faisant avec cette droite un angle égal à δ_k.

Si dans le plan de la figure nous considérons deux rayons parallèles rencontrant la sphère en deux points voisins, ils ne sortiront pas dans la même direction, car la valeur de δ_k dépend de i; ces rayons seront divergents soit dès l'émergence, soit à une petite distance de la sphère; le pinceau parallèle qu'ils limitaient à l'entrée sera donc devenu un pinceau divergent qui ne produira qu'une faible impression lumineuse pour un observateur placé un peu loin de la sphère.

Si nous avons pris deux points infiniment voisins, on a pour l'écartement $d\delta_k$ des rayons extrêmes de ce pinceau :

$$d\delta_k = 2di - 2(k+1)dr.$$

Si l'on a choisi l'angle i tel que l'on ait :

$$di = (k+1)dr.$$

le pinceau émergent sera parallèle et, conservant son intensité, produira une impression lumineuse constante à toute distance : c'est ce que Newton a nommé un *pinceau efficace*.

Mais on tire de l'équation de réfraction :

$$\cos i \, di = m \cos r \, dr.$$

On aura donc un pinceau efficace si l'on a :

$$\frac{m \cos r}{\cos i} = k+1 \qquad \text{ou} \qquad \frac{\cos i}{\cos r} = \frac{m}{k+1}.$$

On peut calculer les angles i et r satisfaisant à ces conditions, et il vient :

$$\operatorname{tg}^2 i = \frac{(k+1)^2 - m^2}{m^2 - 1} \qquad \text{et} \qquad \operatorname{tg}^2 r = \frac{(k+1)^2 - m^2}{(k+1)^2 (m^2 - 1)} = \frac{\operatorname{tg}^2 i}{(k+1)^2}.$$

La valeur de i et celle de r dépendent de m et de k. La valeur de i croît avec k; il importe de remarquer qu'elle peut être supérieure à π et même à 2π. Elle n'existe que si l'on a $k + 1 > m$.

En appliquant ces formules au cas de l'eau, on a pour la lumière rouge, par exemple :

k	i	r
1	59°23′	40°12′
2	71°53′	45°27′
3	76°50′	46°55′

Il importe de remarquer que la valeur qui correspond aux rayons efficaces est précisément celle qui correspond aux valeurs extrêmes, maximum ou minimum de δ_k, de telle sorte que ces rayons efficaces forment la surface qui limite l'espace occupé par les rayons émergents.

686. — Pour pouvoir étudier physiquement le phénomène, il est nécessaire de connaître la position des rayons réfléchis par rapport à ces rayons efficaces. On peut par exemple déterminer la déviation pour un rayon arrivant très près de l'axe (ou même suivant l'axe à la limite) : on a alors $i = 0$, $r = 0$, et la déviation δ'_k se réduit à $k\pi$. L'angle Δ du rayon réfléchi efficace avec celui-ci est :

$$\Delta = \delta'_k - \delta_k = 2(k+1)r - 2i.$$

Supposons que le soleil émette seulement de la lumière rouge :

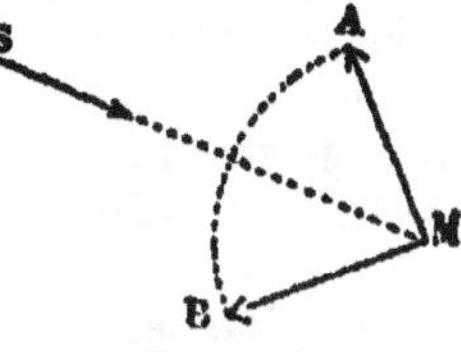

Figure 443.

Pour $k = 1$, on a $\Delta = 41°58′$: un faisceau parallèle SM (fig. 443) tombant sur une goutte sphérique donne un cône AMB dont l'ouverture est tournée vers le soleil, peu lumineux à l'intérieur, mais présentant une intensité notable à la périphérie. Si un large faisceau solaire tombe sur une infinité de gouttes réparties dans un plan vertical, comme cela arrive lors de la pluie, chaque goutte donne naissance à un cône analogue. Quel serait l'effet produit pour un observateur qui aurait l'œil en O (fig. 444)? Il recevra des rayons appartenant à différents cônes : pour les déterminer menons la droite YOY' parallèle à la direction SM du faisceau solaire et examinons ce qui se passera, par exemple, dans le plan vertical qui contient cette droite.

Menons la droite OM faisant avec YY' un angle de 41°58 elle

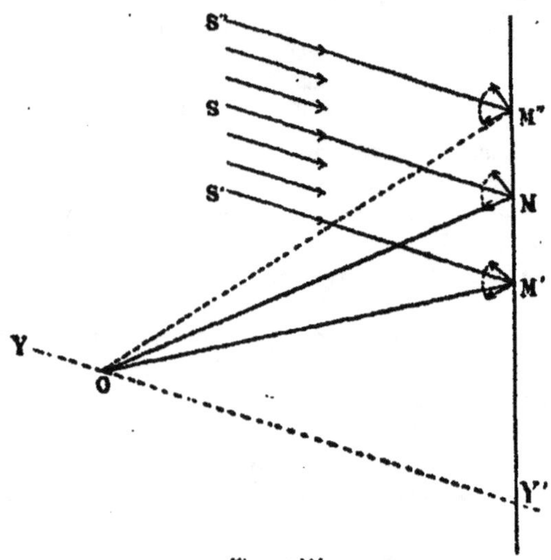

Figure 444.

rencontre une goutte dans des conditions telles que la lumière venant à l'œil dans cette direction correspond à un rayon efficace : la lumière arrivant dans toute direction comprise dans l'angle MOY' correspondra à des pinceaux non efficaces ; elle ne possèdera donc qu'une faible intensité. Les gouttes situées au-dessus de M n'enverront en O aucune lumière réfléchie ayant subi une réflexion à l'intérieur d'une goutte.

Toutes les gouttes enverront à l'œil de l'observateur de la lumière réfléchie sur la surface extérieure.

L'action sera d'ailleurs la même dans tous les plans passant par YY', de telle sorte que, si rien ne limite la vision, l'observateur verra un cercle présentant une couleur rouge d'une faible intensité excepté sur la périphérie, où l'intensité croîtra rapidement. Ce cercle a une ouverture angulaire de 41°58 ; en dehors il n'y a pas de lumière provenant de la réflexion à l'intérieur de gouttes liquides.

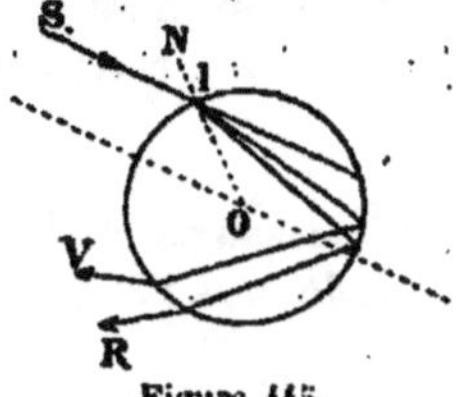

Si le soleil envoyait une autre lumière simple, l'action serait entièrement analogue ; seul le diamètre angulaire du cercle varierait, diminuant dans ce cas lorsque l'indice de réfraction augmente (fig. 445).

Figure 445.

Le soleil envoyant de la lumière blanche, les effets que nous venons d'étudier séparément se produisent simultanément. Voici donc ce que l'on observe.

Extérieurement au cercle de 41°58' la lumière qui parvient à l'œil est blanche, elle n'a traversé aucune goutte, elle n'a subi aucune réfraction. A l'intérieur du cercle analogue correspondant au violet il y a superposition de toutes les couleurs correspondant aux rayons inefficaces ; il y a donc production de blanc, mais l'intensité lumineuse est moindre qu'extérieurement, parce que les réfractions et réflexions dans les gouttes ont produit une certaine absorption.

Entre ces deux cercles extrêmes apparaissent des couleurs dues aux rayons efficaces : le rouge, couleur extérieure est absolument pur ; mais il n'en est pas de même des autres couleurs qui proviennent du mélange des rayons efficaces successifs auxquels s'ajoute la lumière non efficace (mais qui n'est pas nulle) des couleurs plus réfrangibles.

En général le phénomène n'est pas visible dans toute son étendue : l'horizon masque la demi-circonférence inférieure de cette bande colorée, et l'on n'en voit que la partie supérieure qui constitue ce que l'on nomme l'*arc-en-ciel*.

Il importe de remarquer que le centre de l'arc-en-ciel étant sur la droite YOY' qui passe par le soleil, et l'ouverture de l'arc étant limitée, aucune partie de cet arc ne serait visible si la hauteur du soleil au-dessus de l'horizon était supérieure à 41°58 (à moins que l'observateur ne fût élevé au-dessus de cet horizon).

En réalité la question n'est pas tout-à-fait aussi simple, et les couleurs, sauf le rouge extrême, sont encore moins pures que ne l'indique l'explication précédente parce que la source de lumière n'est pas un point, mais que le soleil présente un certain diamètre angulaire. L'arc-en-ciel que l'on voit n'est en réalité que la superposition des arcs théoriques qui correspondraient à chacun des points du soleil.

687. — Pour $k = 2$ on a $\Delta = 128°56'$: un faisceau parallèle SM (fig. 446) tombant sur une goutte sphérique donne à l'émer-

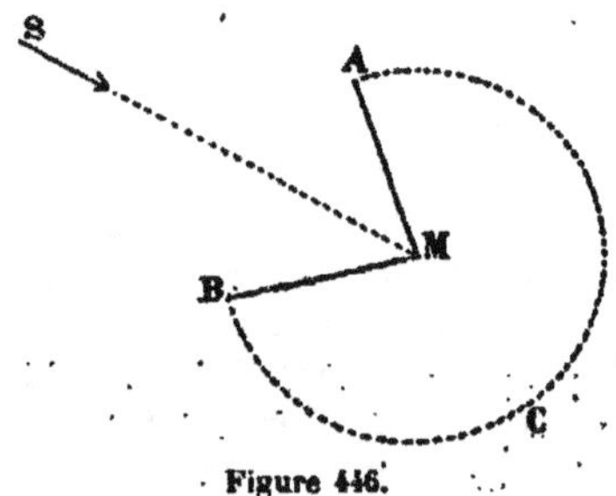

Figure 446.

gence un cône MACB dont la partie extérieure AMB tournée vers le soleil est dépourvue de lumière. Les conséquences seront analogues aux précédentes, mais avec une inversion correspondant à cette disposition différente.

Si le soleil émettait seulement de la lumière rouge, l'observateur O (fig. 447), regardant les gouttes d'eau qui reçoivent le faisceau lumineux, verrait un cercle rouge très intense, d'un diamètre angulaire de $180° - 128°56' = 51°4'$ correspondant aux rayons efficaces ; en dehors de ce cercle de rayon Y'M se trouverait la lumière ayant subi deux réflexions à l'intérieur des gouttes, et faible puisqu'elle ne correspond pas à la partie efficace. Enfin intérieurement il ne parviendrait pas de lumière ayant subi de réflexion à l'intérieur des gouttes.

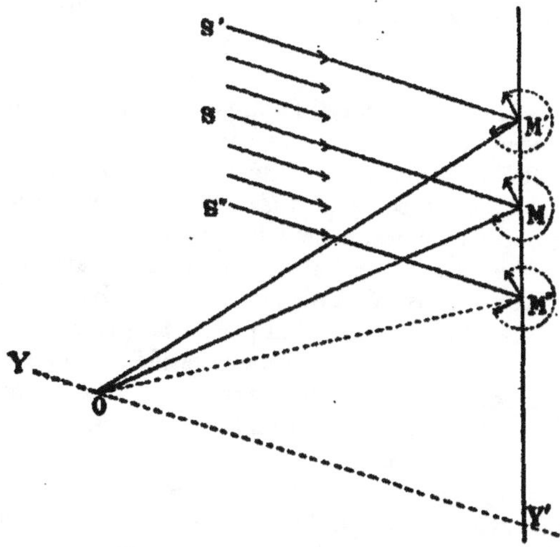

Figure 447.

On reconnaît que pour le même point d'incidence les rayons sont situés d'autant plus à l'intérieur du cône, c'est-à-dire que l'étendue occupée par la lumière est d'autant moindre, que celle-ci est plus réfrangible (fig. 448). Si donc la lumière considérée est blanche, il y aura à répéter le même raisonnement pour chaque nature de radiation, avec la remarque que le diamètre angulaire correspondant au

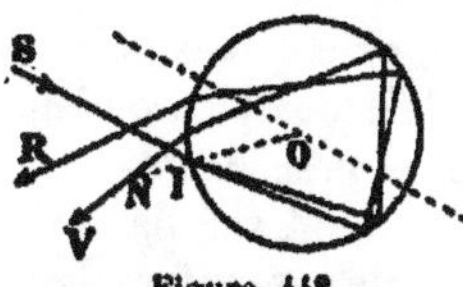

Figure 448.

cercle lumineux donné par les rayons efficaces est d'autant plus grand que la lumière correspondante est plus réfrangible. On aura donc comme précédemment un anneau coloré dans lequel le rouge seulement sera pur, cette couleur étant à l'intérieur de l'anneau. En dehors de cet anneau, les diverses lumières correspondant aux rayons non efficaces donneront de la lumière blanche.

Ces deux arcs, correspondant aux valeurs $k=1$ et $k=2$ existent souvent simultanément, le second étant moins intense que le premier; la partie comprise entre eux correspond à de la lumière qui n'a subi aucune réflexion à l'intérieur des gouttes.

698. — Il peut exister, théoriquement au moins, des arcs correspondant à des valeurs de k supérieures à 2; mais la lumière s'affaiblit par la multiplicité des réflexions, d'une part; d'autre part pour certains arcs ($k=3$, par exemple) la direction des pinceaux efficaces est telle que les gouttes d'eau doivent être situées entre le soleil et l'observateur; l'arc correspondant est alors impossible à distinguer, car il disparaît dans le champ lumineux intense produit par l'action directe du soleil.

Les mesures des arcs observés ont vérifié très sensiblement la théorie précédente; ajoutons qu'une explication plus complète basée sur la théorie des ondulations donne la raison de quelques effets particuliers.

On peut reproduire des effets analogues aux arcs-en-ciel en disposant un ballon rempli d'eau, en face d'une ouverture pratiquée dans le volet d'une chambre noire; si par cette ouverture on fait arriver un faisceau assez large pour couvrir le ballon, on voit se produire sur le volet même des cercles lumineux colorés, concentriques à l'ouverture et présentant les caractères des arcs-en-ciel que nous avons décrits.

699. Halos. Couronnes. — Lorsqu'il existe dans l'air des cristaux hexagonaux de glace, il se produit des phénomènes qui présententent quelque analogie avec les précédents.

Considérons un faisceau cylindrique tombant sur des cristaux prismatiques placés parallèlement, mais présentant d'ailleurs des orientations diverses; la lumière traversera ces cristaux, subissant des réfractions sur les faces faisant entre elles un angle de 60°; la déviation dépendra de la position du cristal. Pour une certaine position, cette déviation sera la déviation minima (258); le pinceau émergent correspondant possédera alors les propriétés du pinceau efficace dont nous avons parlé précédemment. On conçoit que, les cristaux ayant en réalité leurs axes dans toutes les directions, le même phénomène se produira à la même distance angulaire autour de la droite qui joint le soleil à l'œil de l'observateur. On devra donc avoir un anneau circulaire coloré entourant le soleil. C'est en effet ce que l'on observe quelquefois et c'est ce qui constitue un *halo*. Les mesures prises sont d'accord avec les résultats théoriques dont nous venons de donner seulement l'indication générale.

On a observé également des halos lunaires.

On observe quelquefois des phénomènes variés consistant en taches, bandes, arcs lumineux auxquels on a donné les noms de *parhélies*, d'*anthéliés*, de *paranthélies*. Ils trouvent leur explication dans des réflexions simples ou multiples à l'intérieur de cristaux de glace suspendus dans l'atmosphère.

On a pu étudier les conditions élémentaires de la production des halos, et de quelques autres particularités, en faisant tomber de la lumière sur un prisme hexagonal; pour produire des conditions analogues à celles de l'orientation variée des cristaux dans l'atmosphère, on communique un rapide mouvement de rotation au prisme. La persistance des impressions lumineuses remplace alors la simultanéité effective des cristaux de l'atmosphère.

Quelquefois on observe autour du soleil, et surtout autour de la lune, des *couronnes*, anneaux circulaires lumineux dont le diamètre angulaire n'est pas constant comme dans les phénomènes précédents. Ces couronnes apparaissent par les temps de brouillards ou lorsqu'un nuage peu épais passe devant l'astre observé. Elles sont dues à des effets de diffraction sur les particules aqueuses de l'atmosphère, et leur diamètre est lié aux dimensions de ces particules.

INDEX ALPHABÉTIQUE

ERRATA

Page 181. Rectifier ainsi qu'il suit le titre du Chapitre VI :

ÉLECTRICITÉ

§ 1. Électricité statique. — § 2. Étude générale des courants. — § 3. Effets produits par les courants. — § 4. Actions électriques produites par la chaleur et par les actions chimiques. — § 5. Actions électriques produites par des actions mécaniques. — § 6. Mesures électriques. — § 7. Applications industrielles de l'électricité.

Page	ligne	au lieu de	lire
245	1	§ II	§ III
280	1	§ III	§ IV
262	17	réciproque	réciproques
346	8 et 12	Ruhmkorf	Ruhmkorff
351	3	§ V	§ VI

Laval. — Imprimerie E. JAMIN, 41. rue de la Paix.